“十四五”国家重点出版物出版规划重大工程
量子科学出版工程（第三辑）

New Theory of
Quantum Statistical Mechanics:
Operators' Normal Distribution,
Wigner Distribution
and Generalized Bose Distribution

范洪义 吴 泽 著

量子科学出版工程
Quantum Science
Publishing Project

量子统计力学新论

算符正态分布、Wigner 分布和广义玻色分布

中国科学技术大学出版社

内容简介

笔者用自创的有序算符内的积分(求和)理论编寻绎玩,索而有得,指出一条入门量子统计力学的捷径,借以扩充量子统计理论并以崭新的方式系统阐述,尤其是借助于IWOP方法和量子相干态发展吉布斯系综相体积不变的内容,给出量子刘维定理(单-双粒子)和量子ABCD定理;并将量子纠缠对玻色统计的影响纳入书中。此崭新方式将量子力学表象以有序算符的形式呈现为数理统计中的正态分布,于是经典数理统计可以与量子力学玻恩概率假设相呼应;能将经典相空间中的正则变换(相点的移动)直接过渡导出新的量子幺正变换;能给出算符换序的有效方法从而导出大量算符恒等式(例如多模玻色、费米指数算符的范洪义恒等式),便于计算密度算符的演化;能有助于新表象(尤其是纠缠态表象)的发现与构建,纠缠态表象可以用于解多种密度算符的演化主方程并研究激光的熵变;可导出有纠缠的多模玻色场的广义普朗克公式和多模费米子统计公式;给出Wigner算符的Radon积分变换并发展为量子层析理论,等等。这些都极大地丰富和发展了量子统计学的内容,体现这门学科弸中彪外、根柢既深之业。

图书在版编目(CIP)数据

量子统计力学新论:算符正态分布、Wigner分布和广义玻色分布/范洪义,吴泽著.—合肥:中国科学技术大学出版社,2022.3
(量子科学出版工程.第三辑)
国家出版基金项目
“十四五”国家重点出版物出版规划重大工程
ISBN 978-7-312-05421-1

Ⅰ.量… Ⅱ.①范… ②吴… Ⅲ.量子统计力学—研究 Ⅳ.O414.2

中国版本图书馆CIP数据核字(2022)第045214号

量子统计力学新论:算符正态分布、Wigner分布和广义玻色分布
LIANGZI TONGJI LIXUE XIN LUN: SUANFU ZHENGTAI FENBU、WIGNER FENBU HE GUANGYI BOSE FENBU

出版 中国科学技术大学出版社
安徽省合肥市金寨路96号,230026
http://press.ustc.edu.cn
https://zgkxjsdxcbs.tmall.com
印刷 合肥华苑印刷包装有限公司
发行 中国科学技术大学出版社
开本 787 mm×1092 mm 1/16
印张 17.5
字数 367千
版次 2022年3月第1版
印次 2022年3月第1次印刷
定价 98.00元

目　录

第 1 章
写作动机与愿景——001

1.1　写作动机——001
1.2　写作愿景——004

第 2 章
从经典正态分布到量子力学表象的有序算符形式的正态分布——008

2.1　经典正态分布的期望值、方差与熵——009
2.2　正态分布(高斯分布)作为二项分布的一种极限——011
2.3　正态分布的拉东变换——012
2.4　对应同一方差的最大熵分布——正态分布——014
2.5　正态分布算符作为厄密多项式的母函数——015
2.6　含厄密多项式的新二项式定理——018
2.7　坐标-动量中介表象作为正态分布——020

第 3 章
入门量子统计力学的捷径——022

3.1　讲述量子统计的新起点——正规排序算符的正态分布——024
3.2　零温度真空场|0〉〈0|的正规排列——030

3.3　玻尔兹曼分布向玻色分布的过渡——032

3.4　相干态的导出——033

3.5　化算符为反正规排序的公式——037

3.6　用双变量厄密多项式简洁表示的算符恒等式——039

3.7　用双变量厄密多项式发展广义负二项式定理——040

3.8　相空间的标度变换如何映射成压缩算符——042

3.9　径向坐标算符 $\hat{r}^n$ 的相干态平均值——044

第 4 章

经典统计力学的相体积不变定理与相干态辛演化的类比——049

4.1　量子刘维定理——050

4.2　双粒子纠缠菲涅耳算符和相应的量子刘维定理——051

4.3　量子统计学中的 ABCD 定理——052

4.4　两个相空间的纠缠变换对应的算符——055

4.5　用 $\mathfrak{Q}$-排序算符内的积分技术求菲涅耳算符——056

第 5 章

量子统计学中的 Wigner 算符——059

5.1　Wigner 算符作为混合态表象——059

5.2　Weyl 编序的引入——061

5.3　Wigner 算符的相干态表象——062

5.4　荷载经典双曲变换的 Wigner 算符和分数压缩算符——065

5.5　相干态的 Weyl 编序形式和排算符为 Weyl 编序的积分公式——069

5.6　菲涅耳变换与量子层析技术(tomography)的关系——071

第 6 章

获得新量子场的若干途径——073

6.1　用 Weyl 排序性质导出压缩混沌模-真空模得到的量子场——073

6.2　从混合态追溯到高一维度的纯态——077

6.3　相空间中的正定分布——压缩-平移关联的新纯态——079

6.4 用边缘正态分布“拼凑”新量子场——083

第 7 章

用相干态表象探讨玻色场振幅衰减机制——088

7.1 量子振幅衰减方程的导出——089

7.2 量子衰减方程的无穷和幂级数形式解——090

7.3 量子衰减方程的积分形式解——091

7.4 Wigner 算符的衰减演化——093

7.5 振子耦合引起的衰减——095

第 8 章

从混沌场衍生出来的玻色场——102

8.1 平移混沌场的引入——102

8.2 平移混沌光场的衰减——104

第 9 章

Wigner 函数的扩散——110

9.1 用相干态表象导出扩散方程——110

9.2 用纠缠态表象解量子扩散方程——112

9.3 从 P-表示得到扩散方程的积分解——115

9.4 扩散通道中 Wigner 算符的时间演化解——118

9.5 双模压缩态在双扩散通道中的演化——122

第 10 章

相空间中的纠缠傅里叶积分变换——129

10.1 积分核为 $\frac{1}{\pi}\vdots\exp[\pm 2\mathrm{i}(q-Q)(p-P)]\vdots$的变换——132

10.2 积分核 $\frac{1}{\pi}\vdots\exp[\pm 2\mathrm{i}(q-Q)(p-P)]\vdots$与 Wigner 算符的关系——133

10.3 Wigner 函数的纠缠傅里叶变换及用途——134

10.4 双模推广——双模算符在纠缠态表象的矩阵元与其 Wigner 函数的关系——139
10.5 复分数压缩变换的发现——142

第 11 章
压缩场的高斯型正态分布——144

11.1 压缩混沌场作为正态分布——144
11.2 压缩混沌场的衰减特性——147
11.3 能生成单模压缩态的系统的熵——149

第 12 章
纠缠系统的量子统计——153

12.1 有纠缠粒子的玻色统计——153
12.2 纠缠态表象的高斯分布形式——158
12.3 纠缠态表象作为双模压缩算符的自然表象——161
12.4 Wigner 算符在纠缠态表象的 Weyl 排序——161
12.5 用广义纠缠态表象讨论拉冬变换和量子层析——165
12.6 纠缠菲涅耳变换对应的广义 Collins 公式——169

第 13 章
玻色统计的广义普朗克公式——170

13.1 全同玻色子的两体置换变换——170
13.2 双模玻色算符的一般哈密顿量的能级公式——175
13.3 多模指数二次型玻色算符的相干态表示和范氏恒等式——177
13.4 n 模玻色相互作用系统的广义普朗克公式——184
13.5 多模指数二次型玻色算符的热真空态——187

第 14 章
激光过程中密度算符的演化——194

14.1 描述激光过程的量子主方程的解——196
14.2 激光通道中粒子态向二项－负二项联合分布态的演化——202
14.3 激光过程中 Wigner 算符的演化——205

14.4 激光过程中的光子数演化——208

14.5 激光的熵的演化——209

14.6 激光演化方程的纠缠态表象——211

14.7 用纠缠态表象求 Wigner 函数的演化——212

第 15 章

系综平均意义下的广义费曼定理——215

15.1 修正 Virial 定理——215

15.2 系综平均意义下的范洪义－陈伯展定理——221

15.3 用系综平均意义下的范－陈定理研究熵变——227

15.4 耦合振子的熵——232

15.5 热量 Q 如何随哈密顿量 $H(\lambda)$ 所含的参数 λ 变化——236

第 16 章

费米统计——238

16.1 费米系统相干态和相应的 IWOP 技术——238

16.2 费米压缩算符——241

16.3 和 $SO(2n)$ 矩阵对应的费米相似变换——245

16.4 $W=\exp(-\beta\mathcal{H})$ 的相干态表象和多模费米算符的范氏恒等式——247

16.5 广义费米系统配分函数——250

16.6 一个费米系统的主方程解——253

第 17 章

广义费曼定理对费米系统的应用——257

17.1 模型 H_1 的统计性质——258

17.2 模型 H_2 的统计性质——260

第 18 章

两能级原子辐射的量子主方程的解——264

文献推荐——268

第 1 章

写作动机与愿景

1.1 写作动机

量子统计力学是经典统计力学和量子全同粒子概念交叉融合的研究成果. 其实，普朗克早在黑体辐射定律的理论推演中，就使用了玻尔兹曼的统计力学，其后继者又纳入了“全同粒子”“自旋波函数”“玻色子”“费米子”等概念，将玻尔兹曼–麦克斯韦分布发展为玻色分布和费米分布. 经典统计力学关于在坐标–动量（x-p）相空间中研究分子气体宏观运动和热力学函数的内容，可以追溯到吉布斯所提出的系综理论. 在这一理论框架中，系统的时间演化由相空间中的某一轨道来描述. 但是本书作者发现在过渡到量子论时，受海森堡的不确定性原理的限制，人们不能同时精确地观测粒子的位置 x 与动量 p，即不能确定到一个相点，那么该如何较自然地发展出量子统计理论呢？可惜，这样一个重要的问题前人都没有明确提出，以往的教科书都没有提过，更毋庸说如何解决了.

早在 1930 年,狄拉克(Dirac)就在他的《量子力学原理》一书中指出:“吉布斯提出的系综,通常在实际上除了作为一个粗浅的近似外,是不可能实现的. 但是,即便如此,它仍然形成为一个有用的理论上的抽象.”他又说,“由于在量子力学里不可能同时对 x 与 p 赋予数值,相空间在量子力学中没有意义,从这种事实出发,相应的密度的存在确是相当令人惊异的.”

到了 1932 年,温格(Wigner)引入了相空间中的准经典分布函数(它不一定是正定的),它的边缘分布分别对应于在坐标空间和动量空间测量到的粒子的概率,赋予了相空间新的活力.

一般认为,量子统计力学的理论框架在 20 世纪四五十年代已经定型,甚至常见的具体问题也都有了典型和标准的处理方法. 图书馆中,讲述量子统计基本理论的选本林立其间,繁简不同,在叙述其数理基础方面取失互异,而旧版漫漶,篇什阙佚. 在这个层面上,要想再写出有新意的书似乎不可能了. 可是学术界没有想到笔者这个学术地位“出身寒微”的中国人在量子力学的数理基础方面居然想出了有序算符内的积分理论,发展和丰富了狄拉克的以 ket-bra 符号为基本单元的符号法,使得量子统计力学的理论框架得以稳固和伸展,还可以与数理统计更接近的形式被深刻地阐述,不少具体问题于是有了新的处理方法,更有许多新问题应运而生,这着实在宁静的水面上泛起了一阵涟漪(ripple). 江西师范大学的胡利云教授说,若不是范洪义发明了这一发展量子论的新途径,恐怕在 100 年后也没人想得到它. 西方著名物理学家在看到范洪义在 *Annual of Phys.* 上连续发表的发展狄拉克符号法的文章(6 篇)后感到惊讶,想不到中国人会在这方面独辟蹊径,偶尔引领一下潮头. 这应了狄拉克所说:提出一个理论者往往不是发展此理论的人. 这也应了宋代叶绍翁的诗《游园不值》:

应怜屐齿印苍苔,小扣柴扉久不开.
春色满园关不住,一枝红杏出墙来.

(倘若没有红杏出墙,不进园子者如何了解园内植有它呢?)

最近,有非物理专业人士来问我,为什么量子力学需要有序算符内的积分理论? 它是可有可无的吗? 抑或只是一种数学技巧?

笔者答道,狄拉克的符号法给出了态矢量 ket$|\rangle$ 和 bra$\langle|$ 的物理意义,也给出了 $|\rangle\langle|$ 和 $\langle|\rangle$ 的意思,前者是算符,后者是内积,但还需要运算规则使得这些符号“灵动”起来,这就像有了阿拉伯数字 $0,1,2,\cdots,9$ 之后,人们还需要加减乘除等运算规则使它发挥更大作用一样.

爱因斯坦的朋友埃伦费斯特曾感慨狄拉克的《量子力学原理》:“一本糟糕的书——

你无法将它分解."如今有了 IWOP 方法,我们就能分解它了,即能做到由厚至薄、由薄至厚的梳理. 总之,狄拉克的符号法用简洁的符号统一了海森堡的矩阵力学表述和薛定谔的波动力学表述,有平淡、简洁而深刻的特点. 牛顿曾说:"寻求自然事物的原因,不得超出真实和足以解释其现象者."在另一场合,他又说:"自然界不做无用之事,若少做已经成功,多做便无用."狄拉克符号法平淡出于自然,无雕琢之痕迹,如今中国学者给它补上了 IWOP 方法,如虎添翼,确能腾飞. 尤其是对于不对称的 ket-bra 积分,IWOP 方法更具别有洞天的意想不到的应用.

那位人士说,你的理论既然如此必要,为何国内学习它的人不多呢?

笔者说,如果优秀的画家不加入某个团队,或未得权威欢心,一般是在他作古后其作品才待价而沽的. 有意愿学量子力学者而不学有序算符内的积分技术,就像高中生不学微积分不能欣赏现代科学那样,不知狄拉克符号法的数学美,那他们自己就失去了深入理解量子论、欣赏量子力学美的机会. 可喜的是,国际上已经有很多学者在引用它,爱思唯尔网站公布的中国高被引学者的榜单上每年(2014~2020)都有范洪义的名字就是佐证. 国内学习它的人不多的原因是学物理理论是苦行僧干的活,每天的基本功是推导,不是坚毅者不能坚持,所以原本有理论物理天赋的人都去搞量子计算和量子信息去了.

狄拉克在《量子力学原理》中写道:"……符号法,用抽象的方式直接地处理有根本重要意义的一些量(爱因斯坦对这种抽象的感知如在黑暗中摸索)……""但是符号法看来更能深入事物的本质,它可以使我们用简洁精练的方式来表达物理规律,很可能在将来当它变得更为人们所了解,而且它本身的特殊数学得到发展时,将更多地被人们所采用."笔者的 IWOP 方法发展了此特殊数学并阐述了其物理意义.1999 年,笔者应潘建伟的老师 Anton Zeilinger 之邀到奥地利的 Innsbrook 大学讲学后,听众中即有人说,要是狄拉克还健在,他会感谢范洪义发展了他的符号法. 确实,此理论为中国自主培养的首批博士中的一员首先想到,是没有数学天赋的人在没有数学家参与的情况下也能做出有用数学的一个例子.IWOP 方法实际上是量子积分学,填补了牛顿–莱布尼兹积分如何应对量子算符积分的空白. 每个自诩为数学家的人如果爱好微积分都应该学好这一基本功.

1.2 写作愿景

有了 IWOP 方法，我们就会立刻发现如下的十个基本问题在量子统计力学范畴内应该给予深入研究：

1. 量子力学的玻恩概率假定可否直接与经典数理分布函数联系起来？如能做到这一点，就可自然地发展出量子统计理论.

正态分布是经典数理统计的一个重要而基本的内容. 目前的量子论是基于玻恩概率假定的基础上的，也就是说只限于阐述关于存在的某些可能性的规律. 笔者着眼于自然界中个体（光子）的产生和湮灭的物理机制，并基于“不生不灭”的思路创造出有广泛应用的特殊数学——产生算符和湮灭算符的有序排列下的积分理论（IWOP 方法），它是寻常函数的牛顿–莱布尼兹积分向连续变量量子算符（ket-bra 型）的推广，从而把有序算符的正态分布（把算符也纳入概率分布的公式中去，在公式中出现的算符是有序排列的）作为已有的量子统计理论的补充，充实和深化了作为量子力学语言的狄拉克符号的数学.

要自然地将算符引入概率分布的公式，笔者需要别开生面地阐述量子力学的各种表象，因为它们是量子态的“居室”，而经典力学和量子力学的基本差异之一就在于力学系统的状态如何构建（或如何处理代表力学量的算符之间的排序）.

沿着寻找经典正态分布的量子对应的途径可以直接构造出物理上有用的多种表象，例如坐标–动量中介表象，由此又可直接得到玻色分布公式. 还可直接地构建 Wigner 算符（一种混合态表象），使之纳入一种新正态分布形式，这个形式有助于对密度矩阵和量子层析投影 (tomography）的研究，并可直接构建纠缠态表象、诱导纠缠态表象、相干纠缠态表象等. 还能用算符的方法发展二项式与负二项式定理.

这些都说明了一个道理：通向更深入物理概念的道路是与先进的数学紧密相连的.

2. 将量子纠缠引入后玻色统计公式有何变化？

3. 经典刘维定理如何过渡到量子统计？作为最接近经典情形的量子态——相干态，它对应经典辛变换的演化有何特点？

在经典统计力学中，N 个粒子所组成的体系的力学状态是由所有粒子的坐标与动量决定的. 每个体系，对应于相空间中的一个点，以 $(q_1\cdots q_N, p_1\cdots p_N)$ 标识，相点随时间的演化运动由哈密顿正则方程决定，在相空间中“走出”轨迹. 由于实验测到的不是一个相点，而是一定时间间隔内的平均值，故而吉布斯引入相空间的系综的概念，在一定的宏观条件下，大量性质和结构完全相同的、处于各种运动状态的、各自独立的系统的集合，全称为统计系综. 于是问题就变为确定系统在任何给定时刻如何分布于各种可能的运动状态中. 系综由相空间的点聚集成的“云”来描述，表示为 $\rho(q,p,t)$，即在时刻 t，点 (q,p) 附近单位相体积元内的相点数目在全部相点数目中所占的比值，称为密度函数. 点“云”的形状会随时间 t 改变，而相体积不变（刘维定理)，类似于不可压缩的流体的运动，$\rho(q,p,t)$ 在整个相宇的积分等于全部相点数. 对于一个具有大数自由度的体系，其宏观热力学性质可以将体系对时间求平均得到，也可以对系综求平均得到，处于平衡状态时，系综的平均值应该是确定的. 经典统计物理的基本课题是确定各种条件下系综的概率密度函数 $\rho(q,p,t)$，再对相应的热力学系统的宏观性质做出统计描述，这就是统计系综的方法.

在平衡态的系综理论中，由能量、体积和粒子数都固定的系统构成的统计系综称为微正则系综；由与温度恒定的大热源接触，具有确定粒子数和体积的系统构成的统计系综称为正则系综；由与温度恒定的大热源和化学势恒定的大粒子源接触，具有确定体积的系统构成的统计系综称为巨正则系综；由与温度恒定的大热源接触并通过无摩擦的活塞与恒压强源接触，具有确定粒子数的系统构成的统计系综称为等温等压系综. 上述各种统计系综都有各自的概率密度函数. 在微正则系综中，系统处于所有可能的微观状态上的概率都相等，即概率密度是不随时间改变的常数，这就是等概率原理. 等概率原理是平衡态统计物理的基本假设.

要把上述理论纳入量子力学，先考虑单一量子态的系综，所有的系统处于相同的量子态，波函数决定了在这一量子态中系统力学量的统计分布，这种量子系综称为纯系综. 在量子力学中，坐标和动量不能同时精确测定，$\Delta q\Delta p \geqslant \hbar/2$，使得测不准关系取极小 $\Delta q\Delta p = \hbar/2$ 的量子态是相干态，那么纯系综相干态对应经典辛（symplectic）变换的演化有何特点？这是一个以前未注意也未能解决的问题. 现在，有了 IWOP 方法，此问题就可迎刃而解，并意外地导致对应经典菲涅耳光学变换的量子力学算符的发现. 把经典光学变换和量子相空间中“相点”的演化联想起来，这也算是本书的一个新看点.

4. 光子数的 Planck 公式，也称为玻色统计公式，可以从对混沌光场的密度算符求光子数的系综平均得到，那么有耦合的多玻色子系统相应的光辐射公式如何求？又如何处理多费米子耦合系统？可以导出广义费米统计公式吗？在导出多模玻色、费米算符的范洪义恒等式后能解决这些问题.

5. 如何发展量子层析成像理论（quantum tomography）？

1932 年，Wigner 在坐标–动量相空间中引入一个经典准概率分布函数（非正定），它的边缘分布分别对应于测量坐标和测量动量的概率，如今已经成为量子统计的主要课题之一. 另外，经典层析成像，也称计算机层析成像 (computerized tomography，CT) 或计

算机辅助层析成像 (computerized assisted tomography, CAT), 是指在不损伤研究对象内部结构的条件下, 利用某种探测源, 根据从对象外部设备所获得的投影数据, 运用一定的数学模型和重建技术, 使用计算机生成对象内部的二维或三维图像, 重现对象内部特征. 量子力学层析成像 (tomography) 是量子物理学家类比 X 光层析成像和计算机层析成像理论, 结合量子相空间的 Wigner 函数理论而提出来的. 在 Wigner 函数的基础上, 量子 tomography 理论的内涵是: 只要测定了某个光场的 Wigner 函数的各个方向的边缘分布, 就可以了解到量子态的特性.

注意到以往国外文献中关注的是 Wigner 函数 (已经变成了相空间中的经典量), 所以很难再深刻挖掘其量子内涵和发展 tomography 理论. 我们改而采用关注 Wigner 算符的方案, 利用有序算符内的积分技术和 Weyl 编序理论, 求 Wigner 算符的 Radon 变换 (一种将二维图像投影到射线上的变换), 可得到某个纯态的投影算符. 进一步研究发现: 此态是完备的, 可构成量子力学新表象. 再引入此态的共轭态, 由这两个互为共轭的态就可构造广义 Wigner 算符, 经过研究发现任意连续变量量子态的新的广义 Wigner 函数的边缘分布恰好是此量子态的层析像 (tomogram). 也就是说, IWOP 方法可以绕开 Wigner 函数 (非正定) 而直接处理 Wigner 算符, 在此基础上量子层析成像理论得以进展, 并在量子相空间中找到对应于正定分布函数的算符.

6. 如何巧妙地发展出一套 Weyl 编序算符的理论?

通常对密度算符进行研究的做法是将其映射到不同类型的经典对应, 在这个过程中, 往往会应用到对量子态所对应的算符的编序情况, 这主要是由于算符的编序情况取决于其满足的经典表示. 对算符进行编序是解决量子力学中经典–量子对应方案的一项基本操作, 在编序过程中可以推导出大量的特殊函数关系式, 促使一些量子力学中的新表象和新密度算符的产生, 进而丰富和发展数理基础. Weyl 编序作为一种特殊编序方式, 在量子力学编序理论中起着十分重要的作用. 本书研究了算符的 Weyl 编序的积分性质, 在此基础上引入了在 Weyl 编序内部的有序积分技术 (IWWP) 以及与其他编序的转换.

7. 通过 IWOP 方法构建纠缠态表象, 找到解密度算符主方程的新方法, 用于求解激光的熵变.

8. 寻找量子相空间中的新变换.

在传统的经典变换 (如傅里叶变换、分数傅里叶变换、菲涅耳变换、汉克尔变换等) 的基础上发展出纠缠变换的内容, 即提出纠缠傅里叶积分变换及分数压缩变换, 为实验物理学家提供新的成像机制. 此动议来自于这样的考虑: 在量子力学中有量子纠缠, 那么它如何反映到光学变换中? 鉴于连续变量的两体纠缠态的函数空间的基矢是双变量厄密多项式, 它是新的完备、正交的函数空间基, 所以寻求将两个独立的多项式的乘积的函数图像变换为双变量厄密多项式的函数图像（这也许可以通过设计新的透镜组合来实现），以对应目前正方兴未艾的量子纠缠的研究. 此项研究内容主要包括以下两个部分：

（1）为了将待变换的函数纠缠起来，我们提出了纠缠傅里叶积分变换的概念，该变换具有逆变换以及模不变的特性. 然后我们将此变换应用到量子力学的算符函数，在有序算符内的积分方法的帮助下研究了 Wigner 算符的纠缠傅里叶积分变换，发现了一个经典函数的纠缠傅里叶积分变换只与它的 Weyl 对应算符在坐标–动量表象的矩阵元相关，这有助于我们发现另外的新变换，如分数压缩变换.

（2）将第一部分的工作推广到双模情形，进而提出了一种新的复形式的纠缠傅里叶积分变换，它可以在双模算符的纠缠态表象中的矩阵元与其 Wigner 函数之间建立一种新的关系. 这个积分变换保持模不变，也有可逆变换. 在此基础上，结合复的 Weyl-Wigner 对应理论，我们发现了产生一个复分数压缩变换的双模算符. 在推导过程中，充分利用了双模 Wigner 算符的纠缠态表象和 Weyl 编序形式，给计算带来了方便. 这两个阶段工作的成果都用了有序算符内的积分理论，自成系统，显示出系列性，是量子统计和经典统计相互借鉴的结晶.

9. 为了将求系综平均转化为对相应的纯态求平均，怎样找到热真空态？

可见，IWOP 理论有渐渐展开的能力，本来是为特定目标而想出来的方法，现在在量子统计方面有出乎意料的新用途.

10. 量子力学的着重点是量子态的波函数，而量子统计力学侧重探求新密度算符的讨论. 用 IWOP 方法可以找到不少新的有统计意义的量子场，我们发现很多新密度算符只有在某种算符排序下才能呈现特殊函数的样貌，引起人们的注意.

我们将围绕这十个方面撰写本书.

2

第 2 章

从经典正态分布到量子力学表象的有序算符形式的正态分布

为了说明量子力学表象可以以有序算符的正态分布形式展现,我们有必要先了解什么是数理统计中的正态分布.

数理统计与概率论是研究大量随机现象规律的一门学科. 自然界(尤其是微观世界)中的现象是瞬息万变、无法完全人为控制的,所以随机性不可避免,现象之间又存在着千丝万缕的不可捉摸的联系,为了研究它们,人们对随机现象做随机试验. 例如物理学家研究悬浮在液体中的固体微粒(如花粉)在液体分子的随机撞击下做无规则的(布朗)运动,观察花粉在某一段时间内运动的轨迹就是一种随机试验,花粉运动的每一个轨道,就代表一个试验的结局. 物理学家无法确切预言每次试验的结局,但能理论上推理出它可能出现的范围. 爱因斯坦用统计方法导出悬浮粒子无规则运动的均方根位移公式,这就是爱因斯坦对分子布朗运动轨道的贡献. 而后法国物理学家佩兰用超显微镜加以观测证实,测定了布朗粒子的平均质量和平均半径,并观测了布朗粒子每隔 30 秒的位移平方的平均值,得出了吻合爱因斯坦理论的结果. 现在人们普遍认为布朗运动的分布函数为正态分布.

2.1 经典正态分布的期望值、方差与熵

在概率论与数理统计中,正态分布最基本、最常用. 实际上,生活中的许多随机现象都服从或近似地服从正态分布. 例如在正常生产条件下各种产品的质量指标,在随机测量过程中测量的结果,生物学中同一群体的某种特征,气象学中的月平均气温、湿度等.

设随机变量 x 有正态分布,参数为 (μ,σ^2),密度函数形式为

$$\frac{1}{\sqrt{2\pi}\sigma}\mathrm{e}^{-\frac{(x-\mu)^2}{2\sigma^2}} \tag{2.1}$$

求其平均值:

$$\begin{aligned}&\frac{1}{\sqrt{2\pi}\sigma}\int_{-\infty}^{+\infty}x\mathrm{e}^{-\frac{(x-\mu)^2}{2\sigma^2}}\mathrm{d}x\\&=\frac{\sigma}{\sqrt{2\pi}}\int_{-\infty}^{+\infty}\mathrm{e}^{-\frac{(x-\mu)^2}{2\sigma^2}}\mathrm{d}\frac{(x-\mu)^2}{2\sigma^2}+\mu\int_{-\infty}^{+\infty}\frac{1}{\sqrt{2\pi}\sigma}\mathrm{e}^{-\frac{(x-\mu)^2}{2\sigma^2}}\mathrm{d}x=\mu\end{aligned} \tag{2.2}$$

求其方差值:令$u=\dfrac{x-\mu}{\sigma}$,有

$$\begin{aligned}D&\equiv\frac{1}{\sqrt{2\pi}\sigma}\int_{-\infty}^{+\infty}(x-\mu)^2\,\mathrm{e}^{-\frac{(x-\mu)^2}{2\sigma^2}}\mathrm{d}x\\&=\frac{\sigma^2}{\sqrt{2\pi}}\int_{-\infty}^{+\infty}u^2\mathrm{e}^{-\frac{u^2}{2}}\mathrm{d}u=\sigma^2\end{aligned} \tag{2.3}$$

可见正态密度 $\mathrm{e}^{-\frac{(x-\mu)^2}{2\sigma^2}}$ 的两个参数 μ 与 σ^2 有明确的概率意义,它完全决定于数学期望与方差.

若要求正态分布的 x^k 的方差,以下公式有用:

$$\frac{1}{\sqrt{2\pi}\sigma}\int_{-\infty}^{+\infty}(x-\mu)^k\,\mathrm{e}^{-\frac{(x-\mu)^2}{2\sigma^2}}\mathrm{d}x=\begin{cases}\sigma^k(k-1)(k-3)\cdots3\cdot1 & (k\text{为偶数})\\0 & (k\ \text{为奇数})\end{cases} \tag{2.4}$$

正态分布为以下方程的解:

$$\frac{\partial f}{\partial x}=\frac{\partial^2 f}{\partial\tau^2} \tag{2.5}$$

实际上,用傅里叶积分法求解可得到

$$f(x,\tau)=\frac{1}{2\sqrt{\pi\tau}}\int_{-\infty}^{+\infty}f(x',0)\,\mathrm{e}^{-\frac{\left(x-x'\right)^2}{4\tau}}\mathrm{d}x' \tag{2.6}$$

正态分布的另一物理例子是:波包 $\Psi(x)=\left(\frac{1}{2\pi\sigma^2}\right)^{\frac{1}{4}}\exp\left(\frac{\mathrm{i}p_0x}{\hbar}-\frac{x^2}{4\sigma^2}\right)$ (σ、p_0 为常量),它代表的态是一个使海森堡不确定关系求得最小值的态.

上述观点也可以另一种方式表达,即在一个保守系中,当内能与体积固定时,正态分布使得熵取极大值.

在经典统计中,熵可以定义为玻尔兹曼常数乘以系统分子的状态数的对数值:

$$S=k\ln W \tag{2.7}$$

这个公式是统计学的中心概念. k 是玻尔兹曼常量, 系热力学的一个基本常量, 数值为 k=1.380649 $\times10^{-23}$ J/K. 系统某一宏观态对应的微观态数愈多,即它的混乱度愈大,则该状态的熵也愈大,因而熵是表征系统状态无序度的物理量. 设 x 是导致熵 S 改变的参量,有

$$W(x)\,\mathrm{d}x=\mathrm{e}^{\frac{S(x)}{k}}\mathrm{d}x \tag{2.8}$$

则由热力学知识可知,熵 S 喜欢取极大值,就应有

$$\left(\frac{\partial S}{\partial x}\right)_0=0 \tag{2.9}$$

代入 Taylor 公式:

$$S(x)=S(0)+\left(\frac{\partial S}{\partial x}\right)_0x+\frac{1}{2}\left(\frac{\partial^2 S}{\partial x^2}\right)_0x^2+\cdots \tag{2.10}$$

取

$$\left(\frac{\partial^2 S}{\partial x^2}\right)_0\equiv-\alpha<0,\quad \alpha>0 \tag{2.11}$$

就有

$$S(x)\simeq S(0)-\frac{\alpha}{2}x^2 \tag{2.12}$$

所以

$$W(x)\,\mathrm{d}x\simeq\mathrm{e}^{\frac{S(0)}{k}}\mathrm{e}^{-\frac{\alpha x^2}{2k}}\mathrm{d}x \tag{2.13}$$

将高斯分布函数归一化:

$$\left[\int_{-\infty}^{+\infty}\mathrm{e}^{\frac{-\alpha x^2}{2k}}\mathrm{d}x\right]^{-1}=\sqrt{\frac{\alpha}{2\pi k}} \tag{2.14}$$

故取归一化的概率分布函数

$$W(x)\to\sqrt{\frac{\alpha}{2\pi k}}\mathrm{e}^{\frac{-\alpha x^2}{2k}} \tag{2.15}$$

恰是正态分布. 为了进一步了解 α 的意义,做积分:

$$\bar{x}^2 \equiv \sqrt{\frac{\alpha}{2\pi k}}\int_{-\infty}^{+\infty} x^2 \mathrm{e}^{\frac{-\alpha x^2}{2k}}\,\mathrm{d}x = -\sqrt{\frac{\alpha}{2\pi k}}\frac{\mathrm{d}}{\mathrm{d}\alpha}\int_{-\infty}^{+\infty} \mathrm{e}^{\frac{-\alpha x^2}{2k}}\,\mathrm{d}x = \frac{k}{\alpha} \tag{2.16}$$

故而 $\alpha = \dfrac{k}{\bar{x}^2}$.

2.2 正态分布(高斯分布)作为二项分布的一种极限

此外,正态分布是许多重要概率分布的极限分布.

设二项分布为

$$P_{\mathrm{B}} = \frac{1}{2^n}\frac{n!}{\left[\frac{1}{2}(n+y-x)\right]!\left[\frac{1}{2}(n-y+x)\right]!} \equiv \frac{1}{2^n}\frac{n!}{\alpha!\beta!} \tag{2.17}$$

$$\alpha+\beta = n, \quad |y-x| \leqslant n \tag{2.18}$$

则当 $n \gg 1$ 时,P_{B} 趋向正态分布.

证 由 Stirling 近似公式

$$n! = n^{n+\frac{1}{2}}\mathrm{e}^{-n}\sqrt{2\pi} \tag{2.19}$$

$$\ln n! = n\ln n - n + \frac{1}{2}\ln 2\pi n \tag{2.20}$$

这样就可以改写 P_{B} 为

$$\begin{aligned} P_{\mathrm{B}} &= \frac{1}{2^n}\frac{n^{\alpha+\frac{1}{2}}\mathrm{e}^{-n}}{n^{\alpha+\frac{1}{2}}\mathrm{e}^{-\alpha}\sqrt{2\pi}\beta^{\beta+\frac{1}{2}}\mathrm{e}^{-\beta}\sqrt{2\pi}} \\ &= \frac{1}{2^n}\frac{1}{\sqrt{2\pi}}n^{n+\frac{1}{2}}\alpha^{-\left(\alpha+\frac{1}{2}\right)}\beta^{-\left(\beta+\frac{1}{2}\right)} \\ &= \sqrt{\frac{2}{\pi n}}\left(1+\frac{y-x}{n}\right)^{-\left(\alpha+\frac{1}{2}\right)}\left(1-\frac{y-x}{n}\right)^{-\left(\beta+\frac{1}{2}\right)} \end{aligned} \tag{2.21}$$

对上式两边取对数,有

$$\begin{aligned} \ln P_{\mathrm{B}} = \ln\sqrt{\frac{2}{\pi n}} &- \frac{1}{2}(n+y-x+1)\ln\left(1+\frac{y-x}{n}\right) \\ &- \frac{1}{2}(n-y+x+1)\ln\left(1-\frac{y-x}{n}\right) \end{aligned} \tag{2.22}$$

因 $|y-x| \leqslant n$,则用泰勒近似

$$\ln(1+x) = x - \frac{x^2}{2} + \cdots \tag{2.23}$$

再用 $n \gg 1$,前式变为

$$\begin{aligned}\ln P_{\mathrm{B}} \approx &\ln\sqrt{\frac{2}{\pi n}} - \frac{1}{2}(n+y-x+1)\left[\frac{y-x}{n} - \frac{1}{2}\left(\frac{y-x}{n}\right)^2\right]\\ &+ \frac{1}{2}(n-y+x+1)\left[+\frac{1}{2}\left(\frac{y-x}{n}\right)^2\right]\\ =&\ln\sqrt{\frac{2}{\pi n}} + \frac{y-x}{n}(x-y) + \frac{(y-x)^2}{2n^2}(n+1)\\ \simeq&\ln\sqrt{\frac{2}{\pi n}} - \frac{(y-x)^2}{2n}\end{aligned} \tag{2.24}$$

故

$$P_{\mathrm{B}} \to \sqrt{\frac{2}{\pi n}}\mathrm{e}^{-\frac{(y-x)^2}{2n}} \tag{2.25}$$

为正态分布.

2.3 正态分布的拉东变换

拉东(Radon)变换是一个积分变换,它将定义在二维平面上的一个函数 $f(x,y)$ 沿着平面上的任意一条直线做线积分,相当于对函数 $f(x,y)$ 做 CT 扫描. 其基本应用是根据 CT 的透射光强重建投影前的函数 $f(x,y)$. CT 扫描可以沿任意法方向 α、与原点成任意距离 s 的直线进行.

$$\iint_{-\infty}^{+\infty}\mathrm{d}y\mathrm{d}x\delta(s-x\cos\alpha-y\sin\alpha)f(x,y) \equiv R(s,\alpha) \tag{2.26}$$

由于狄拉克 δ 函数的限制,以上积分沿着直线 $x\cos\alpha+y\sin\alpha=s$ 进行. 拉东变换中的线积分相当于二维傅里叶变换里沿着同相位线的积分. 得到 $R(s,\alpha)$ 以后可以利用拉东变换的反演来重构 $f(x,y)$.

具体步骤是:对变量 s 做傅里叶积分,得

$$\begin{aligned}\int_{-\infty}^{+\infty}R(s,\alpha)\mathrm{e}^{-\mathrm{i}ks}\mathrm{d}s &= \iint_{-\infty}^{+\infty}\mathrm{d}y\mathrm{d}xf(x,y)\int_{-\infty}^{+\infty}\mathrm{d}s\mathrm{e}^{-\mathrm{i}ks}\delta(s-x\cos\alpha-y\sin\alpha)\\ &= \iint_{-\infty}^{+\infty}\mathrm{d}y\mathrm{d}xf(x,y)\mathrm{e}^{-\mathrm{i}k(x\cos\alpha+y\sin\alpha)}\\ &= \iint_{-\infty}^{+\infty}\mathrm{d}y\mathrm{d}xf(x,y)\mathrm{e}^{-\mathrm{i}\left(k_x x+k_y y\right)} \equiv F(k_x,k_y)\end{aligned} \tag{2.27}$$

其中，$k_x = k\cos\alpha$，$k_y = k\sin\alpha$，对 s 做傅里叶变换相当于沿垂直于同相位线的方向也做傅里叶变换，右边刚好是 $f(x,y)$ 的二维傅里叶变换 $F(k_x,k_y)$. 再用二维傅里叶逆变换公式：

$$\iint_{-\infty}^{+\infty} \mathrm{d}k_x \mathrm{d}k_y F(k_x,k_y) \mathrm{e}^{\mathrm{i}\left(k_x x+k_y y\right)} = f(x,y) \tag{2.28}$$

即可求得原先的函数 $f(x,y)$, 从而得到二维傅里叶变换. 最后用傅里叶逆变换即得反演. 现在我们对二维平面上的一个高斯函数 $\mathrm{e}^{-\left(x-x'\right)^2-\left(p-p'\right)^2}$ 做 Radon 变换：

$$\begin{aligned}
&\iint_{-\infty}^{+\infty} \frac{\mathrm{d}p'\mathrm{d}x'}{\pi}\delta\left(y-\lambda x'-\nu p'\right)\mathrm{e}^{-\left(x-x'\right)^2-\left(p-p'\right)^2} \\
&= \frac{1}{\pi\lambda}\int_{-\infty}^{+\infty}\mathrm{d}p'\mathrm{e}^{-\left(p-p'\right)^2-\left(\frac{y-\nu p'}{\lambda}-x\right)^2} \\
&= \frac{1}{\sqrt{\pi\left(\lambda^2+\nu^2\right)}}\exp\left\{\frac{-\left[y-\left(\lambda x+\nu p\right)\right]^2}{\lambda^2+\nu^2}\right\}
\end{aligned} \tag{2.29}$$

此式称为范氏 (范洪义) 关系方程. 也就是说，任何一个一维正态分布密度可以是两维高斯函数的 Radon 变换. 由它可以立即导出正态分布密度的期望值，令

$$\mu = \lambda x + \nu p \tag{2.30}$$

积分：

$$\begin{aligned}
&\frac{1}{\sqrt{\pi\left(\lambda^2+\nu^2\right)}}\int_{-\infty}^{+\infty}\mathrm{d}y y \mathrm{e}^{\frac{-(y-\mu)^2}{\lambda^2+\nu^2}} \\
&= \iint_{-\infty}^{+\infty}\frac{\mathrm{d}p'\mathrm{d}x'}{\pi}\int_{-\infty}^{+\infty}\mathrm{d}y y\delta\left(y-\lambda x'-\nu p'\right)\mathrm{e}^{-\left(x-x'\right)^2-\left(p-p'\right)^2} \\
&= \iint_{-\infty}^{+\infty}\frac{\mathrm{d}p'\mathrm{d}x'}{\pi}\left(\lambda x'+\nu p'\right)\mathrm{e}^{-\left(x-x'\right)^2-\left(p-p'\right)^2} \\
&= \lambda x+\nu p=\mu
\end{aligned} \tag{2.31}$$

推广到两维正态分布密度（参数为 μ_1、μ_2、σ_1、σ_2、r，r 为两维之间的关联系数）：

$$\begin{aligned}
f\left(x_1,x_2\right) &= \frac{1}{2\pi\sigma_1\sigma_2\sqrt{1-r^2}} \\
&\times\exp\left\{-\frac{1}{2\left(1-r^2\right)}\left[\frac{\left(x-\mu_1\right)^2}{\sigma_1^2}-\frac{2r\left(x_1-\mu_1\right)\left(x_2-\mu_2\right)}{\sigma_1\sigma_2}+\frac{\left(x_2-\mu_2\right)^2}{\sigma_2^2}\right]\right\}, \quad |r|\leqslant 1
\end{aligned} \tag{2.32}$$

其性质为

$$\iint_{-\infty}^{+\infty} f\left(x_1,x_2\right)\mathrm{d}x_1\mathrm{d}x_2 = 1 \tag{2.33}$$

在量子统计中引入正规乘积内的二维正态分布形式的算符,并且分析其边缘分布和方差.通过这种方法,我们可以把量子统计中的密度算符理论与数理统计学联系起来,这是丰富和发展量子相空间分布函数理论的一个新思路.

2.4 对应同一方差的最大熵分布——正态分布

在具有同一方差值 D 的随机连续变量 x 的所有各种分布中,具有最大熵的分布律是正态分布.

具体来说就是:用概率密度 $f(x)$ 给出的连续型随机变量 x 的经典熵的定义为

$$-\int_{-\infty}^{+\infty} f(x)\ln f(x)\,\mathrm{d}x \tag{2.34}$$

其取最大值(条件极值)的条件是

$$\int_{-\infty}^{+\infty} f(x)\,\mathrm{d}x = 1, \quad \int_{-\infty}^{+\infty} (x-\bar{x})^2 f(x)\,\mathrm{d}x = D \tag{2.35}$$

D 是正态分布的方差值.

证 根据求条件极值的一般理论,要使某个积分

$$I \equiv \int_{z}^{z'} \Phi(t,y)\,\mathrm{d}t \tag{2.36}$$

取最大值,其中函数 $y=y(t)$ 处在补充条件

$$\int_{z}^{z'} \Psi_s(t,y)\,\mathrm{d}t = c_s, \quad s=1,2,\cdots,n \tag{2.37}$$

下,则可按方程式

$$\frac{\partial \Phi}{\partial y} + \sum_{s=1}^{m} \alpha_s \frac{\partial \Psi_s}{\partial y} = 0 \tag{2.38}$$

求得,常数 α_s 由给定的补充条件求解.比较方程(2.34)与方程(2.36),现在我们取 $\Phi=-f\ln f$,则有

$$\frac{\partial \Phi}{\partial f} = -\ln f - 1 \tag{2.39}$$

再比较方程(2.35)与方程(2.36),看到

$$\Psi_1 = f, \quad \Psi_2 = (x-\bar{x})^2 f \tag{2.40}$$

$$\frac{\partial\Psi_1}{\partial f}=1,\quad \frac{\partial\Psi_2}{\partial f}=(x-\bar{x})^2 \tag{2.41}$$

以及

$$-\ln f-1+\alpha_1+\alpha_2(x-\bar{x})^2=0 \tag{2.42}$$

$$\Longrightarrow f(x)=c\mathrm{e}^{-\alpha_2(x-\bar{x})^2},\quad c=\mathrm{e}^{-\alpha_1+1} \tag{2.43}$$

于是由归一化得到正态分布

$$c=\frac{1}{\sqrt{2\pi D}},\quad \alpha_2=\frac{1}{2D},\quad f(x)=\frac{1}{\sqrt{2\pi D}}\mathrm{e}^{-\frac{1}{2D}(x-\bar{x})^2} \tag{2.44}$$

证毕.

现在我们“破天荒”地将量子力学的坐标测量算符 $|x\rangle\langle x|$ 写为有序算符的正态分布形式:

$$|x\rangle\langle x|=\delta(x-X)=\frac{1}{2\pi}\int_{-\infty}^{+\infty}\mathrm{d}p\mathrm{e}^{\mathrm{i}p(x-X)} \tag{2.45}$$

这里的 $X=\dfrac{(a+a^\dagger)}{\sqrt{2}}$,$a$ 与 $a^\dagger$ 分别是湮灭和产生算符,$[a,a^\dagger]=1$,故

$$\begin{aligned}|x\rangle\langle x|&=\frac{1}{2\pi}\int_{-\infty}^{+\infty}\mathrm{d}p\mathrm{e}^{\mathrm{i}p\left(x-\frac{a+a^\dagger}{\sqrt{2}}\right)}\\&=\frac{1}{2\pi}\int_{-\infty}^{+\infty}\mathrm{d}p{:}\mathrm{e}^{\mathrm{i}p\left(x-\frac{a+a^\dagger}{\sqrt{2}}\right)-\frac{p^2}{4}}{:}\\&=\frac{1}{\sqrt{\pi}}{:}\mathrm{e}^{-(x-X)^2}{:}\end{aligned} \tag{2.46}$$

其中 : : 表示正规排列.

2.5 正态分布算符作为厄密多项式的母函数

正态分布可以作为厄密多项式的母函数做展开,这一点在以往的数理统计理论中都没有提及. 我们做如下展开:

$$|x\rangle\langle x|=\frac{1}{\sqrt{\pi}}{:}\mathrm{e}^{-(x-X)^2}{:}=\frac{1}{\sqrt{\pi}}\mathrm{e}^{-x^2}{:}\mathrm{e}^{2xX-X^2}{:}=\frac{1}{\sqrt{\pi}}\mathrm{e}^{-x^2}\sum_{n=0}{:}\frac{X^n}{n!}{:}H_n(x) \tag{2.47}$$

这里的 $H_n(x)$ 是厄密多项式,是通过其母函数来定义的:

$$e^{2\lambda x-\lambda^2}=\sum_{m=0}^{\infty}\frac{\lambda^m}{m!}H_m(x) \tag{2.48}$$

故

$$H_m(x)=\frac{d^m}{d\lambda^m}e^{2\lambda x-\lambda^2}\Big|_{\lambda=0} \tag{2.49}$$

单变数厄密多项式 $H_n(x)$ 在量子力学和数学物理中有广泛的应用. $H_n(x)$ 有明确的物理意义, 即它是量子谐振子的本征函数,下面我们就用(2.49)式来导出. 记量子谐振子的本征态是 $|n\rangle$,$|n\rangle=\frac{1}{n!}a^{\dagger n}|0\rangle$ 为粒子态,由此给出

$$\begin{aligned}\langle m|x\rangle\langle x|0\rangle&=\frac{1}{\sqrt{\pi}}e^{-x^2}\sum_{n=0}\frac{H_n(x)}{n!}\langle m|:\left(\frac{a+a^\dagger}{\sqrt{2}}\right)^n:|0\rangle\\&=\frac{1}{\sqrt{\pi}}e^{-x^2}\sum_{n=0}\frac{H_n(x)}{\sqrt{2^n}n!}\langle m|a^{\dagger n}|0\rangle\\&=\frac{1}{\sqrt{\pi}}e^{-x^2}\sum_{n=0}\frac{H_n(x)}{\sqrt{2^n n!}}\langle m|n\rangle\\&=\frac{1}{\sqrt{\pi}}e^{-x^2}\frac{H_m(x)}{\sqrt{2^m m!}}\end{aligned} \tag{2.50}$$

考虑到当 $m=0$,$a|0\rangle=0$,有

$$\langle x|a|0\rangle=\left\langle x\left|\frac{X+iP}{\sqrt{2}}\right|0\right\rangle=\frac{x+i\frac{d}{dx}}{\sqrt{2}}\langle x|0\rangle=0 \tag{2.51}$$

故有

$$|\langle x|0\rangle|^2=\frac{1}{\sqrt{\pi}}e^{-x^2} \tag{2.52}$$

所以

$$\langle m|x\rangle=e^{-x^2/2}\frac{H_m(x)}{\sqrt{\sqrt{\pi}2^m m!}}=\langle x|m\rangle \tag{2.53}$$

这就是粒子态 $|m\rangle$ 的波函数.

另外,用 Baker-Hausdorff 公式可得到

$$e^{2\lambda X-\lambda^2}=\sum_{m=0}^{\infty}\frac{\lambda^m}{m!}H_m(X) \tag{2.54}$$

$$e^{2\lambda X-\lambda^2}=e^{\sqrt{2}\lambda(a+a^\dagger)-\lambda^2}=:e^{\sqrt{2}\lambda(a+a^\dagger)}:=:e^{2\lambda X}:=\sum_{n=0}:\frac{(2\lambda X)^n}{n!}: \tag{2.55}$$

比较这两式中 λ^n 的幂次,就有算符恒等式

$$H_n(X)=:(2X)^n: \tag{2.56}$$

或

$$\begin{aligned}H_n(X)&=\int_{-\infty}^{+\infty}\mathrm{d}xH_n(x)|x\rangle\langle x|=\int_{-\infty}^{+\infty}\frac{\mathrm{d}x}{\sqrt{\pi}}H_n(x):\mathrm{e}^{-(x-X)^2}:\\&=:(2X)^n:\end{aligned} \tag{2.57}$$

这个公式很基础,有不少物理应用,我们在后面还要提到它. 将(2.57)式代入坐标测量算符(2.47)式得

$$|x\rangle\langle x|=:\mathrm{e}^{-(x-X)^2}:=\mathrm{e}^{-x^2}\sum_{n=0}:\frac{X^n}{n!}:H_n(x)=\mathrm{e}^{-x^2}\sum_{n=0}\frac{1}{2^nn!}H_n(X)H_n(x) \tag{2.58}$$

可见正态分布算符作为厄密多项式算符 $H_n(X)$ 的母函数, 展开函数是厄密多项式 $H_n(x)$.

推广到动量表象,其完备性的纯 Gauss 积分形式为

$$\int_{-\infty}^{+\infty}\mathrm{d}p\,|p\rangle\langle p|=\int_{-\infty}^{+\infty}\frac{\mathrm{d}p}{\sqrt{\pi}}:\mathrm{e}^{-(p-P)^2}:=1,\quad P=\frac{a-a^\dagger}{\sqrt{2}\mathrm{i}} \tag{2.59}$$

类似于(2.50)式至(2.58)式的计算步骤,可导出

$$\begin{aligned}\langle m|p\rangle\langle p|0\rangle&=\frac{1}{\sqrt{\pi}}\mathrm{e}^{-p^2}\sum_{n=0}\frac{H_n(p)}{n!}\langle m|:\left(\frac{a-a^\dagger}{\sqrt{2}\mathrm{i}}\right)^n:|0\rangle\\&=\frac{1}{\sqrt{\pi}}\mathrm{e}^{-p^2}\sum_{n=0}\frac{H_n(p)\,\mathrm{i}^n}{\sqrt{2^nn!}}\langle m|a^{\dagger n}|0\rangle\\&=\frac{1}{\sqrt{\pi}}\mathrm{e}^{-p^2}\frac{\mathrm{i}^mH_m(p)}{\sqrt{2^mm!}}\end{aligned} \tag{2.60}$$

故可立得动量表象中粒子数态波函数

$$\langle m|p\rangle=\mathrm{e}^{-p^2/2}\frac{\mathrm{i}^mH_m(p)}{\sqrt{\sqrt{\pi}2^mm!}} \tag{2.61}$$

2.6 含厄密多项式的新二项式定理

在数理统计中,二项分布和负二项分布是重要内容,通常的二项式定理是

$$\sum_{l=0}^{\infty}\binom{m}{l}y^{l}x^{m-l}=(y+x)^{m} \tag{2.62}$$

那么含厄密多项式的二项分布

$$\sum_{l=0}^{\infty}\binom{m}{l}y^{l}H_{m-l}(x) \tag{2.63}$$

的求和结果是什么呢? 在下一章我们再介绍新负二项式定理.

- 含厄密多项式 $H_n(x)$ 的二项式定理

我们把 $H_{m-l}(x)$ 以 $H_{m-l}(X)$ 替代,考虑

$$\sum_{l=0}^{\infty}\binom{m}{l}y^{l}H_{m-l}(X)=\sum_{l=0}^{\infty}\binom{m}{l}y^{l}2^{m-l}:X^{m-l}:=:(2X+y)^{m}: \tag{2.64}$$

再用 Baker-Hausdorff 公式

$$\mathrm{e}^{A+B}=\mathrm{e}^{A}\mathrm{e}^{B}\mathrm{e}^{-\frac{1}{2}[A,B]},\quad [[A,B],A]=0,\quad [[A,B],B]=0 \tag{2.65}$$

得

$$\begin{aligned}\sum_{m}\frac{\lambda^{m}}{m!}\sum_{l=0}^{\infty}\binom{m}{l}y^{l}H_{m-l}(X)&=\sum_{m}\frac{\lambda^{m}}{m!}:(2X+y)^{m}:=:\mathrm{e}^{\lambda(2X+y)}:\\&=\mathrm{e}^{2X\lambda+\lambda y-\lambda^{2}}=\sum_{m}\frac{\lambda^{m}}{m!}H_{m}\left(X+\frac{y}{2}\right)\end{aligned} \tag{2.66}$$

所以

$$\sum_{l=0}^{\infty}\binom{m}{l}y^{l}H_{m-l}(X)=H_{m}\left(X+\frac{y}{2}\right) \tag{2.67}$$

再把 $X\to x$,得到求和公式如下:

定理 1

$$\sum_{l=0}^{\infty}\binom{m}{l}y^{l}H_{m-l}(x)=H_{m}\left(x+\frac{y}{2}\right) \tag{2.68}$$

类似可证明

$$\sum_{l=0}^{m}\binom{m}{l}y^{l}q^{m-l}H_{m-l}(x)=\sum_{l=0}^{\infty}\binom{m}{l}y^{m-l}q^{l}H_{l}(x)=q^{m}H_{m}\left(x+\frac{y}{2q}\right) \tag{2.69}$$

定理 2

$$\sum_{l=0}^{m}\binom{m}{l}H_{m-l}(x)H_{l}(y)=\sqrt{2^{m}}H_{m}\left(\frac{y+x}{\sqrt{2}}\right) \tag{2.70}$$

证 将 $H_{m-l}(x)$ 用算符函数 $H_{m-l}(X)$ 代替,并直接用(2.56)式,可得

$$\begin{aligned}\sum_{l=0}^{m}\binom{m}{l}H_{m-l}(X)H_{l}(y)&=\sum_{l=0}^{m}\binom{m}{l}2^{m-l}:X^{m-l}:H_{l}(y)\\&=\sum_{l=0}^{m}\binom{m}{l}:(2X)^{l}:H_{m-l}(y)\\&=:H_{m}(y+X):\end{aligned} \tag{2.71}$$

对此方程两边左乘 $\sum_{m}\frac{t^{m}}{m!}$ 求和得到

$$\begin{aligned}\sum_{m=0}^{\infty}\frac{t^{m}}{m!}\sum_{l=0}^{m}\binom{m}{l}H_{m-l}(X)H_{l}(y)&=\sum_{m=0}^{\infty}\frac{t^{m}}{m!}:H_{m}(y+X):\\&=:\mathrm{e}^{-t^{2}+2t(y+X)}:=\mathrm{e}^{-t^{2}+2ty}\mathrm{e}^{\sqrt{2}ta^{\dagger}}\mathrm{e}^{\sqrt{2}ta}\\&=\mathrm{e}^{-t^{2}+2ty}\mathrm{e}^{\sqrt{2}ta+\sqrt{2}ta^{\dagger}}\mathrm{e}^{\frac{1}{2}\left[\sqrt{2}ta^{\dagger},\sqrt{2}ta\right]}\\&=\mathrm{e}^{-2t^{2}+2t(y+X)}=\mathrm{e}^{-\left(\sqrt{2}t\right)^{2}+2\sqrt{2}t\frac{y+X}{\sqrt{2}}}\\&=\sum_{m=0}^{\infty}\frac{\left(\sqrt{2}t\right)^{m}}{m!}H_{m}\left(\frac{y+X}{\sqrt{2}}\right)\end{aligned} \tag{2.72}$$

这就导致

$$\sum_{l=0}^{m}\binom{m}{l}H_{m-l}(X)H_{l}(y)=\left(\sqrt{2}\right)^{m}H_{m}\left(\frac{y+X}{\sqrt{2}}\right) \tag{2.73}$$

再让 $X\rightarrow x$,我们就可以看到(2.70)式成立.

2.7 坐标-动量中介表象作为正态分布

现在构造一个较为复杂的正规乘积内的高斯积分,其积分为 1:

$$\frac{1}{\sqrt{\pi\left(A^2+C^2\right)}}\int_{-\infty}^{+\infty}\mathrm{d}x\,{:}\exp\left\{-\frac{[x-(AX+CP)]^2}{A^2+C^2}\right\}{:}=1 \tag{2.74}$$

将其指数写开为

$$\begin{aligned}\frac{1}{\sqrt{\pi\left(A^2+C^2\right)}}{:}\int_{-\infty}^{+\infty}\mathrm{d}x\exp\bigg\{&-\frac{x^2}{A^2+C^2}+\sqrt{2}x\left(\frac{a^\dagger}{A-\mathrm{i}C}+\frac{a}{A+\mathrm{i}C}\right)\\&-\frac{1}{2}a^{\dagger 2}\frac{A+\mathrm{i}C}{A-\mathrm{i}C}-\frac{1}{2}a^2\frac{A-\mathrm{i}C}{A+\mathrm{i}C}-a^\dagger a\bigg\}{:}\end{aligned} \tag{2.75}$$

再由 ${:}\exp\left[-a^\dagger a\right]{:}=|0\rangle\langle 0|$ 就可以将它分解为

$$\int_{-\infty}^{+\infty}\mathrm{d}x\,|x\rangle_{A,C\,A,C}\langle x|=1 \tag{2.76}$$

其中态矢量为

$$|x\rangle_{A,C}=\left[\pi\left(A^2+C^2\right)\right]^{-\frac{1}{4}}\exp\left\{-\frac{x^2}{2\left(A^2+C^2\right)}+\frac{\sqrt{2}xa^\dagger}{A-\mathrm{i}C}-\frac{a^{\dagger 2}}{2}\frac{A+\mathrm{i}C}{A-\mathrm{i}C}\right\}|0\rangle \tag{2.77}$$

它满足本征方程

$$(AX+CP)|x\rangle_{A,C}=x|x\rangle_{A,C} \tag{2.78}$$

(2.75)式说明 $|x\rangle_{A,C}$ 是满足完备性的,所以称它为坐标-动量中介表象(它在量子 tomography 理论中有重要的应用).

由(2.78)式及 $|x\rangle_{\lambda,\nu}$ 的完备性(2.75)式我们立即得到

$$\begin{aligned}\lambda X+\nu P&=\int_{-\infty}^{+\infty}\mathrm{d}xx\,|x\rangle_{\lambda,\nu\,\lambda,\nu}\langle x|\\&=\frac{1}{\sqrt{2\pi}\sigma}\int_{-\infty}^{+\infty}\mathrm{d}xx\,{:}\exp\left\{\frac{-[x-(\lambda X+\nu P)]^2}{2\sigma^2}\right\}{:}\end{aligned} \tag{2.79}$$

这等价于

$$\frac{1}{\sqrt{2\pi}\sigma}\int_{-\infty}^{+\infty}\mathrm{d}xx\exp\left\{\frac{-[x-\mu]^2}{2\sigma^2}\right\}=\mu \tag{2.80}$$

μ 解释为数理统计中的正态分布随机变量 x 的期望值,所以说 $|x\rangle_{\lambda,\nu\,\lambda,\nu}\langle x|$ 是一个正态分布算符. 进一步有

$$\frac{1}{\sqrt{2\pi}\sigma}\int_{-\infty}^{+\infty}\mathrm{d}x\,{:}[x-(\lambda X+\nu P)]^2\exp\left\{\frac{-[x-(\lambda X+\nu P)]^2}{2\sigma^2}\right\}{:}=\sigma^2 \tag{2.81}$$

以及

$$\frac{1}{\sqrt{2\pi}\sigma}\int_{-\infty}^{+\infty}\mathrm{d}x\,\colon[x-(\lambda X+\nu P)]^{2n}\exp\left\{\frac{-[x-(\lambda X+\nu P)]^2}{2\sigma^2}\right\}\colon=\sigma^{2n}(2n-1)!! \tag{2.82}$$

更进一步，推导粒子数态在 ${}_{A,C}\langle x|$ 表象的波函数. 用厄密多项式做展开：

$$\begin{aligned}|x\rangle_{A,C}\ {}_{A,C}\langle x| &= \frac{1}{\sqrt{\pi(A^2+C^2)}}\colon\exp\left\{-\frac{[x-(AX+CP)]^2}{A^2+C^2}\right\}\colon\\&= \frac{1}{\sqrt{\pi(A^2+C^2)}}\colon\exp\left\{-\frac{x^2}{A^2+C^2}\right.\\&\quad\left.+\frac{2x}{\sqrt{A^2+C^2}}\frac{AX+CP}{\sqrt{A^2+C^2}}-\left[\frac{AX+CP}{\sqrt{A^2+C^2}}\right]^2\right\}\colon\\&= \frac{1}{\sqrt{\pi(A^2+C^2)}}\exp\left\{-\frac{x^2}{A^2+C^2}\right\}\\&\quad\times\sum_{n=0}\frac{1}{n!}\colon\left[\frac{AX+CP}{\sqrt{A^2+C^2}}\right]^n\colon H_n\left(\frac{x}{\sqrt{A^2+C^2}}\right)\end{aligned} \tag{2.83}$$

故有

$$\begin{aligned}\langle m|x\rangle_{A,C}\ {}_{A,C}\langle x|0\rangle &= \frac{1}{\sqrt{\pi(A^2+C^2)}}\exp\left\{-\frac{x^2}{A^2+C^2}\right\}\sum_{n=0}\frac{1}{n!}H_n\left(\frac{x}{\sqrt{A^2+C^2}}\right)\\&\quad\times\langle m|\left[\frac{(A+\mathrm{i}C)a^\dagger}{\sqrt{2(A^2+C^2)}}\right]^n|0\rangle\\&= \frac{1}{\sqrt{\pi(A^2+C^2)}}\exp\left\{-\frac{x^2}{A^2+C^2}\right\}\\&\quad\times\left[\frac{A+\mathrm{i}C}{\sqrt{2(A^2+C^2)}}\right]^m H_m\left(\frac{x}{\sqrt{A^2+C^2}}\right)\end{aligned} \tag{2.84}$$

所以粒子数态在坐标–动量中介表象中的波函数为

$$\begin{aligned}\langle m|x\rangle_{A,C} &= \frac{1}{\sqrt{m!(A^2+C^2)}\,\pi^{1/4}}\exp\left\{-\frac{x^2}{2(A^2+C^2)}\right\}\\&\quad\times\left[\frac{A+\mathrm{i}C}{\sqrt{2(A^2+C^2)}}\right]^m H_m\left(\frac{x}{\sqrt{A^2+C^2}}\right)\end{aligned} \tag{2.85}$$

它的模平方就是粒子数态的层析像 (tomogram). 用坐标–动量中介表象完备性可以导出

$$(AX+CP)^n=\left(-\frac{\sqrt{A^2+C^2}}{2}\mathrm{i}\right)^n\colon H_n\left(\frac{AX+CP}{\sqrt{A^2+C^2}}\mathrm{i}\right)\colon \tag{2.86}$$

第 3 章

入门量子统计力学的捷径

科学的目标和方法也属于认识论的范畴. 鉴于微观世界不能被无限精细地观察到,暂时只能用数理统计的方法研究它. 目前有关量子力学认识的主流一是概率假定,二是量子现象依赖于测量(仪器和观测方式),这些与德布罗意的波粒二象性和海森堡的不确定性自洽. 也就是说,波粒二象性本身导致的概率假定和坐标–动量的不可同时精确确定,在量子论中坐标表象–动量表象的相互转换就是傅里叶变换. 所以爱因斯坦认为目前的量子论只限于阐述关于存在的某些可能性的规律.

历史上,卢瑟福最早发现放射性衰变本身就是典型的概率现象,他实验室中的盖格计数器被镭源放出的粒子间歇地打响,说明从镭放出的粒子是受概率论支配的. 光辐射也受概率支配,普朗克在处理黑体辐射时就认识到既然温度是大量原子的热平均,就应该把黑体辐射描述为光的能量在一组谐振子上的分布,每一个振子是能量子 $E = \hbar\nu$. 他发现这种分布是最可几概率分布,能量大多数分布在中间频率范围(鉴于高频率谐振子具有较高的能量,因此,在有限能量的前提下,任何体系含的高频率谐振子都不多,这就是如今的太阳还晒(如果不是暴晒)不死人的原因). 量子统计的知识必须能够与现实生活（例如太阳的热辐射、激光的特点等）密切相关，从而较经典纯数学概率论复杂和深刻. 另一方面，坐标–动量的不可同时精确确定表明坐标算符与动量算符不可交换，反映了光的产生和湮灭是有次序的，这两个相辅相成的机制虽然以概率出现，但就某一个个体而言，是先有生，然后谈其灭. 实际上，从不生不灭出发也可作为探讨量子论的基点.

按照量子理论，一方面，知道一个体系的概率就能算出另一时间值的概率，这样一来，所有物理定律都应和概率有关. 目前的量子论就是基于玻恩概率假定的基础上的. 另一方面，注意到正态分布是经典数理统计的一个重要内容，所以作者认为了解有序算符形式的正态分布（把算符也纳入概率分布的公式中，其在公式中的出现是有序排列的）是入门量子统计理论的捷径，有利于懂得些许经典概率知识的读者很快了解量子统计.

下面我们将指出，沿着寻找经典正态分布的量子对应的途径可以直接构造出物理上有用的多种表象. 例如，构建坐标表象，由此又可直接得到有序排列的玻色分布公式；还可方便地构建 Wigner 算符，也是一种正态分布，这个形式有助于对密度矩阵和量子 tomography（层析投影）的研究，并可直接构建纠缠态表象、坐标–动量中介表象、相干–纠缠态表象等. 除了纯态表象外，用 IWOP 方法表明量子统计力学还应该引入由 Wigner 算符组成的混态表象，用它可以从相空间流形的变换发现新的量子力学变换. 这些都说明了一个道理：通向更深入物理概念的道路是与先进的数学紧密相连的. 表象的多元化丰富了量子统计学.

爱因斯坦说：“物理所追求的是以一个尽可能简单的思想系统，统合所有观察到的事实.”这就需要数学上的综合，而不是物理上的综合. 爱因斯坦的前辈牛顿在他的《自然哲学之数学原理》一书书名中专门加了“数学”二字，他告诉朋友：“为了避免让那些在数学上知之甚少的人损害我的思想，我故意把《自然哲学之数学原理》写得深奥一些.” 又例如，麦克斯韦把电磁的物理内涵归结为一个数学“空壳”，即如今琅琅上口的麦克斯韦方程组. 对于一本量子统计力学入门书，作者以为也需要数学上的综合，如此方能表明为什么这些知识是本质的、精炼的、可靠的. 但是“空门无框遁入难”，我们如何引导初学者入门量子统计呢?

经过几十年的探索，我们摸索到了加深理解量子力学理论的一条思路，就是能否实现对狄拉克符号的 ket-bra 积分. 并且，这样一个简单的思路，引导我们创造了别致的思维方法和深刻的数学技巧——产生算符和湮灭算符在有序排列内的积分理论. 这套特殊的数学为入门量子统计开辟了一条捷径.

按照奥地利物理学家马赫的观点：把作为元素的单个经验排列起来的事业就是科学，怎样排，以及为什么要这样排，取决于感觉. 马赫称元素的单个经验为“感觉”. 笔者阐述量子力学知识也强调某种排列，是指算符的排列，并找到了相应的数学公式. 读者将会看到，对自然界中产生和湮灭机制的深度认识会有助于理解量子力学出现的必然性，而且在产生算符和湮灭算符按正规排列起来的空间可以导致测量坐标的正态分布律，而这恰是狄拉克的坐标表象.

在哲学范畴，表象是事物不在眼前时人们在头脑中出现的关于事物的形象. 从信息加工的角度来讲，表象是指当前不存在的物体或事件的一种知识表征，这种表征具有鲜明的形象性. 在这个意义上，量子力学里态和力学量的具体表述方式称为表象（representation），力学量的本征表象是指可以将该力学量算符用数来明确表示的“框架”. 例如在坐标表象中，体系的状态是以坐标的函数（波函数）来描写的，力学量则是以作用在这种波函数上的运算（如微分运算）来表示的. 各种表示之间的等价相互变换则称为表象变换，这些变换有的可以用幺正变换相联系，有的则不能. 而有资格称为表象的是其必须有完备性. 现行的教科书中仅介绍坐标、动量、相干态表象，而且它们都是纯态表象. 本书将用 IWOP 方法指出，量子力学的表象以有序算符的方式会呈现正态分布，而且还应该有纠缠态表象、混合态表象，这极大地扩充了量子统计理论知识.

3.1 讲述量子统计的新起点——正规排序算符的正态分布

量子的发现源于普朗克研究观察钢水的颜色和温度的实验曲线，给予严密的物理解释，以后上升为量子力学理论，是几个聪明人自由思考的产物，有海森堡的矩阵力学、薛定谔的波动力学和狄拉克的符号法.

作者认为，量子力学也可以理解为是为了适应和描写自然界的光子生–灭现象而出现的一门学科.

为何如是说呢？实际上，牛顿力学和 Lagrange-Hamilton 的分析力学只能描写物体运动规律，经典光学只讨论光在传播过程中的干涉、衍射等，它们都不涉及自然界的生–灭（例如光的吸收和辐射）这一无时无刻不在发生的现象. 例如雷电光的闪和灭，把闪电归结到正、负电荷之间的放电是电磁学的一大看点，但这只是浅尝辄止，还有更深刻的课题可研究，例如为什么放电会发光（麦克斯韦的电磁论只是解释了光是电磁波）. 谈到生–灭，就有“不生不灭”说，注意不是“不灭不生”. 这表明生和灭是有次序的，对于特指的个体，终是生在前，灭在后. 我们人类的每一员也是如此，先诞生，后逝世（这里排斥人的因果轮回说）. 因此，当把生–灭用算符来表示，即有产生算符和湮灭算符的区别，两者是不可交换的. 也正是因为生–灭算符的不可交换性，才导致量子力学的本质是概率性的.

量子统计力学研究的是某一时刻每个微观粒子以一定的概率处于某一量子态；粒子集合的宏观量是相应的可观测量对可能处的各种量子态的统计平均值. 这样，在量子统计力学中，经典统计所建立起来的系综和系综平均值的概念仍然有效. 只是量子意义下的统计系综定义为：处于相同宏观条件下性质全同而各处于某一量子态，并各自独立的大量微观系统的集合. 而且，微观系统的粒子的产生和湮灭机制是阐述量子统计的基本点. 在此基础上，应用统计的方法，解释物体在宏观上、整体上表现出来的物理性质.

量子力学中，玻恩提出的概率假设是："空间中任何一点的波的强度（数学上用波函数的绝对值平方 $|\psi(x)|^2$ 表示）是在这一点碰到粒子的概率的大小." 据此观点做个比方，设适逢流感波及一个村庄，这意味着村里的人患流感的概率增大了. 波动描述的是患病的统计图像，而非流感病原体本身. 物质波以同样方式描述的仅仅是概率的统计图像，而非粒子自身数量.（The wave function determines only the probability that a particle—which brings with itself energy and momentum—takes a path, but no energy and no momentum pertains to the wave.）

坐标空间波函数 $\psi(x)$ 用狄拉克记号被表达为 $\langle x|\psi\rangle$，$\psi(x)=\langle x|\psi\rangle$，$\langle x|$ 是坐标算符 X 的本征态，故而

$$|\psi(x)|^2=\langle\psi|x\rangle\langle x|\psi\rangle \tag{3.1}$$

说明在 x 处找到粒子的概率，是 $|x\rangle\langle x|$ 在归一化的态矢量 $|\psi\rangle$ 的平均值，故 $|x\rangle\langle x|$ 是测量粒子在 x 处的算符，根据此物理意义就有

$$|x\rangle\langle x|=\delta(x-X) \tag{3.2}$$

$\delta(x-X)$ 是狄拉克 Delta 算符函数. 在全空间找到粒子的概率为 1，记为

$$\int_{-\infty}^{+\infty}\mathrm{d}x\,|\psi(x)|^2=1 \tag{3.3}$$

说明

$$\int_{-\infty}^{+\infty}\mathrm{d}x\delta(x-X)=1=\int_{-\infty}^{+\infty}\mathrm{d}x\,|x\rangle\langle x| \tag{3.4}$$

在 x 处找粒子，是为了确定粒子是否在 x 处逗留，粒子可能在此处，也可能不在此处，故测量坐标的算符 X 可以表示为出现（产生 $a^\dagger$）和消失（湮灭 a）算符的组合：

$$X=\left(a+a^\dagger\right)/\sqrt{2} \tag{3.5}$$

而动量算符 P 是要表达这样的意思：粒子要离开此处（消失）到虚幻空间（加一个虚数 i) 去，也不可能在此处再现（不再产生)，故而

$$P=\frac{a-a^{\dagger}}{\sqrt{2}\mathrm{i}} \tag{3.6}$$

要使得动量算符 P 与 X 满足 $[X,P]=\mathrm{i}$(这里为书写方便，令 $\hbar=1$)，鉴于不生不灭的原则，即生在先，灭在后，就有

$$\left[a,a^{\dagger}\right]=1 \tag{3.7}$$

为了形象地说明这一点，注意到产生算符 × 湮灭算符只是代表数算符，$a^{\dagger}a\equiv N$（把一物体从口袋里拿出来再放回口袋中的操作相当于数一下），而“数一数”操作，无关这个个体实质上的生灭；倒过来，（湮灭算符 × 产生算符）代表的才是实质性的先生后灭现象，两者的意义不同. 于是就可以理解“（湮灭算符 × 产生算符）–（产生算符 × 湮灭算符）=1”，这个 1 代表这个个体实际产生过（尽管它后来灭了）.（3.7）式就是量子力学的基本对易关系. 这样引入对易关系是容易被大众所接受的.

湮灭算符 a 有一个重要的性质，就是

$$a\left|0\right\rangle=0 \tag{3.8}$$

也就是说，存在一个真空态 $|0\rangle$，再向它索取是 0 . 相应的，一个量子振子的哈密顿算符

$$H=\frac{P^{2}}{2}+\frac{X^{2}}{2}=a^{\dagger}a+\frac{1}{2} \tag{3.9}$$

$a^{\dagger}a$ 有本征态 $|n\rangle$：

$$\sum_{n=0}^{\infty}\left|n\right\rangle\left\langle n\right|=1 \tag{3.10}$$

$H\left|0\right\rangle=\dfrac{1}{2}\left|0\right\rangle$. 从 $\left[a,a^{\dagger}\right]=1$ 容易得到算符恒等式

$$\mathrm{e}^{\lambda\left(a+a^{\dagger}\right)}=\mathrm{e}^{\lambda a^{\dagger}}\mathrm{e}^{\lambda a}\mathrm{e}^{-\lambda^{2}/2}=:\mathrm{e}^{\lambda\left(a^{\dagger}+a\right)}:\mathrm{e}^{-\lambda^{2}/2} \tag{3.11}$$

这里 :: 标记正规排序，在一个由 a 与 $a^{\dagger}$ 函数所组成的单项式中，当所有的 $a^{\dagger}$ 都排在 a 的左边时，就可将此单项式置于 :: 内部，然后 a 与 $a^{\dagger}$ 就可以交换次序了（这一点在以后还要进一步说明和强调）. 于是，用傅里叶变换和（3.11）式就可得到（详细推导参见（2.46）式）

$$\begin{aligned}\delta\left(x-X\right)&=\frac{1}{2\pi}\int_{-\infty}^{+\infty}\mathrm{d}p\exp[\mathrm{i}p(x-X)]\\&=\frac{1}{\sqrt{\pi}}:\mathrm{e}^{-(x-X)^{2}}:\end{aligned} \tag{3.12}$$

此式说明测量坐标这件事，记为 $|x\rangle\langle x|$，与寻求正态分布 $\frac{1}{\sqrt{\pi}}:\mathrm{e}^{-(x-X)^2}:$ 可以等同起来，这就是我们讲述量子统计的新起点.

(3.12) 式可为爱因斯坦质疑量子力学概率解释解惑:

爱因斯坦在世时，对量子力学有两个不满，一是觉得量子力学的数学不够完善；二是不满概率假设，认为目前的量子论只限于阐述关于存在的某些可能性的规律. 他写道:"似乎很难看到上帝的牌. 但是我一分钟也不会相信他玩着骰子和使用'心灵感应'的手段." 在另一场合他又说:"观察微观世界时，其结果用统计的方法表示是可以理解的……电子存在的概率——以 A 点 50%、B 点 30%、C 点 20%表示（好比扑克的三张牌）. 但认为观测的电子在 A、B、C 三点共同存在岂不可笑?" 当玻尔去抽牌时，爱因斯坦认为上帝不会愚蠢到那样做，上帝早就知道是那张牌了，只是不说而已.

而物理学家玻恩反驳说:"假如说上帝给这个世界创造了一种完美的机制，那至少是他对我们不完美的智力做了大大的让步：为了预言这世界的小小一部分，我们用不着去解数不清的微分方程而可以相当成功地利用骰子." 但是，这并没有说服爱因斯坦. 笔者在这里尝试就此争论为爱翁解惑，读者也许以为笔者狂妄，竟然想为伟大的爱因斯坦解惑. 其实呢，智者千虑，必有一失；愚者百思，偶有一得. 爱翁所说"观测的电子在 A、B、C 三点共同存在岂不可笑"，其实这是可能的，因为在数学上，粒子处在某点由狄拉克 Delta 函数描写，量子力学的坐标测量算符是 $|x\rangle\langle x| = \delta(x-X)$，若仅仅停留在 Delta 函数看，自然会觉得爱翁说得有理. 但是，若将 $|x\rangle\langle x|$ 在粒子的产生–湮灭空间表述出来，那就是正规排序下的高斯分布，即 $|x\rangle\langle x| = \frac{1}{\sqrt{\pi}}:\mathrm{e}^{-(x-X)^2}:$，高斯分布是一种典型的概率分布. 所以设想观测者是外星人，他能自动地将所观察之物以某种方式有序化，他看到的点粒子分布就是概率分布，在 A、B、C 三点共同存在就不可笑了. 即便不提外星人，地球上很多动物的视觉都不同于人类. 陈千帆先生说:"范洪义教授独辟蹊径，利用自己发明的有序算符内积分（IWOP）技术从数学角度自然解释了微观粒子分布的概率本性，即微观粒子坐标的测量算符可以表示为正规排序下的高斯分布. 从此全新的视角重新审视量子力学的概率解释，遂拨云见日，令人茅塞顿开. 感叹爱翁及许多后人对量子力学的概率解释感到困惑真是有点'不识庐山真面目，只缘身在此山中'的感觉."

可见，换一个角度看量子力学，就会有不同的心像. 数学的新形式会带来新的物理心像. 这也就是我发明了有序算符内的积分技术的一点好处.

一方面,注意到 $\frac{1}{\sqrt{\pi}}:\mathrm{e}^{-(x-X)^2}:$ 为高斯型,根据两个函数的卷积定义

$$(u * v)=\int_{-\infty}^{+\infty} u(x-y) v(y) \mathrm{d} y=\int_{-\infty}^{+\infty} v(x-y) u(y) \mathrm{d} y \tag{3.13}$$

其傅里叶变换,记为$\mathfrak{F}$,有性质

$$\mathfrak{F}(u * v)=\mathfrak{F}(u) \mathfrak{F}(v) \tag{3.14}$$

故导致

$$\frac{1}{2\pi\sigma\tau}\int_{-\infty}^{+\infty}:\mathrm{e}^{-\frac{(X-x)^2}{2\sigma^2}}:\mathrm{e}^{-\frac{x^2}{2\tau^2}}\mathrm{d}x=\frac{1}{\sqrt{2\pi(\sigma^2+\tau^2)}}:\mathrm{e}^{-\frac{X^2}{2(\sigma^2+\tau^2)}}: \tag{3.15}$$

所以当取 $\sigma=1/\sqrt{2}$ 时,有

$$\frac{1}{\sqrt{2}\pi\tau}\int_{-\infty}^{+\infty}:\mathrm{e}^{-(X-x)^2}:\mathrm{e}^{-\frac{x^2}{2\tau^2}}\mathrm{d}x=\frac{1}{\sqrt{\pi(1+2\tau^2)}}:\mathrm{e}^{-\frac{X^2}{1+2\tau^2}}: \tag{3.16}$$

另一方面

$$\frac{1}{\sqrt{2\pi}\tau}\int_{-\infty}^{+\infty}|x\rangle\langle x|\,\mathrm{e}^{-\frac{x^2}{2\tau^2}}\mathrm{d}x=\frac{1}{\sqrt{2\pi}\tau}\int_{-\infty}^{+\infty}\delta(x-X)\,\mathrm{e}^{-\frac{x^2}{2\tau^2}}\mathrm{d}x=\frac{1}{\sqrt{2\pi}\tau}\mathrm{e}^{-\frac{X^2}{2\tau^2}} \tag{3.17}$$

故而有算符恒等式

$$\mathrm{e}^{-\frac{X^2}{2\tau^2}}=\frac{1}{\sqrt{\left(1+\frac{1}{2\tau^2}\right)}}:\mathrm{e}^{-\frac{X^2}{1+2\tau^2}}: \tag{3.18}$$

进一步,将(3.12)式写开:

$$\begin{aligned}|x\rangle\langle x| &=\frac{1}{\sqrt{\pi}}:\mathrm{e}^{-\left(x-\frac{a+a^\dagger}{\sqrt{2}}\right)^2}: \\ &=\frac{1}{\sqrt{\pi}}:\exp\left[-x^2+\sqrt{2}x\left(a^\dagger+a\right)-a^\dagger a-\frac{a^{\dagger 2}}{2}-\frac{a^2}{2}\right]: \\ &=\frac{1}{\sqrt{\pi}}\mathrm{e}^{-x^2/2+\sqrt{2}xa^\dagger-\frac{a^{\dagger 2}}{2}}:\mathrm{e}^{-a^\dagger a}:\mathrm{e}^{-x^2/2+\sqrt{2}xa-\frac{a^2}{2}}\end{aligned} \tag{3.19}$$

以后我们可证明(见下一节)

$$:\mathrm{e}^{-a^\dagger a}:=|0\rangle\langle 0| \tag{3.20}$$

代入上式可见 $|x\rangle$ 在 Fock 空间中的显式:

$$\pi^{-1/4}\exp\left[-\frac{x^2}{2}+\sqrt{2}xa^\dagger-\frac{a^{\dagger 2}}{2}\right]|0\rangle=|x\rangle \tag{3.21}$$

它满足方程

$$a|x\rangle=\pi^{-1/4}\left[a,\exp\left[-\frac{x^2}{2}+\sqrt{2}xa^\dagger-\frac{a^{\dagger 2}}{2}\right]\right]|0\rangle$$

$$= \left(\sqrt{2}x - a^{\dagger}\right)|x\rangle \tag{3.22}$$

于是有

$$X|x\rangle = \frac{a + a^{\dagger}}{\sqrt{2}}|x\rangle = x|x\rangle \tag{3.23}$$

可见 $|x\rangle$ 恰好是坐标 X 的本征态，而（3.12）式可以写为

$$\int_{-\infty}^{+\infty} \frac{\mathrm{d}x}{\sqrt{\pi}} :\mathrm{e}^{-(x-X)^2}: = \int_{-\infty}^{+\infty} \mathrm{d}x\,|x\rangle\langle x| = 1 \tag{3.24}$$

或者我们反过来说，量子力学的基本坐标表象本身就是一个排好序的正态分布，玻恩的概率假设有什么可以怀疑的呢！

设想有一个外星人，他有自动调节算符为正规序的特异功能，看到的粒子产生算符 $a^{\dagger}$ 与湮灭算符 a 的函数不管其顺序如何，在他脑中呈现的都是正规序的，这个外星人看到的 $a^{\dagger}$ 与 a 是可以交换的，正如在正规序内的 $a^{\dagger}$ 与 a 是可以交换的那样. 类似的事情发生在地球人身上，物体虽然在地球人的眼球 (作为一个凸透镜）中成倒像，但在其脑中却呈现正像. 既然在 $::$ 内部 $a^{\dagger}$ 与 a 对易，位置测量算符 $|x\rangle\langle x| = (x - X)$ 用有序算符内的积分就转化为高斯分布 $:\mathrm{e}^{-(x-X)^2}:$，这样一来，在地球人看来是确定处在 x 点处的粒子，在外星人看来就是一个概率性的正态分布，量子力学的表象以有序算符的方式呈现正态分布，正态分布是数理统计和概率论中的常见函数，所以玻恩关于量子力学的概率假设从这个侧面看得到了支持.

这就是为什么理论物理学家温伯格认为科学发现的方法通常包括从经验水平到前提的或逻辑上的不连续性的飞跃，对于某些科学家来说（如爱因斯坦和狄拉克），数学形式主义的美学魅力常常提示着这种飞跃的方向. 算符的排列有序或无序，其表现形式不同，感觉有差别. 量子力学就是排列算符指导的科学.

科学从某种意义上来说是为了改善我们的思考方式. 有序算符内的积分方法可以改变我们的思考方式，这种简捷而有效的算符序的重排理论可以将经典变换直接通过积分过渡到量子幺正算符，把普通函数的数理统计算符化，我们就在数学上对量子化的来源有了较深入的理解.

正规乘积内的积分理论：

我们总结正规乘积内的积分理论，它是对 ket-bra 算符实现积分的理论. 首先给出算符正规乘积的性质：

（1）算符 a、$a^{\dagger}$ 在正规乘积内是对易的，即 $:a^{\dagger}a: = :aa^{\dagger}: = a^{\dagger}a$.

（2）C 数可以自由出入正规乘积记号，并且可以对正规乘积内的 C 数进行积分或微分运算，前者要求积分收敛.

（3）正规乘积内部的正规乘积记号可以取消，$:f(a^\dagger,a):g(a^\dagger,a)::=:f(a^\dagger,a)g(a^\dagger,a):$.

（4）正规乘积与正规乘积的和满足 $:f(a^\dagger,a):+:g(a^\dagger,a):=:\left[f(a^\dagger,a)+g(a^\dagger,a)\right]:$.

（5）厄密共轭操作可以进入 $::$ 内部进行，即 $:(W\cdots V):^\dagger=:(W\cdots V)^\dagger:$.

（6）正规乘积内部以下两个等式成立：

$$:\frac{\partial}{\partial a}f(a,a^\dagger):=\left[:f(a,a^\dagger):,a^\dagger\right] \tag{3.25}$$

$$:\frac{\partial}{\partial a^\dagger}f(a,a^\dagger):=-\left[:f(a,a^\dagger):,a\right] \tag{3.26}$$

3.2 零温度真空场 $|0\rangle\langle 0|$ 的正规排列

现在我们证明零温度真空场 $|0\rangle\langle 0|=:\mathrm{e}^{-a^\dagger a}:$.

常言道“不生不灭”（注意不是“不灭不生”），就是说，哪里有光子产生（用 Delta 函数 $\delta\left(a^\dagger\right)$ 表示），就在哪里湮灭它（用 $\delta(a)$ 表示），这符合真空的直观意思. 所以 $|0\rangle\langle 0|$ 用 Delta 函数表示，为

$$|0\rangle\langle 0|=\pi\delta(a)\delta\left(a^\dagger\right) \tag{3.27}$$

这里 $\delta\left(a^\dagger\right)$ 在右边先作用，$\delta(a)$ 排在 $\delta\left(a^\dagger\right)$ 左边，表示先产生后湮灭（常说的自生自灭）. 在以下的计算中要时刻注意算符的排序问题. 再用 Delta 函数的傅里叶变换式将上式写为积分：

$$\pi\delta(a)\delta\left(a^\dagger\right)=\int\frac{\mathrm{d}^2\xi}{\pi}\mathrm{e}^{\mathrm{i}\xi a}\mathrm{e}^{\mathrm{i}\xi^* a^\dagger}=\vdots\int\frac{\mathrm{d}^2\xi}{\pi}\mathrm{e}^{\mathrm{i}\xi a}\mathrm{e}^{\mathrm{i}\xi^* a^\dagger}\vdots \tag{3.28}$$

在一个由 a 与 $a^\dagger$ 函数所组成的单项式中，当所有的 a 都排在 $a^\dagger$ 的左边，则称其为已被排好为反正规乘积了，以 $\vdots\ \vdots$ 标记. 那么 $|0\rangle\langle 0|$ 的正规排序形式（以 $:\ :$ 表示）是什么？当两个算符 $[A,B]\neq 0$，由指数算符的 Taylor 展开，得

$$\begin{aligned}\mathrm{e}^{A}B\mathrm{e}^{-A}&=\left(1+A+\frac{A^2}{2!}+\frac{A^3}{3!}+\cdots\right)B\left(1-A+\frac{A^2}{2!}-\frac{A^3}{3!}+\cdots\right)\\&=B+[A,B]+\frac{1}{2!}[A,[A,B]]+\frac{1}{3!}[A,[A,[A,B]]]+\cdots\end{aligned} \tag{3.29}$$

右边是将 A 的幂次分类组合所得的结果. 当 $[A,[A,B]]=0$, 则级数中断. 例如, 由于 $[a,a^\dagger]=1$, 我们有

$$e^{\frac{\mu}{2\lambda}a^2}a^\dagger e^{-\frac{\mu}{2\lambda}a^2}=a^\dagger+\left[\frac{\mu}{2\lambda}a^2,a^\dagger\right]+\cdots=a^\dagger+\frac{\mu}{\lambda}a \tag{3.30}$$

于是

$$e^{\frac{\mu}{2\lambda}a^2}e^{\lambda a^\dagger}e^{-\frac{\mu}{2\lambda}a^2}=e^{\lambda a^\dagger+\mu a} \tag{3.31}$$

利用(3.30)式得到

$$e^{\frac{\mu}{2\lambda}a^2}e^{\lambda a^\dagger}=e^{\lambda a^\dagger}\left[e^{-\lambda a^\dagger}e^{\frac{\mu}{2\lambda}a^2}e^{\lambda a^\dagger}\right]=e^{\lambda a^\dagger}e^{\frac{\mu}{2\lambda}(a+\lambda)^2} \tag{3.32}$$

将(3.32)式代入(3.31)式得到

$$e^{\lambda a^\dagger+\mu a}=e^{\lambda a^\dagger}e^{\frac{\mu}{2\lambda}(a+\lambda)^2}e^{-\frac{\mu}{2\lambda}a^2}=e^{\lambda a^\dagger}e^{\mu a}e^{\frac{1}{2}\mu\lambda} \tag{3.33}$$

又从

$$e^{-\frac{\lambda}{2\mu}a^{\dagger 2}}ae^{\frac{\lambda}{2\mu}a^{\dagger 2}}=a+\frac{\lambda}{\mu}a^\dagger \tag{3.34}$$

得到

$$e^{\lambda a^\dagger+\mu a}=e^{-\frac{\lambda}{2\mu}a^{\dagger 2}}e^{\mu a}e^{\frac{\lambda}{2\mu}a^{\dagger 2}} \tag{3.35}$$

又有

$$e^{\mu a}e^{-\mu a}e^{-\frac{\lambda}{2\mu}a^{\dagger 2}}e^{\mu a}=e^{\mu a}e^{-\frac{\lambda}{2\mu}\left(a^\dagger-\mu\right)^2} \tag{3.36}$$

代入(3.33)式得到

$$e^{\lambda a^\dagger+\mu a}=e^{\mu a}e^{\lambda a^\dagger}e^{-\frac{\mu\lambda}{2}} \tag{3.37}$$

所以比较(3.31)式和(3.37)式可以看出

$$e^{\mu a}e^{\lambda a^\dagger}=e^{\lambda a^\dagger}e^{\mu a}e^{\mu\lambda}=:e^{\lambda a^\dagger}e^{\mu a}:e^{[\mu a,\lambda a^\dagger]} \tag{3.38}$$

用此式可将 $e^{i\xi^* a^\dagger}e^{i\xi a}$ 重排为

$$|0\rangle\langle 0|=\int\frac{d^2\xi}{\pi}:e^{i\xi^* a^\dagger+i\xi a-|\xi|^2}: \tag{3.39}$$

对 $d^2\xi$ 积分时, 在 $::$ 内部 a 与 $a^\dagger$ 是可交换的, 可以被视为积分参量, 这就是正规乘积排序算符内的积分技术(英文名 IWOP 方法). 积分上式得到

$$|0\rangle\langle 0|=:e^{-a^\dagger a}:=\sum_{n=0}^{\infty}\frac{(-1)^n a^{\dagger n}a^n}{n!} \tag{3.40}$$

这就是 $|0\rangle\langle 0|$ 的正规排序算符形式. 它的另一形式是

$$\begin{aligned}|0\rangle\langle 0| &= 0^N = (1-1)^N \\ &= 1 - N + \frac{1}{2!}N(N-1) - \frac{1}{3!}N(N-1)(N-2) + \cdots \\ &= \sum_{m=0}^{\infty}\frac{(-1)^m}{m!}N(N-1)\cdots(N-m+1)\end{aligned} \tag{3.41}$$

3.3 玻尔兹曼分布向玻色分布的过渡

在经典统计力学中,玻尔兹曼统计量给出了处于热平衡状态下给定单粒子微观状态中发现的粒子数分布公式:

$$\frac{\mathcal{N}_i}{\mathcal{N}} = \frac{\exp\left(-\frac{E_i}{KT}\right)}{\sum_i \exp\left(-\frac{E_i}{KT}\right)} \tag{3.42}$$

上式中,i 是标签单粒子微态的指标,$\mathcal{N}_i$ 是单粒子微观状态 i 中的平均粒子数,$\mathcal{N}$ 是系统中的粒子总数,E_i 是处于微观状态 i 的能量,T 是系统的平衡温度,k 是玻尔兹曼常数. 在等宽的区间内,若 $E_1 > E_2$,则能量大的粒子数 $\mathcal{N}_1$ 小于能量小的粒子数 $\mathcal{N}_2$,即粒子优先占据能量小的状态,这是玻尔兹曼分布律的一个重要结果.

过渡到量子统计,我们只需将 E_i 改成 $\omega\hbar a^\dagger a$,并引入密度算符

$$\rho_c = C\exp\left(-\frac{\omega\hbar}{KT}a^\dagger a\right) \tag{3.43}$$

C 是为了保证 $\mathrm{tr}\,\rho_c = 1$ 而引进的,可得

$$\mathrm{tr}\,\rho_c = C\mathrm{tr}\sum_{n=0}^{\infty}\exp\left(-\frac{\omega\hbar n}{KT}\right)|n\rangle\langle n| = C\sum_{n=0}^{\infty}\exp\left(-\frac{\omega\hbar n}{KT}\right) = 1 \tag{3.44}$$

故而

$$C = \frac{1}{\sum\limits_{n=0}^{\infty}\exp\left(-\frac{\omega\hbar n}{KT}\right)} = 1 - \exp\left(-\frac{\omega\hbar}{KT}\right) \tag{3.45}$$

而粒子数的系综平均

$$\langle a^\dagger a\rangle = \mathrm{tr}\left(a^\dagger a\rho_c\right) = \left[\exp\left(\frac{\omega\hbar}{KT}\right) - 1\right]^{-1} \tag{3.46}$$

即玻色分布公式. 注意这个方程的假设是粒子之间无相互作用, 这意味着每个粒子的状态可以独立于其他粒子的状态来考虑.

相应的, 经典的玻尔兹曼公式 $S = k\ln W$, 这个关系在物理上仍然成立, 只是微观态的概率 W 的计算要计入全同粒子的量子效应. 对于玻色粒子, 经典熵公式在量子统计学中改为

$$\begin{aligned} k\mathrm{tr}\left(\rho_c \ln \rho_c\right) &= k\left(1-\mathrm{e}^{-\frac{\omega\hbar}{kT}}\right)\mathrm{tr}\left\{\mathrm{e}^{-\frac{\omega\hbar}{kT}}\left[\ln\left(1-\mathrm{e}^{-\frac{\omega\hbar}{kT}}\right)-\frac{\omega\hbar}{kT}a^{\dagger}a\right]\right\} \\ &= k\left[\ln\left(1-\mathrm{e}^{-\frac{\omega\hbar}{kT}}\right)\right]+\left(1-\mathrm{e}^{\frac{\omega\hbar}{kT}}\right)^{-1}\frac{\omega\hbar}{kT} \end{aligned} \tag{3.47}$$

3.4 相干态的导出

相空间中占极小空间的量子态是相干态.

经典刘维定理如何推广到量子统计? 鉴于海森堡不确定性关系 $\Delta x\Delta p \geqslant \hbar/2$, 在量子相空间 x-p 中, 必定存在占极小空间 $\Delta x\Delta p = \hbar/2$ 的量子态, 我们利用正规乘积的性质很容易从理论上找到它, 它是相干态, 最接近经典情形, 在量子统计力学中应该有其特殊的地位. 由它可导出量子刘维定理和新的负二项式定理. 前面已经谈到, 如在一个由 a 与 $a^{\dagger}$ 函数所组成的单项式中, 所有的 $a^{\dagger}$ 都排在 a 的左边, 则称其为已被排好为正规乘积了, 以 $::$ 标记之. 由于它已经是正规排序的算符, 因此在 $::$ 的内部, a 与 $a^{\dagger}$ 是可以交换的 (因为无论它们在内部如何任意地交换, 当要撤去 $::$ 时, 所有的 $a^{\dagger}$ 都必须排在 a 的左边, 在 $::$ 内部 a 与 $a^{\dagger}$ 的任何交换不会改变其最终结果), 于是积分就可以对 $::$ 内部的普通函数 (这时候以 a 与 $a^{\dagger}$ 为积分参数) 进行了. 这样的一个积分技术称为有序算符内的积分技术 (IWOP). 它揭开了发展量子力学表象与变换理论的新的一页, 也实现了由"表征与符号"向所谓"纯结构"的发展转变. 用数学公式

$$\int \frac{\mathrm{d}^2 z}{\pi}\mathrm{e}^{-|z|^2+zf+z^* g} = \mathrm{e}^{fg} \tag{3.48}$$

得到

$$1 = :\mathrm{e}^{a^{\dagger}a-a^{\dagger}a}: = \int \frac{\mathrm{d}^2 z}{\pi}:\mathrm{e}^{-|z|^2+za^{\dagger}+z^* a}\mathrm{e}^{-a^{\dagger}a}: = \int \frac{\mathrm{d}^2 z}{\pi}:\mathrm{e}^{-|z|^2/2+za^{\dagger}}\left|0\right\rangle\left\langle 0\right|\mathrm{e}^{-|z|^2/2+z^* a}: \tag{3.49}$$

表明在对 $\mathrm{d}^2 z$ 积分时,在 $::$ 内部 a 与 $a^\dagger$ 可以被视为积分参量,这就是正规乘积排序算符内的积分技术. 令

$$\mathrm{e}^{-|z|^2/2+za^\dagger}|0\rangle=|z\rangle=D(z)|0\rangle \tag{3.50}$$

即是相干态,而

$$D(z)=\mathrm{e}^{za^\dagger-z^*a} \tag{3.51}$$

是平移算符. 可见

$$\int\frac{\mathrm{d}^2 z}{\pi}|z\rangle\langle z|=1 \tag{3.52}$$

$|z\rangle$ 是消灭算符的本征态:

$$a|z\rangle=\left[a,\mathrm{e}^{-|z|^2/2+za^\dagger}\right]|0\rangle=z|z\rangle \tag{3.53}$$

此式说明对于消灭一个粒子,此态形式不变,因为 $|z\rangle$ 是由大量粒子叠加成的态(那么,产生算符有本征态吗?理所当然的是,不存在可归一化的本征态,因为不能无中生有).计算得到

$$|\langle n|z\rangle|^2=\mathrm{e}^{-|z|^2}\frac{|z|^{2n}}{n!} \tag{3.54}$$

说明在相干态中出现 n 个光子的概率是泊松分布的. 实验发现,激光在激发度高的情形下,其光子统计趋近于泊松分布,因此相干态是描述激光的量子态. 由

$$\langle z|N|z\rangle=|z|^2,\quad\langle z|N^2|z\rangle=|z|^2+|z|^4 \tag{3.55}$$

可见

$$\Delta N=|z|^2,\ \Delta N/\langle N\rangle=\frac{1}{|z|} \tag{3.56}$$

表明当平均光子数多 ($|z|$大) 时,光子数的起伏变小,接近经典光场. 引入复数形式的正态分布算符:

$$:\mathrm{e}^{-(z-a)\left(z^*-a^\dagger\right)}:=|z\rangle\langle z| \tag{3.57}$$

由(3.49)式及 IWOP 方法导出

$$\begin{aligned}\mathrm{e}^{fa}\mathrm{e}^{ga^\dagger}&=\int\frac{\mathrm{d}^2 z}{\pi}\mathrm{e}^{fz}|z\rangle\langle z|\mathrm{e}^{gz^*}=\int\frac{\mathrm{d}^2 z}{\pi}:\mathrm{e}^{-|z|^2+z\left(f+a^\dagger\right)+z^*(a+g)-a^\dagger a}:\\&=:\mathrm{e}^{\left(f+a^\dagger\right)(a+g)-a^\dagger a}:\\&=\mathrm{e}^{ga^\dagger}\mathrm{e}^{fa}\mathrm{e}^{fg}\end{aligned} \tag{3.58}$$

故而就可得到

$$\langle z'|z\rangle=\mathrm{e}^{-\frac{1}{2}\left(|z|^2+|z'|^2\right)}\langle 0|\mathrm{e}^{z'^*a}\mathrm{e}^{za^\dagger}|0\rangle$$

$$= \mathrm{e}^{-\frac{1}{2}\left(|z|^2+|z'|^2\right)+z'^*z} \langle 0| \mathrm{e}^{za^\dagger} \mathrm{e}^{z'^*a} |0\rangle = \mathrm{e}^{-\frac{1}{2}\left(|z|^2+|z'|^2\right)+z'^*z} \tag{3.59}$$

说明 $|z\rangle$ 是非正交的.

再算光场中一对互为共轭的正交分量 $X_1 = \dfrac{1}{2}\left(a^\dagger + a\right)$ 和 $X_2 = \dfrac{1}{2\mathrm{i}}\left(a - a^\dagger\right)$ 在相干态中的量子涨落. $[X_1, X_2] = \dfrac{\mathrm{i}}{2}$, 由

$$\langle z| X_1 |z\rangle = \frac{1}{2}(z+z^*), \quad \langle z| X_2 |z\rangle = \frac{1}{2\mathrm{i}}(z-z^*) \tag{3.60}$$

$$\langle z| X_1^2 |z\rangle = \frac{1}{4}\left(z^2 + z^{*2} + 2|z|^2 + 1\right), \quad \langle z| X_2^2 |z\rangle = \frac{1}{4}\left(z^2 + z^{*2} - 2|z|^2 - 1\right) \tag{3.61}$$

均方差为

$$(\Delta X_1)^2 = \langle z| X_1^2 |z\rangle - (\langle z| X_1 |z\rangle)^2 = \frac{1}{4}, \quad (\Delta X_2)^2 = \langle z| X_2^2 |z\rangle - (\langle z| X_2 |z\rangle)^2 = \frac{1}{4} \tag{3.62}$$

于是得

$$\Delta X_1 \Delta X_2 = \frac{1}{4} \tag{3.63}$$

注意到$X_1 = \dfrac{1}{\sqrt{2}}X$, $X_2 = \dfrac{1}{\sqrt{2}}P$, $[X,P] = \mathrm{i}\hbar$,处于相干态的情形下,所以相干态$|z\rangle$是使得坐标–动量不确定关系取极小值的态. 让 $z = \dfrac{1}{\sqrt{2}}(x + \mathrm{i}p)$,$\langle z| X |z\rangle = x$,$\langle z| P |z\rangle = p$,在坐标 x–动量 p 相空间中,代表相干态的不是一个点,而是一个占面积为 $\dfrac{\hbar}{2}$ 的小圆,圆心处在 (x,p) 点,因此描述经典相点的运动的理论也要做相应的修改.

我们进而称

$$D(z)|n\rangle = \frac{1}{\sqrt{n!}}\left(a^\dagger - z^*\right)^n |z\rangle \tag{3.64}$$

是平移 Fock 态,它也是完备的,因为

$$\begin{aligned}\int \frac{\mathrm{d}^2 z}{\pi} D(z)|n\rangle\langle n| D^\dagger(z) &= \int \frac{\mathrm{d}^2 z}{\pi}\frac{1}{n!} \colon \left(a^\dagger - z^*\right)^n (a-z)^n \mathrm{e}^{-|z|^2 + za^\dagger + z^*a - a^\dagger a} \colon \\ &= 1\end{aligned} \tag{3.65}$$

而且

$$\int \frac{\mathrm{d}^2 z}{\pi} D(z)|n\rangle\langle m| D^\dagger(z) = \delta_{m,n} \tag{3.66}$$

作为练习,读者可计算处于平移 Fock 态时的坐标–动量不确定关系.

附录　多模复数的变换和微积分运算知识

让复数 $z_i = x_i + \mathrm{i}y_i$，记

$$\begin{pmatrix} z \\ z^* \end{pmatrix} = \begin{pmatrix} I_n & \mathrm{i}I_n \\ I_n & -\mathrm{i}I_n \end{pmatrix} \begin{pmatrix} x \\ y \end{pmatrix} \tag{3.67}$$

其中

$$z = \begin{pmatrix} z_1 \\ z_2 \\ \vdots \\ z_n \end{pmatrix} = I_n \begin{pmatrix} x \\ y \end{pmatrix}, \quad I_n = \begin{pmatrix} 1 & & & \\ & 1 & & \\ & & \ddots & \\ & & & 1 \end{pmatrix} \tag{3.68}$$

设 z_i 历经变换

$$z_i = A_{ij} z'_j \tag{3.69}$$

于是

$$\begin{pmatrix} z \\ z^* \end{pmatrix} = \begin{pmatrix} A & 0 \\ 0 & A^* \end{pmatrix} \begin{pmatrix} z' \\ z'^* \end{pmatrix} = \begin{pmatrix} A & 0 \\ 0 & A^* \end{pmatrix} \begin{pmatrix} I_n & \mathrm{i}I_n \\ I_n & -\mathrm{i}I_n \end{pmatrix} \begin{pmatrix} x' \\ y' \end{pmatrix} \tag{3.70}$$

故

$$\begin{pmatrix} x \\ y \end{pmatrix} = \begin{pmatrix} I_n & \mathrm{i}I_n \\ I_n & -\mathrm{i}I_n \end{pmatrix}^{-1} \begin{pmatrix} A & 0 \\ 0 & A^* \end{pmatrix} \begin{pmatrix} I_n & \mathrm{i}I_n \\ I_n & -\mathrm{i}I_n \end{pmatrix} \begin{pmatrix} x' \\ y' \end{pmatrix} \tag{3.71}$$

相应的 Jacobi 矩阵为

$$J = \det A \det A^* = \det \left(AA^\dagger\right) \tag{3.72}$$

另记拉普拉斯变换为

$$\Delta = \nabla^2 = 4\partial_{z\bar{z}} \tag{3.73}$$

这里

$$\partial_z = \frac{1}{2}\left(\partial_x - \mathrm{i}\partial_y\right), \quad \partial_{\bar{z}} = \frac{1}{2}\left(\partial_x + \mathrm{i}\partial_y\right) \tag{3.74}$$

$$\mathrm{d}f = \partial_z f \mathrm{d}z + \partial_{\bar{z}} f \mathrm{d}\bar{z} \tag{3.75}$$

就有

$$\partial_{\bar{z}z} \ln z = \partial_{\bar{z}} \frac{1}{z} = \pi\delta^{(2)}(x, y) \tag{3.76}$$

和

$$\partial_{z\bar{z}} \ln z = 0 \tag{3.77}$$

回路积分柯西定理表达为

$$2\pi\mathrm{i} = \oint_{\partial\Omega} \frac{\mathrm{d}z}{z} = \iint_{\Omega} \mathrm{d}\left(\frac{\mathrm{d}z}{z}\right) = \iint_{\Omega} \partial_{\bar{z}}\left(\frac{1}{z}\right) \mathrm{d}\bar{z}\mathrm{d}z$$

$$= \iint \partial_{\bar{z}} \left(\frac{1}{z} \right) 2\mathrm{i}\mathrm{d}x\mathrm{d}y \tag{3.78}$$

3.5 化算符为反正规排序的公式

利用相干态完备性可以将任一算符展开：

$$\rho = \int \frac{\mathrm{d}^2 z}{\pi} \mathcal{P}(z) |z\rangle \langle z| \tag{3.79}$$

展开函数 $\mathcal{P}(z)$ 称为 $\mathcal{P}$-表示. 例如由真空的直观意思，$|0\rangle\langle 0| = \pi\delta(a)\delta(a^\dagger)$，它的 $\mathcal{P}$-表示为

$$\begin{aligned} |0\rangle\langle 0| &= \pi \int \frac{\mathrm{d}^2 z}{\pi} \delta(a) |z\rangle \langle z| \delta(a^\dagger) \\ &= \int \mathrm{d}^2 z \delta(z) |z\rangle \langle z| \delta(z^*) \end{aligned} \tag{3.80}$$

进一步由

$$|z\rangle \langle z| = :\mathrm{e}^{-|z|^2 + z a^\dagger + z^* a - a^\dagger a}: \tag{3.81}$$

于是

$$|0\rangle\langle 0| = \int \mathrm{d}^2 z \delta(z) \delta(z^*) :\mathrm{e}^{-|z|^2 + z a^\dagger + z^* a - a^\dagger a}: = :\mathrm{e}^{-a^\dagger a}: \tag{3.82}$$

与（3.80）式结果相同.

- 化算符为反正规乘积的范氏公式

引入另一相干态

$$|\beta\rangle = \exp[-|\beta|^2/2 + \beta a^\dagger] |0\rangle \tag{3.83}$$

与 $\langle z|$ 的内积为

$$\langle z| \beta\rangle = \exp\left[-\frac{1}{2}(|z|^2 + |\beta|)^2 + z^*\beta\right] \tag{3.84}$$

就有

$$\langle -\beta| \rho(a, a^\dagger) |\beta\rangle = \int \frac{\mathrm{d}^2 z}{\pi} \mathcal{P}(z) \langle -\beta |z\rangle \langle z| \beta\rangle = \int \frac{\mathrm{d}^2 z}{\pi} \mathcal{P}(z) \exp\left[-|z|^2 + \beta^* z - \beta z^*\right] \tag{3.85}$$

此式中 $(\beta^* z-\beta z^*)$ 是一个虚数,故上式可以视为 $\mathcal{P}(z)\exp[-|z|^2]$ 的傅里叶积分变换,其逆变换给出

$$\mathcal{P}(z)=\mathrm{e}^{|z|^2}\int\frac{\mathrm{d}^2\beta}{\pi}\langle-\beta|\rho(a,a^\dagger)|\beta\rangle\exp\left[|\beta|^2+\beta^* z-\beta z^*\right] \tag{3.86}$$

鉴于 $|z\rangle\langle z|$ 的反正规乘积形式(记 $\vdots\ \vdots$ 是反正规乘积)为

$$|z\rangle\langle z|=:\exp[-|z|^2+za^\dagger+az^*-a^\dagger a)]:=\pi\vdots\delta(z-a)\delta\left(z^*-a^\dagger\right)\vdots \tag{3.87}$$

所以

$$\begin{aligned}\rho(a,a^\dagger)&=\int\mathrm{d}^2z\mathrm{e}^{|z|^2}\int\frac{\mathrm{d}^2\beta}{\pi}\langle-\beta|\rho(a,a^\dagger)|\beta\rangle\exp\left[|\beta|^2+\beta^* z-\beta z^*\right]\vdots\delta(z-a)\delta\left(z^*-a^\dagger\right)\vdots\\&=\int\frac{\mathrm{d}^2\beta}{\pi}\vdots\langle-\beta|\rho(a,a^\dagger)|\beta\rangle\exp\left[|\beta|^2+\beta^* a-\beta a^\dagger+a^\dagger a\right]\vdots\end{aligned} \tag{3.88}$$

这是把正规乘积排序变为反正规乘积排序的公式,为笔者首先给出. 特别的,当 $\rho=1$,$\langle-z|\ z\rangle=\exp[(-2|z|^2)$ 时,上式变为

$$\int\frac{\mathrm{d}^2\beta}{\pi}\vdots\exp\left[-|\beta|^2+\beta^* a-\beta a^\dagger+a^\dagger a\right]\vdots=1 \tag{3.89}$$

如在一个由 a 与 $a^\dagger$ 函数所组成的单项式中,所有的 a 都排在 $a^\dagger$ 的左边,则称其为已被排好为反正规乘积了,以 $\vdots\ \vdots$ 标记之.

算符反正规排序之性质:

(1)算符 $a,a^\dagger$ 在反正规乘积内是对易的,即 $\vdots a^\dagger a\vdots=\vdots aa^\dagger\vdots=aa^\dagger$.

(2)C 数可以自由出入反正规乘积记号,并且可以对反正规乘积内的 C 数进行积分或微分运算,前者要求积分收敛.

例 可以证明:

$$\begin{aligned}\mathrm{e}^{-\lambda}\vdots\mathrm{e}^{\left(1-\mathrm{e}^{-\lambda}\right)a^\dagger a}\vdots&=\mathrm{e}^{-\lambda}\vdots\mathrm{e}^{\left(1-\mathrm{e}^{-\lambda}\right)a^\dagger a}\vdots\int\frac{\mathrm{d}^2z}{\pi}|z\rangle\langle z|\\&=\mathrm{e}^{-\lambda}\int\frac{\mathrm{d}^2z}{\pi}\mathrm{e}^{\left(1-\mathrm{e}^{-\lambda}\right)|z|^2}|z\rangle\langle z|\\&=\mathrm{e}^{-\lambda}\int\frac{\mathrm{d}^2z}{\pi}:\exp\left[-\mathrm{e}^{-\lambda}|z|^2+za^\dagger+z^* a-a^\dagger a\right]:\\&=:\exp\left[\left(\mathrm{e}^{\lambda}-1\right)a^\dagger a\right]:=\mathrm{e}^{\lambda a^\dagger a}\end{aligned} \tag{3.90}$$

请读者自己尝试把 $\mathrm{e}^{\lambda a^{\dagger 2}}\mathrm{e}^{ga^2}$ 化为反正规形式.

3.6 用双变量厄密多项式简洁表示的算符恒等式

类比于单变量厄密多项式 $H_n(x)$，我们定义双变量厄密多项式 $H_{m,n}(x,y)$ 的母函数公式如下：

$$\sum_{n,m=0}^{\infty}\frac{t^m\tau^n}{m!n!}H_{m,n}(x,y)=\exp(-t\tau+tx+\tau y) \tag{3.91}$$

或

$$\begin{aligned}H_{m,n}(x,y)&=\frac{\partial^{n+m}}{\partial t^m\partial\tau^n}\exp(tx+\tau y-t\tau)\Big|_{t=\tau=0}\\&=\frac{\partial^m}{\partial t^m}\mathrm{e}^{tx}\frac{\partial^n}{\partial\tau^n}\exp(\tau(y-t))\Big|_{t=\tau=0}\\&=\frac{\partial^m}{\partial t^m}\left[\mathrm{e}^{tx}(y-t)^n\right]\Big|_{t=0}\\&=\sum_{l=0}\binom{m}{l}\frac{\partial^l}{\partial t^l}(y-t)^n\frac{\partial^{m-l}}{\partial t^{m-l}}\mathrm{e}^{tx}\Big|_{t=0}\\&=\sum_{l=0}^{\min(m,n)}\frac{m!n!(-1)^l}{l!(m-l)!(n-l)!}x^{m-l}y^{n-l}\end{aligned} \tag{3.92}$$

比较

$$\begin{aligned}\sum_{n,m=0}^{\infty}\frac{\tau^n t^m}{n!m!}a^{\dagger m}a^n&=\mathrm{e}^{ta^\dagger}\mathrm{e}^{\tau a}=\vdots\exp\left(\tau a+ta^\dagger-\tau t\right)\vdots\\&=\sum_{n,m=0}^{\infty}\frac{\tau^n t^m}{n!m!}\vdots H_{n,m}\left(a,a^\dagger\right)\vdots\end{aligned} \tag{3.93}$$

可见

$$a^{\dagger m}a^n=\vdots H_{n,m}\left(a,a^\dagger\right)\vdots \tag{3.94}$$

这是容易记忆的公式，为笔者首先给出. 另一方面，由有序算符内的积分方法以及

$$\mathrm{e}^{\tau a}\mathrm{e}^{ta^\dagger}=\mathrm{e}^{ta^\dagger}\mathrm{e}^{\tau a}\exp\left[\tau a,ta^\dagger\right]=:\exp\left(\tau a+ta^\dagger+\tau t\right): \tag{3.95}$$

我们可以导出 $a^l a^{\dagger k}$ 的正规乘积表示：

$$\begin{aligned}a^l a^{\dagger k}&=\frac{\partial^{l+k}}{\partial t^k\partial\tau^l}\mathrm{e}^{\tau a}\mathrm{e}^{ta^\dagger}\\&=\frac{\partial^{l+k}}{\partial t^k\partial\tau^l}:\exp\left(\tau a+ta^\dagger+\tau t\right):\Big|_{t=0,\tau=0}\\&=\sum_{s=0}\frac{l!k!a^{\dagger k-s}a^{l-s}}{s!(l-s)!(k-s)!}=\sum_{s=0}s!\binom{l}{s}\binom{k}{s}a^{\dagger k-s}a^{l-s}\end{aligned} \tag{3.96}$$

鉴于

$$\sum_{n,m=0}^{\infty}\frac{\tau^n t^m}{n!m!}a^n a^{\dagger m}=\mathrm{e}^{\tau a}\mathrm{e}^{ta^\dagger}=:\exp\left(\tau a+ta^\dagger+\tau t\right):$$
$$=:\exp\left[-\left(-\mathrm{i}\tau\right)\left(-\mathrm{i}t\right)+\left(-\mathrm{i}t\right)\left(\mathrm{i}a^\dagger\right)+\left(-\mathrm{i}\tau\right)\left(\mathrm{i}a\right)\right]: \tag{3.97}$$

比较(3.96)式和(3.91)式两式我们可以看出

$$a^n a^{\dagger m}=(-\mathrm{i})^{m+n}:H_{m,n}\left(\mathrm{i}a^\dagger,\mathrm{i}a\right): \tag{3.98}$$

3.7 用双变量厄密多项式发展广义负二项式定理

在第 2 章我们将单变量厄密多项式纳入了数理统计中的二项式定理,本节用双变量厄密多项式发展广义负二项式定理.

将(3.96)式与 Laguerre 多项式的标准形

$$L_n^\alpha(x)=\sum_k\binom{\alpha+n}{n-k}\frac{(-x)^k}{k!} \tag{3.99}$$

比较,可见 $H_{m,n}$ 与 L_n^{m-n} 有如下关系:

$$H_{m,n}(\xi,k)=\begin{cases}n!(-1)^n\xi^{m-n}L_n^{m-n}(\xi k), & m>n\\ m!(-1)^m k^{n-m}L_m^{n-m}(\xi k), & m<n\end{cases} \tag{3.100}$$

故有

$$L_n\left(xy\right)=\frac{\left(-1\right)^n}{n!}H_{n,n}\left(x,y\right) \tag{3.101}$$

再由相干态的完备性关系

$$\int\frac{\mathrm{d}^2z}{\pi}\left|z\right\rangle\left\langle z\right|=\int\frac{\mathrm{d}^2z}{\pi}:\mathrm{e}^{-|z|^2+za^\dagger+z^*a-a^\dagger a}:=1 \tag{3.102}$$

以及 IWOP 方法导出

$$\vdots\mathrm{e}^{\lambda aa^\dagger}\vdots=\int\frac{\mathrm{d}^2z}{\pi}\mathrm{e}^{\lambda|z|^2}\left|z\right\rangle\left\langle z\right|=\int\frac{\mathrm{d}^2z}{\pi}:\mathrm{e}^{\lambda|z|^2}\mathrm{e}^{-|z|^2+z^*a+za^\dagger-a^\dagger a}:$$

$$= (1-\lambda)^{-1} \vdots \exp\left[\frac{-\lambda a^\dagger a}{\lambda - 1}\right] \vdots \tag{3.103}$$

进一步由 Laguerre 多项式的母函数公式 $(1-z)^{-1}\exp\left(\frac{xz}{z-1}\right) = \sum\limits_n L_n(x)z^n$ 可知

$$\vdots e^{\lambda a a^\dagger} \vdots = \vdots \sum_{l=0} \lambda^l L_l\left(-a^\dagger a\right) \vdots \tag{3.104}$$

根据积分公式

$$\int \frac{d^2\beta}{\pi} \beta^n \beta^{*m} \exp\exp\left[-|\beta|^2 + \beta\alpha^* + \beta^*\alpha\right] = (-i)^{m+n} H_{m,n}\left(i\alpha^*, i\alpha\right) e^{|\alpha|^2} \tag{3.105}$$

再次用 IWOP 方法给出

$$\begin{aligned}
a^n \vdots e^{\lambda a a^\dagger} \vdots a^{\dagger m} &= \int \frac{d^2 z}{\pi} z^n e^{\lambda |z|^2} |z\rangle \langle z| z^{*m} \\
&= \int \frac{d^2 z}{\pi} z^n z^{*m} \vdots e^{-(1-\lambda)|z|^2 + z a^\dagger + z^* a - a^\dagger a} \vdots \\
&= \frac{1}{(1-\lambda)^{(n+m)/2+1}} \int \frac{d^2 z}{\pi} z^n z^{*m} \vdots e^{-|z|^2 + \frac{1}{\sqrt{1-\lambda}} z a^\dagger + \frac{1}{\sqrt{1-\lambda}} z^* a - a^\dagger a} \vdots \\
&= (-i)^{m+n} (1-\lambda)^{-(n+m)/2-1} \vdots e^{\lambda a^\dagger a/(1-\lambda)} H_{m,n}\left(\frac{i a^\dagger}{\sqrt{1-\lambda}}, \frac{i a}{\sqrt{1-\lambda}}\right) \vdots
\end{aligned} \tag{3.106}$$

另一方面,从(3.94)式又得

$$a^n \vdots e^{\lambda a a^\dagger} \vdots a^{\dagger m} = \sum_{l=0}^{\infty} \frac{\lambda^l}{l!} a^{l+n} a^{\dagger l+m} = \sum_{l=0}^{\infty} \frac{\lambda^l}{l!} (-i)^{m+n+2l} \vdots H_{l+m,l+n}\left(i a^\dagger, i a\right) \vdots \tag{3.107}$$

比较上面两式,可以看到

$$\begin{aligned}
&\sum_{l=0}^{\infty} \frac{\lambda^l}{l!} (-i)^{m+n+2l} \vdots H_{l+m,l+n}\left(i a^\dagger, i a\right) \vdots \\
&\quad = (-i)^{m+n} (1-\lambda)^{-(n+m)/2-1} \vdots e^{\lambda a^\dagger a/(1-\lambda)} H_{m,n}\left(\frac{i a^\dagger}{\sqrt{1-\lambda}}, \frac{i a}{\sqrt{1-\lambda}}\right) \vdots
\end{aligned} \tag{3.108}$$

注意到 $a^\dagger$ 和 a 在 $\vdots\ \vdots$ 中可交换,故做替代 $i a^\dagger \to x, i a \to y, \lambda \to -\lambda$, 得到

$$\sum_{l=0}^{\infty} \frac{\lambda^l}{l!} H_{l+m,l+n}(x,y) = (1+\lambda)^{-(n+m)/2-1} e^{\lambda xy/(1+\lambda)} H_{m,n}\left(\frac{x}{\sqrt{1+\lambda}}, \frac{y}{\sqrt{1+\lambda}}\right) \tag{3.109}$$

这是 $H_{l+m,l+n}(x,y)$ 的母函数公式. 特别的,当 $m=n$ 时,有

$$\sum_{l=0}^{\infty} \frac{\lambda^l}{l!} H_{l+n,l+n}(x,y) = (1+\lambda)^{-n-1} e^{\lambda xy/(1+\lambda)} H_{n,n}\left(\frac{x}{\sqrt{1+\lambda}}, \frac{y}{\sqrt{1+\lambda}}\right) \tag{3.110}$$

用(3.101)式我们就可以将(3.110)式写为

$$\sum_{l=0}^{\infty}\frac{(n+l)!\,(-\lambda)^{l}}{l!n!}L_{n+l}\,(z)=(1+\lambda)^{-n-1}\,\mathrm{e}^{\lambda z/(1+\lambda)}L_{n}\left(\frac{z}{1+\lambda}\right) \tag{3.111}$$

这就是含 Laguerre 多项式的广义负二项式定理. 特别的,当 $z=0$ 时,它约化为负二项式公式:

$$\sum_{l=0}^{\infty}\frac{(n+l)!\,(-\lambda)^{l}}{l!n!}=(1+\lambda)^{-n-1} \tag{3.112}$$

这正是我们所期待的传统的负二项式定理公式.

3.8 相空间的标度变换如何映射成压缩算符

现在我们在相空间中做坐标的标度变换,让 $x\to\dfrac{x}{\mu}$,用坐标表象 $\langle x|$ 构建下式,并积分:

$$\begin{aligned}
\int_{-\infty}^{+\infty}\frac{\mathrm{d}x}{\sqrt{\mu}}\left|\frac{x}{\mu}\right\rangle\langle x| &= \int_{-\infty}^{+\infty}\frac{\mathrm{d}x}{\sqrt{\pi\mu}}\mathrm{e}^{-\frac{x^2}{2\mu^2}+\sqrt{2}\frac{x}{\mu}a^{\dagger}-\frac{a^{\dagger 2}}{2}}:\mathrm{e}^{-a^{\dagger}a}:\mathrm{e}^{-x^2/2+\sqrt{2}xa-\frac{a^2}{2}}\\
&= \frac{1}{\sqrt{\pi}}\int_{-\infty}^{+\infty}\frac{\mathrm{d}x}{\sqrt{\mu}}:\exp\left[-\frac{x^2}{2\mu^2}\left(1+\frac{1}{\mu^2}\right)+\sqrt{2}x\left(\frac{a^{\dagger}}{\mu}+a\right)-a^{\dagger}a-\frac{a^{\dagger 2}+a^2}{2}\right]:\\
&= \operatorname{sech}^{1/2}\sigma\exp\left(-\frac{a^{\dagger 2}}{2}\tanh\sigma\right):\exp\left[a^{\dagger}a\left(\operatorname{sech}\sigma-1\right)\right]:\exp\left(\frac{a^2}{2}\tanh\sigma\right)\\
&\equiv S_1
\end{aligned} \tag{3.113}$$

其中,$\mu=\mathrm{e}^{\sigma}$. 再根据 $\mathrm{e}^{\lambda a^{\dagger}a}=:\mathrm{e}^{(\mathrm{e}^{\lambda}-1)a^{\dagger}a}:$,去掉上式中的记号 : :,即得

$$\int_{-\infty}^{+\infty}\frac{\mathrm{d}x}{\sqrt{\mu}}\left|\frac{x}{\mu}\right\rangle\langle x|=\mathrm{e}^{-\frac{a^{\dagger 2}}{2}\tanh\sigma}\mathrm{e}^{\left(a^{\dagger}a+\frac{1}{2}\right)\ln\operatorname{sech}\sigma}\mathrm{e}^{\frac{a^2}{2}\tanh\sigma}=\mathrm{e}^{\frac{\sigma}{2}\left(a^2-a^{\dagger 2}\right)} \tag{3.114}$$

说明经典变换 $x\to\dfrac{x}{\mu}$ 映射为压缩算符 S_1.

$$S_1 a S_1^{-1}=a\cosh\sigma+a^{\dagger}\sinh\sigma \tag{3.115}$$

$$S_1 X S_1^{-1}=\mu X,\quad S_1 P S_1^{-1}=P/\mu \tag{3.116}$$

这就是 IWOP 方法的魅力,无需用李群和李代数的理论我们就导出了压缩算符的显式的正规乘积形式,这也体现了符号法的应用潜力和数学美感. 事实上,用狄拉克的动

量本征态也可以构造出单模压缩算符:

$$\sqrt{\mu}\int_{-\infty}^{+\infty}\mathrm{d}p\,|\mu p\rangle\langle p|=\mathrm{e}^{-\frac{\sigma}{2}\left(a^2-a^{\dagger 2}\right)},\quad \mu=\mathrm{e}^{\sigma} \tag{3.117}$$

而从 $(q_1,q_2)\to(q_1\cosh\sigma+q_2\sinh\sigma,q_1\sinh\sigma+q_2\cosh\sigma)$ 的映射构造积分:

$$\iint_{-\infty}^{+\infty}\mathrm{d}q_1\mathrm{d}q_2\,|q_1\cosh\sigma+q_2\sinh\sigma,q_1\sinh\sigma+q_2\cosh\sigma\rangle\langle q_1,q_2|=S_2 \tag{3.118}$$

用 IWOP 积分之,可以得到

$$\begin{aligned}S_2&=\operatorname{sech}\sigma\exp\left[a^\dagger b^\dagger\tanh\sigma\right]\exp\left[\left(a^\dagger a+b^\dagger b+1\right)\ln\operatorname{sech}\sigma\right]\exp\left[-ab\tanh\sigma\right]\\&=\mathrm{e}^{\frac{\sigma}{2}\left(a^\dagger b^\dagger-ab\right)}\end{aligned} \tag{3.119}$$

此为双模压缩算符:

$$S_2aS_2^{-1}=a\cosh\sigma-b^\dagger\sinh\sigma,\quad S_2bS_2^{-1}=b\cosh\sigma-a^\dagger\sinh\sigma \tag{3.120}$$

这些例子都表明:狄拉克的符号是可以用 IWOP 技术积分的,构造有物理意义的 ket-bra 积分式并积分它,就可以从狄拉克的基本表象出发构造出许多量子力学么正变换,从而定义新的量子力学态矢. 变换理论被狄拉克称为“我一生中最使我兴奋的一件工作”“是我的至爱”,量子态与算符在不同表象下的幺正变换是经典力学中切变换的类比,“变换的应用日益广泛,是理论物理学新方法的精华”. 所以,IWOP 技术也发展了量子力学的变换理论,在量子力学不同表象之间、经典变换与量子幺正变换之间架起了“桥梁”. 量子力学中的许多表象变换可以通过把经典变换映射成各种 ket-bra 型积分投影算符而得以实现,用 IWOP 技术完成这些积分运算可以直接得到它们的显式形式,直接地完成两种变换间的过渡,从而很自洽地补充了狄拉克原有理论中关于对易括号和经典泊松括号的类比关系的讨论. 国际量子力学专家们这样评价 IWOP 技术:“It joints the two formalism (integral representation and operators) in a very clever way. The IWOP technique should be widely known.”“I believe it will be rather useful for many PhD students as well as researchers working in the field of quantum optics. ”而国内量子力学业内人士认为 IWOP 技术的发明是量子力学历史上值得注记的一个事件,应该写在教科书中薪火相传. 有了 IWOP 技术,许多量子理论中貌似艰深的、常令人敬而远之的公式变得很容易解读,它们的物理意义更加明了,数理结构的内在美通过数学的发展而再次折射于世人眼前. 黎曼说过:“只有在微积分发明之后,物理学才成为一门科学.”对于狄拉克符号法而言,在 IWOP 技术被发明之后,便更能显示出它的巨大价值之所在了. 人们也进一步领会了狄拉克发明符号的天才.

狄拉克坦陈数学美"是我们的一种信条,相信描述自然界的基本规律的方程都必定有显著的数学美",因为自然界为它的物理定律选择了优美的数学结构. 揭示自然规律的数学美要求开拓者除了要有微妙的洞察力,独具慧眼,还要有解决深奥而重要问题的能力,而 IWOP 技术体现了科学的艺术魅力. 对于某些科学家来说,数学形式主义的美学魅力常常提示着一种飞跃的方向. 假如狄拉克早在 20 世纪 30 年代能发明 IWOP 技术,那么他马上就会做积分(3.113)式而在理论上首先发现压缩态,而不会等到 20 世纪 80 年代才开始压缩态的研究. 尽管科学研究可能不会像凡·高的名作那样给我们带来狂喜,但科学的气氛却有其内在的美——清晰、朴素和富于思想. 有人打比方说,读唐诗犹如学一条物理中的数学定理;如果你接受这种说法,那么你应该体会到,证明(3.113)式就如同是在做一首永远传诵的好诗.

3.9 径向坐标算符 $\hat{r}^n$ 的相干态平均值

为了求径向坐标算符的相干态平均值,我们需要把 $\hat{r}^n$ 化为正规乘积. 用三维坐标表象的完备性,得

$$\hat{r}^n = \int \mathrm{d}^3\vec{x}|\vec{x}\rangle\langle\vec{x}|r^n \tag{3.121}$$

这里 $|\vec{x}\rangle = |x\rangle|y\rangle|z\rangle$.

用球极坐标,得

$$x = r\sin\theta\cos\varphi, \quad y = r\sin\theta\sin\varphi, \quad z = \cos\theta \tag{3.122}$$

于是,三维坐标本征态表示为

$$|\vec{x}\rangle = \pi^{-\frac{3}{4}} \exp\left\{-\frac{1}{2}r^2 + \sqrt{2}r\left(\sin\theta\cos\varphi a_1^\dagger + \sin\theta\sin\varphi a_2^\dagger + \cos\theta a_3^\dagger\right) - \frac{1}{2}\sum_{k=1}^{3} a_k^{\dagger 2}\right\}|000\rangle \tag{3.123}$$

于是

$$|\vec{x}\rangle\langle\vec{x}| = \pi^{-\frac{3}{2}} :\exp\left\{-r^2 + \sqrt{2}r\left[\sin\theta\cos\varphi\left(a_1^\dagger + a_1\right) + \sin\theta\sin\varphi\left(a_2^\dagger + a_2\right)\right.\right.$$
$$\left.\left. + \cos\theta\left(a_3^\dagger + a_3\right)\right] - \sum_{k=1}^{3}\left[\frac{1}{2}\left(a_k^{\dagger 2} + a_k^2\right) + a_k^\dagger a_k\right]\right\}:$$

$$
\begin{aligned}
&= \pi^{-\frac{3}{2}} :\exp\left\{-r^2 + 2r\left[\sin\theta\cos\varphi X_1 + \sin\theta\sin\varphi X_2 + \cos\theta X_3\right] - \sum_{k=1}^{3} X_k^2\right\}: \\
&= \pi^{-\frac{3}{2}} :\exp\left\{-r^2 + 2r\vec{n}\cdot\vec{X} - \vec{X}^2\right\}:
\end{aligned} \tag{3.124}
$$

这里 $X_k = \frac{1}{\sqrt{2}}(a_k + a_k^\dagger)$ 处在正规乘积内部,故被视为普通参数.

$$
\vec{n} = (\sin\theta\cos\varphi, \sin\theta\sin\varphi, \cos\theta) \tag{3.125}
$$

是单位矢量.

用泊松积分公式:

$$
\begin{aligned}
&\int_0^{2\pi} \mathrm{d}\varphi \int_0^{\pi} \sin\theta \mathrm{d}\theta f(m\sin\theta\cos\varphi + n\sin\theta\sin\varphi + k\cos\theta) \\
&\quad = 2\pi \int_{-1}^{1} f\left(u\sqrt{m^2+n^2+k^2}\right) \mathrm{d}u
\end{aligned} \tag{3.126}
$$

及有序算符内的积分方法,我们对方向角积分,得到

$$
\begin{aligned}
\int \mathrm{d}^3\vec{x}|\vec{x}\rangle\langle\vec{x}| &= \pi^{-\frac{3}{2}} \int_0^{\infty} r^2 \mathrm{d}r \int_0^{2\pi} \mathrm{d}\varphi \int_0^{\pi} \sin\theta \mathrm{d}\theta :\exp\left\{-r^2 + 2r\vec{n}\cdot\vec{X} - \vec{X}^2\right\}: \\
&= \frac{2}{\sqrt{\pi}} \int_0^{\infty} r^2 \mathrm{d}r \int_{-1}^{1} \mathrm{d}u :\exp\left\{-r^2 + 2ru\sqrt{X_1^2 + X_2^2 + X_3^2} - \vec{X}^2\right\}: \\
&= \frac{2}{\sqrt{\pi}} \int_0^{\infty} r^2 \mathrm{d}r : \frac{1}{2r|\hat{r}|} \exp\left\{-r^2 - 2ru|\hat{r}| - |\hat{r}|^2\right\} |_{-1}^{1}: \\
&=: \frac{1}{\sqrt{\pi}} \int_0^{\infty} \mathrm{d}r \frac{r}{|\hat{r}|} \left(\mathrm{e}^{-(r-|\hat{r}|)^2} - \mathrm{e}^{-(r+|\hat{r}|)^2}\right):
\end{aligned} \tag{3.127}
$$

其中已经定义了

$$
|\hat{r}| = \left(X_1^2 + X^2 + X_3^2\right)^{\frac{1}{2}} \tag{3.128}
$$

于是有

$$
\hat{r}^n = \int_0^{\infty} \frac{\mathrm{d}r}{\sqrt{\pi}} : \frac{r^{n+1}}{|\hat{r}|} \left[\mathrm{e}^{-(r-|\hat{r}|)^2} - \mathrm{e}^{-(r+|\hat{r}|)^2}\right]: \tag{3.129}
$$

令

$$
\begin{aligned}
I_{n\pm} &\equiv \int_0^{\infty} \frac{\mathrm{d}r}{\sqrt{\pi}} : \frac{r^{n+1}}{|\hat{r}|} \mathrm{e}^{-(r\pm|\hat{r}|)^2} := \int_{\pm|\hat{r}|}^{\infty} \frac{\mathrm{d}r}{\sqrt{\pi}} : \frac{(r\mp|\hat{r}|)^{n+1}}{|\hat{r}|} \mathrm{e}^{-r^2}: \\
&= \sum_{k=0}^{n+1} C_{n+1}^k : \left(\int_0^{\infty} + \int_{\pm|\hat{r}|}^{0}\right) r^k \frac{\mathrm{d}r}{\sqrt{\pi}|\hat{r}|} (\mp|\hat{r}|)^{n+1-k} \mathrm{e}^{-r^2}:
\end{aligned} \tag{3.130}
$$

于是有

$$
\hat{r}^n = I_{n-} - I_{n+} = \sum_{k=0}^{n+1} C_{n+1}^k : |\hat{r}|^{n-k} \left[1 - (-1)^{n+1-k}\right] \int_0^{\infty} r^k \frac{\mathrm{d}r}{\sqrt{\pi}} \mathrm{e}^{-r^2}:
$$

$$+\sum_{k=0}^{n+1} C_{n+1}^{k} :|\hat{r}|^{n-k}\left(1+(-1)^{n+1}\right)(-1)^{k} \int_{0}^{|\hat{r}|} r^{k} \frac{\mathrm{d} r}{\sqrt{\pi}} \mathrm{e}^{-r^{2}}: \tag{3.131}$$

当 $n=2m, 1+(-1)^{n+1} \equiv 0$,以及当且仅当 k 是偶数,$1-(-1)^{n+1-k}=1+(-1)^{k} \neq 0$,令 $k=2l$,则上式变为

$$\begin{aligned}
\hat{r}^{2m} &= 2 \sum_{l=0,1,\ldots}^{m} C_{2m+1}^{2l} :|\hat{r}|^{2m-2l} \int_{0}^{\infty} r^{2l} \frac{\mathrm{d} r}{\sqrt{\pi}} \mathrm{e}^{-r^{2}}: \\
&= \sum_{l=0}^{m} \frac{(2m+1)!}{4^{l}(2m+1-2l)!l!} :|\hat{r}|^{2m-2l}:
\end{aligned} \tag{3.132}$$

特别的,$m=1$ 时,上式约化为

$$\hat{r}^{2}=:|\hat{r}|^{2}:+\frac{3}{2}$$

把它与下式比较:

$$X_{1}^{2}+X_{2}^{2}+X_{3}^{2}=:\left(X_{1}^{2}+X_{2}^{2}+X_{3}^{2}\right):+\frac{3}{2} \tag{3.133}$$

我们看到 $\hat{r}^{2}=X_{1}^{2}+X_{2}^{2}+X_{3}^{2}$,因此

$$\left(X_{1}^{2}+X_{2}^{2}+X_{3}^{2}\right)^{m}=\sum_{k=0}^{m} \frac{(2m+1)!}{4^{k}(2m+1-2k)!k!} :\left(X_{1}^{2}+X_{2}^{2}+X_{3}^{2}\right)^{m-k}: \tag{3.134}$$

当 $m=2,3$,我们得到

$$\hat{r}^{4}=:|\hat{r}|^{4}:+:5|\hat{r}|^{2}:+\frac{15}{4}, \quad \hat{r}^{6}=:|\hat{r}|^{6}:+:\frac{21}{2}|\hat{r}|^{4}:+:\frac{105}{4}|\hat{r}|^{2}:+\frac{105}{8} \tag{3.135}$$

现在讨论 $n=-2$ 的情况:

$$\begin{aligned}
\hat{r}^{-2} &= \int_{0}^{\infty} \frac{\mathrm{d} r}{\sqrt{\pi}} : \frac{r^{-1}}{|\hat{r}|}\left[\mathrm{e}^{-(r-|\hat{r}|)^{2}}-\mathrm{e}^{-(r+|\hat{r}|)^{2}}\right]: \\
&= \int_{0}^{\infty} \frac{\mathrm{d} r}{\sqrt{\pi}} : \frac{1}{r|\hat{r}|}\left(\mathrm{e}^{2r|\hat{r}|}-\mathrm{e}^{-2r|\hat{r}|}\right) \mathrm{e}^{-r^{2}-|\hat{r}|^{2}}: \\
&= \sum_{k=0}^{\infty} \int_{0}^{\infty} \frac{\mathrm{d} r}{\sqrt{\pi}} : \frac{2(2r|r|)^{2k+1}}{(2k+1)!r|\hat{r}|} \mathrm{e}^{-r^{2}-|\hat{r}|^{2}}: \\
&= \sum_{k=0}^{\infty} : \frac{2^{2k+1}|\hat{r}|^{2k}}{(2k+1)!} \mathrm{e}^{-|\hat{r}|^{2}} : \int_{0}^{\infty} \frac{2r^{2k}}{\sqrt{\pi}} \mathrm{e}^{-r^{2}} \mathrm{d} r \\
&= \sum_{k=0}^{\infty} : \frac{2^{2k+1}|\hat{r}|^{2k}}{(2k+1)!} \mathrm{e}^{-|\hat{r}|^{2}} \frac{(2k)!}{2^{2k}k!}: \\
&= \sum_{k=0}^{\infty} : \frac{2|\hat{r}|^{2k}}{(2k+1)k!} \sum_{j=0}^{\infty} \frac{\left(-|\hat{r}|^{2}\right)^{j}}{j!}:
\end{aligned}$$

$$= 2\sum_{k=0}^{\infty}\sum_{j=0}^{k}\frac{(-1)^{k-j}}{j!(k-j)!(2j+1)!}:|\hat{r}|^{2k}: \tag{3.136}$$

用贝塔函数公式:

$$B\left(k+1,\frac{1}{2}\right) = 2\int_0^1(1-t^2)^k\mathrm{d}t = 2\int_0^1\mathrm{d}t\sum_{j=0}^{k}\frac{k!(-1)^jt^{2j}}{j!(k-j)!}$$
$$= 2\sum_{j=0}^{k}\frac{k!(-1)^j}{j!(k-j)!(2j+1)} \tag{3.137}$$

以及 $B\left(k+1,\frac{1}{2}\right) = \Gamma\left(\frac{1}{2}\right)\Gamma(k+1)\Big/\Gamma\left(k+\frac{2}{3}\right)$,我们得到

$$\hat{r}^{-2} = \sum_{k=0}^{\infty}\frac{(-1)^k}{k!}B\left(k+1,\frac{1}{2}\right):\hat{r}^{2k}: = \sum_{k=0}^{\infty}\frac{(-1)^k2^{2k+1}k!}{(2k+1)!}:\hat{r}^{2k}: \tag{3.138}$$

进一步，从（3.131）式可以看到，当 $n = 2m-1$ 为奇，当且仅当 k 是奇数，$1-(-1)^{n+1-k} = 1-(-1)^k \neq 0$,以及 $1+(-1)^{n+1}\equiv 2$,由（3.131）式给出

$$\hat{r}^{2m-1} = \sum_{p=0}^{m-1}\mathrm{C}_{2m}^{2p+1}:|\hat{r}|^{2m-2p-2}\int_0^{\infty}2r^{2p+1}\frac{\mathrm{d}r}{\sqrt{\pi}}\mathrm{e}^{-r^2}:+2:\int_0^{|\hat{r}|}(r-|\hat{r}|)^{2m}\frac{\mathrm{d}r}{\sqrt{\pi}|\hat{r}|}\mathrm{e}^{-r^2}:$$
$$= \sum_{p=0}^{m-1}:\mathrm{C}_{2m}^{2p+1}|\hat{r}|^{2m-2p-2}\frac{p!}{\sqrt{\pi}}:+2:\int_0^{|\hat{r}|}(r-|\hat{r}|)^{2m}\frac{\mathrm{d}r}{\sqrt{\pi}|\hat{r}|}\mathrm{e}^{-r^2}: \tag{3.139}$$

把 e^{-r^2} 展开为无穷级数,对上式中的第二部分积分,得

$$:\frac{2}{|\hat{r}|}\int_0^{|\hat{r}|}(r-|\hat{r}|)^{2m}\mathrm{e}^{-r^2}\mathrm{d}r: = :\frac{2}{|\hat{r}|}\sum_{k=0}^{\infty}\frac{(-1)^k}{k!}\int_0^{|\hat{r}|}(r-|\hat{r}|)^{2m}r^{2k}\mathrm{d}r:$$
$$=:\frac{2}{|\hat{r}|}\sum_{k=0}^{\infty}\frac{(-1)^k}{k!}|\hat{r}|^{2m+2k+1}\int_0^1(r-1)^{2m}r^{2k}\mathrm{d}r:$$
$$=:\frac{2}{|\hat{r}|}\sum_{k=0}^{\infty}\frac{(-1)^k}{k!}|\hat{r}|^{2m+2k+1}B(2m+1,2k+1):$$
$$= 2:\sum_{k=0}^{\infty}\frac{(-1)^k(2m)!(2k)!}{k!(2m+2k+1)!}|\hat{r}|^{2(m+k)}: \tag{3.140}$$

将（3.140）式代入（3.139）式,得

$$\hat{r}^{2m-1} =:\frac{2}{\sqrt{\pi}}\sum_{k=0}^{\infty}\frac{(-1)^k(2m)!(2k)!}{k!(2m+2k+1)!}|\hat{r}|^{2m+2k}:+\frac{1}{\sqrt{\pi}}\sum_{k=0}^{m-1}:k!\mathrm{C}_{2m}^{2k+1}|\hat{r}|^{2m-2k-2}: \tag{3.141}$$

特别的,当 $m=1$ 时,有

$$\hat{r} = \frac{2}{\sqrt{\pi}}+:\frac{4}{\sqrt{\pi}}\sum_{k=0}^{\infty}\frac{(-1)^k(2k)!}{k!(2k+3)!}|\hat{r}|^{2k+2}:$$

当 $m=0$ 时,有正规乘积展开式:

$$\hat{r}^{-1} = \int_0^\infty \frac{\mathrm{d}r}{\sqrt{\pi}} : \frac{1}{|\hat{r}|} \left[\mathrm{e}^{-(r-|\hat{r}|)^2} - \mathrm{e}^{-(r+|\hat{r}|)^2} \right] :$$
$$= : \frac{2}{\sqrt{\pi}} \sum_{k=0}^\infty \frac{(-1)^k}{k!(2k+1)} |\hat{r}|^{2k} :$$

于是就可计算其相干态平均值了. 关于径向动量可参见 J. Phys. A. 34. (2001)10939.

第 4 章

经典统计力学的相体积不变定理与相干态辛演化的类比

经典统计力学中有刘维定理：保守力学体系在相空间中代表点的密度，在运动过程中保持不变. 或说在辛变换下相体积不变. 进入量子统计如何修正呢？由于海森堡不确定性原理，代表点不再存在. 上面讲到相干态 $|z\rangle$ 是使得测不准关系取极小值的态，故而审视量子刘维定理，需采用的是相干态表象. 根据相空间的直观分析，一个相干态对应于图形上面积为 $\frac{\hbar}{2}$ 的小圆. 小圆在相空间运动受什么算符支配呢？

我们研究的出发点基于如下的考虑：相干态在相空间的一个代表圆运动到另一代表圆，此运动受一个幺正算符支配，我们首次导出它，并称为菲涅耳（Fresnel）算符. 为何作此称呼？是因为此算符在坐标表象的矩阵元恰好是经典光学的菲涅耳衍射积分核，为了弘扬菲涅耳在衍射光学方面的天才贡献，故而冠菲涅耳之名于此算符. 即量子菲涅耳变换将相空间的一个小圆移动到另一个小圆，该变换是辛变换，这就保证了两个菲涅耳算符的乘积仍是一个菲涅耳算符（成群性质）. 于是我们就可进一步提出量子刘维定理，并将几何光学中的 ABCD 定理发展为量子统计学中的 ABCD 定理. 对于 2 个粒子所组成的体系的力学状态组成的两个相空间（$q_1,p_1;q_2,p_2$），我们首次引入了纠缠变换及相应的菲涅耳算符,这是经典统计力学所没有的内容.

4.1 量子刘维定理

菲涅耳算符的发现——单模情形:

用相干态 $\langle z|$ 我们构造 ket-bra 算符(以后可见有理由称它为菲涅耳算符)

$$F_1(r,s)=\sqrt{s}\int\frac{\mathrm{d}^2z}{\pi}\left|sz-rz^*\right\rangle\langle z| \tag{4.1}$$

其中

$$|z\rangle=\exp\left(-\frac{1}{2}|z|^2+za^\dagger\right)|0\rangle\equiv\left|\begin{pmatrix}z\\z^*\end{pmatrix}\right\rangle \tag{4.2}$$

$$|sz-rz^*\rangle\equiv\left|\begin{pmatrix}s&-r\\-r^*&s^*\end{pmatrix}\begin{pmatrix}z\\z^*\end{pmatrix}\right\rangle=\exp\left[-\frac{1}{2}|sz-rz^*|^2+(sz-rz^*)a^\dagger\right]|0\rangle \tag{4.3}$$

s 和 r 是复数且满足幺模条件 $ss^*-rr^*=1$, 用 $|0\rangle\langle 0|=:\exp\left(-a^\dagger a\right):$ 和 IWOP 方法积分,得到

$$\begin{aligned}F_1(r,s)&=\sqrt{s}\int\frac{\mathrm{d}^2z}{\pi}:\exp\left[-|s|^2|z|^2+\frac{r^*s}{2}z^2+\frac{rs^*}{2}z^{*2}+(sz-rz^*)a^\dagger+z^*a-a^\dagger a\right]:\\&=\frac{1}{\sqrt{s^*}}\exp\left(-\frac{r}{2s^*}a^{\dagger2}\right):\exp\left[\left(\frac{1}{s^*}-1\right)a^\dagger a\right]:\exp\left(\frac{r^*}{2s^*}a^2\right)\end{aligned} \tag{4.4}$$

这以明确透彻的方式展现了从经典辛变换 $(z,z^*)\to(sz-rz^*,-r^*z+s^*z^*)$ 映射为量子幺正算符 $U_1(r,s)$ 的过程,它生成如下变换:

$$F_1^\dagger(r,s)\,aF_1(r,s)=sa-ra^\dagger,\quad F_1^\dagger(r,s)\,a^\dagger F_1(r,s)=-r^*a+s^*a^\dagger \tag{4.5}$$

以下我们证明 $F_1(r,s)$ 形成一个辛群的忠实实现,即要证明乘法规则 $U_1(r,s)\cdot U_1(r',s')=U_1(\tilde{r},\tilde{s})$, 其中

$$\begin{pmatrix}s&-r\\-r^*&s^*\end{pmatrix}\begin{pmatrix}s'&-r'\\-r'^*&s'^*\end{pmatrix}=\begin{pmatrix}\tilde{s}&-\tilde{r}\\-\tilde{r}^*&\tilde{s}^*\end{pmatrix},\quad|\tilde{s}|^2-|\tilde{r}|^2=1 \tag{4.6}$$

或 $\tilde{s}=ss'+rr'^*$, $\tilde{r}=rs'^*+r's$.

证明 注意到相干态的内积是

$$\langle z|z'\rangle=\exp\left[-\frac{|z|^2+|z'|^2}{2}+z^*z'\right] \tag{4.7}$$

以此计算

$$
\begin{aligned}
F_1(r,s)F_1(r',s') &= \sqrt{s}\sqrt{s'}\int\frac{\mathrm{d}^2z\mathrm{d}^2z'}{\pi^2}\left|sz-rz^*\right\rangle\left\langle z\left|s'z'-r'z'^*\right\rangle\right\langle z'| \\
&= \frac{1}{\sqrt{\tilde{s}^*}}\exp\left[-\frac{\tilde{r}}{2\tilde{s}^*}a^{\dagger 2}\right]:\exp\left\{\left(\frac{1}{\tilde{s}^*}-1\right)a^\dagger a\right\}:\exp\left[\frac{\tilde{r}^*}{2\tilde{s}^*}a^2\right]\equiv U_1(\tilde{r},\tilde{s})
\end{aligned}
\tag{4.8}
$$

这里

$$
\tilde{s}=ss'+rr'^*,\quad \tilde{r}=rs'^*+r's \tag{4.9}
$$

用(4.3)式可将(4.8)式写成明显的矩阵乘法规则：

$$
\begin{aligned}
&\sqrt{s}\sqrt{s'}\int\frac{\mathrm{d}^2z\mathrm{d}^2z'}{\pi^2}\left|\begin{pmatrix} s & -r \\ -r^* & s^*\end{pmatrix}\begin{pmatrix} z \\ z^*\end{pmatrix}\right\rangle\left\langle z\left|\begin{pmatrix} s' & -r' \\ -r'^* & s'^*\end{pmatrix}\begin{pmatrix} z \\ z^*\end{pmatrix}\right\rangle\right\langle z'| \\
&\quad=\sqrt{ss'+rr'^*}\int\frac{\mathrm{d}^2z}{\pi}\left|\begin{pmatrix} s & -r \\ -r^* & s^*\end{pmatrix}\begin{pmatrix} s' & -r' \\ -r'^* & s'^*\end{pmatrix}\begin{pmatrix} z \\ z^*\end{pmatrix}\right\rangle\langle z|
\end{aligned}
\tag{4.10}
$$

现在我们体会到尽管 $\langle z\left|s'z'-r'z'^*\right\rangle$ 不是一个狄拉克 δ-函数，但是辛条件 $ss^*-rr^*=1$ 保证了刘维定理的量子推广. 所以，经典刘维定理到了量子统计就落实到菲涅耳算符引起的变换成群.

量子刘维定理(单粒子) 不显含时间的哈密顿体系在相空间中代表相干态的圆面积，在运动过程中保持不变.(这是本书作者对量子统计力学的一个贡献.)

4.2 双粒子纠缠菲涅耳算符和相应的量子刘维定理

上述可以推广到双模情形，将变换 $\begin{pmatrix} s & r \\ r^* & s^*\end{pmatrix}\begin{pmatrix} z \\ z^*\end{pmatrix}$ 扩充成双粒子相空间的纠缠变换：

$$
\begin{pmatrix} s & 0 & 0 & r \\ 0 & s^* & r^* & 0 \\ 0 & r & s & 0 \\ r^* & 0 & 0 & s^*\end{pmatrix}\begin{pmatrix} z_1 \\ z_1^* \\ z_2 \\ z_2^*\end{pmatrix} \tag{4.11}
$$

令 $\langle z_1,z_2|$ 是双模相干态，引入双模 ket-bra 算符并用 IWOP 方法积分：

$$
F_2(r,s)\equiv s\int\frac{1}{\pi^2}\mathrm{d}^2z_1\mathrm{d}^2z_2\left|sz_1+rz_2^*,rz_1^*+sz_2\right\rangle\langle z_1,\ z_2| \tag{4.12}
$$

得

$$
\begin{aligned}
F_2(r,s) = s\int \frac{\mathrm{d}^2 z_1 \mathrm{d}^2 z_2}{\pi^2} &:\exp[-|s|^2\left(|z_1|^2+|z_2|^2\right) - r^* s z_1 z_2 - r s^* z_1 z_2 \\
&+ (s z_1 + r z_2^*) a_1^\dagger + (s z_2 + r z_1^*) a_2^\dagger + z_1^* a_1 + z_2^* a_2 - a_1^\dagger a_1 - a_2^\dagger a_2]: \\
&= \exp\left(\frac{r}{s^*} a_1^\dagger a_2^\dagger\right) \exp\left[\left(a_1^\dagger a_1 + a_2^\dagger a_2 + 1\right)\ln(s^*)^{-1}\right] \exp\left(-\frac{r^*}{s^*} a_1 a_2\right)
\end{aligned} \tag{4.13}
$$

它是经典变换 $(z_1,\ z_2) \to (s z_1 + r z_2^*, r z_1^* + s z_2)$ 的映射,故而称 $F_2(r,s)$ 为纠缠菲涅耳算符,它生成的算符变换是

$$
F_2(r,s)\, a_1 F_2^{-1}(r,s) = s^* a_1 - r a_2^\dagger \tag{4.14}
$$

$$
F_2(r,s)\, a_2 F_2^{-1}(r,s) = s^* a_2 - r a_1^\dagger \tag{4.15}
$$

把两个模纠缠起来.U_2 也遵守乘法规则:

$$
F_2(r,s)\, F_2(r',s') = F_2(\tilde{r},\tilde{s}) \tag{4.16}
$$

这里 $\tilde{s} = s s' + r r'^*$, $\tilde{r} = r s'^* + r' s$.

量子刘维定理(双粒子) 双模相干态在双粒子相空间中代表相干态的圆面积,在纠缠变换中保持不变.(这里我们把证明留给读者.)

4.3 量子统计学中的 ABCD 定理

回忆经典几何光学近轴光线传输的性质,球面波等相位面曲率半径变换的 ABCD 定律为:一个球面波经过光学系统变换,其程函表达式将变换矩阵元素与光学系统中的光程联系起来,从而为使用矩阵光学的方法研究衍射问题奠定了基础.

4.1 节的理论可导致量子统计学的 ABCD 定理. 令 $z = \dfrac{1}{\sqrt{2}}(x + \mathrm{i}p)$,让

$$
s = \frac{1}{2}[A + D - \mathrm{i}(B - C)], \quad r = -\frac{1}{2}[A - D + \mathrm{i}(B + C)] \tag{4.17}
$$

以及

$$
|z\rangle = \left|\begin{pmatrix} x \\ p \end{pmatrix}\right\rangle = \exp[\mathrm{i}(pX - xP)]|0\rangle, \quad X = \frac{a + a^\dagger}{\sqrt{2}}, \quad P = \frac{a - a^\dagger}{\sqrt{2}\mathrm{i}} \tag{4.18}
$$

注意 $ss^*-rr^*=1$ 变成了 $AD-BC=1$，以保证经典泊松括号不变. 相应的，方程(4.1)再现为

$$
\begin{aligned}
F_1(r,s) &= \frac{\sqrt{A+D-\mathrm{i}(B-C)}}{\sqrt{2}}\int\frac{\mathrm{d}x\mathrm{d}p}{2\pi}\left|\begin{pmatrix} A & B \\ C & D \end{pmatrix}\begin{pmatrix} x \\ p \end{pmatrix}\right\rangle\left\langle\begin{pmatrix} x \\ p \end{pmatrix}\right| \\
&\equiv F(A,B,C) \qquad (4.19)
\end{aligned}
$$

同时(4.4)式变为

$$
\begin{aligned}
F_1(r,s)\to F_1(A,B,C) &= \sqrt{\frac{2}{A+D+\mathrm{i}(B-C)}}:\exp\left\{\frac{A-D+\mathrm{i}(B+C)}{2[A+D+\mathrm{i}(B-C)]}a^{\dagger 2}\right. \\
&\left.+\left[\frac{2}{A+D+\mathrm{i}(B-C)}-1\right]a^\dagger a-\frac{A-D-\mathrm{i}(B+C)}{2[A+D+\mathrm{i}(B-C)]}a^2\right\}: \qquad (4.20)
\end{aligned}
$$

从(4.19)式我们看到在相空间中 $\begin{pmatrix} x \\ p \end{pmatrix}\to\begin{pmatrix} A & B \\ C & D \end{pmatrix}\begin{pmatrix} x \\ p \end{pmatrix}$ 的变换映射成 $F(A,B,C)$. 由(4.8)式和(4.9)式可知 F 的乘法规则：$F(A',B',C',D')F(A,B,C,D)=F(A'',B'',C'',D'')$，其中

$$
\begin{pmatrix} A'' & B'' \\ C'' & D'' \end{pmatrix}=\begin{pmatrix} A' & B' \\ C' & D' \end{pmatrix}\begin{pmatrix} A & B \\ C & D \end{pmatrix}=\begin{pmatrix} A'A+B'C & A'B+B'D \\ C'A+D'C & C'B+D'D \end{pmatrix} \qquad (4.21)
$$

注意到 $B=0,\ A=1,C\to C/A,\ D=1$，(4.20)式变成

$$
F_1(1,0,C/A)=\sqrt{\frac{2}{2-\mathrm{i}C/A}}:\exp\left[\frac{\mathrm{i}C/A}{2-\mathrm{i}C/A}\frac{(a^{\dagger 2}+2a^\dagger a+a^2)}{2}\right]:=\exp\left(\frac{\mathrm{i}C}{2A}X^2\right) \qquad (4.22)
$$

称之为二次型相算符. 上面最后一步用了

$$
\mathrm{e}^{\lambda X^2}=\frac{1}{\sqrt{1-\lambda}}:\exp\left[\frac{\lambda}{1-\lambda}X^2\right]: \qquad (4.23)
$$

当 $C=0,\ A=1,B\to B/A,\ D=1$ 时，(4.20)式约化为

$$
\begin{aligned}
F(1,B/A,0) &= \sqrt{\frac{2}{2+\mathrm{i}B/A}}:\exp\left[\frac{\mathrm{i}B/A}{2+\mathrm{i}B/A}\frac{(a^{\dagger 2}-2a^\dagger a+a^2)}{2}\right]: \\
&= \exp\left(-\frac{\mathrm{i}B}{2A}P^2\right) \qquad (4.24)
\end{aligned}
$$

称为自由空间中的菲涅耳传播子. 这里用了算符恒等式

$$
\mathrm{e}^{\lambda P^2}=\frac{1}{\sqrt{1-\lambda}}:\exp\left[\frac{\lambda}{1-\lambda}P^2\right]: \qquad (4.25)
$$

根据如下的矩阵分解：

$$
\begin{pmatrix} A & B \\ C & D \end{pmatrix}=\begin{pmatrix} 1 & 0 \\ C/A & 1 \end{pmatrix}\begin{pmatrix} A & 0 \\ 0 & A^{-1} \end{pmatrix}\begin{pmatrix} 1 & B/A \\ 0 & 1 \end{pmatrix} \qquad (4.26)
$$

我们立刻看到 $F_1(A,B,C)$ 具有如下的按正则算符 (X,P) 表达的形式:

$$\begin{aligned} F_1(A,B,C) &= F_1(1,0,C/A)\,F_1(A,0,0)\,F_1(1,B/A,0) \\ &= \exp\left(\frac{\mathrm{i}C}{2A}X^2\right)\exp\left(-\frac{\mathrm{i}}{2}(XP+PX)\ln A\right)\exp\left(-\frac{\mathrm{i}B}{2A}P^2\right) \end{aligned} \tag{4.27}$$

这里的 $F_1(A,0,0)$ 是单模压缩算符:

$$\begin{aligned} F_1(A,0,0) &= \operatorname{sech}^{1/2}\sigma :\exp\left[\frac{1}{2}a^{\dagger 2}\tanh\sigma + (\operatorname{sech}\sigma - 1)\,a^\dagger a - \frac{1}{2}a^2\tanh\sigma\right]: \\ &= \exp\left(-\frac{\mathrm{i}}{2}(XP+PX)\ln A\right) \end{aligned} \tag{4.28}$$

其中 $A\equiv \mathrm{e}^\sigma$, $\dfrac{A-A^{-1}}{A+A^{-1}}=\tanh\sigma$. 由 (4.27) 式立刻得到 F 在坐标表象 $|x\rangle$ 中的矩阵元 (其共轭态是 $|p\rangle$):

$$\begin{aligned} \langle x'|\,F_1(A,B,C)\,|x\rangle &= \mathrm{e}^{\frac{\mathrm{i}C}{2A}x'^2}\langle x'|\exp\left[-\frac{\mathrm{i}}{2}(XP+PX)\ln A\right]\int_{-\infty}^{+\infty}\mathrm{d}p\mathrm{e}^{-\frac{\mathrm{i}B}{2A}p^2}|p\rangle\langle p\,|x\rangle \\ &= \mathrm{e}^{\frac{\mathrm{i}C}{2A}x'^2}\left\langle x'\right|\int_{-\infty}^{+\infty}\frac{\mathrm{d}p}{\sqrt{A}}\mathrm{e}^{-\frac{\mathrm{i}B}{2A}p^2}\left|p/A\right\rangle\langle p\,|x\rangle \\ &= \frac{1}{2\pi}\mathrm{e}^{\frac{\mathrm{i}C}{2A}x'^2}\int_{-\infty}^{+\infty}\frac{\mathrm{d}p}{\sqrt{A}}\mathrm{e}^{-\frac{\mathrm{i}B}{2A}p^2+\mathrm{i}p\left(x'/A-x\right)} \\ &= \frac{1}{\sqrt{2\pi\mathrm{i}B}}\exp\left[\frac{\mathrm{i}}{2B}\left(Ax^2-2x'x+Dx'^2\right)\right] \end{aligned} \tag{4.29}$$

这恰是经典光学中 Collins 衍射积分公式中的菲涅耳积分变换之核:

$$\frac{1}{\sqrt{2\pi\mathrm{i}B}}\int\exp\left[\frac{\mathrm{i}}{2B}\left(Ax^2-2x'x+Dx'^2\right)\right]f(x)=G(x') \tag{4.30}$$

这就是为什么我们称 $F_1(A,B,C)$ 是菲涅耳算符 (FO) (虽然它也可被称为 SU(1,1)——广义压缩算符).

以上我们用相干态表象和 IWOP 导出了菲涅耳算符的正则形式, 以下继续导出量子统计学中的 ABCD 定理.

由 (4.20) 式可看出菲涅耳算符生成态矢为

$$F_1(A,B,C)\,|0\rangle = \sqrt{\frac{2/(C+iD)}{q_1-\mathrm{i}}}\exp\left[\frac{q_1+\mathrm{i}}{2(q_1-\mathrm{i})}a^{\dagger 2}\right]|0\rangle \tag{4.31}$$

其中我们认定

$$\frac{A-D+\mathrm{i}(B+C)}{A+D+\mathrm{i}(B-C)}=\frac{q_1+\mathrm{i}}{q_1-\mathrm{i}} \tag{4.32}$$

也就是说

$$q_1\equiv\frac{A+\mathrm{i}B}{C+\mathrm{i}D} \tag{4.33}$$

按照两个菲涅耳算符的积仍然是菲涅耳算符以及（4.8）式 ~（4.20）式，我们有

$$
\begin{aligned}
&F_1(A',B',C')F_1(A,B,C)|0\rangle \\
&=\sqrt{\frac{2}{A''+D''+\mathrm{i}(B''-C'')}}\exp\left\{\frac{A''-D''+\mathrm{i}(B''+C'')}{2[A''+D''+\mathrm{i}(B''-C'')]}a^{\dagger 2}\right\}|0\rangle \\
&=\sqrt{\frac{2}{A'(A+\mathrm{i}B)+B'(C+\mathrm{i}D)-\mathrm{i}C'(A+\mathrm{i}B)-\mathrm{i}D'(C+\mathrm{i}D)}} \\
&\quad\times\exp\left\{\frac{A'(A+\mathrm{i}B)+B'(C+\mathrm{i}D)+\mathrm{i}C'(A+\mathrm{i}B)+\mathrm{i}D'(C+\mathrm{i}D)}{2[A'(A+\mathrm{i}B)+B'(C+\mathrm{i}D)-\mathrm{i}C'(A+\mathrm{i}B)-\mathrm{i}D'(C+\mathrm{i}D)]}a^{\dagger 2}\right\}|0\rangle \\
&=\sqrt{\frac{2/(C+\mathrm{i}D)}{A'q_1+B'-\mathrm{i}(C'q_1+D')}}\exp\left\{\frac{A'q_1+B'+\mathrm{i}(C'q_1+D')}{2[A'q_1+B'-\mathrm{i}(C'q_1+D')]}a^{\dagger 2}\right\}|0\rangle
\end{aligned}
\tag{4.34}
$$

在这里如果引入

$$
q_2=\frac{A'q_1+B'}{C'q_1+D'} \tag{4.35}
$$

它在形式上类似（4.33）式，我们就可将（4.34）式简化为

$$
F_1(A',B',C')F_1(A,B,C)|0\rangle=\sqrt{\frac{2/(C+\mathrm{i}D)}{(q_2-\mathrm{i})(C'q_1+D')}}\exp\left[\frac{q_2+\mathrm{i}}{2(q_2-\mathrm{i})}a^{\dagger 2}\right]|0\rangle \tag{4.36}
$$

从 $q_1\equiv\dfrac{A+\mathrm{i}B}{C+\mathrm{i}D}\rightarrow q_2=\dfrac{A'q_1+B'}{C'q_1+D'}$，即所谓量子统计学中的 ABCD 定理，它对应于经典光学中的高斯光束传播定理.

可见，将经典光学的光线转移矩阵（常称为 ABCD 矩阵）对应菲涅耳算符的乘法，自然导致量子统计版的 ABCD 定理，这是一种新的相似性，也是 Collins 衍射公式在量子统计学中的再现.

4.4 两个相空间的纠缠变换对应的算符

对照单粒子相空间中相干态 $|z\rangle=\left|\begin{pmatrix}z\\z^*\end{pmatrix}\right\rangle\equiv\left|\begin{pmatrix}x\\p\end{pmatrix}\right\rangle\rightarrow\left|\begin{pmatrix}A&B\\C&D\end{pmatrix}\begin{pmatrix}x\\p\end{pmatrix}\right\rangle$ 的变换映射成 $F_1(A,B,C)$，双粒子相空间中复数变换

$$
\begin{pmatrix}s&0&0&r\\0&s^*&r^*&0\\0&r&s&0\\r^*&0&0&s^*\end{pmatrix}\begin{pmatrix}z_1\\z_1^*\\z_2\\z_2^*\end{pmatrix} \tag{4.37}
$$

映射成 $F_2(r,s)$. 在

$$s=\frac{1}{2}\left[A+D-\mathrm{i}(B-C)\right],\quad r=\frac{1}{2}\left[A-D+\mathrm{i}(B+C)\right] \tag{4.38}$$

的情况下,相当于相干态的实数变换:

$$\left|\begin{pmatrix} q_1\\ q_2\\ p_1\\ p_2\end{pmatrix}\right\rangle \to \left|\frac{1}{2}\begin{pmatrix} A+D & A-D & B-C & B+C\\ A-D & A+D & B+C & B-C\\ C-B & B+C & A+D & D-A\\ B+C & C-B & D-A & A+D\end{pmatrix}\begin{pmatrix} q_1\\ q_2\\ p_1\\ p_2\end{pmatrix}\right\rangle \tag{4.39}$$

或写成两个粒子的纠缠变换:

$$\begin{pmatrix} A & D & -C & B\\ A & -D & C & B\\ C & -B & A & D\\ C & B & -A & D\end{pmatrix}\begin{pmatrix} q_1+q_2\\ q_1-q_2\\ p_1-p_2\\ p_1+p_2\end{pmatrix} \tag{4.40}$$

纠缠菲涅耳算符写成对应两粒子相对坐标和总动量的函数形式:

$$F_2(r,s)=\frac{s}{(2\pi)^2}\int \mathrm{d}q_1\mathrm{d}q_2\mathrm{d}p_1\mathrm{d}p_2\left|\begin{pmatrix} A & D & -C & B\\ A & -D & C & B\\ C & -B & A & D\\ C & B & -A & D\end{pmatrix}\begin{pmatrix} q_1+q_2\\ q_1-q_2\\ p_1-p_2\\ p_1+p_2\end{pmatrix}\right\rangle\left\langle\begin{pmatrix} q_1\\ q_2\\ p_1\\ p_2\end{pmatrix}\right| \tag{4.41}$$

积分后可以化为

$$\begin{aligned} F_2 &= \exp\left\{\frac{\mathrm{i}C}{4A}\left[(Q_1-Q_2)^2+(P_1+P_2)^2\right]\right\}\\ &\quad\times\exp\left[\mathrm{i}(Q_1P_2+Q_2P_1)\ln A\right]\exp\left\{-\frac{\mathrm{i}B}{4A}\left[(Q_1+Q_2)^2+(P_1-P_2)^2\right]\right\} \end{aligned} \tag{4.42}$$

我们将在第 12 章(12.6 节)导出纠缠菲涅耳算符在纠缠态表象下的转换矩阵元具有经典光学中 Collins 衍射积分公式的复数形式.

4.5 用𝒬-排序算符内的积分技术求菲涅耳算符

我们已经给出了菲涅耳算符的相干态表象,并用正规乘积内的积分技术导出其正规乘积形式,本节用𝒬-排序算符内的积分技术求菲涅耳算符.

首先简介$\mathfrak{Q}$-排序和$\mathfrak{P}$-排序量子化方案. 在量子力学中，由于坐标算符与动量算符$[Q,P]=\mathrm{i},\hbar=1$，当要把一个经典函数 $f(p,q)$ 量子化为算符时，会给出不同的结果，最简单的例子是经典函数 $p^m q^n$ 有多种不同的量子对应，其中两个是 $Q^n P^m$ 和 $P^m Q^n$，如选 $Q^n P^m$，则根据坐标表象与动量表象的完备性，就有

$$Q^n P^m=\int_{-\infty}^{+\infty}\mathrm{d}q q^n|q\rangle\langle q|\int_{-\infty}^{+\infty}\mathrm{d}p p^m|p\rangle\langle p|=\iint_{-\infty}^{+\infty}\mathrm{d}q\mathrm{d}p q^n p^m|q\rangle\langle p|\frac{1}{\sqrt{2\pi}}\mathrm{e}^{\mathrm{i}pq}\tag{4.43}$$

$q^n p^m$ 与 $Q^n P^m$ 通过两维积分变换相联系，积分核是 $\frac{1}{\sqrt{2\pi}}\mathrm{e}^{\mathrm{i}pq}|q\rangle\langle p|$. 鉴于

$$|q\rangle\langle q|=\delta(q-Q),\quad |p\rangle\langle p|=\delta(p-P)\tag{4.44}$$

所以

$$\frac{1}{\sqrt{2\pi}}|q\rangle\langle p|\mathrm{e}^{\mathrm{i}pq}=\delta(q-Q)\delta(p-P)\tag{4.45}$$

于是(4.43)式变为

$$Q^n P^m=\iint_{-\infty}^{+\infty}\mathrm{d}q\mathrm{d}p q^n p^m\delta(q-Q)\delta(p-P)\tag{4.46}$$

一方面，把一个单项里的所有 Q 置于所有 P 的左边，记为$\mathfrak{Q}$–排序，上式是 $q^n p^m$ 的$\mathfrak{Q}$–排序量子化方案. 另一方面，如选量子化为 $q^n p^m\to P^m Q^n$，根据动量表象完备性 $\int_{-\infty}^{+\infty}\mathrm{d}p\,|p\rangle\langle p|=1$ 和坐标表象完备性 $\int_{-\infty}^{+\infty}\mathrm{d}q\,|q\rangle\langle q|=1$，得到

$$P^m Q^n=\int_{-\infty}^{+\infty}\mathrm{d}p p^m|p\rangle\langle p|\int_{-\infty}^{+\infty}\mathrm{d}q q^n|q\rangle\langle q|=\iint_{-\infty}^{+\infty}\mathrm{d}q\mathrm{d}p q^n p^m|p\rangle\langle q|\frac{1}{\sqrt{2\pi}}\mathrm{e}^{-\mathrm{i}pq}\tag{4.47}$$

可见积分核是 $\frac{1}{\sqrt{2\pi}}|p\rangle\langle q|\mathrm{e}^{-\mathrm{i}pq}$. 鉴于

$$\frac{1}{\sqrt{2\pi}}|p\rangle\langle q|\mathrm{e}^{-\mathrm{i}pq}=\delta(p-P)\delta(q-Q)\tag{4.48}$$

(4.47)式变为

$$P^m Q^n=\iint_{-\infty}^{+\infty}\mathrm{d}q\mathrm{d}p q^n p^m\delta(p-P)\delta(q-Q)\tag{4.49}$$

这里 P 置于 Q 左边，这是 $q^n p^m$ 的 P-Q 排序量子化方案. 可见量子化 $q^n p^m$ 的结果取决于在选方案时是用 Q-P 排序 (Q置于P左边) 方案还是用$\mathfrak{P}$排序 (P置于Q左边) 方案. 注意以上的讨论建立在(4.44)式的基础上，反映了坐标表象与动量表象的新应用. 而(4.46)式和(4.49)式的右边都体现了有序算符内积分的思想.

经典函数 $\mathrm{e}^{\mathrm{i}qu+\mathrm{i}pv}$ 的$\mathfrak{P}$-量子化是

$$\mathrm{e}^{\mathrm{i}qu+\mathrm{i}pv}\to\mathrm{e}^{\mathrm{i}Pv}\mathrm{e}^{\mathrm{i}Qu}=\mathfrak{P}\left[\mathrm{e}^{\mathrm{i}Pv}\mathrm{e}^{\mathrm{i}Qu}\right]=\mathrm{e}^{\mathrm{i}Qu+\mathrm{i}Pv}\mathrm{e}^{\frac{1}{2}uv}\tag{4.50}$$

而其$\mathfrak{Q}$-量子化是

$$\mathrm{e}^{\mathrm{i}qu+\mathrm{i}pv} \to \mathrm{e}^{\mathrm{i}Qu}\mathrm{e}^{\mathrm{i}Pv} = \mathfrak{Q}\left[\mathrm{e}^{\mathrm{i}Qu}\mathrm{e}^{\mathrm{i}Pv}\right] = \mathrm{e}^{\mathrm{i}Qu+\mathrm{i}Pv}\mathrm{e}^{-\frac{\mathrm{i}}{2}uv} \tag{4.51}$$

这里用了 Baker-Hausdorff 公式.

以下用$\mathfrak{Q}$-排序算符内的积分技术来研究菲涅耳算符:

$$\begin{aligned} F &= \sqrt{s}\int_{-\infty}^{+\infty}\mathrm{d}q\,|q\rangle\langle q|\int_{-\infty}^{+\infty}\frac{\mathrm{d}^2 z}{\pi}\,|sz-rz^*\rangle\langle z|\int_{-\infty}^{+\infty}\mathrm{d}p\,|p\rangle\langle p| \\ &= \sqrt{s}\iint_{-\infty}^{+\infty}\mathrm{d}p\mathrm{d}q\int_{-\infty}^{+\infty}\frac{\mathrm{d}^2 z}{\pi}\,|q\rangle\langle q|\,sz-rz^*\rangle\langle z|\,p\rangle\langle p| \end{aligned} \tag{4.52}$$

其中

$$\begin{aligned} \langle q|\,sz-rz^*\rangle &= \langle 0|\,\pi^{-1/4}\mathrm{e}^{-\frac{q^2}{2}+\sqrt{2}qa-\frac{a^2}{2}}\,|sz-rz^*\rangle \\ &= \pi^{-1/4}\mathrm{e}^{-\frac{q^2}{2}-\frac{\left|sz-rz^*\right|^2}{2}+\sqrt{2}q\left(sz-rz^*\right)-\frac{\left(sz-rz^*\right)^2}{2}} \end{aligned} \tag{4.53}$$

以及有

$$\begin{aligned} \langle z|\,p\rangle &= \langle z|\,\pi^{-1/4}\mathrm{e}^{-\frac{p^2}{2}+\sqrt{2}\mathrm{i}pa^\dagger+\frac{a^{\dagger 2}}{2}}\,|0\rangle \\ &= \pi^{-1/4}\mathrm{e}^{-\frac{p^2}{2}-\frac{1}{2}|z|^2+\sqrt{2}\mathrm{i}pz^*+\frac{z^{*2}}{2}} \end{aligned} \tag{4.54}$$

故而

$$\begin{aligned} F = &\sqrt{\frac{s}{\pi}}\iint\mathrm{d}p\mathrm{d}q\int\frac{\mathrm{d}^2 z}{\pi}\,|q\rangle\langle p|\,\mathrm{e}^{-\frac{q^2}{2}-\frac{\left|sz-rz^*\right|^2}{2}+\sqrt{2}q\left(sz-rz^*\right)-\frac{\left(sz-rz^*\right)^2}{2}} \\ &\times\mathrm{e}^{-\frac{p^2}{2}-\frac{1}{2}|z|^2+\sqrt{2}\mathrm{i}pz^*+\frac{z^{*2}}{2}} \end{aligned} \tag{4.55}$$

再用 $\frac{1}{\sqrt{2\pi}}\,|q\rangle\langle p|\,\mathrm{e}^{\mathrm{i}pq} = \delta(q-Q)\,\delta(p-P)$, 并注意到

$$s = \frac{1}{2}\left[A+D-\mathrm{i}(B-C)\right],\quad r = -\frac{1}{2}\left[A-D+\mathrm{i}(B+C)\right],\quad |s|^2-|r|^2 = 1 \tag{4.56}$$

前式变为

$$\begin{aligned} F = &\sqrt{2s}\iint\mathrm{d}p\mathrm{d}q\int\frac{\mathrm{d}^2 z}{\pi}\mathfrak{Q}\left[\delta(q-Q)\,\delta(p-P)\right] \\ &\times\mathrm{e}^{-\mathrm{i}pq-\frac{q^2}{2}-\frac{\left|sz-rz^*\right|^2}{2}+\sqrt{2}q\left(sz-rz^*\right)-\frac{\left(sz-rz^*\right)^2}{2}}\mathrm{e}^{-\frac{p^2}{2}-\frac{1}{2}|z|^2+\sqrt{2}\mathrm{i}pz^*+\frac{z^{*2}}{2}} \\ = &\exp\left(\frac{\mathrm{i}C}{2A}Q^2\right)\exp\left[\frac{-\mathrm{i}}{2}(QP+PQ)\ln A\right]\exp\left(-\frac{\mathrm{i}B}{2A}P^2\right) \end{aligned} \tag{4.57}$$

这就是菲涅耳算符用正则算符(Q,P)表达的新形式.

第 5 章

量子统计学中的 Wigner 算符

5.1 Wigner 算符作为混合态表象

要深入研究坐标–动量相空间的分布函数的统计性质，就需要发展关于 Wigner 算符的理论. 怎样自然地引入它呢? 从矩阵元

$$\langle x|\, P\, |x'\rangle = -\mathrm{i}\frac{\mathrm{d}}{\mathrm{d}x}\delta\left(x-x'\right) = \int_{-\infty}^{+\infty}\frac{\mathrm{d}p}{2\pi}\mathrm{e}^{\mathrm{i}p(x-x')}p \tag{5.1}$$

以及

$$\langle x|\, X\, |x'\rangle = \frac{x+x'}{2}\delta\left(x-x'\right) = \int_{-\infty}^{+\infty}\frac{\mathrm{d}p}{2\pi}\mathrm{e}^{\mathrm{i}p(x-x')}\frac{x+x'}{2} \tag{5.2}$$

参照以上两个式子，如果我们引入积分变换式子:

$$\langle x|\, H(X,P)\, |x'\rangle = \int_{-\infty}^{+\infty}\frac{\mathrm{d}p}{2\pi}\mathrm{e}^{\mathrm{i}p(x-x')}h\left(\frac{x+x'}{2},p\right) \tag{5.3}$$

对 $\langle x|\, H(X,P)\, |x'\rangle$ 左乘 $\int_{-\infty}^{+\infty}\mathrm{d}x\, |x\rangle$，右乘 $\int_{-\infty}^{+\infty}\mathrm{d}x'\, \langle x'|$，再用坐标表象完备性

$$\int_{-\infty}^{+\infty}\mathrm{d}x\, |x\rangle\langle x| = 1 \tag{5.4}$$

给出

$$\int_{-\infty}^{+\infty}\mathrm{d}x\int_{-\infty}^{+\infty}\mathrm{d}x'\, |x\rangle\langle x|\, H(X,P)\, |x'\rangle\langle x'| = H(X,P) \tag{5.5}$$

代入 $\langle x|\, H(X,P)\, |x'\rangle$，就得到

$$\begin{aligned}H(X,P) &= \int_{-\infty}^{+\infty}\mathrm{d}x\, |x\rangle\int_{-\infty}^{+\infty}\mathrm{d}x'\int_{-\infty}^{+\infty}\frac{\mathrm{d}p}{2\pi}\mathrm{e}^{\mathrm{i}p(x-x')}h\left(\frac{x+x'}{2},p\right)\langle x'| \\ &= \iint_{-\infty}^{+\infty}\mathrm{d}p\mathrm{d}x h\,(x,p)\int_{-\infty}^{+\infty}\frac{\mathrm{d}u}{2\pi}\mathrm{e}^{-\mathrm{i}pu}\left|x-\frac{u}{2}\right\rangle\left\langle x+\frac{u}{2}\right|\end{aligned} \tag{5.6}$$

定义所谓的 Wigner 算符：

$$\int_{-\infty}^{+\infty}\frac{\mathrm{d}u}{2\pi}\mathrm{e}^{-\mathrm{i}pu}\left|x-\frac{u}{2}\right\rangle\left\langle x+\frac{u}{2}\right| = \Delta\,(x,p) \tag{5.7}$$

前式变为

$$H(X,P) \equiv \iint_{-\infty}^{+\infty}\mathrm{d}p\mathrm{d}x h\,(x,p)\,\Delta\,(x,p) \tag{5.8}$$

称 $h\,(x,p)$ 为算符的经典 Weyl 对应. 接着计算

$$\begin{aligned}&\mathrm{Tr}\left[\Delta\,(x,p)\,\Delta\,(x',p')\right] \\ &= \int_{-\infty}^{+\infty}\frac{\mathrm{d}u}{2\pi}\mathrm{e}^{-\mathrm{i}p'u}\left\langle x'+\frac{u}{2}\right|\Delta\,(x,p)\left|x'-\frac{u}{2}\right\rangle \\ &= \int_{-\infty}^{+\infty}\frac{\mathrm{d}u}{2\pi}\mathrm{e}^{-\mathrm{i}p'u}\left\langle x'+\frac{u}{2}\right|\int_{-\infty}^{+\infty}\frac{\mathrm{d}v}{2\pi}\mathrm{e}^{-\mathrm{i}pv}\left|x-\frac{v}{2}\right\rangle\left\langle x+\frac{v}{2}\right|\left.x'-\frac{u}{2}\right\rangle \\ &= \int_{-\infty}^{+\infty}\frac{\mathrm{d}u}{2\pi}\mathrm{e}^{-\mathrm{i}p'u}\int_{-\infty}^{+\infty}\frac{\mathrm{d}v}{2\pi}\mathrm{e}^{-\mathrm{i}pv}\delta\left(x'-x+\frac{u+v}{2}\right)\delta\left(x-x'+\frac{u+v}{2}\right) \\ &= \int_{-\infty}^{+\infty}\frac{\mathrm{d}u}{2\pi}\mathrm{e}^{-\mathrm{i}p'u}\mathrm{e}^{-\mathrm{i}p\left(2x'-2x-u\right)}\delta\,(x'-x) = \frac{1}{2\pi}\delta\,(x'-x)\,\delta\,(p'-p)\end{aligned} \tag{5.9}$$

说明 $\Delta\,(x,p)$ 之间有正交性. 由 (5.8) 式和 (5.9) 式就可以从 $H(X,P)$ 求出 $h\,(x,p)$：

$$\begin{aligned}2\pi\mathrm{Tr}\left[H(X,P)\Delta\,(x,p)\right] &= 2\pi\iint_{-\infty}^{+\infty}\mathrm{d}p'\mathrm{d}x'h\,(x',p')\,\mathrm{Tr}\left[\Delta\,(x',p')\,\Delta\,(x,p)\right] \\ &= \iint_{-\infty}^{+\infty}\mathrm{d}p'\mathrm{d}x'h\,(x',p')\,\delta\,(x'-x)\,\delta\,(p'-p) = h\,(x,p)\end{aligned} \tag{5.10}$$

或

$$h\,(x,p) = \int_{-\infty}^{+\infty}\mathrm{d}u\mathrm{e}^{-\mathrm{i}pu}\left\langle x+\frac{u}{2}\right|H(X,P)\left|x-\frac{u}{2}\right\rangle \tag{5.11}$$

(5.11)式与(5.8)式互为可逆 Weyl-Wigner 变换，$h(x,p)$ 是 $H(X,P)$ 的 Weyl 对应，或称 $h(x,p)$ Weyl 量子化为 $H(X,P)$.

5.2 Weyl 编序的引入

上面说到算符排序在量子统计学中的重要性，本节引入算符的 Weyl 编序，它十分有用. 在前式中取 $H(X,P)=\mathrm{e}^{\mathrm{i}sX+\mathrm{i}tP}$，则 $h(x,p)=\mathrm{e}^{\mathrm{i}sx+\mathrm{i}tp}$，因为 $\mathrm{e}^{\mathrm{i}sX+\mathrm{i}tP}=\mathrm{e}^{\mathrm{i}sX}\mathrm{e}^{\mathrm{i}tP}\cdot\mathrm{e}^{-\frac{1}{2}[\mathrm{i}sX,\mathrm{i}tP]}$，所以用动量表象完备性

$$\int_{-\infty}^{+\infty}\mathrm{d}p\,|p\rangle\langle p|=1 \tag{5.12}$$

以及(5.11)式可给出

$$\begin{aligned}&\int_{-\infty}^{+\infty}\mathrm{d}u\mathrm{e}^{-\mathrm{i}pu}\mathrm{e}^{-\frac{1}{2}[\mathrm{i}sX,\mathrm{i}tP]}\left\langle x+\frac{u}{2}\right|\mathrm{e}^{\mathrm{i}sX}\mathrm{e}^{\mathrm{i}tP}\int_{-\infty}^{+\infty}\mathrm{d}p'\,|p'\rangle\langle p'|\left.x-\frac{u}{2}\right\rangle\\&=\int_{-\infty}^{+\infty}\mathrm{d}u\mathrm{e}^{-\mathrm{i}pu+\mathrm{i}\frac{st}{2}+\mathrm{i}s\left(x+\frac{u}{2}\right)}\int_{-\infty}^{+\infty}\frac{\mathrm{d}p'\mathrm{e}^{\mathrm{i}tp'}}{2\pi}\exp\left[\mathrm{i}p'\left(x+\frac{u}{2}\right)-\mathrm{i}p'\left(x-\frac{u}{2}\right)\right]\\&=\int_{-\infty}^{+\infty}\mathrm{d}u\mathrm{e}^{-\mathrm{i}pu+\mathrm{i}\frac{st}{2}+\mathrm{i}s\left(x+\frac{u}{2}\right)}\delta(t+u)=\mathrm{e}^{\mathrm{i}sx+\mathrm{i}tp}\end{aligned} \tag{5.13}$$

表明 $\mathrm{e}^{\mathrm{i}ux+\mathrm{i}vp}$ 是 $\mathrm{e}^{\mathrm{i}uX+\mathrm{i}vP}$ 的 Weyl 对应：

$$\mathrm{e}^{\mathrm{i}ux+\mathrm{i}vp}\rightarrow\mathrm{e}^{\mathrm{i}uX+\mathrm{i}vP} \tag{5.14}$$

虽然 $\mathrm{e}^{\mathrm{i}ux}\mathrm{e}^{\mathrm{i}vp}=\mathrm{e}^{\mathrm{i}ux+\mathrm{i}vp}$，但 $\mathrm{e}^{\mathrm{i}uX+\mathrm{i}vP}$ 既不等于 $\mathrm{e}^{\mathrm{i}uX}\mathrm{e}^{\mathrm{i}vP}$，也不等于 $\mathrm{e}^{\mathrm{i}vP}\mathrm{e}^{\mathrm{i}uX}$，$\mathrm{e}^{\mathrm{i}uX+\mathrm{i}vP}$ 是算符 $\mathrm{e}^{\mathrm{i}vP}$ 和 $\mathrm{e}^{\mathrm{i}uX}$ 的一种特殊排序，称为 Weyl 排序，笔者引入记号 $\vdots\ \vdots$ 表征它：

$$\mathrm{e}^{\mathrm{i}uX+\mathrm{i}vP}=\vdots\mathrm{e}^{\mathrm{i}uX+\mathrm{i}vP}\vdots \tag{5.15}$$

这在逻辑上等价于已经是正规序的算符 $a^{\dagger n}a^m$ 可以纳入 $::$ 中，即 $a^{\dagger n}a^m=:a^{\dagger n}a^m:$. 记住 P 与 X 算符在 Weyl 序记号内是可以交换的：

$$\vdots\mathrm{e}^{\mathrm{i}uX+\mathrm{i}vP}\vdots=\vdots\mathrm{e}^{\mathrm{i}vP}\mathrm{e}^{\mathrm{i}uX}\vdots=\vdots\mathrm{e}^{\mathrm{i}uX}\mathrm{e}^{\mathrm{i}vP}\vdots \tag{5.16}$$

Wigner 算符的 Weyl 序形式是什么呢？

从 $\mathrm{e}^{\mathrm{i}uX+\mathrm{i}vP}$ 的 Weyl 对应式

$$\mathrm{e}^{\mathrm{i}uX+\mathrm{i}vP}=\vdots\mathrm{e}^{\mathrm{i}uX}\mathrm{e}^{\mathrm{i}vP}\vdots=\vdots\mathrm{e}^{\mathrm{i}uX+\mathrm{i}vP}\vdots=\iint_{-\infty}^{+\infty}\mathrm{d}p\mathrm{d}x\mathrm{e}^{\mathrm{i}ux+\mathrm{i}vp}\Delta(x,p) \tag{5.17}$$

我们可以推测 Wigner 算符的 Weyl 序形式是

$$\Delta(x,p)=\vdots\delta(x-X)\delta(p-P)\vdots \tag{5.18}$$

于是就有

$$\iint_{-\infty}^{+\infty}\mathrm{d}x\mathrm{d}p\Delta(x,p)=\iint_{-\infty}^{+\infty}\mathrm{d}x\mathrm{d}p\vdots\delta(x-X)\delta(p-P)\vdots=1 \tag{5.19}$$

表明 $\Delta(x,p)$ 在相空间中是完备的，也就是说 $\Delta(x,p)$ 构成完备正交混合态表象.

单侧积分 $\Delta(x,p)$ 得到

$$\begin{aligned}&\int_{-\infty}^{+\infty}\mathrm{d}x\Delta(x,p)=\vdots\delta(p-P)\vdots=\delta(p-P)=|p\rangle\langle p|,\\&\int_{-\infty}^{+\infty}\mathrm{d}p\Delta(x,p)=\vdots\delta(x-X)\vdots=\delta(x-X)=|x\rangle\langle x|\end{aligned} \tag{5.20}$$

$\Delta(x,p)$ 的 Weyl 编序 $\vdots\delta(x-X)\delta(p-P)\vdots$ 的优越性在于对 $\Delta(x,p)$ 实施 U 变换（相似变换）具有性质：

$$U\Delta(x,p)U^{-1}=U\vdots\delta(x-X)\delta(p-P)\vdots U^{-1}=\vdots U\delta(x-X)\delta(p-P)U^{-1}\vdots \tag{5.21}$$

即 U 可以直接穿越“藩篱”$\vdots\ \vdots$ 而对 $\vdots\ \vdots$ 内部的算符作用，换言之，Weyl 序算符在 U 变换下是序不变的.

5.3 Wigner 算符的相干态表象

上节中给出了 Wigner 算符的 Weyl 排序. 我们也可直接结合坐标表象和动量表象：

$$\begin{aligned}&\int_{-\infty}^{+\infty}\mathrm{d}x\Delta(x,p)=|p\rangle\langle p|=\frac{1}{\sqrt{\pi}}:\mathrm{e}^{-(p-P)^2}:,\\&\int_{-\infty}^{+\infty}\mathrm{d}p\Delta(x,p)=|x\rangle\langle x|=\frac{1}{\sqrt{\pi}}:\mathrm{e}^{-(x-X)^2}:\end{aligned} \tag{5.22}$$

外推得

$$\frac{1}{\pi}:\mathrm{e}^{-(x-X)^2-(p-P)^2}:\equiv\Delta(x,p) \tag{5.23}$$

显然

$$\frac{1}{\pi}\iint_{-\infty}^{+\infty}\mathrm{d}x\mathrm{d}p:\mathrm{e}^{-(x-X)^2-(p-P)^2}:=1 \tag{5.24}$$

它给出了 x-p 相空间的完备性. 注意 $\Delta(x,p)$ 不能写成纯态 $|\rangle\langle|$ 的形式,故属于混合态表象. 令 $\alpha=\dfrac{x+\mathrm{i}p}{\sqrt{2}}$,有

$$a=\frac{X+\mathrm{i}P}{\sqrt{2}},\quad a^\dagger=\frac{X-\mathrm{i}P}{\sqrt{2}} \tag{5.25}$$

则可写

$$\begin{aligned}\Delta(x,p)\longrightarrow\Delta(\alpha,\alpha^*)&=\frac{1}{\pi}:\mathrm{e}^{-2(a-\alpha)\left(a^\dagger-\alpha^*\right)}:\\&=\frac{1}{\pi}\mathrm{e}^{2\alpha a^\dagger}:\mathrm{e}^{-2a^\dagger a}:\mathrm{e}^{2\alpha^*a-2|\alpha|^2}\end{aligned} \tag{5.26}$$

其中

$$:\mathrm{e}^{-2a^\dagger a}:=(-1)^{a^\dagger a}=(-1)^N,\quad N=a^\dagger a \tag{5.27}$$

是宇称算符. $\langle\psi|\Delta(x,p)|\psi\rangle$ 称为态 $|\psi\rangle$ 的 Wigner 函数. 于是 Weyl-Wigner 对应就可表达为

$$\rho(a^\dagger,a)=2\int\mathrm{d}^2\alpha h(\alpha,\alpha^*)\Delta(\alpha,\alpha^*) \tag{5.28}$$

从

$$(-1)^N a(-1)^N=-a,\quad(-1)^N a^\dagger(-1)^N=-a^\dagger \tag{5.29}$$

给出

$$\begin{aligned}\Delta(\alpha,\alpha^*)&=\frac{1}{\pi}\mathrm{e}^{2\alpha a^\dagger}:\mathrm{e}^{-2a^\dagger a}:\mathrm{e}^{2\alpha^*a-2|\alpha|^2}\\&=\frac{1}{\pi}\mathrm{e}^{2\alpha a^\dagger}(-1)^N\mathrm{e}^{2\alpha^*a-2|\alpha|^2}\\&=\frac{1}{\pi}(-1)^N\mathrm{e}^{-2\alpha a^\dagger}\mathrm{e}^{2\alpha^*a-2|\alpha|^2}\\&=\frac{1}{\pi}(-1)^N\mathrm{e}^{2\alpha^*a+2|\alpha|^2}\mathrm{e}^{-2\alpha a^\dagger}\\&=\frac{1}{\pi}\mathrm{e}^{-2\alpha^*a+2|\alpha|^2}(-1)^N\mathrm{e}^{-2\alpha a^\dagger}\end{aligned} \tag{5.30}$$

再从

$$(-1)^N=\int\frac{\mathrm{d}^2z}{\pi}|z\rangle\langle-z| \tag{5.31}$$

就可得到 $\Delta(\alpha,\alpha^*)$ 的相干态表象:

$$\begin{aligned}\Delta(\alpha,\alpha^*)&=\frac{1}{\pi}\mathrm{e}^{-2\alpha^*a+2|\alpha|^2}\int\frac{\mathrm{d}^2z}{\pi}|z\rangle\langle-z|\mathrm{e}^{-2\alpha a^\dagger}\\&=\mathrm{e}^{2|\alpha|^2}\int\frac{\mathrm{d}^2z}{\pi^2}|z\rangle\langle-z|\mathrm{e}^{2\left(\alpha z^*-\alpha^*z\right)}\end{aligned} \tag{5.32}$$

或者,用 IWOP 方法和 $|0\rangle\langle 0| = :\mathrm{e}^{-a^\dagger a}:$,可以改写(5.32)式为

$$\begin{aligned}
\Delta(\alpha,\alpha^*) &= \frac{1}{\pi} : \mathrm{e}^{-2(a-\alpha)\left(a^\dagger-\alpha^*\right)} : \\
&= \int \frac{\mathrm{d}^2 z}{\pi^2} : \exp\left[-|z|^2 + z\left(a^\dagger - \alpha^*\right) + (\alpha - a) z^* + \alpha a^\dagger + \alpha^* a - a^\dagger a - |\alpha|^2\right] : \\
&= \int \frac{\mathrm{d}^2 z}{\pi^2} \mathrm{e}^{\alpha z^* - z\alpha^*} \\
&\quad \times : \exp\left[-|z|^2 + (\alpha + z) a^\dagger + (\alpha^* - z^*) a - a^\dagger a + \alpha z^* - z\alpha^* - |\alpha|^2\right] : \\
&= \int \frac{\mathrm{d}^2 z}{\pi^2} \mathrm{e}^{-|\alpha+z|^2/2 + (\alpha+z)a^\dagger} |0\rangle\langle 0| \mathrm{e}^{-|\alpha-z|^2/2 + (\alpha-z)a}
\end{aligned} \tag{5.33}$$

再用相干态的定义 $|z\rangle = \mathrm{e}^{-|z|^2/2}\mathrm{e}^{za^\dagger}|0\rangle$ 可得另一形式:

$$\Delta(\alpha,\alpha^*) = \int \frac{\mathrm{d}^2 z}{\pi^2} |\alpha + z\rangle\langle \alpha - z| \mathrm{e}^{\alpha z^* - z\alpha^*} \tag{5.34}$$

或写成

$$\Delta(\alpha,\alpha^*) = \mathrm{e}^{2|\alpha|^2} \int \frac{\mathrm{d}^2 z}{\pi^2} |z\rangle\langle -z| \mathrm{e}^{2\left(\alpha z^* - \alpha^* z\right)} \tag{5.35}$$

此式子可直接用 IWOP 积分验证:

$$\mathrm{e}^{2|\alpha|^2} \int \frac{\mathrm{d}^2 z}{\pi^2} |z\rangle\langle -z| \mathrm{e}^{2\left(\alpha z^* - \alpha^* z\right)} = \frac{1}{\pi} :\mathrm{e}^{-2\left(\alpha^* - a^\dagger\right)(\alpha - a)}: \tag{5.36}$$

由于 $(-1)^{a^\dagger a}|n\rangle = (-1)^n|n\rangle$,故而 Wigner 函数并不总是正定的,其证明如下:

$$\begin{aligned}
\Delta(\alpha,\alpha^*) &= \frac{1}{\pi} :\mathrm{e}^{-2(a^\dagger - \alpha^*)(a-\alpha)}: = \frac{1}{\pi}\mathrm{e}^{2a^\dagger\alpha}(-1)^N \mathrm{e}^{2a\alpha^* - 2|\alpha|^2} \\
&= \frac{1}{\pi}\mathrm{e}^{2a^\dagger\alpha}\sum_{n=0}^{\infty}|n\rangle\langle n|(-1)^n \mathrm{e}^{2a\alpha^* - 2|\alpha|^2}
\end{aligned} \tag{5.37}$$

记

$$\frac{1}{\sqrt{\pi}}\mathrm{e}^{-|\alpha|^2}\mathrm{e}^{2a^\dagger\alpha}|n\rangle \equiv |\phi\rangle_n \tag{5.38}$$

则有

$$\Delta(p,x) = \sum_{n=0}^{\infty}(-1)^n |\phi\rangle_{nn}\langle\phi| \tag{5.39}$$

所以

$$\langle\psi|\Delta(p,x)|\psi\rangle = \sum_{n=0}^{\infty}(-1)^n \left|{}_n\langle\phi|\psi\rangle\right|^2 \tag{5.40}$$

$(-1)^n$ 的存在说明 Wigner 函数不一定正定.

5.4 荷载经典双曲变换的 Wigner 算符和分数压缩算符

用 Wigner 算符可以从相空间流形的变换发现新的量子力学变换.

根据上述的Weyl-Wigner变换理论,相空间中经典函数的变换可以视为算符的Weyl对应的变换,故也可以视为 Wigner 算符的相应变换. 譬如相空间 (x,p) 中经典双曲变换

$$\begin{pmatrix} x \\ p \end{pmatrix} \to \begin{pmatrix} \sinh\alpha & \cosh\alpha \\ -\cosh\alpha & -\sinh\alpha \end{pmatrix} \begin{pmatrix} x \\ p \end{pmatrix} \tag{5.41}$$

反映在 Wigner 算符 $\Delta(x,p) \to \Delta(x\sinh\alpha + p\cosh\alpha, -x\cosh\alpha - p\sinh\alpha)$, 其 Weyl 序是

$$\begin{aligned} &\Delta(x\sinh\alpha + p\cosh\alpha, -x\cosh\alpha - p\sinh\alpha) \\ &\quad = \vdots\delta(x\sinh\alpha + p\cosh\alpha - X)\,\delta(x\cosh\alpha + p\sinh\alpha + P)\vdots \end{aligned} \tag{5.42}$$

重写 Delta 函数为

$$\begin{aligned} &\vdots\delta(x\sinh\alpha + p\cosh\alpha - X)\,\delta(x\cosh\alpha + p\sinh\alpha + P)\vdots \\ &\quad = \vdots\delta\left[\begin{pmatrix} X \\ P \end{pmatrix} - \begin{pmatrix} \sinh\alpha & \cosh\alpha \\ -\cosh\alpha & -\sinh\alpha \end{pmatrix}\begin{pmatrix} x \\ p \end{pmatrix}\right]\vdots \end{aligned} \tag{5.43}$$

行列式

$$\det\begin{pmatrix} \sinh\alpha & \cosh\alpha \\ -\cosh\alpha & -\sinh\alpha \end{pmatrix} = 1 \tag{5.44}$$

此矩阵的逆是

$$\begin{pmatrix} -\sinh\alpha & -\cosh\alpha \\ \cosh\alpha & \sinh\alpha \end{pmatrix} \tag{5.45}$$

故而(5.43)式等价于

$$\begin{aligned} &\vdots\delta\left[\begin{pmatrix} x \\ p \end{pmatrix} - \begin{pmatrix} -\sinh\alpha & -\cosh\alpha \\ \cosh\alpha & \sinh\alpha \end{pmatrix}\begin{pmatrix} X \\ P \end{pmatrix}\right]\vdots \\ &\quad = \vdots\delta(x + P\cosh\alpha + X\sinh\alpha)\,\delta(p - X\cosh\alpha - P\sinh\alpha)\vdots \end{aligned} \tag{5.46}$$

注意到 $X = \dfrac{a + a^\dagger}{\sqrt{2}}, P = \dfrac{a - a^\dagger}{\mathrm{i}\sqrt{2}}$,以及

$$\mathrm{e}^{-\mathrm{i}\pi a^\dagger a/2} a^\dagger \mathrm{e}^{\mathrm{i}\pi a^\dagger a/2} = -\mathrm{i}a^\dagger, \quad \mathrm{e}^{-\mathrm{i}\pi a^\dagger a/2} a \mathrm{e}^{\mathrm{i}\pi a^\dagger a/2} = \mathrm{i}a \tag{5.47}$$

所以 $\mathrm{e}^{-\mathrm{i}\pi a^\dagger a/2}$ 引起了 X 与 P 的互变:

$$\mathrm{e}^{-\mathrm{i}\pi a^\dagger a/2} X \mathrm{e}^{\mathrm{i}\pi a^\dagger a/2} = P, \quad \mathrm{e}^{-\mathrm{i}\pi a^\dagger a/2} P \mathrm{e}^{\mathrm{i}\pi a^\dagger a/2} = -X \tag{5.48}$$

也就是说(5.46)式变为

$$
\begin{aligned}
&\vdots\delta(x\sinh\alpha+p\cosh\alpha-X)\,\delta(x\cosh\alpha+p\sinh\alpha+P)\vdots\\
&\quad=\vdots\delta(x+P\cosh\alpha+X\sinh\alpha)\,\delta(p-X\cosh\alpha-P\sinh\alpha)\vdots\\
&\quad=\vdots\mathrm{e}^{-\mathrm{i}\pi a^\dagger a/2}\delta(x-X\cosh\alpha+P\sinh\alpha)\,\delta(p-P\cosh\alpha+X\sinh\alpha)\,\mathrm{e}^{\mathrm{i}\pi a^\dagger a/2}\vdots\\
&\quad=\mathrm{e}^{-\mathrm{i}\pi a^\dagger a/2}\vdots\delta(x-X\cosh\alpha+P\sinh\alpha)\,\delta(p-P\cosh\alpha+X\sinh\alpha)\vdots\mathrm{e}^{\mathrm{i}\pi a^\dagger a/2}
\end{aligned}
\tag{5.49}
$$

另一方面,用关系

$$
\exp\left[\frac{\mathrm{i}\alpha}{2}\left(a^2+a^{\dagger 2}\right)\right]a\exp\left[-\frac{\mathrm{i}\alpha}{2}\left(a^2+a^{\dagger 2}\right)\right]=a\cosh\alpha-\mathrm{i}a^\dagger\sinh\alpha \tag{5.50}
$$

以及

$$
\exp\left[\frac{\mathrm{i}\alpha}{2}\left(a^2+a^{\dagger 2}\right)\right]a^\dagger\exp\left[-\frac{\mathrm{i}\alpha}{2}\left(a^2+a^{\dagger 2}\right)\right]=a^\dagger\cosh\alpha+\mathrm{i}a\sinh\alpha \tag{5.51}
$$

我们看出(5.49)式的右边可改写为

$$
\begin{aligned}
&\delta(x-X\cosh\alpha+P\sinh\alpha)\,\delta(p-P\cosh\alpha+X\sinh\alpha)\\
&\quad=\delta\left(x-\frac{a+a^\dagger}{\sqrt{2}}\cosh\alpha+\frac{a-a^\dagger}{\mathrm{i}\sqrt{2}}\sinh\alpha\right)\\
&\qquad\times\delta\left(p-\frac{a-a^\dagger}{\mathrm{i}\sqrt{2}}\cosh\alpha+\frac{a+a^\dagger}{\sqrt{2}}\sinh\alpha\right)\\
&\quad=\delta\left[x-\frac{1}{\sqrt{2}}\left(a\cosh\alpha-\mathrm{i}a^\dagger\sinh\alpha\right)-\frac{1}{\sqrt{2}}\left(a^\dagger\cosh\alpha+\mathrm{i}a\sinh\alpha\right)\right]\\
&\qquad\times\delta\left[p-\frac{1}{\mathrm{i}\sqrt{2}}\left(a\cosh\alpha-\mathrm{i}a^\dagger\sinh\alpha\right)+\frac{1}{\mathrm{i}\sqrt{2}}\left(a^\dagger\cosh\alpha+\mathrm{i}a\sinh\alpha\right)\right]\\
&\quad=\exp\left[\frac{\mathrm{i}\alpha}{2}\left(a^2+a^{\dagger 2}\right)\right]\delta(x-X)\,\delta(p-P)\exp\left[-\frac{\mathrm{i}\alpha}{2}\left(a^2+a^{\dagger 2}\right)\right]
\end{aligned}
\tag{5.52}
$$

将(5.52)式代入(5.49)式并参考(5.46)式以及(5.43)式,我们可将(5.42)式表达为

$$
\begin{aligned}
&\Delta(x\sinh\alpha+p\cosh\alpha,-x\cosh\alpha-p\sinh\alpha)\\
&\quad=\vdots\mathrm{e}^{-\mathrm{i}\pi a^\dagger a/2}\exp\left[\frac{\mathrm{i}\alpha\left(a^2+a^{\dagger 2}\right)}{2}\right]\delta(x-X)\,\delta(p-P)\exp\left[-\frac{\mathrm{i}\alpha\left(a^2+a^{\dagger 2}\right)}{2}\right]\mathrm{e}^{\mathrm{i}\pi a^\dagger a/2}\vdots\\
&\quad=\mathrm{e}^{-\mathrm{i}\pi a^\dagger a/2}\exp\left[\frac{\mathrm{i}\alpha\left(a^2+a^{\dagger 2}\right)}{2}\right]\vdots\delta(x-X)\,\delta(p-P)\vdots\\
&\qquad\times\exp\left[-\frac{\mathrm{i}\alpha\left(a^2+a^{\dagger 2}\right)}{2}\right]\mathrm{e}^{\mathrm{i}\pi a^\dagger a/2}\\
&\quad=\mathrm{e}^{-\mathrm{i}\pi a^\dagger a/2}\exp\left[\frac{\mathrm{i}\alpha}{2}\left(a^2+a^{\dagger 2}\right)\right]\Delta(x,p)\exp\left[-\frac{\mathrm{i}\alpha}{2}\left(a^2+a^{\dagger 2}\right)\right]\mathrm{e}^{\mathrm{i}\pi a^\dagger a/2}
\end{aligned}
\tag{5.53}
$$

这表明 Wigner 算符$\Delta(x,p)$ 在相空间中的双曲转动映射出了算符 $\mathrm{e}^{\mathrm{i}\pi a^{\dagger}a/2}$ $\times\exp\left[-\frac{\mathrm{i}\alpha}{2}\left(a^{2}+a^{\dagger 2}\right)\right]$，它实际上是引起分数压缩变换的算符.

● 分数压缩算符

现在我们对一个态矢量 $|g\rangle$ 施行变换：

$$\langle p|\exp\left[-\frac{\mathrm{i}\alpha}{2}\left(a^{2}+a^{\dagger 2}\right)\right]\mathrm{e}^{\mathrm{i}\pi a^{\dagger}a/2}|g\rangle\equiv G(p) \tag{5.54}$$

这里 $\langle p|$ 是动量本征态,用坐标本征态 $|x\rangle$ 的完备性我们定义

$$G(p)\equiv\int_{-\infty}^{+\infty}\langle p|\exp\left[-\frac{\mathrm{i}\alpha}{2}\left(a^{2}+a^{\dagger 2}\right)\right]\mathrm{e}^{\mathrm{i}\pi a^{\dagger}a/2}|x\rangle\langle x|g\rangle\,\mathrm{d}x \tag{5.55}$$

根据狄拉克符号的意义 $\langle x|g\rangle=g(x)$,故而上式可简化为

$$G(p)\equiv\int_{-\infty}^{+\infty}\Re(p,x)\,g(x)\,\mathrm{d}x \tag{5.56}$$

其中

$$\Re(p,x)=\langle p|\exp\left[-\frac{\mathrm{i}\alpha}{2}\left(a^{2}+a^{\dagger 2}\right)\right]\mathrm{e}^{\mathrm{i}\pi a^{\dagger}a/2}|x\rangle \tag{5.57}$$

是一个积分变换核. 注意到

$$\mathrm{e}^{\mathrm{i}\pi a^{\dagger}a/2}a\mathrm{e}^{-\mathrm{i}\pi a^{\dagger}a/2}=-\mathrm{i}a \tag{5.58}$$

$$\mathrm{e}^{\mathrm{i}\pi a^{\dagger}a/2}a^{\dagger}\mathrm{e}^{-\mathrm{i}\pi a^{\dagger}a/2}=\mathrm{i}a^{\dagger} \tag{5.59}$$

就有坐标表象和动量表象之间的互变：

$$\mathrm{e}^{\mathrm{i}\pi a^{\dagger}a/2}|x\rangle=|p|_{p=x}\rangle \tag{5.60}$$

于是,积分变换核可写成

$$\Re(p,x)=\langle p|\exp\left[-\frac{\mathrm{i}\alpha}{2}\left(a^{2}+a^{\dagger 2}\right)\right]|p|_{p=x}\rangle \tag{5.61}$$

这里 $\exp\left[-\frac{\mathrm{i}\alpha}{2}\left(a^{2}+a^{\dagger 2}\right)\right]$ 是一个压缩算符,在相干态表象

$$|z\rangle=\exp\left[-\frac{|z|^{2}}{2}+za^{\dagger}\right]|0\rangle,\quad z=\frac{x+\mathrm{i}p}{\sqrt{2}} \tag{5.62}$$

中表示为（参见菲涅耳算符）

$$\exp\left[-\frac{\mathrm{i}\alpha}{2}\left(a^{2}+a^{\dagger 2}\right)\right]=\sqrt{\cosh\alpha}\int\frac{\mathrm{d}^{2}z}{\pi}|z\cosh\alpha-\mathrm{i}z^{*}\sinh\alpha\rangle\langle z| \tag{5.63}$$

鉴于

$$\langle p | z\rangle = \pi^{-1/4}\exp\left(-\frac{p^2}{2}-\frac{|z|^2}{2}-\sqrt{2}\mathrm{i}pz+\frac{z^2}{2}\right) \tag{5.64}$$

故

$$\begin{aligned}&\langle p | z\cosh\alpha - \mathrm{i}z^*\sinh\alpha\rangle \\ &\quad = \pi^{-1/4}\exp\left[-\frac{p^2}{2}-\frac{|z\cosh\alpha-\mathrm{i}z^*\sinh\alpha|^2}{2}\right. \\ &\qquad \left. -\sqrt{2}\mathrm{i}p\left(z\cosh\alpha-\mathrm{i}z^*\sinh\alpha\right)+\frac{\left(z\cosh\alpha-\mathrm{i}z^*\sinh\alpha\right)^2}{2}\right]\end{aligned} \tag{5.65}$$

而

$$\langle z | p|_{p=x}\rangle = \pi^{-1/4}\exp\left(-\frac{x^2}{2}-\frac{|z|^2}{2}+\sqrt{2}\mathrm{i}xz^*+\frac{z^{*2}}{2}\right) \tag{5.66}$$

将(5.65)式、(5.66)式代入(5.61)式得到

$$\begin{aligned}\Re(p,x) &= \sqrt{\cosh\alpha}\int\frac{\mathrm{d}^2z}{\pi}\langle p | z\cosh\alpha-\mathrm{i}z^*\sinh\alpha\rangle\langle z | p|_{p=x}\rangle \\ &= \sqrt{\cosh\alpha}\pi^{-1/2}\int\frac{\mathrm{d}^2z}{\pi}\exp\left[-\frac{x^2}{2}-\frac{|z|^2}{2}+\sqrt{2}\mathrm{i}xz^*+\frac{z^{*2}}{2}\right. \\ &\quad -\frac{p^2}{2}-\frac{|z\cosh\alpha-\mathrm{i}z^*\sinh\alpha|^2}{2} \\ &\quad \left.-\sqrt{2}\mathrm{i}p\left(z\cosh\alpha-\mathrm{i}z^*\sinh\alpha\right)+\frac{\left(z\cosh\alpha-\mathrm{i}z^*\sinh\alpha\right)^2}{2}\right] \\ &= \sqrt{\cosh\alpha}\pi^{-1/2}\exp\left(-\frac{x^2}{2}-\frac{p^2}{2}\right) \\ &\quad \int\frac{\mathrm{d}^2z}{\pi}\exp\left[\left(-\frac{1}{2}-\frac{1}{2}\left(\sinh^2\alpha+\cosh^2\alpha\right)-\mathrm{i}\left(\cosh\alpha\sinh\alpha\right)\right)|z|^2\right. \\ &\quad +\left(-\sqrt{2}\mathrm{i}p\cosh\alpha\right)z+\left(\sqrt{2}\mathrm{i}x-\sqrt{2}p\sinh\alpha\right)z^* \\ &\quad +\left(\frac{1}{2}\cosh^2\alpha-\frac{1}{2}\mathrm{i}\cosh\alpha\sinh\alpha\right)z^2 \\ &\quad \left.+\left(\frac{1}{2}+\frac{1}{2}\mathrm{i}\cosh\alpha\sinh\alpha-\frac{1}{2}\sinh^2\alpha\right)z^{*2}\right]\end{aligned} \tag{5.67}$$

用积分公式

$$\begin{aligned}&\int\frac{\mathrm{d}^2z}{\pi}\exp\left(\zeta|z|^2+\xi z+\eta z^*+fz^2+gz^{*2}\right) \\ &\quad = \frac{1}{\sqrt{\zeta^2-4fg}}\exp\left[\frac{-\zeta\xi\eta+\xi^2g+\eta^2f}{\zeta^2-4fg}\right]\end{aligned} \tag{5.68}$$

我们计算(5.67)式中的积分,得到

$$\Re(p,x) = \langle p|\exp\left[-\frac{\mathrm{i}\alpha}{2}\left(a^2+a^{\dagger 2}\right)\right]\mathrm{e}^{\mathrm{i}\pi a^\dagger a/2}|x\rangle$$

$$= \frac{1}{\sqrt{2\pi \mathrm{i} \sinh \alpha}} \exp\left[\frac{\mathrm{i}\left(p^2+x^2\right)}{2\tanh \alpha} - \frac{\mathrm{i}px}{\sinh \alpha}\right] \tag{5.69}$$

于是(5.56)式变为

$$G(p) \equiv \frac{1}{\sqrt{2\pi \mathrm{i} \sinh \alpha}} \int_{-\infty}^{+\infty} \exp\left[\frac{\mathrm{i}\left(p^2+x^2\right)}{2\tanh \alpha} - \frac{\mathrm{i}px}{\sinh \alpha}\right] g(x)\,\mathrm{d}x \tag{5.70}$$

与所谓的信号 $g(x)$ 的 α-阶分数傅里叶变换

$$F_\alpha[g](p) = \sqrt{\frac{\exp\left[-\mathrm{i}\left(\pi/2-\alpha\right)\right]}{2\pi \sin \alpha}} \int \exp\left[\frac{\mathrm{i}(x^2+p^2)}{2\tan \alpha} - \frac{\mathrm{i}xp}{\sin \alpha}\right] g(x)\,\mathrm{d}x \tag{5.71}$$

相比较,我们看出这是三角函数向双曲函数的变化,即 $\tan \alpha \to \tanh \alpha, \sin \alpha \to \sinh \alpha$. 换言之,$\Re(p,x)$ 是分数压缩变换的积分核,而 $\exp\left[-\frac{\mathrm{i}\alpha}{2}\left(a^2+a^{\dagger 2}\right)\right] \mathrm{e}^{\mathrm{i}\pi a^\dagger a/2}$ 是分数压缩算符.

小结:利用 Wigner-Weyl 变换理论和 Weyl 序的优点,我们发现相空间中的 Wigner 双曲旋转可以映射到 Hilbert 空间中的分数压缩算子. 菲涅耳算符的相干态表示也用于我们的推导过程中.

5.5 相干态的 Weyl 编序形式和排算符为 Weyl 编序的积分公式

在上一节已经指出 Wigner 算符 $\Delta(q,p)$ 本身的 Weyl 排序是

$$\Delta(q,p) = \vdots\, \delta(p-P)\,\delta(q-Q)\, \vdots = \vdots\, \delta(q-Q)\,\delta(p-P)\, \vdots \tag{5.72}$$

即在记号 $\vdots\ \vdots$ 内部 Q 与 P 可以交换. 或

$$\Delta(p,q) \to \Delta(\alpha,\alpha^*) = \frac{1}{2} \vdots\, \delta\left(\alpha^* - a^\dagger\right) \delta(\alpha - a)\, \vdots \tag{5.73}$$

由 δ-函数的傅里叶变换可导出 Wigner 算符的正规乘积形式:

$$\begin{aligned}\Delta(\alpha,\alpha^*) &= \int \frac{\mathrm{d}^2\beta}{2\pi^2} \vdots \exp\left\{\mathrm{i}\left[\beta^*(\alpha-a)+\beta\left(\alpha^*-a^\dagger\right)\right]\right\} \vdots \\ &= \int \frac{\mathrm{d}^2\beta}{2\pi^2} \exp\left\{\mathrm{i}\left[\beta^*(\alpha-a)+\beta\left(\alpha^*-a^\dagger\right)\right]\right\}\end{aligned}$$

$$
\begin{aligned}
&= \int \frac{\mathrm{d}^2\beta}{2\pi^2} : \exp\left\{\mathrm{i}\left[\beta^* a - \beta^* \alpha + \beta a^\dagger - \beta \alpha^*\right]\right\} \mathrm{e}^{-|\beta|^2/2} : \\
&= \frac{1}{\pi} : \mathrm{e}^{-2\left(\alpha^* - a^\dagger\right)(\alpha - a)} :
\end{aligned}
\tag{5.74}
$$

鉴于 $\mathrm{e}^{za^\dagger - z^* a}$ 也已经排成了 Weyl 编序,故

$$
D(z) \equiv \mathrm{e}^{za^\dagger - z^* a} = \vdots\, \mathrm{e}^{za^\dagger - z^* a} \,\vdots
\tag{5.75}
$$

于是我们就能立刻将正规排序的真空投影算符

$$
|0\rangle\langle 0| = : \mathrm{e}^{-a^\dagger a} :
\tag{5.76}
$$

转化为 Weyl 编序形式(用有序算符内的积分):

$$
\begin{aligned}
|0\rangle\langle 0| &= \int \frac{\mathrm{d}^2 z}{\pi} : \mathrm{e}^{-|z|^2 + za^\dagger - z^* a} : = \int \frac{\mathrm{d}^2 z}{\pi} D(z)\, \mathrm{e}^{-|z|^2/2} \\
&= \int \vdots\, \mathrm{e}^{za^\dagger - z^* a} \,\vdots\, \mathrm{e}^{-|z|^2/2} \frac{\mathrm{d}^2 z}{\pi} = 2 \vdots\, \mathrm{e}^{-2a^\dagger a} \,\vdots
\end{aligned}
\tag{5.77}
$$

前已提及 Weyl 排序在相似变换下序不变. 对于相干态 $|z\rangle = \exp\left[za^\dagger - z^* a\right]|0\rangle$, 我们立刻得到

$$
|z\rangle\langle z| = D(z)|0\rangle\langle 0| D^\dagger(z) = 2 \vdots\, \mathrm{e}^{-2\left(a^\dagger - z^*\right)(a - z)} \,\vdots
\tag{5.78}
$$

在 Weyl 序 $\vdots\;\vdots$ 内, a 与 $a^\dagger$ 也可以交换次序,所以

$$
\int \frac{\mathrm{d}^2 z}{\pi} |z\rangle\langle z| = 2 \int \frac{\mathrm{d}^2 z}{\pi} \vdots\, \mathrm{e}^{-2\left(a^\dagger - z^*\right)(a - z)} \,\vdots = 1
\tag{5.79}
$$

纯相干态 $|z\rangle\langle z|$ 的 Weyl 排序形式是

$$
2\pi \mathrm{Tr}\left[|z\rangle\langle z| \Delta(q,p)\right] = 2\pi \frac{1}{\pi} \langle z| : \mathrm{e}^{-2(a-\alpha)\left(a^\dagger - \alpha^*\right)} : |z\rangle = 2\mathrm{e}^{-2\left(z^* - \alpha^*\right)(z - \alpha)}
\tag{5.80}
$$

于是

$$
|z\rangle\langle z| = 2 \int \mathrm{d}^2\alpha\, \mathrm{e}^{-2\left(z^* - \alpha^*\right)(z - \alpha)} \Delta(\alpha, \alpha^*) = 2 \vdots\, \mathrm{e}^{-2\left(a^\dagger - z^*\right)(a - z)} \,\vdots
\tag{5.81}
$$

代入密度矩阵在相干态表象中的 P-表示式得到

$$
\rho = 2 \int \frac{\mathrm{d}^2 z}{\pi} P(z) \vdots\, \mathrm{e}^{-2\left(z^* - a^\dagger\right)(z - a)} \,\vdots
\tag{5.82}
$$

鉴于

$$
P(z) = \mathrm{e}^{|z|^2} \int \frac{\mathrm{d}^2\beta}{\pi} \langle -\beta| \rho |\beta\rangle \mathrm{e}^{|\beta|^2} \mathrm{e}^{\beta^* z - \beta z^*}
\tag{5.83}
$$

这里 $|\beta\rangle$ 也是相干态,$|\beta\rangle = \exp\left[-|\beta|^2/2 + \beta a^\dagger\right]|0\rangle$,结合上两式得到

$$\begin{aligned}\rho &= 2\int \frac{\mathrm{d}^2 z}{\pi}\mathrm{e}^{|z|^2}\int \frac{\mathrm{d}^2\beta}{\pi}\langle -\beta|\rho|\beta\rangle \mathrm{e}^{|\beta|^2}\mathrm{e}^{\beta^* z-\beta z^*}\vdots\mathrm{e}^{-2\left(z^*-a^\dagger\right)(z-a)}\vdots \\ &= 2\int \frac{\mathrm{d}^2\beta}{\pi}\langle -\beta|\rho|\beta\rangle\vdots\mathrm{e}^{2\left(\beta^* a-\beta a^\dagger+a^\dagger a\right)}\vdots \end{aligned} \tag{5.84}$$

这是个化算符为其 Weyl 排序的公式,为笔者首先导出.

5.6 菲涅耳变换与量子层析技术(tomography)的关系

Wigner 算符 $\Delta(p,q)$ 的 Radon 变换是

$$\iint_{-\infty}^{+\infty}\mathrm{d}q'\mathrm{d}p'\delta\left[q-(Dq'-Bp')\right]\Delta\left(q',p'\right) = |q\rangle_{s,r\,s,r}\langle q| \tag{5.85}$$

或者

$$\iint_{-\infty}^{+\infty}\mathrm{d}q'\mathrm{d}p'\delta\left[p-(Ap'-Cq')\right]\Delta\left(q',p'\right) = |p\rangle_{s,r\,s,r}\langle p| \tag{5.86}$$

s、r 是两个复参数,满足条件 $|s|^2-|r|^2=1$,它们与 A、B、C、D 的关系如下:

$$\begin{aligned} &A = \frac{1}{2}\left(s^*-r^*+s-r\right), \quad B = \frac{1}{2\mathrm{i}}\left(s^*-s+r^*-r\right), \\ &C = \frac{1}{2\mathrm{i}}\left(s-r-s^*+r^*\right), \quad D = \frac{1}{2}\left(s+s^*+r+r^*\right) \end{aligned} \tag{5.87}$$

且 A、B、C、D 之间存在关系 $AD-BC=1$. 方程(5.85)中的 Radon 投影是在 (B,D) 方向,而方程(5.86)的则是在 (A,C) 方向. 态矢 $|q\rangle_{s,r}$ 称为 tomography 表象,$|p\rangle_{s,r}$ 是其共轭态矢,且它们满足

$$\int_{-\infty}^{+\infty}\mathrm{d}q\,|q\rangle_{s,r\,s,r}\langle q| = 1, \quad \int_{-\infty}^{+\infty}\mathrm{d}q\,|p\rangle_{s,r\,s,r}\langle p| = 1 \tag{5.88}$$

可以证明

$$|q\rangle_{s,r} = F|q\rangle, \quad |p\rangle_{s,r} = F|p\rangle \tag{5.89}$$

其中 $|q\rangle$ 和 $|p\rangle$ 分别是坐标和动量表象,在 Fock 空间有形式:

$$|q\rangle = \pi^{-\frac{1}{4}}\exp\left(-\frac{q^2}{2}+\sqrt{2}qa^\dagger-\frac{1}{2}a^{\dagger 2}\right)|0\rangle \tag{5.90}$$

$$|p\rangle = \pi^{-\frac{1}{4}} \exp\left(-\frac{p^2}{2} + \sqrt{2}\mathrm{i}pa^\dagger + \frac{1}{2}a^{\dagger 2}\right)|0\rangle \tag{5.91}$$

F 就是菲涅耳算符:

$$F(s,r) = \exp\left(-\frac{r}{2s^*}a^{\dagger 2}\right)\exp\left[\left(a^\dagger a + \frac{1}{2}\right)\ln\frac{1}{s^*}\right]\exp\left(\frac{r^*}{2s^*}a^2\right) \tag{5.92}$$

它在坐标表象的矩阵元给出经典菲涅耳衍射的积分核:

$$\langle q'|F(s,r)|q\rangle = \frac{1}{\sqrt{2\pi\mathrm{i}B}}\exp\left[\frac{\mathrm{i}}{2B}\left(Aq^2 - 2q'q + Dq'^2\right)\right] \tag{5.93}$$

入射光场 $g(q')$ 经过光学仪器(A、B、C、D 为光线转移矩阵 $[A,B,C,D]$ 的矩阵元)的传播后,与出射光场 $f(q)$ 之间的关系由菲涅耳积分决定:

$$g(q') = \frac{1}{\sqrt{2\pi\mathrm{i}B}}\int_{-\infty}^{+\infty}\exp\left[\frac{\mathrm{i}}{2B}\left(Aq^2 - 2q'q + Dq'^2\right)\right]f(q)\,\mathrm{d}q \tag{5.94}$$

或者表示为狄拉克态矢的形式为 $F(s,r)|f\rangle = |g\rangle$. 那么

$$FQF^\dagger = Q_F \tag{5.95}$$

被称为菲涅耳旋转正交相 ($FPF^\dagger = P_F$ 是其共轭算符).

一个函数 $f(x_1)$ 的广义菲涅耳变换定义为

$$g(x_2) = \int_{-\infty}^{+\infty}\mathcal{R}(x_2,x_1)f(x_1)\,\mathrm{d}x_1 \tag{5.96}$$

其中

$$\mathcal{R}(x_2,x_1) = \mathcal{K}(A,B,C,D;x_2,x_1) = \frac{1}{\sqrt{2\pi\mathrm{i}B}}\exp\left[\frac{\mathrm{i}}{2B}\left(Ax_1^2 - 2x_2x_1 + Dx_2^2\right)\right] \tag{5.97}$$

是参数 A、B、C、D 的变换核,同样存在关系 $AD - BC = 1$.

第 6 章

获得新量子场的若干途径

量子统计的一个发展方向是找到新的量子场, 即新的有明确统计意义的密度算符. 有四条途径: 第一条途径是用纠缠算符将两个不同的独立模纠缠起来, 第二条是从高维场向低维场的塌缩, 第三条是引入适当的参量可将混合态演变为纯态, 第四条是用边缘正态分布"拼凑"新光场.

6.1 用 Weyl 排序性质导出压缩混沌模-真空模得到的量子场

在 3.3 节我们提到了玻色分布, 本节讨论: 将 a-模混沌场和 b-模真空压缩起来后, 粒子数分布如何?

压缩机制是量子场论和量子光学的重要内容. 压缩光可用于引力波检测和精密测量. 将双模压缩算符(它本身也是一种纠缠算符)

$$\begin{aligned} S &= \exp\left[\sigma\left(a^\dagger b^\dagger - ab\right)\right] \\ &= \operatorname{sech}\sigma \exp\left[a^\dagger b^\dagger \tanh\sigma\right] \exp\left[\left(a^\dagger a + b^\dagger b + 1\right)\ln\operatorname{sech}\sigma\right] \exp\left[-ab\tanh\sigma\right] \end{aligned} \tag{6.1}$$

(这里 σ 是压缩参数,$[a,a^\dagger] = \left[b,b^\dagger\right] = 1$) 作用于 $|00\rangle = |0\rangle_1 |0\rangle_2$,得到

$$S_2 |0\rangle_1 |0\rangle_2 = \operatorname{sech}\sigma \mathrm{e}^{a^\dagger b^\dagger \tanh\sigma} |00\rangle \tag{6.2}$$

相应的纯密度算符是

$$S_2 \left(|0\rangle_{11} \langle 0| \cdot |0\rangle_{22} \langle 0|\right) S_2^{-1} = \operatorname{sech}^2\sigma \mathrm{e}^{a^\dagger b^\dagger \tanh\sigma} |00\rangle \langle 00| \mathrm{e}^{ab\tanh\sigma} \tag{6.3}$$

可见 S_2 起着纠缠两个模的作用. 一个长期被忽视却重要的问题是:当被压缩的对象是一个单模真空场 $|0\rangle_{22}\langle 0|$ 和另一模的混沌场 ρ_c:

$$\rho_c = \left(1 - \mathrm{e}^\lambda\right) \mathrm{e}^{\lambda a^\dagger a}, \quad \operatorname{tr}\rho_c = 1, \quad \left\langle a^\dagger a\right\rangle_{\rho_c} = \frac{1}{\mathrm{e}^{-\lambda} - 1} \tag{6.4}$$

那么双模压缩混沌模–真空模的效果是什么? 是否会得到新的量子场? 令

$$\rho \equiv S\left(\rho_c |0\rangle_{22} \langle 0|\right) S^{-1} = \left(1 - \mathrm{e}^\lambda\right) S \left(\mathrm{e}^{\lambda a^\dagger a} \cdot |0\rangle_{22} \langle 0|\right) S^{-1} \tag{6.5}$$

对于压缩变换的性质:

$$S_2 a S_2^{-1} = a\cosh\sigma - b^\dagger \sinh\sigma, \quad S_2 b S_2^{-1} = b\cosh\sigma - a^\dagger \sinh\sigma \tag{6.6}$$

计算是繁复的, 因为有算符重排的问题要解决. 于是我们采取 Weyl 排序的方法解决之.Weyl 排序的算符具有在相似变换下的序不变性,具体说,设 $\vdots F\left(a^\dagger,a;b^\dagger,b\right)\vdots$ 已经是 Weyl 排序好了的,那么就有

$$S_2 \vdots F\left(a^\dagger,a;b^\dagger,b\right)\vdots S_2^{-1} = \vdots S_2 F\left(a^\dagger,a;b^\dagger,b\right) S_2^{-1}\vdots \tag{6.7}$$

就是说,S_2 可以穿过“篱笆”$\vdots\ \vdots$ 而直接作用于 $F\left(a^\dagger,a;b^\dagger,b\right)$. 然后,我们按照一个 Weyl 编序算符 $\vdots h(a^\dagger,a;b^\dagger,b)\vdots$ 在相空间 $(\alpha,\alpha^*;\beta,\beta^*)$ 的经典 Weyl 对应恰是函数 $h(\alpha,\alpha^*;\beta,\beta^*)$:

$$\vdots h(a^\dagger,a;b^\dagger,b)\vdots = 4\int \mathrm{d}^2\alpha \int \mathrm{d}^2\beta \triangle(\alpha,\alpha^*;\beta,\beta^*) h(\alpha,\alpha^*;\beta,\beta^*) \tag{6.8}$$

就可以进一步用双模 Wigner 算符:

$$\triangle(\alpha,\alpha^*;\beta,\beta^*) = \frac{1}{\pi^2} \vdots\exp[-2\left(a^\dagger - \alpha^*\right)(a - \alpha) - 2\left(b^\dagger - \beta^*\right)(b - \beta)]\vdots \tag{6.9}$$

去导出 $\vdots h(a^\dagger,a;b^\dagger,b)\vdots$ 的正规乘积形式，再对其求部分迹就可看清其物理意义. 以下我们用有序算符内的积分方法来实现目标.

第一步，我们必须先求出 $e^{\lambda a^\dagger a}\cdot|0\rangle_{22}\langle 0|$ 的 Weyl 编序形式. 从上一节我们已经知道

$$|0\rangle_{22}\langle 0|=2\vdots\exp\left[-2b^\dagger b\right]\vdots \tag{6.10}$$

再用化一般算符 $H\left(a^\dagger,a\right)$ 为其 Weyl 序的公式：

$$H\left(a^\dagger,a\right)=2\int\frac{d^2\gamma}{\pi}\langle-\gamma|H\left(a^\dagger,a\right)|\gamma\rangle\vdots\exp\left[2\left(\gamma^*a-\gamma a^\dagger+a^\dagger a\right)\right]\vdots \tag{6.11}$$

这里 $|\gamma\rangle$ 是相干态，我们将 $e^{\lambda a^\dagger a}$ 化为 Weyl 编序：

$$\begin{aligned}
e^{\lambda a^\dagger a}&=2\int\frac{d^2\gamma}{\pi}{}_a\vdots\langle-\gamma|:\exp\left[\left(e^\lambda-1\right)a^\dagger a\right]:|\gamma\rangle_a\exp\left[2\left(\gamma^*a-\gamma a^\dagger+a^\dagger a\right)\right]\vdots\\
&=2\int\frac{d^2\gamma}{\pi}\vdots\exp\left[-\left(e^\lambda+1\right)|\gamma|^2+2\left(\gamma^*a-\gamma a^\dagger+a^\dagger a\right)\right]\vdots\\
&=\frac{2}{e^\lambda+1}\vdots\exp\left[2\frac{e^\lambda-1}{e^\lambda+1}a^\dagger a\right]\vdots
\end{aligned} \tag{6.12}$$

于是

$$e^{\lambda a^\dagger a}\cdot|0\rangle_{22}\langle 0|=\frac{4}{e^\lambda+1}\vdots\exp\left[2\frac{e^\lambda-1}{e^\lambda+1}a^\dagger a-2b^\dagger b\right]\vdots \tag{6.13}$$

由此计算其压缩效果，用（6.6）式得到

$$\begin{aligned}
&\left(1-e^\lambda\right)S_2\left(e^{\lambda a^\dagger a}\cdot|0\rangle_{22}\langle 0|\right)S_2^{-1}\\
&=\frac{4\left(1-e^\lambda\right)}{e^\lambda+1}S_2\vdots\exp\left[\frac{2\left(e^\lambda-1\right)}{e^\lambda+1}a^\dagger a-2b^\dagger b\right]\vdots S_2^{-1}\\
&=\frac{4\left(1-e^\lambda\right)}{e^\lambda+1}\vdots\exp\left[\frac{2\left(e^\lambda-1\right)}{e^\lambda+1}\left(a^\dagger\cosh\sigma-b\sinh\sigma\right)\left(a\cosh\sigma-b^\dagger\sinh\sigma\right)\right.\\
&\quad\left.-2\left(b^\dagger\cosh\sigma-a\sinh\sigma\right)\left(b\cosh\sigma-a^\dagger\sinh\sigma\right)\right]\vdots
\end{aligned} \tag{6.14}$$

其经典对应是

$$\begin{aligned}
h(\alpha,\alpha^*;\beta,\beta^*)\equiv&\frac{1-e^\lambda}{e^\lambda+1}\exp\left\{\frac{2\left(e^\lambda-1\right)}{e^\lambda+1}[|\alpha|^2\cosh^2\sigma+|\beta|^2\sinh^2\sigma]\right.\\
&\left.-2|\beta|^2\cosh^2\sigma-2|\alpha|^2\sinh\sigma+\frac{2\sinh 2\sigma}{e^\lambda+1}\left(\alpha\beta+\alpha^*\beta^*\right)\right\}
\end{aligned} \tag{6.15}$$

将它代入（6.8）式、（6.9）式并用 IWOP 方法直接积分，得到

$$\rho=\left(1-e^\lambda\right)S\left(e^{\lambda a^\dagger a}\cdot|0\rangle_{22}\langle 0|\right)S^{-1}$$

$$
\begin{aligned}
&= \int \frac{4\mathrm{d}^2\alpha \mathrm{d}^2\beta}{\pi^2} : \exp[-2\left(a^\dagger - \alpha^*\right)(a-\alpha) - 2\left(b^\dagger - \beta^*\right)(b-\beta)] : h(\alpha,\alpha^*;\beta,\beta^*) \\
&= \left(1-\mathrm{e}^\lambda\right)\mathrm{sech}^2\sigma : \exp\left[a^\dagger a\left(\mathrm{e}^\lambda \mathrm{sech}^2\sigma - 1\right) - b^\dagger b + ab\tanh\sigma + a^\dagger b^\dagger \tanh\sigma\right] :
\end{aligned} \tag{6.16}
$$

再用

$$
|0\rangle_{22}\langle 0| = :\mathrm{e}^{-b^\dagger b}: \tag{6.17}
$$

$$
\mathrm{e}^{f a^\dagger a} = :\exp\left[\left(\mathrm{e}^f - 1\right)a^\dagger a\right]: \tag{6.18}
$$

我们就可得到 ρ 的显式形式:

$$
\begin{aligned}
\rho &= S_2\left(\rho_c |0\rangle_{22}\langle 0|\right)S_2^{-1} \\
&= \left(1-\mathrm{e}^\lambda\right)\mathrm{sech}^2\sigma e^{a^\dagger b^\dagger \tanh\sigma}\exp\left[a^\dagger a \ln\left(\mathrm{e}^\lambda \mathrm{sech}^2\sigma\right)\right]|0\rangle_{22}\langle 0|\mathrm{e}^{ab\tanh\sigma}
\end{aligned} \tag{6.19}
$$

这是一个新的密度算符. 为了理解 ρ 的物理意义, 对 a-模求迹, 用相干态表象 $|\alpha\rangle_a$ 和(6.19)式得到

$$
\begin{aligned}
\mathrm{tr}_a\rho &= \mathrm{tr}_a\left[\int \frac{\mathrm{d}^2\alpha}{\pi}|\alpha\rangle_{aa}\langle\alpha|\rho\right] \\
&= \left(1-\mathrm{e}^\lambda\right)\mathrm{sech}^2\sigma \int \frac{\mathrm{d}^2\alpha}{\pi}\langle\alpha|\mathrm{e}^{a^\dagger b^\dagger \tanh\sigma}\exp\left[a^\dagger a\ln\left(\mathrm{e}^\lambda\mathrm{sech}^2\sigma\right)\right]|0\rangle_{22}\langle 0|\mathrm{e}^{ab\tanh\sigma}|\alpha\rangle \\
&= \left(1-\mathrm{e}^\lambda\right)\mathrm{sech}^2\sigma \int \frac{\mathrm{d}^2\alpha}{\pi} \\
&\quad \times : \exp\left[-|\alpha|^2\left(1-\mathrm{e}^\lambda\mathrm{sech}^2\sigma\right) + \alpha b\tanh\sigma + \alpha^* b^\dagger \tanh\sigma - b^\dagger b\right] : \\
&= \frac{\left(1-\mathrm{e}^\lambda\right)\mathrm{sech}^2\sigma}{1-\mathrm{e}^\lambda\mathrm{sech}^2\sigma} : \exp\left[\left(\frac{\tanh^2\sigma}{1-\mathrm{e}^\lambda\mathrm{sech}^2\sigma} - 1\right)b^\dagger b\right] : \\
&= \frac{\left(1-\mathrm{e}^\lambda\right)\mathrm{sech}^2\sigma}{1-\mathrm{e}^\lambda\mathrm{sech}^2\sigma}\exp\left[b^\dagger b\ln\frac{\tanh^2\sigma}{1-\mathrm{e}^\lambda\mathrm{sech}^2\sigma}\right] = \left(1-\mathrm{e}^{\lambda'}\right)\mathrm{e}^{\lambda' a^\dagger a}
\end{aligned} \tag{6.20}
$$

这是一个混沌场,其中已经令

$$
\ln\frac{\tanh^2\sigma}{1-\mathrm{e}^\lambda\mathrm{sech}^2\sigma} = \lambda' \tag{6.21}
$$

于是

$$
\frac{\left(1-\mathrm{e}^\lambda\right)\mathrm{sech}^2\sigma}{1-\mathrm{e}^\lambda\mathrm{sech}^2\sigma} = 1-\mathrm{e}^{\lambda'} \tag{6.22}
$$

另一方面,引入 b-模相干态 $|\beta\rangle_b$,对 b-模求迹,有

$$
\begin{aligned}
\mathrm{tr}_b\rho &= \left(1-\mathrm{e}^\lambda\right)\mathrm{sech}^2\sigma\int\frac{\mathrm{d}^2\beta}{\pi}{}_b\langle\beta|\mathrm{e}^{a^\dagger b^\dagger\tanh\sigma}\exp\left[a^\dagger a\ln\left(\mathrm{e}^\lambda\mathrm{sech}^2\sigma\right)\right]|0\rangle_{22}\langle 0|\mathrm{e}^{ab\tanh\sigma}|\beta\rangle_b \\
&= \left(1-\mathrm{e}^\lambda\right)\mathrm{sech}^2\sigma\int\frac{\mathrm{d}^2\beta}{\pi}\mathrm{e}^{-|\beta|^2 + a^\dagger\beta^*\tanh\sigma}\exp\left[a^\dagger a\ln\left(\mathrm{e}^\lambda\mathrm{sech}^2\sigma\right)\right]\mathrm{e}^{a\beta\tanh\sigma}
\end{aligned}
$$

$$
\begin{aligned}
&= \left(1-\mathrm{e}^{\lambda}\right)\mathrm{sech}^2\sigma \int \frac{\mathrm{d}^2\beta}{\pi} :\mathrm{e}^{-|\beta|^2+a^\dagger\beta^*\tanh\sigma+a\beta\tanh\sigma+a^\dagger a\left(\mathrm{e}^{\lambda}\mathrm{sech}^2\sigma-1\right)}: \\
&= \left(1-\mathrm{e}^{\lambda}\right)\mathrm{sech}^2\sigma :\exp\left[a^\dagger a\left(\mathrm{e}^{\lambda}\mathrm{sech}^2\sigma+\tanh^2\sigma-1\right)\right]: \\
&= \left(1-\mathrm{e}^{\lambda}\right)\mathrm{sech}^2\sigma \exp\left[a^\dagger a \ln\left(\mathrm{e}^{\lambda}\mathrm{sech}^2\sigma+\tanh^2\sigma\right)\right] = \left(1-\mathrm{e}^{\lambda''}\right)\mathrm{e}^{\lambda'' a^\dagger a}
\end{aligned} \tag{6.23}
$$

其中已经令

$$
\ln\left(\mathrm{e}^{\lambda}\mathrm{sech}^2\sigma+\tanh^2\sigma\right) \equiv \lambda'' \neq \lambda' \tag{6.24}
$$

于是

$$
1-\mathrm{e}^{\lambda''} = 1-\mathrm{e}^{\lambda}\mathrm{sech}^2\sigma-\tanh^2\sigma = \left(1-\mathrm{e}^{\lambda}\right)\mathrm{sech}^2\sigma \tag{6.25}
$$

可见两种不同的求迹导致不同的混沌场,显示双模压缩具有纠缠功能.

进一步讨论处于混合态 ρ 的两种不同模式的粒子数分布. 让 $\mathrm{Tr}=\mathrm{tr}_a\mathrm{tr}_b$, 由(6.23)式和(6.25)式我们得到

$$
\begin{aligned}
\left\langle a^\dagger a\right\rangle_\rho &= \mathrm{Tr}\left[\rho a^\dagger a\right] = \mathrm{tr}_a\left(a^\dagger a \mathrm{tr}_b\rho\right) = \left(1-\mathrm{e}^{\lambda''}\right)\mathrm{tr}_a\left(a^\dagger a \mathrm{e}^{\lambda'' a^\dagger a}\right) \\
&= \left(1-\mathrm{e}^{\lambda''}\right)\mathrm{tr}_a\left(\sum_{n=0}\mathrm{e}^{\lambda'' n}\left|n\right\rangle\left\langle n\right| n\right) = \left(\mathrm{e}^{-\lambda''}-1\right)^{-1} = \frac{\mathrm{e}^{\lambda}+\sinh^2\sigma}{1-\mathrm{e}^{\lambda}}
\end{aligned} \tag{6.26}
$$

显然, 当无压缩时, $\sinh^2\sigma=0$, $\left\langle a^\dagger a\right\rangle_\rho \to \left\langle a^\dagger a\right\rangle_{\rho_c} = \dfrac{1}{\mathrm{e}^{-\lambda}-1}$. 类似的, 由(6.20)式和(6.22)式我们可得到

$$
\left\langle b^\dagger b\right\rangle = \mathrm{Tr}\left[\rho b^\dagger b\right] = \mathrm{tr}_b\left(b^\dagger b \mathrm{tr}_a\rho\right) = \left(\mathrm{e}^{-\lambda'}-1\right)^{-1} = \frac{\sinh^2\sigma}{1-\mathrm{e}^{\lambda}} \tag{6.27}
$$

当无压缩时, $\left\langle b^\dagger b\right\rangle \to 0$, 正是 $\left|0\right\rangle_{22}\left\langle 0\right|$ 的物理意思.

小结:我们探寻出了一个新密度算符 ρ,其形式为

$$
\rho = \left(1-\mathrm{e}^{\lambda}\right)\mathrm{sech}^2\sigma \mathrm{e}^{a^\dagger b^\dagger \tanh\sigma}\exp\left[a^\dagger a\ln\left(\mathrm{e}^{\lambda}\mathrm{sech}^2\sigma\right)\right]\left|0\right\rangle_{22}\left\langle 0\right|\mathrm{e}^{ab\tanh\sigma} \tag{6.28}
$$

它是双模压缩算符作用于一个单模混沌场和另一个模的真空场的结果,表明了双模压缩算符有纠缠的功能.

6.2 从混合态追溯到高一维度的纯态

上一节我们给出了双模压缩算符作用于 a-模混沌场和 b-模真空的新场 ρ,这是一个混合态. 本节我们寻找对一个三模纯态,对它的单模测量恰会导致生成此混合态 ρ,那么

这个三模纯态是什么呢? 为了以下讨论方便,在(6.28)式中让

$$\mathrm{e}^{\lambda}=\tanh^2\tau \tag{6.29}$$

于是(6.28)式等价为

$$\operatorname{sech}^2\sigma\operatorname{sech}^2\tau\mathrm{e}^{a_2^\dagger a_3^\dagger\tanh\sigma}\left(\operatorname{sech}^2\sigma\tanh^2\tau\right)^{a_3^\dagger a_3}|0\rangle_{22}\langle 0|\,\mathrm{e}^{a_2a_3\tanh\sigma}\equiv\rho \tag{6.30}$$

我们求其热真空态 (我们仅仅扩大一个自由度),具体用 IWOP 方法如下:

$$\begin{aligned}
\rho=&\operatorname{sech}^2\sigma\operatorname{sech}^2\tau\\
&\times:\exp\left[\left(a_2^\dagger a_3^\dagger+a_2a_3\right)\tanh\sigma+\left(\operatorname{sech}^2\sigma\tanh^2\tau-1\right)a_3^\dagger a_3-a_2^\dagger a_2\right]:\\
=&\operatorname{sech}^2\sigma\operatorname{sech}^2\tau\int\frac{\mathrm{d}^2z}{\pi}\\
&\times:\exp\left[-|z|^2+\left(z^*a_3^\dagger+za_3\right)\operatorname{sech}\sigma\tanh\tau+\left(a_2^\dagger a_3^\dagger+a_2a_3\right)\tanh\sigma-a_2^\dagger a_2-a_3^\dagger a_3\right]:\\
=&\operatorname{sech}^2\sigma\operatorname{sech}^2\tau\int\frac{\mathrm{d}^2z}{\pi}{}_1\langle z|\exp\left[a_1^\dagger a_3^\dagger\operatorname{sech}\sigma\tanh\tau+a_2^\dagger a_3^\dagger\tanh\sigma\right]|000\rangle\\
&\times\langle 000|\exp\left[a_1a_3\operatorname{sech}\sigma\tanh\tau+a_2a_3\tanh\sigma\right]|z\rangle_1\\
=&\operatorname{sech}^2\sigma\operatorname{sech}^2\tau\operatorname{tr}_1\left\{\exp\left[a_1^\dagger a_3^\dagger\operatorname{sech}\sigma\tanh\tau+a_2^\dagger a_3^\dagger\tanh\sigma\right]|000\rangle\right.\\
&\left.\times\langle 000|\exp\left[a_1a_3\operatorname{sech}\sigma\tanh\tau+a_2a_3\tanh\sigma\right]\right\}
\end{aligned}\tag{6.31}$$

其中的 tr_1 表示对第一模求迹,$\{\cdots\}$ 中是一个纯态. 接着我们证明其中的右矢是两个双模压缩算符 $S_{23}(\sigma)S_{31}(\tau)$ 作用于三模真空态 $|000\rangle$ 的结果,即

$$\operatorname{sech}\sigma\operatorname{sech}\tau\exp\left[a_1^\dagger a_3^\dagger\operatorname{sech}\sigma\tanh\tau+a_2^\dagger a_3^\dagger\tanh\sigma\right]|000\rangle=S_{23}(\sigma)S_{31}(\tau)|000\rangle \tag{6.32}$$

事实上

$$S_{31}(\tau)|000\rangle=\operatorname{sech}\tau\exp\left(a_1^\dagger a_3^\dagger\tanh\tau\right)|000\rangle \tag{6.33}$$

所以

$$\begin{aligned}
S_{23}(\sigma)S_{31}(\tau)|000\rangle&=\operatorname{sech}\tau S_{23}(\sigma)\exp\left(a_1^\dagger a_3^\dagger\tanh\tau\right)|000\rangle\\
&=\operatorname{sech}\tau S_{23}(\sigma)\exp\left(a_1^\dagger a_3^\dagger\tanh\tau\right)S_{23}^{-1}(\sigma)S_{23}(\sigma)|000\rangle\\
&=\operatorname{sech}\tau\exp\left[a_1^\dagger(a_3^\dagger\cosh\sigma+a_2\sinh\sigma)\tanh\tau\right]\\
&\quad\times\operatorname{sech}\sigma\exp\left(a_2^\dagger a_3^\dagger\tanh\sigma\right)|000\rangle\\
&=\operatorname{sech}\sigma\operatorname{sech}\tau\exp\left[a_1^\dagger a_3^\dagger\operatorname{sech}\sigma\tanh\tau+a_2^\dagger a_3^\dagger\tanh\sigma\right]|000\rangle
\end{aligned}\tag{6.34}$$

于是, 若我们令

$$\rho_\tau \equiv S_{23}(\sigma) S_{31}(\tau) |000\rangle\langle 000| S_{31}^\dagger(\tau) S_{23}^\dagger(\sigma) \tag{6.35}$$

那么

$$\mathrm{tr}_1 \rho_\tau = \rho \tag{6.36}$$

ρ_τ 是一个新密度算符,测量其第一模,它就塌缩到混合态 $S_2(\rho_c |0\rangle_{22}\langle 0|) S_2^{-1}$. 测量导致纯态向低一维度的混合态的塌缩.

6.3 相空间中的正定分布——压缩-平移关联的新纯态

从非正定分布的混合态也能构造出正定分布的新纯态.

混合态表象的引入可以用于算符的多种排序,并发展了量子力学相空间理论. 本节旨在从形为混合态表象的集合内找出压缩–平移关联的新纯态表象.

前面已经指出形式最简单、最基本的混合态表象是

$$\frac{1}{\pi} : \mathrm{e}^{-(q-Q)^2-(p-P)^2} := \Delta(p,q) \tag{6.37}$$

这里 $: :$ 代表正规乘积,$\Delta(p,q)$ 的完备性是

$$\iint_{-\infty}^{+\infty} \mathrm{d}p\mathrm{d}q \Delta(p,q) = 1 \tag{6.38}$$

正交性是

$$2\pi \mathrm{Tr}[\Delta(p,q)\Delta(p',q')] = \delta(p-p')\delta(q-q') \tag{6.39}$$

$\Delta(p,q)$ 作为一个表象, 可以当作基算符为其他算符展开. Wigner 算符的 Weyl 排序形式是

$$\Delta(p,q) = \vdots\delta(p-P)\delta(q-Q)\vdots = \vdots\delta(q-Q)\delta(p-P)\vdots \tag{6.40}$$

这是一个漂亮的公式. “A physical theory must possess mathematical beauty”, 这是 Dirac 研究物理本质的信念.

在形为混合态表象的集合内,也能找到参数可调的纯态表象.

现在我们对 $:\mathrm{e}^{-(x-X)^2-(p-P)^2}:$ 引入可调的高斯展宽实参数 σ,在相空间的坐标和动量方向分别以 $\dfrac{\sigma}{1+\sigma}$ 和 $\dfrac{1/\sigma}{1+1/\sigma}$ 做改动:

$$\frac{2\sqrt{\sigma}}{1+\sigma}:\exp\left[-\frac{\sigma}{1+\sigma}(q-Q)^2-\frac{1/\sigma(p-P)^2}{1+1/\sigma}\right]:\equiv\Delta_\sigma(p,q) \tag{6.41}$$

易见

$$\iint_{-\infty}^{+\infty}\frac{\mathrm{d}p\mathrm{d}q}{2\pi}\Delta_\sigma(p,q)=1 \tag{6.42}$$

此 $\Delta_\sigma(p,q)$ 貌似混合态,实际上是一个纯态,这可以用以下变换看出. 用 $|0\rangle\langle 0|=:\mathrm{e}^{-a^\dagger a}:$ 和

$$Q=\frac{a^\dagger+a}{\sqrt{2}},\quad P=\frac{a-a^\dagger}{\sqrt{2}\mathrm{i}},\quad \sigma\neq 0 \tag{6.43}$$

我们能将 Δ_σ 变形为一个纯态密度算符,由 $|0\rangle\langle 0|=:\mathrm{e}^{-a^\dagger a}:$ 得到

$$\begin{aligned}
&\frac{\sqrt{\sigma}}{1+\sigma}:\exp\left\{\frac{-\sigma}{1+\sigma}(q-Q)^2-\frac{1}{1+\sigma}(p-P)^2\right\}:\\
&=\frac{\sqrt{\sigma}}{1+\sigma}:\exp\left\{\frac{-\sigma}{1+\sigma}\left(q-\frac{a+a^\dagger}{\sqrt{2}}\right)^2-\frac{1}{1+\sigma}\left(p-\frac{a-a^\dagger}{\sqrt{2}\mathrm{i}}\right)^2\right\}:\\
&=\frac{\sqrt{\sigma}}{1+\sigma}:\exp\left\{\frac{-\sigma}{1+\sigma}q^2+\frac{1-\sigma}{2(1+\sigma)}\left(a^2+a^{\dagger 2}\right)-\frac{p^2}{1+\sigma}-a^\dagger a\right.\\
&\quad\left.+\frac{\sigma}{1+\sigma}\sqrt{2}q\left(a+a^\dagger\right)-\frac{1}{1+\sigma}\mathrm{i}\sqrt{2}p\left(a-a^\dagger\right)\right\}:\\
&=|p,q,\sigma\rangle\langle p,q,\sigma|
\end{aligned} \tag{6.44}$$

这里

$$|p,q,\sigma\rangle=\left(\frac{\sqrt{\sigma}}{1+\sigma}\right)^{1/2}\exp\left\{\frac{-\sigma q^2-p^2}{2(1+\sigma)}+\frac{\sqrt{2}(\sigma q+\mathrm{i}p)a^\dagger}{1+\sigma}+\frac{(1-\sigma)a^{\dagger 2}}{2(1+\sigma)}\right\}|0\rangle \tag{6.45}$$

是纯态,于是确保了 $\langle\psi|\Delta_h(q,p,\sigma)|\psi\rangle=|\langle\psi||p,q,\sigma\rangle|^2$ 在相空间的分布函数是正定的.

以上讨论可推广到双模压缩–平移变换情形.

• 用 Weyl 编序性质证明 $|p,q;\sigma\rangle$ 是一个压缩–平移关联的新纯态

为了进一步明确此态的构成机制,我们将 $\Delta_\sigma(p,q)$ 化为 Weyl 编序. 用公式

$$\rho=2\int\frac{\mathrm{d}^2\beta}{\pi}\vdots\langle-\beta|\rho|\beta\rangle\mathrm{e}^{2(\beta^*a-a^\dagger\beta+a^\dagger a)}\vdots,\quad \mathrm{d}^2\beta=\mathrm{d}\beta_1\mathrm{d}\beta_2 \tag{6.46}$$

可得

$$\begin{aligned}\Delta_\sigma(p,q) &= \frac{4\sqrt{\sigma}}{1+\sigma}\int\frac{\mathrm{d}^2\beta}{\pi}\vdots\exp\left[-\frac{\sigma(q-\frac{\beta-\beta^*}{\sqrt{2}})^2}{1+\sigma}\right.\\ &\quad\left.-\frac{(p-\frac{\beta+\beta^*}{\sqrt{2}\mathrm{i}})^2}{1+\sigma}-2|\beta|^2+2\left(\beta^*a-a^\dagger\beta+a^\dagger a\right)\right]\vdots\\ &= \frac{4\sqrt{\sigma}}{1+\sigma}\iint\frac{\mathrm{d}\beta_1\mathrm{d}\beta_2}{\pi}\vdots\exp\left[-\frac{\sigma(q-\sqrt{2}\mathrm{i}\beta_2)^2}{1+\sigma}\right.\\ &\quad\left.-\frac{(p+\mathrm{i}\sqrt{2}\beta_1)^2}{1+\sigma}-2|\beta|^2+2\left(\beta^*a-a^\dagger\beta+a^\dagger a\right)\right]\vdots\\ &= 2\vdots\exp\left[-\sigma(q-Q)^2-\frac{1}{\sigma}(p-P)^2\right]\vdots\end{aligned} \tag{6.47}$$

根据 $\Delta(p,q)=\vdots\delta(p-P)\,\delta(q-Q)\vdots$,得 Δ_σ 的经典 Weyl 对应函数是

$$\Delta_\sigma(p,q)\to W(q',p')=2\exp[-\sigma(q'-q)^2-\frac{1}{\sigma}(p'-p)^2] \tag{6.48}$$

p'、q' 的平均值等于半宽度(half-widths):

$$\frac{1}{\sqrt{2\pi\sigma}}\iint_{-\infty}^{+\infty}\mathrm{d}p'\mathrm{d}q'p'W(q',p')=\sqrt{\sigma} \tag{6.49}$$

$$\frac{\sqrt{\sigma}}{\sqrt{2\pi}}\iint_{-\infty}^{+\infty}\mathrm{d}p'\mathrm{d}q'q'W(q',p')=1/\sqrt{\sigma} \tag{6.50}$$

用单模压缩算符

$$S(\sqrt{\sigma})=\exp\left[\frac{1}{2}\left(a^{\dagger2}-a^2\right)\ln\sqrt{\sigma}\right]=\sqrt{\sigma}\int_{-\infty}^{+\infty}\mathrm{d}q\left|\sqrt{\sigma}q\right\rangle\langle q| \tag{6.51}$$

的性质:

$$S(\sqrt{\sigma})\,QS^{-1}(\sqrt{\sigma})=\sqrt{\sigma}Q,\ \ S(\sqrt{\sigma})\,PS^{-1}(\sqrt{\sigma})=P/\sqrt{\sigma} \tag{6.52}$$

以及 Weyl 排序算符在相似变换下的序不变性,得到

$$\Delta_\sigma(p,q)=2S(\sqrt{\sigma})\vdots\exp\left[-(\sqrt{\sigma}q-Q)^2-(\frac{p}{\sqrt{\sigma}}-P)^2\right]\vdots S^{-1}(\sqrt{\sigma}) \tag{6.53}$$

再用平移算符 $D(\alpha)=\exp\left(\alpha a^\dagger-\alpha^*a\right)$,这里的平移参数是与压缩参数关联的:

$$\alpha=\frac{1}{\sqrt{2}}\left(\sqrt{\sigma}q+\mathrm{i}\frac{p}{\sqrt{\sigma}}\right) \tag{6.54}$$

就有

$$D(\alpha)\,QD^{-1}(\alpha)=Q-\sqrt{\sigma}q,\quad D(\alpha)\,PD^{-1}(\alpha)=P-\frac{p}{\sqrt{\sigma}} \tag{6.55}$$

以及

$$2\vdots\exp[-Q^2-P^2]\vdots=|0\rangle\langle 0| \tag{6.56}$$

得到

$$\begin{aligned}\Delta_\sigma(p,q)&=2S^{-1}\left(\sqrt{\sigma}\right)D(\alpha)\vdots\exp[-Q^2-P^2]\vdots D^{-1}(\alpha)S\left(\sqrt{\sigma}\right)\\&=S^{-1}\left(\sqrt{\sigma}\right)D(\alpha)|0\rangle\langle 0|D^{-1}(\alpha)S\left(\sqrt{\sigma}\right)\end{aligned} \tag{6.57}$$

比较(6.45)式得到

$$|p,q;\sigma\rangle=S^{-1}\left(\sqrt{\sigma}\right)D(\alpha)|0\rangle$$

所以这个表象是由一个压缩–平移关联的新纯态组成的. 可见采用 $\Delta_\sigma(p,q)$ 做相空间展开的基算符,其广义 Wigner 函数是正定的.

$$\mathrm{Tr}\left[|\psi\rangle\langle\psi|\Delta_\sigma(p,q)\right]=\langle\psi|p,q;\sigma\rangle\langle p,q;\sigma|\psi\rangle=|\langle p,q;\sigma|\psi\rangle|^2 \tag{6.58}$$

性质 完备性:$\iint_{-\infty}^{+\infty}\mathrm{d}p\mathrm{d}q\,|p,q;\sigma\rangle\langle p,q;\sigma|=1.$

注意 $\alpha=\frac{1}{\sqrt{2}}\left(\sqrt{\sigma}q+\mathrm{i}\frac{p}{\sqrt{\sigma}}\right)$, $|p,q;\sigma\rangle$ 的波函数是

$$\begin{aligned}\langle q'|p,q;\sigma\rangle&=\langle q'|S^{-1}\left(\sqrt{\sigma}\right)D(\alpha)|0\rangle=\frac{1}{\sqrt{\sigma}}\left\langle q'\middle|\int\mathrm{d}q|q/\sqrt{\sigma}\right\rangle\langle q|\alpha\rangle=\left\langle\sqrt{\sigma}q'\middle|\alpha\right\rangle\\&=\pi^{-1/4}\exp\left[\frac{-|\alpha|^2}{2}-\frac{\alpha^2}{2}-\frac{\sigma q'^2}{2}+\sqrt{2\sigma}q'\alpha\right]\\&=\pi^{-1/4}\exp\left[\frac{-\sigma q^2}{2}-\frac{1}{2}\mathrm{i}pq-\frac{\sigma q'^2}{2}+\sqrt{\sigma}q'\left(\sqrt{\sigma}q+\mathrm{i}\frac{p}{\sqrt{\sigma}}\right)\right]\\&=\pi^{-1/4}\mathrm{e}^{-\sigma\left(q'-q\right)^2/2+\mathrm{i}pq'-\frac{1}{2}\mathrm{i}pq}\end{aligned} \tag{6.59}$$

均值为

$$\langle p,q;\sigma|Q|p,q;\sigma\rangle=\langle 0|D^{-1}(\alpha)S\left(\sqrt{\sigma}\right)QS^{-1}\left(\sqrt{\sigma}\right)D(\alpha)|0\rangle=\left\langle\alpha\middle|\frac{Q}{\sqrt{\sigma}}\middle|\alpha\right\rangle=q \tag{6.60}$$

$$\langle p,q;\sigma|P|p,q;\sigma\rangle=p \tag{6.61}$$

所以

$$\langle p,q;\sigma|Q^2|p,q;\sigma\rangle=\left\langle\alpha\middle|\frac{Q^2}{\sigma}\middle|\alpha\right\rangle=q^2+\frac{1}{2\sigma} \tag{6.62}$$

$$\langle p,q;\sigma|P^2|p,q;\sigma\rangle=\langle\alpha|P^2\sigma|\alpha\rangle=p^2+\frac{\sigma}{2} \tag{6.63}$$

处在 $|p,q;\sigma\rangle$ 的不确定关系是

$$\Delta Q \Delta P = \frac{1}{2} \tag{6.64}$$

我们可以进一步做(6.47)式中的积分,得到其正规乘积形式:

$$\begin{aligned}\Delta_\sigma(q,p,\sigma) &= \iint_{-\infty}^{+\infty} \mathrm{d}q' \mathrm{d}p' \frac{1}{\pi} \colon \mathrm{e}^{-(q'-Q)^2-(p'-P)^2} \colon \exp\left[-\sigma(q'-q)^2 - \frac{(p'-p)^2}{\sigma}\right] \\ &= \frac{\sqrt{\sigma}}{1+\sigma} \colon \exp\left\{\frac{-\sigma}{1+\sigma}(q-Q)^2 - \frac{1}{1+\sigma}(p-P)^2\right\} \colon = |p,q,\sigma\rangle\langle p,q,\sigma|\end{aligned} \tag{6.65}$$

可以将(6.47)式做进一步的推广以发现更多的纯态:

$$2\colon \exp\left[\frac{\tau\delta}{\beta\gamma}(\frac{q}{\delta}+Q)^2 - \frac{\beta\gamma}{\tau\delta}(\frac{p}{\beta}-P)^2\right] \colon \equiv \Delta_{\beta,\delta,\tau}(p,q) \tag{6.66}$$

它的纯态是

$$\Delta_{\beta,\ \delta,\tau}(p,q) = |\Phi\rangle\langle\Phi| \tag{6.67}$$

这里 $|\Phi\rangle$ 也是一个压缩–平移关联的纯态:

$$|\Phi\rangle = S^{-1}\left(\frac{-\tau\delta}{\beta\gamma}\right) D\left[-q\sqrt{\frac{-\tau\delta}{\beta\gamma}}\bigg/\delta + \mathrm{i}p\bigg/\left(\beta\sqrt{\frac{-\tau\delta}{\beta\gamma}}\right)\right]|0\rangle \tag{6.68}$$

其中 D 代表平移算符,实参数

$$\beta\gamma - \tau\delta = 1 \tag{6.69}$$

完备性是

$$\frac{1}{2|\beta\delta|}\iint_{-\infty}^{+\infty} \mathrm{d}q\mathrm{d}p\,|\Phi\rangle\langle\Phi| = 1 \tag{6.70}$$

以上讨论丰富了量子相空间理论.

6.4 用边缘正态分布“拼凑”新量子场

从两个边缘分布

$$\frac{1}{\sigma_2}\colon \exp\left[-\frac{(p-P)^2}{2\sigma_2^2}\right]\colon \tag{6.71}$$

$$\frac{1}{\sigma_1}:\exp\left[-\frac{(q-Q)^2}{2\sigma_1^2}\right]: \tag{6.72}$$

"拼凑"密度算符

$$\rho_s=\frac{1}{\sigma_1\sigma_2}:\exp\left\{-\frac{(q-Q)^2}{2\sigma_1^2}-\frac{(p-P)^2}{2\sigma_2^2}\right\}: \tag{6.73}$$

满足

$$\iint_{-\infty}^{+\infty}\mathrm{d}q\mathrm{d}p\rho_s=1 \tag{6.74}$$

求其 Wigner 函数, 我们用

$$W(\alpha'^*,\alpha')=2\pi\mathrm{tr}[\Delta(\alpha'^*,\alpha')\rho_s] \tag{6.75}$$

其中 $\alpha'=\dfrac{q'+\mathrm{i}p'}{\sqrt{2}}$,$\Delta(\alpha'^*,\alpha')$ 是 Wigner 算符,其在相干态表象 $|z\rangle$ 中的表示是

$$\Delta(\alpha'^*,\alpha')=\int\frac{\mathrm{d}^2z}{\pi}|\alpha'+z\rangle\langle\alpha'-z|\mathrm{e}^{\alpha'z^*-\alpha'^*z} \tag{6.76}$$

由两个相干态的内积

$$\langle z'|z\rangle=\exp\left[-\frac{1}{2}(|z|^2+|z'|^2)+z'^*z\right] \tag{6.77}$$

我们计算出 ρ_s 的 Wigner 函数:

$$\begin{aligned}
&2\pi\mathrm{tr}[\Delta(\alpha'^*,\alpha')\rho_s]\\
&=\int\frac{2\mathrm{d}^2z}{\sigma_1\sigma_2\pi}\langle\alpha'-z|:\exp\left[-\frac{(q-Q)^2}{2\sigma_1^2}-\frac{(p-P)^2}{2\sigma_2^2}\right]:|\alpha'+z\rangle\mathrm{e}^{\alpha'z^*-\alpha'^*z}\\
&=\int\frac{2\mathrm{d}z_1z_2}{\sigma_1\sigma_2\pi}\exp\left[-2(z_1^2+z_2^2)-\frac{(q-q'-\sqrt{2}\mathrm{i}z_2)^2}{2\sigma_1^2}-\frac{(p-p'-\sqrt{2}\mathrm{i}z_1)^2}{2\sigma_2^2}\right]\\
&=\frac{2}{\sqrt{(2\sigma_1^2-1)(2\sigma_2^2-1)}}\exp\left[-\frac{(q-q')^2}{2\sigma_1^2-1}-\frac{(p-p')^2}{2\sigma_2^2-1}\right]
\end{aligned} \tag{6.78}$$

注意这里的 (q,p) 是原始光场的参数,(q',p') 是相空间中的变量. 让 σ_1、σ_2 满足

$$2\sigma_1^2-1\equiv(2\bar{n}+1)\mathrm{e}^{2r},\quad 2\sigma_2^2-1\equiv(2\bar{n}+1)\mathrm{e}^{-2r} \tag{6.79}$$

其中 $\bar{n}$ 满足

$$-\frac{1}{2\bar{n}+1}=\frac{\mathrm{e}^{\lambda}-1}{\mathrm{e}^{\lambda}+1},\quad \lambda=\ln\frac{\bar{n}}{\bar{n}+1} \tag{6.80}$$

或反解

$$\bar{n}=\frac{1}{2}\left[\sqrt{(2\sigma_1^2-1)(2\sigma_2^2-1)}-1\right] \tag{6.81}$$

和

$$e^{4r} = \frac{2\sigma_1^2 - 1}{2\sigma_2^2 - 1}, \quad r = \frac{1}{4} \ln \frac{2\sigma_1^2 - 1}{2\sigma_2^2 - 1} \tag{6.82}$$

于是（6.78）式中 ρ_s 对应的经典函数为

$$h(\beta, \beta^*) = \frac{2(1 - e^\lambda)}{e^\lambda + 1} \exp\left\{\frac{e^\lambda - 1}{e^\lambda + 1}\left[e^{2r}(p - p')^2 + e^{-2r}(q - q')^2\right]\right\} \tag{6.83}$$

所以 ρ_s 的 Weyl 排序形式是

$$\rho_s = \frac{2(1 - e^\lambda)}{e^\lambda + 1} \vdots \exp\left\{\frac{e^\lambda - 1}{e^\lambda + 1}\left[e^{2r}(P - p)^2 + e^{-2r}(Q - q)^2\right]\right\} \vdots \tag{6.84}$$

再利用平移算符 $D(\alpha) = \exp\left[\alpha a^\dagger - \alpha^* a\right]$ 和压缩算符

$$S(r) = \exp\left[-\frac{i}{2}(QP + PQ)\ln r\right] = \exp\left[\frac{r}{2}\left(a^2 - a^{\dagger 2}\right)\right] \tag{6.85}$$

的性质：

$$D(\alpha) Q D^{-1}(\alpha) = Q - q, \quad D(\alpha) P D^{-1}(\alpha) = P - p \tag{6.86}$$

其中 α 为平移参数，$\alpha = \frac{q + ip}{\sqrt{2}}$，以及

$$S(r) P S^{-1}(r) = e^r P, \quad S(r) Q S^{-1}(r) = e^{-r} Q \tag{6.87}$$

其中 r 为压缩参数，利用 Weyl 排序算符在相似变换下的序不变性，可以得出

$$\begin{aligned}
\rho_s &= \frac{2(1 - e^\lambda)}{e^\lambda + 1} \vdots \exp\left\{\frac{e^\lambda - 1}{e^\lambda + 1}\left[e^{2r}(P - p)^2 + e^{-2r}(Q - q)^2\right]\right\} \vdots \\
&= \frac{2(1 - e^\lambda)}{e^\lambda + 1} D(\alpha) S(r) \vdots \exp\left\{\frac{e^\lambda - 1}{e^\lambda + 1}\left(P^2 + Q^2\right)\right\} \vdots S^{-1}(r) D^{-1}(\alpha)
\end{aligned} \tag{6.88}$$

而

$$\frac{2}{e^\lambda + 1} \vdots \exp\left\{\frac{e^\lambda - 1}{e^\lambda + 1}\left(P^2 + Q^2\right)\right\} \vdots = e^{\lambda a^\dagger a} \tag{6.89}$$

证明 用

$$\rho = 2\int \frac{d^2\beta}{\pi} \langle -\beta| \rho |\beta\rangle \vdots \exp\left(2|\alpha|^2 - 2\beta a^\dagger + 2a\beta^*\right) \vdots \tag{6.90}$$

这里 $|\beta\rangle = \exp\left(\beta a^\dagger - \beta^* a\right)|0\rangle$ 是相干态，和算符恒等式

$$e^{\lambda a^\dagger a} = : \exp\left[\left(e^\lambda - 1\right) a^\dagger a\right] : \tag{6.91}$$

可导出算符 $e^{\lambda a^\dagger a}$ 的 Weyl 排序：

$$e^{\lambda a^\dagger a} = 2\int \frac{d^2\beta}{\pi} \vdots \langle -\beta| : \exp\left[\left(e^\lambda - 1\right) a^\dagger a\right] : |\beta\rangle \exp\left(2a^\dagger a - 2\beta a^\dagger + 2\beta^* a\right) \vdots$$

$$= \frac{2}{e^{\lambda}+1} \vdots \exp\left\{\frac{e^{\lambda}-1}{e^{\lambda}+1}\left(P^2+Q^2\right)\right\} \vdots \tag{6.92}$$

其中

$$Q = \frac{a^{\dagger}+a}{\sqrt{2}}, \quad P = \frac{a-a^{\dagger}}{\sqrt{2}\mathrm{i}} \tag{6.93}$$

注意在 Weyl 排序 $\vdots\ \vdots$ 内部玻色算符是对易的. 回忆

$$\rho_c = \left(1-e^{\lambda}\right) e^{\lambda a^{\dagger} a} \tag{6.94}$$

是混沌光场,平均光子数为

$$\bar{n} = \mathrm{Tr}\left(\rho_c a^{\dagger} a\right) = \frac{1}{e^{-\lambda}-1} \tag{6.95}$$

当混沌参数 $\lambda = -\frac{\omega\hbar}{kT}$, k 为玻尔兹曼常数, T 为混沌光场的温度,即给出玻色–爱因斯坦分布,所以

$$\rho_s \equiv \left(1-e^{\lambda}\right) D(\alpha)(r) S(r) e^{\lambda a^{\dagger} a} S^{-1}(r) D^{-1}(\alpha) \tag{6.96}$$

ρ_s 就是平移压缩混沌光场密度算符. 目前所知的自然界(包括天体)存在着的光从广义来说是平移压缩混沌光,它是由平移算符和压缩算符共同作用于混沌光场的结果. 由(6.78)式可以验证(6.73)式的正确性,即

$$\begin{aligned}
\rho_s &= \frac{2}{2n+1} \iint_{-\infty}^{+\infty} \mathrm{d}p'\mathrm{d}q' \exp\left\{\frac{-1}{2n+1}\left[e^{2r}\left(p-p'\right)^2 + e^{-2r}\left(q-q'\right)^2\right]\right\} \Delta\left(q', p'\right) \\
&= \iint_{-\infty}^{+\infty} \frac{2\mathrm{d}p'\mathrm{d}q'}{2n+1} \exp\left\{\frac{-1}{2n+1}\left[e^{2r}\left(p-p'\right)^2 + e^{-2r}\left(q-q'\right)^2\right]\right\} \frac{1}{\pi} : e^{-\left(q'-Q\right)^2 - \left(p'-P\right)^2} : \\
&= \frac{1}{\sigma_1\sigma_2} : \exp\left\{-\frac{(q-Q)^2}{2\sigma_1^2} - \frac{(p-P)^2}{2\sigma_2^2}\right\} :
\end{aligned} \tag{6.97}$$

可见确实可以从边缘正态分布“拼凑”新量子场.

- 平移压缩光场的卷积形式不变性质

回忆前面讲过的两个函数 $u(x)$ 和 $v(x)$ 的卷积,定义为

$$(u*v) = \int_{-\infty}^{+\infty} u(x-y)\,v(y)\,\mathrm{d}y = \int_{-\infty}^{+\infty} v(x-y)\,u(y)\,\mathrm{d}y \tag{6.98}$$

卷积函数 $(u*v)$ 的富里埃变换,记为 $\mathfrak{F}$,具有性质:

$$\mathfrak{F}(u*v) = (\mathfrak{F}u)(\mathfrak{F}v) \tag{6.99}$$

$$(u*v) = \int u(x-y)\,v(y)\,\mathrm{d}y = \int v(x-y)\,u(y)\,\mathrm{d}y \tag{6.100}$$

一个典型的卷积公式是

$$\frac{1}{2\pi\sigma\tau}\int_{-\infty}^{+\infty}:\mathrm{e}^{-\frac{(X-x)^2}{2\sigma^2}}:\mathrm{e}^{-\frac{x^2}{2\tau^2}}\mathrm{d}x=\frac{1}{\sqrt{2\pi\left(\sigma^2+\tau^2\right)}}:\mathrm{e}^{-\frac{X^2}{2\left(\sigma^2+\tau^2\right)}}: \tag{6.101}$$

用一束经典高斯光场 $\mathrm{e}^{-\frac{q^2}{2\tau_1^2}-\frac{p^2}{2\tau_2^2}}$ 去调制上述平移压缩量子光场,依靠有序算符内的积分方法,我们做卷积

$$\begin{aligned}&\iint_{-\infty}^{+\infty}\rho_s\mathrm{e}^{-\frac{q^2}{2\tau_1^2}-\frac{p^2}{2\tau_2^2}}\mathrm{d}q\mathrm{d}p\\&\frac{1}{4\pi^2\sigma_1\sigma_2\tau_1\tau_2}\iint_{-\infty}^{+\infty}:\exp\left\{-\frac{(q-Q)^2}{2\sigma_1^2}-\frac{(p-P)^2}{2\sigma_2^2}\right\}:\mathrm{e}^{-\frac{q^2}{2\tau_1^2}-\frac{p^2}{2\tau_2^2}}\mathrm{d}q\mathrm{d}p\\&=\frac{1}{2\pi\sqrt{\left(\sigma_1^2+\tau_1^2\right)\left(\sigma_2^2+\tau_2^2\right)}}:\exp\left\{-\frac{(q-Q)^2}{2\left(\sigma_1^2+\tau_1^2\right)}-\frac{(p-P)^2}{2\left(\sigma_2^2+\tau_2^2\right)}\right\}:\end{aligned} \tag{6.102}$$

比较(6.88)式和 $\rho_s=\frac{1}{\sigma_1\sigma_2}:\exp\left\{-\frac{(q-Q)^2}{2\sigma_1^2}-\frac{(p-P)^2}{2\sigma_2^2}\right\}:$ 可知上式即为

$$\rho_s'=\left(1-\mathrm{e}^{\lambda'}\right)D(\alpha)S(r')\mathrm{e}^{\lambda' a^\dagger a}S^{-1}(r')D^{-1}(\alpha) \tag{6.103}$$

这反映了平移压缩光场的卷积形式不变性质,只是(6.80)式 ~(6.82)式要改为

$$n\to n'=\frac{1}{2}\left[\sqrt{\left(2(\sigma_1^2+\tau_1^2)-1\right)\left(2\left(\sigma_2^2+\tau_2^2\right)-1\right)}-1\right] \tag{6.104}$$

$$\mathrm{e}^{4r}\to\mathrm{e}^{4r'}=\frac{2\left(\sigma_1^2+\tau_1^2\right)-1}{2\left(\sigma_2^2+\tau_2^2\right)-1},\quad r'=\frac{1}{4}\ln\frac{2\left(\sigma_1^2+\tau_1^2\right)-1}{2\left(\sigma_2^2+\tau_2^2\right)-1} \tag{6.105}$$

$$\lambda'=\ln\frac{\bar{n}'}{\bar{n}'+1} \tag{6.106}$$

这说明用一束经典高斯光场 $\mathrm{e}^{-\frac{q^2}{2\tau_1^2}-\frac{p^2}{2\tau_2^2}}$ 去调制平移压缩量子光场,结果可以得到新的平移压缩量子光场,其量子性质没有变,但混沌参数和压缩参数做相应的改变.

第 7 章

用相干态表象探讨玻色场振幅衰减机制

在经典力学框架中，系统的动力学演化中有两种宏观机制最为常见：一是扩散，扩散原指通过分子热运动物质从浓度的高处向低处输运的过程，其微观机理与热传导相似，扩散的快慢与粒子的浓度梯度成比例；另一种是耗散，系统的能量或粒子损失是不可逆过程的必然表现. 系统的扩散和耗散各自由相应的数学物理方程刻画. 而在量子统计力学框架里，扩散与耗散由密度算符主方程描述，由于自然界中任何系统都不是完全孤立于其环境的，系统与环境的耦合总有噪声产生，描述系统演化的主方程的导出是对系统–环境有相互作用的总密度矩阵的时间演化式的环境部分做部分求迹的结果，其演化都有可能伴随着退相干和非经典效应产生. 因为传统文献中介绍的系统–环境有相互作用的总密度矩阵的时间演化式比较复杂，对其部分求迹也做了一定的近似，所以不少初学者对这两个方程的来源不了解. 鉴于光场的扩散方程和振幅衰减是光场演化的两个主要机制，在量子调控中有重要的应用，也是产生新光场的途径，本节从最方便的途径来导出玻色场振幅衰减方程，即从经典扩散方程和纯相干态密度算符的振幅衰减方程来推导.

先写下系统密度矩阵的扩散方程：

$$\frac{\mathrm{d}\rho(t)}{\mathrm{d}t}=\kappa(a^{\dagger}a\rho-a^{\dagger}\rho a-a\rho a^{\dagger}+\rho aa^{\dagger}) \tag{7.1}$$

κ 是扩散系数,和振幅衰减方程

$$\frac{\mathrm{d}\rho(t)}{\mathrm{d}t}=\chi\left(2a\rho a^{\dagger}-\kappa a^{\dagger}a\rho-\kappa\rho a^{\dagger}a\right) \tag{7.2}$$

χ 是衰减系数. 因为纯相干态是最接近于经典情形的量子态, 我们将用相干态表象和有序算符内的积分理论来达到这一目的, 这样就可以令人信服地说明方程（7.1）和方程（7.2）的合理性. 在此基础上我们证明光场二项式态的振幅衰减即体现在二项分布的参数的衰减,$r_0\to r_0\mathrm{e}^{-2\chi t}$.

7.1 量子振幅衰减方程的导出

纯相干态是最接近于经典情形的量子态,任何密度算符都可以用相干态表象表示：

$$\rho=\int\frac{\mathrm{d}^2\alpha}{\pi}P(\alpha)\left|\alpha\right\rangle\left\langle\alpha\right| \tag{7.3}$$

故我们从一个相干态 $\left|\alpha\right\rangle\left\langle\alpha\right|$ 的振幅衰减来推导（7.2）式,即考虑

$$\left|\alpha\right\rangle\left\langle\alpha\right|\to\left|\alpha\mathrm{e}^{-\chi t}\right\rangle\left\langle\alpha\mathrm{e}^{-\chi t}\right| \tag{7.4}$$

下面着手讨论这个演化受什么方程支配.

用正规乘积性质及

$$\left|\alpha\mathrm{e}^{-\chi t}\right\rangle\left\langle\alpha\mathrm{e}^{-\chi t}\right|=:\exp\left(-|\alpha|^2\mathrm{e}^{-2\chi t}+\alpha\mathrm{e}^{-\chi t}a^{\dagger}+\alpha^*\mathrm{e}^{-\chi t}a-a^{\dagger}a\right): \tag{7.5}$$

得到

$$\begin{aligned}\frac{\mathrm{d}}{\mathrm{d}t}\left|\alpha\mathrm{e}^{-\chi t}\right\rangle\left\langle\alpha\mathrm{e}^{-\chi t}\right|&=\frac{\mathrm{d}}{\mathrm{d}t}:\exp\left(-|\alpha|^2\mathrm{e}^{-2\chi t}+\alpha\mathrm{e}^{-\chi t}a^{\dagger}+\alpha^*\mathrm{e}^{-\chi t}a-a^{\dagger}a\right):\\&=2\chi|\alpha|^2\mathrm{e}^{-2\chi t}\left|\alpha\mathrm{e}^{-\chi t}\right\rangle\left\langle\alpha\mathrm{e}^{-\chi t}\right|-\chi a^{\dagger}\alpha\mathrm{e}^{-\chi t}\left|\alpha\mathrm{e}^{-\chi t}\right\rangle\\&\quad\times\left\langle\alpha\mathrm{e}^{-\chi t}\right|-\chi\left|\alpha\mathrm{e}^{-\chi t}\right\rangle\left\langle\alpha\mathrm{e}^{-\chi t}\right|\alpha^*\mathrm{e}^{-\chi t}a\\&=2\chi a\left|\alpha\mathrm{e}^{-\chi t}\right\rangle\left\langle\alpha\mathrm{e}^{-\chi t}\right|a^{\dagger}-\chi a^{\dagger}a\left|\alpha\mathrm{e}^{-\chi t}\right\rangle\times\left\langle\alpha\mathrm{e}^{-\chi t}\right|\\&\quad-\chi\left|\alpha\mathrm{e}^{-\chi t}\right\rangle\left\langle\alpha\mathrm{e}^{-\chi t}\right|a^{\dagger}a\end{aligned} \tag{7.6}$$

令 $|\alpha e^{-\chi t}\rangle\langle\alpha e^{-\chi t}|=\rho(t)$，上式就等价于

$$\frac{d}{dt}\rho(t)=\chi\left[2a\rho a^{\dagger}-\chi a^{\dagger}a\rho-\chi\rho a^{\dagger}a\right] \tag{7.7}$$

这就给出了量子振幅衰减方程（7.2）式.

7.2 量子衰减方程的无穷和幂级数形式解

已经知道初态 $|\alpha\rangle\langle\alpha|\to|\alpha e^{-\chi t}\rangle\langle\alpha e^{-\chi t}|$，用 IWOP，有

$$\begin{aligned}\left|\alpha e^{-\chi t}\right\rangle\left\langle\alpha e^{-\chi t}\right| &=:e^{e^{-2\chi t}|\alpha|^2}e^{\alpha e^{-\kappa t}a^{\dagger}+\alpha^{*}e^{-\kappa t}a-a^{\dagger}a}:\\ &=e^{\left(1-e^{-2\chi t}\right)|\alpha|^2}e^{-|\alpha|^2}|\alpha|^{2n}e^{\alpha e^{-\kappa t}a^{\dagger}}|0\rangle\langle 0|e^{\alpha^{*}e^{-\kappa t}a}\end{aligned} \tag{7.8}$$

鉴于

$$e^{-\kappa t a^{\dagger}a}|\alpha\rangle=e^{-|\alpha|^2/2}e^{\alpha e^{-\kappa t}a^{\dagger}}|0\rangle \tag{7.9}$$

故

$$\begin{aligned}\left|\alpha e^{-\chi t}\right\rangle\left\langle\alpha e^{-\chi t}\right| &=\sum_{n=0}^{+\infty}\frac{\left(1-e^{-2\chi t}\right)^n}{n!}e^{-\kappa t a^{\dagger}a}|\alpha|^{2n}|\alpha\rangle\langle\alpha|e^{-\kappa t a^{\dagger}a}\\ &=\sum_{n=0}^{+\infty}\frac{\left(1-e^{-2\chi t}\right)^n}{n!}e^{-\kappa t a^{\dagger}a}a^n|\alpha\rangle\langle\alpha|a^{\dagger n}e^{-\kappa t a^{\dagger}a}\end{aligned} \tag{7.10}$$

任何终态密度算符

$$\rho(t)=\int\frac{d^2\alpha}{\pi}P(\alpha)\left|\alpha e^{-\chi t}\right\rangle\left\langle\alpha e^{-\chi t}\right| \tag{7.11}$$

于是可以归纳出

$$\begin{aligned}\rho(t)&=\int\frac{d^2\alpha}{\pi}P(\alpha)\sum_{n=0}^{+\infty}\frac{\left(1-e^{-2\chi t}\right)^n}{n!}e^{-\kappa t a^{\dagger}a}a^n|\alpha\rangle\langle\alpha|a^{\dagger n}e^{-\kappa t a^{\dagger}a}\\ &=\sum_{n=0}^{+\infty}\frac{T^n}{n!}e^{-\kappa t a^{\dagger}a}a^n\rho_0 a^{\dagger n}e^{-\kappa t a^{\dagger}a}\\ &\equiv\sum_{n=0}^{+\infty}M_n\rho_0 M_n^{\dagger}\end{aligned} \tag{7.12}$$

其中定义了

$$M_n=\frac{T^n}{n!}e^{-\kappa t a^{\dagger}a}a^n,\quad T=1-e^{-2\kappa t} \tag{7.13}$$

7.3 量子衰减方程的积分形式解

由

$$\begin{aligned}\rho(t) &= \sum_{n=0}^{\infty}\frac{T^n}{n!}\mathrm{e}^{-\kappa t a^\dagger a}\int\frac{\mathrm{d}^2\alpha}{\pi}P(\alpha,0)\left|\alpha\right|^{2n}\left|\alpha\right\rangle\left\langle\alpha\right|\mathrm{e}^{-\kappa t a^\dagger a}\\ &= \int\frac{\mathrm{d}^2\alpha}{\pi}\mathrm{e}^{T|\alpha|^2}P(\alpha,0)\mathrm{e}^{-\kappa t a^\dagger a}|\alpha\rangle\langle\alpha|\mathrm{e}^{-\kappa t a^\dagger a}\end{aligned}\tag{7.14}$$

再由

$$\mathrm{e}^{-\kappa t a^\dagger a}\left|\alpha\right\rangle = \mathrm{e}^{-|\alpha|^2/2+\alpha a^\dagger \mathrm{e}^{-\kappa t}}\left|0\right\rangle\tag{7.15}$$

可见

$$\rho(t) = \int\frac{\mathrm{d}^2\alpha}{\pi}\mathrm{e}^{-|\alpha|^2\mathrm{e}^{-2\kappa t}}P(\alpha,0):\mathrm{e}^{a^\dagger\alpha\mathrm{e}^{-\kappa t}+a\alpha^*\mathrm{e}^{-\kappa t}-a^\dagger a}:\tag{7.16}$$

再用

$$P(\alpha,0) = \mathrm{e}^{|\alpha|^2}\int\frac{\mathrm{d}^2\beta}{\pi}\left\langle-\beta\right|\rho_0\left|\beta\right\rangle\mathrm{e}^{|\beta|^2+\beta^*\alpha-\beta\alpha^*}\tag{7.17}$$

($|\beta\rangle$ 也是相干态) 代入 (7.15) 式,就可以给出振幅衰减主方程的积分形式解:

$$\begin{aligned}\rho(t) &= \int\frac{\mathrm{d}^2\beta}{\pi}\left\langle-\beta\right|\rho_0\left|\beta\right\rangle\mathrm{e}^{|\beta|^2}\int\frac{\mathrm{d}^2\alpha}{\pi}\mathrm{e}^{-|\alpha|^2\left(\mathrm{e}^{-2\kappa t}-1\right)}:\mathrm{e}^{\beta^*\alpha-\beta\alpha^*+a^\dagger\alpha\mathrm{e}^{-\kappa t}+a\alpha^*\mathrm{e}^{-\kappa t}-a^\dagger a}:\\ &= \frac{-1}{T}\int\frac{\mathrm{d}^2\beta}{\pi}\left\langle-\beta\right|\rho_0\left|\beta\right\rangle\mathrm{e}^{|\beta|^2}:\exp\left[\frac{-1}{T}\left(a^\dagger\mathrm{e}^{-\kappa t}+\beta^*\right)\left(a\mathrm{e}^{-\kappa t}-\beta\right)-a^\dagger a\right]:\\ &= \frac{-1}{T}\int\frac{\mathrm{d}^2\beta}{\pi}\left\langle-\beta\right|\rho_0\left|\beta\right\rangle\mathrm{e}^{|\beta|^2}:\exp\left\{\frac{1}{T}\left[|\beta|^2+\mathrm{e}^{-\kappa t}\left(\beta a^\dagger-\beta^*a\right)-a^\dagger a\right]\right\}:\end{aligned}\tag{7.18}$$

其中 $T = 1-\mathrm{e}^{-2\kappa t}$.

其好处是:给定一个初始态 ρ_0,只要算出矩阵元 $\left\langle-\beta\right|\rho_0\left|\beta\right\rangle$,再用正规乘积算符内的积分技术积分上式,就可导出 $\rho(t)$. 此公式极大地简化了求终态密度矩阵的具体计算. 这样我们就将衰减型量子主方程的解发展为积分形式解,这是一个新公式,可见有序算符内的积分方法的有效性.

- 几个典型例子

例如当初始光场为混沌光,$\rho_0 = \left(1-\mathrm{e}^{\lambda}\right)\mathrm{e}^{\lambda a^\dagger a}$,$\lambda = -\omega\hbar/kT$,这里 k 是玻尔兹曼常数,T 是温度. 由

$$\mathrm{e}^{\lambda a^\dagger a} =:\exp\left[\left(\mathrm{e}^{\lambda}-1\right)a^\dagger a\right]:\tag{7.19}$$

可见

$$\langle-\beta|\,\rho_0\,|\beta\rangle=\left(1-\mathrm{e}^{\lambda}\right)\exp[-(1+\mathrm{e}^{\lambda})|\beta|^2] \tag{7.20}$$

代入(7.18)式立刻得到

$$\begin{aligned}\rho(t)&=\frac{\mathrm{e}^{\lambda}-1}{T}\int\frac{\mathrm{d}^2\beta}{\pi}\mathrm{e}^{(1/T-\mathrm{e}^{\lambda})|\beta|^2}:\exp\left[\frac{1}{T}\left(\beta a^{\dagger}\mathrm{e}^{-\kappa t}-\beta^* a\mathrm{e}^{-\kappa t}-a^{\dagger}a\right)\right]:\\&=\frac{1-\mathrm{e}^{\lambda}}{1-T\mathrm{e}^{\lambda}}:\exp\left\{\left[\frac{\mathrm{e}^{\lambda}(1-T)}{1-T\mathrm{e}^{\lambda}}-1\right]a^{\dagger}a\right\}:\\&=\left(1-\mathrm{e}^{\lambda'}\right)\mathrm{e}^{\lambda' a^{\dagger}a}\end{aligned} \tag{7.21}$$

其中已令

$$\frac{\mathrm{e}^{\lambda}-1}{1-T\mathrm{e}^{\lambda}}+1=\frac{\mathrm{e}^{\lambda}(1-T)}{1-T\mathrm{e}^{\lambda}}\equiv\mathrm{e}^{\lambda'} \tag{7.22}$$

可见初始混沌光场在衰减通道中演化仍为混沌光场,只是参数做了改变:

$$\lambda\to\lambda'=\lambda+\ln\frac{1-T}{1-T\mathrm{e}^{\lambda}}=\lambda-2\kappa t-\ln\left(1-T\mathrm{e}^{\lambda}\right) \tag{7.23}$$

这明显地表明了衰减. 又例如当初始光场为相干态,$\rho_0=|z\rangle\langle z|$,把

$$\langle-\beta\,|z\rangle\langle z|\,\beta\rangle=\exp\left[-|z|^2-|\beta|^2-\beta^* z+\beta z^*\right] \tag{7.24}$$

代入(7.18)式得到

$$\begin{aligned}\rho(t)&=\frac{-\mathrm{e}^{-|z|^2}}{T}\int\frac{\mathrm{d}^2\beta}{\pi}:\exp\left[\frac{|\beta|^2}{T}+\beta\left(\frac{a^{\dagger}\mathrm{e}^{-\kappa t}}{T}+z^*\right)-\beta^*\left(\frac{a\mathrm{e}^{-\kappa t}}{T}+z\right)-\frac{a^{\dagger}a}{T}\right]:\\&=\mathrm{e}^{-|z|^2}:\exp\left\{T\left(\frac{1}{T}a^{\dagger}\mathrm{e}^{-\kappa t}+z^*\right)\left(\frac{1}{T}a\mathrm{e}^{-\kappa t}+z\right)-\frac{1}{T}a^{\dagger}a\right\}:\\&=\mathrm{e}^{-|z|^2\mathrm{e}^{-2\kappa t}}:\exp\{za^{\dagger}\mathrm{e}^{-\kappa t}+z^* a\mathrm{e}^{-\kappa t}-a^{\dagger}a\}:=|z\mathrm{e}^{-\kappa t}\rangle\langle z\mathrm{e}^{-\kappa t}|\end{aligned} \tag{7.25}$$

可见终态玻色场仍为相干态,但在 t 时刻玻色子数衰减为

$$\mathrm{Tr}\left[a^{\dagger}a|z\mathrm{e}^{-\kappa t}\rangle\langle z\mathrm{e}^{-\kappa t}|\right]=|z|^2\mathrm{e}^{-2\kappa t} \tag{7.26}$$

再如,当初始场为纯压缩场:

$$\rho_0=\operatorname{sech}\lambda\mathrm{e}^{\frac{1}{2}a^{\dagger 2}\tanh\lambda}|0\rangle\langle 0|\mathrm{e}^{\frac{1}{2}a^2\tanh\lambda} \tag{7.27}$$

将

$$\langle-\beta|\,\rho_0\,|\beta\rangle=\operatorname{sech}\lambda\mathrm{e}^{\frac{1}{2}\left(\beta^{*2}+\beta^2\right)\tanh\lambda-|\beta|^2} \tag{7.28}$$

代入(7.18)式并用积分公式:

$$\int\frac{\mathrm{d}^2 z}{\pi}\exp\left(\zeta|z|^2+\xi z+\eta z^*+fz^2+gz^{*2}\right)$$

$$= \frac{1}{\sqrt{\zeta^2 - 4fg}} \exp\left[\frac{-\zeta\xi\eta + f\eta^2 + g\xi^2}{\zeta^2 - 4fg}\right] \tag{7.29}$$

即可得到如下的混合态：

$$\begin{aligned}
\rho(t) &= \frac{\operatorname{sech}\lambda}{-T}\int \frac{d^2\beta}{\pi} e^{\frac{1}{2}\left(\beta^{*2}+\beta^2\right)\tanh\lambda} :\exp\left[\frac{-1}{T}\left(a^\dagger e^{-\kappa t} + \beta^*\right)\left(a e^{-\kappa t} - \beta\right) - a^\dagger a\right]: \\
&= \frac{\operatorname{sech}\lambda}{-T}\int \frac{d^2\beta}{\pi} :\exp\left[\frac{|\beta|^2}{T} + \frac{\tanh\lambda}{2}\left(\beta^{*2}+\beta^2\right) + \frac{e^{-\kappa t}}{T}\left(\beta a^\dagger - \beta^* a\right) - \frac{a^\dagger a}{T}\right]: \\
&= \frac{\operatorname{sech}\lambda}{\sqrt{1 - T^2\tanh^2\lambda}} :\exp\left[\frac{e^{-2\kappa t}\tanh\lambda}{2}\frac{a^{\dagger 2} + a^2}{1 - T^2\tanh^2\lambda}\right. \\
&\quad \left. + \left(\frac{T\tanh^2\lambda e^{-2\kappa t}}{1 - T^2\tanh^2\lambda} - 1\right)a^\dagger a\right]: \\
&= G e^{\tau a^{\dagger 2}/2} e^{a^\dagger a \ln(\tau T \tanh\lambda)} e^{\tau a^2/2}
\end{aligned} \tag{7.30}$$

这里

$$G \equiv \frac{\operatorname{sech}\lambda}{\sqrt{1 - T^2\tanh^2\lambda}}, \quad \tau = \frac{e^{-2\kappa t}\tanh\lambda}{1 - T^2\tanh^2\lambda} \tag{7.31}$$

7.4 Wigner 算符的衰减演化

把 Wigner 算符 $\Delta(\alpha,\alpha^*)$ 作为一个混合态也可以讨论其衰减演化. 将它作为初始密度算符代入(7.18)式,得到方程：

$$\Delta(\alpha,\alpha^*,t) = \sum_{n=0}^{\infty} M_n^\dagger \Delta(\alpha,\alpha^*) M_n \tag{7.32}$$

即

$$\sum_{i=0}^{\infty} \frac{T^i}{i!} e^{-\kappa t a^\dagger a} a^i \Delta(\alpha,\alpha^*) a^{\dagger i} e^{-\kappa t a^\dagger a} \equiv \Delta(\alpha,\alpha^*,t) \tag{7.33}$$

用 Wigner 算符的相干态表象：

$$\Delta(\alpha,\alpha^*,t) = e^{2|\alpha|^2}\sum_{i=0}^{\infty}\frac{T^i}{i!} e^{-\kappa t a^\dagger a} a^i \int \frac{d^2 z}{\pi^2}|z\rangle\langle -z| e^{2\left(\alpha z^* - \alpha^* z\right)} a^{\dagger i} e^{-\kappa t a^\dagger a} \tag{7.34}$$

鉴于

$$e^{-\kappa t a^\dagger a}|z\rangle = e^{-|z|^2/2 + z a^\dagger e^{-\kappa t}}|0\rangle \tag{7.35}$$

$$\langle -z|\mathrm{e}^{-\kappa ta^\dagger a} = \langle 0|\mathrm{e}^{-|z|^2/2-z^* a\mathrm{e}^{-\kappa t}} \tag{7.36}$$

并用 $|0\rangle\langle 0| =:\mathrm{e}^{-a^\dagger a}:$,我们可导出终态

$$\begin{aligned}
\Delta(\alpha,\alpha^*,t) &= \mathrm{e}^{2|\alpha|^2}\sum_{i=0}^{\infty}\frac{T^i}{i!}\mathrm{e}^{-\kappa ta^\dagger a}\int\frac{\mathrm{d}^2 z}{\pi^2}|z|^{2i}(-1)^i|z\rangle\langle -z|\mathrm{e}^{2(\alpha z^*-\alpha^* z)}\mathrm{e}^{-\kappa ta^\dagger a}\\
&= \mathrm{e}^{2|\alpha|^2}\sum_{i=0}^{\infty}\frac{T^i}{i!}\int\frac{\mathrm{d}^2 z}{\pi^2}|z|^{2i}(-1)^i:\mathrm{e}^{-|z|^2+za^\dagger \mathrm{e}^{-\kappa t}-z^* a\mathrm{e}^{-\kappa t}-a^\dagger a+2(\alpha z^*-\alpha^* z)}:\\
&= \mathrm{e}^{2|\alpha|^2}\int\frac{\mathrm{d}^2 z}{\pi^2}\mathrm{e}^{-(T+1)|z|^2}:\mathrm{e}^{z(a^\dagger \mathrm{e}^{-\kappa t}-2\alpha^*)-z^*(a\mathrm{e}^{-\kappa t}-2\alpha)-a^\dagger a}:\\
&= \frac{1}{T+1}\mathrm{e}^{2|\alpha|^2}:\exp\left[\frac{-(a^\dagger \mathrm{e}^{-\kappa t}-2\alpha^*)(a\mathrm{e}^{-\kappa t}-2\alpha)}{T+1}-a^\dagger a\right]:\\
&= \frac{1}{T+1}:\exp\left[\frac{-2\mathrm{e}^{-2\kappa t}}{T+1}|\alpha|^2+2\mathrm{e}^{-\kappa t}\frac{\alpha a^\dagger+\alpha^* a}{T+1}-\frac{2a^\dagger a}{T+1}\right]:\\
&= \frac{1}{T+1}:\exp\left[\frac{-2}{T+1}(\alpha^*\mathrm{e}^{-\kappa t}-a^\dagger)(\alpha\mathrm{e}^{-\kappa t}-a)\right]:
\end{aligned} \tag{7.37}$$

这就是 $\Delta(\alpha,\alpha^*)$ 的衰减规律.

任意初始密度算符 ρ_0 的 Weyl 经典对应是 $h_0(\alpha,\alpha^*)$:

$$\rho_0 = 2\int \mathrm{d}^2\alpha\Delta(\alpha,\alpha^*)h_0(\alpha,\alpha^*) \tag{7.38}$$

则

$$\rho(t) = 2\int \mathrm{d}^2\alpha\Delta(\alpha,\alpha^*,t)h_0(\alpha,\alpha^*) \tag{7.39}$$

将(7.37)式代入(7.39)式,得到

$$\rho(t) = \frac{2}{T+1}\int \mathrm{d}^2\alpha h_0(\alpha,\alpha^*):\exp\frac{2}{T+1}\left[-(\alpha^*\mathrm{e}^{-\kappa t}-a^\dagger)(\alpha\mathrm{e}^{-\kappa t}-a)\right]: \tag{7.40}$$

用此方程我们可以直接从 $h_0(\alpha,\alpha^*)$ 给出 $\rho(t)$. 例如当

$$h_0(\alpha,\alpha^*) = \mathrm{e}^{-2(\alpha^*-z^\dagger)(\alpha-z)}$$

则终态是

$$\begin{aligned}
\rho(t) &= \frac{2}{T+1}\int \mathrm{d}^2\alpha\mathrm{e}^{-2(\alpha^*-z^\dagger)(\alpha-z)}\\
&\quad\times:\exp\left[-2\frac{\mathrm{e}^{-2\kappa t}}{T+1}|\alpha|^2+2\mathrm{e}^{-\kappa t}\frac{\alpha a^\dagger+\alpha^* a}{T+1}-a^\dagger a\left(\frac{\mathrm{e}^{-2\kappa t}}{T+1}+1\right)\right]:\\
&=:\exp\left[-\mathrm{e}^{-2\kappa t}|\alpha|^2+\mathrm{e}^{-\kappa t}(za^\dagger+z^* a)-a^\dagger a\right]:
\end{aligned}$$

$$= |z\mathrm{e}^{-\kappa t}\rangle\langle z^*\mathrm{e}^{-\kappa t}| \tag{7.41}$$

注意:当我们将 $\frac{1}{\pi}:\mathrm{e}^{-2(\alpha^*-a^\dagger)(\alpha-a)}:$ 中 $a^\dagger \to a^\dagger\mathrm{e}^{-\kappa t}$,$a \to a\mathrm{e}^{-\kappa t}$,并化为 Weyl 编序,即有

$$\begin{aligned}
&\frac{1}{\pi}:\mathrm{e}^{-2\left(\alpha^*-a^\dagger\mathrm{e}^{-\kappa t}\right)\left(\alpha-a\mathrm{e}^{-\kappa t}\right)}: \\
&= \frac{2}{\pi}\vdots\int\frac{\mathrm{d}^2\beta}{\pi}\langle-\beta|:\mathrm{e}^{-2\left(\alpha^*-a^\dagger\mathrm{e}^{-\kappa t}\right)\left(\alpha-a\mathrm{e}^{-\kappa t}\right)}:|\beta\rangle\,\mathrm{e}^{2(a^\dagger a+a\beta^*-\beta a^\dagger)}\vdots \\
&= \frac{2}{\pi}\vdots\int\frac{\mathrm{d}^2\beta}{\pi}\exp\left[-2|\beta|^2\left(1-\mathrm{e}^{-2\kappa t}\right)+2\beta\alpha^*\mathrm{e}^{-\kappa t}-2\beta^*\alpha\mathrm{e}^{-\kappa t}\right. \\
&\quad\left.-2|\alpha|^2+2(a^\dagger a+a\beta^*-\beta a^\dagger)\right]\vdots \\
&= \frac{1}{\pi T}\vdots\exp\left[-\frac{2}{T}\left(\alpha^*-a^\dagger\mathrm{e}^{-\kappa t}\right)\left(\alpha-a\mathrm{e}^{-\kappa t}\right)\right]\vdots
\end{aligned} \tag{7.42}$$

其中 $T = 1-\mathrm{e}^{-2\kappa t}$. 此式与(7.37)式不同.

7.5 振子耦合引起的衰减

对于一个哈密顿量为 H 的封闭量子系统,量子态的演化是幺正的:

$$\text{封闭系}: |\psi(0)\rangle \xrightarrow{U(t)} |\psi(t)\rangle = U(t)\,|\psi(0)\rangle\,,\quad U^\dagger(t)U(t)=1 \tag{7.43}$$

如果 H 不显含时间,则 $U=\exp(-\mathrm{i}Ht/\hbar)$. 可见,对于封闭系统中量子态的演化,用一个幺正算符 U 就可表示. 但实际情况是系统处在热库中,是与外界有相互作用的开放系统. 那么对于开放系统中的量子态的演化又如何描述呢?

设一封闭系统由两个开放子系统 A、B 构成,则总系统的初始状态用密度算符可表示为 (以下均用密度算符表示系统状态)

$$\text{封闭系}H_A\otimes H_B\ :\rho_A\otimes|0\rangle_{BB}\langle 0| \tag{7.44}$$

其中子系统 A 处于状态 ρ_A,子系统 B 处于状态 $|0\rangle_{BB}\langle 0|$. A、B 两子系统之间存在相互作用,导致了 A 的态与 B 的态的量子纠缠. 设总系统演化的幺正算符为 U_{AB},其演化可表示为

$$\rho_A\otimes|0\rangle_{BB}\langle 0| \longrightarrow U_{AB}(\rho_A\otimes|0\rangle_{BB}\langle 0|)U_{AB}^\dagger \tag{7.45}$$

由于局限在子系统 A 中的观察者看不到总系统的整体情况,只能观察到 A 中的态及其演化,因此,对子系统 A 中的观察者而言,上述过程应为

$$\rho_A \xrightarrow{\cdots ?} \rho'_A \tag{7.46}$$

此过程实际上是统计地考虑系统 B 的影响, 即对子系统 Hilbert 空间 H_B 进行部分求迹. 为此, 在 H_B 中选一组正交完备的基 $\{|\mu\rangle_B\}$, 将总系统对该基取迹后, 剩下的即为 Hilbert 空间 H_A 中观察者观察到的态 (即局限于 A 中的观察者 H_A 观测到的演化):

$$\begin{aligned}\rho'_A &= \mathrm{tr}_B[U_{AB}(\rho_A \otimes |0\rangle_{BB}\langle 0|)U^\dagger_{AB}]\\ &= \sum_\mu {}_B\langle\mu| U_{AB}|0\rangle_B\, \rho_A[{}_B\langle 0| U^\dagger_{AB}|\mu\rangle_B]\end{aligned} \tag{7.47}$$

注意式中 $[{}_B\langle 0| U^\dagger_{AB}|\mu\rangle_B]$ 是一个作用于 H_A 的算符,它表示在子系统 A 与子系统 B 相互作用下,系统 B 由基态向 ${}_B\langle\mu|$ 的跳变对子系统 A 状态的影响. 不妨记

$$M_\mu = {}_B\langle\mu| U_{AB}|0\rangle_B \tag{7.48}$$

则子系统 ρ_A 随时间的演化 (退相干过程) 可写为

$$\rho_A \longrightarrow \rho'_A = \sum_\mu M_\mu \rho_A M^\dagger_\mu \tag{7.49}$$

即总系统随时间幺正演化的结果, 在子系统中表现为算符和的形式. 但是对具体的量子退相干过程,算符 M_μ 往往是十分难求的,其算符和形式尤然,特别是对于连续变量的量子退相干情形更是如此. 从算符 U_{AB} 的幺正性可知

$$\begin{aligned}\sum_\mu M^\dagger_\mu M_\mu &= \sum_\mu {}_B\langle 0| U^\dagger_{AB}|\mu\rangle_{BB}\langle\mu| U_{AB}|0\rangle_B\\ &= {}_B\langle 0| U^\dagger_{AB} U_{AB}|0\rangle_B = I_A\end{aligned} \tag{7.50}$$

I_A 是单位算符. 若算符 M_μ 满足(7.50)式, 称(7.49)式为算符和表示 (或 Kraus 表示),而将 M_μ 称为 Kraus 算符,它的功能为:

(1)保持 ρ_A 的厄密性. 若 $\rho^\dagger_A = \rho_A$,则

$$\rho'^\dagger_A = \sum_\mu M_\mu \rho^\dagger_A M^\dagger_\mu = \sum_\mu M_\mu \rho_A M^\dagger_\mu = \rho'_A \tag{7.51}$$

(2)保持 ρ_A 的幺迹性. 若 $\mathrm{Tr}\,\rho_A = 1$,则

$$\mathrm{Tr}\,\rho'^\dagger_A = \mathrm{Tr}\sum_\mu M_\mu \rho^\dagger_A M^\dagger_\mu = \mathrm{Tr}(\rho_A \sum_\mu M^\dagger_\mu M_\mu) = \mathrm{Tr}\,\rho_A = 1 \tag{7.52}$$

（3）保持 ρ_A 的半正定性. 若对任意态 $|\psi\rangle_A$，$_A\langle\psi|\rho_A|\psi\rangle_A\geqslant 0$，则

$$
\begin{aligned}
{}_A\langle\psi|\rho_A'|\psi\rangle_A &= \sum_\mu {}_A\langle\psi|M_\mu\rho_A^\dagger M_\mu^\dagger|\psi\rangle_A \\
&= \sum_\mu {}_A\langle\phi|\rho_A|\phi\rangle_A \geqslant 0
\end{aligned}
\tag{7.53}
$$

为了具体说明系统–环境相互作用的退相干量子理论，当两个振子的振动不同步，其耦合引起衰减，考虑一个谐振子受另一个振子的“牵连”而振幅衰减，相互作用哈密顿量是

$$H=\chi\left(a^\dagger b+b^\dagger a\right)\tag{7.54}$$

时间演化算符是

$$U=\exp\left[-\mathrm{i}\chi t\left(a^\dagger b+b^\dagger a\right)\right]\tag{7.55}$$

我们想知道由于系统与环境相互耦合的存在，所引起的使体系（a-模）发生量子衰减的算符是什么？为此我们可以研究当作为环境的态从初始真空态 $|0_b\rangle$ 变为 $\langle k_b|$ 时，$\langle k_b|$ 是 $b^\dagger b$ 的本征态，系统 $a^\dagger a$ 的情形如何变？显然，运算矩阵元 $\langle k_b|U|0_b\rangle$ 恰恰反映了系统受环境的作用发生的振幅衰减的这个算符（Kraus operator）.

我们的物理动机是演示：求运算矩阵元 $\langle k_b|U|0_b\rangle$ 的结果等价于解一个描述系统振幅衰减的量子主方程

$$\frac{\mathrm{d}\rho(t)}{\mathrm{d}t}=x\left(2a\rho a^\dagger-a^\dagger a\rho-\rho a^\dagger a\right)\tag{7.56}$$

即解（7.56）式的 Kraus 算符和计算出 $\langle k_b|U|0_b\rangle$ (注意 $\langle k_b|U|0_b\rangle$ 是一个在 a-模空间的算符) 是等价的. 为此目标，我们先给出算符恒等式：

$$W\equiv\exp\left[\left(a^\dagger\ b^\dagger\right)\Lambda\begin{pmatrix}a\\b\end{pmatrix}\right]=:\exp\left[\left(a^\dagger\ b^\dagger\right)\left(\mathrm{e}^\Lambda-\mathbf{1}\right)\begin{pmatrix}a\\b\end{pmatrix}\right]:\tag{7.57}$$

其中 Λ 是一个 2×2 矩阵，$\mathbf{1}$ 是 2×2 单位矩阵. 其证明如下：

首先注意到

$$Wa^\dagger W^{-1}=a^\dagger\left(\mathrm{e}^\Lambda\right)_{11}+b^\dagger\left(\mathrm{e}^\Lambda\right)_{21}\tag{7.58}$$

$$Wb^\dagger W^{-1}=a^\dagger\left(\mathrm{e}^\Lambda\right)_{12}+b^\dagger\left(\mathrm{e}^\Lambda\right)_{22}\tag{7.59}$$

和

$$W|00\rangle=|00\rangle\tag{7.60}$$

$$|00\rangle\langle 00| = :\mathrm{e}^{-a^\dagger a - b^\dagger b}: \tag{7.61}$$

再用双模相干态:

$$|z_1, z_2\rangle = \mathrm{e}^{-\frac{1}{2}\left(|z_1|^2+|z_2|^2\right)+z_1 a^\dagger + z_2 b^\dagger}|00\rangle \tag{7.62}$$

完备性:

$$\int \frac{\mathrm{d}^2 z_1 \mathrm{d}^2 z_2}{\pi^2}|z_1, z_2\rangle\langle z_1, z_2| = 1 \tag{7.63}$$

以及 IWOP 技术导出

$$\begin{aligned}
W &= \int \frac{\mathrm{d}^2 z_1 \mathrm{d}^2 z_2}{\pi^2} W|z_1, z_2\rangle\langle z_1, z_2| \\
&= \int \frac{\mathrm{d}^2 z_1 \mathrm{d}^2 z_2}{\pi^2} W \mathrm{e}^{-\frac{1}{2}\left(|z_1|^2+|z_2|^2\right)+z_1 a^\dagger + z_2 b^\dagger} W^{-1} W|0,0\rangle\langle z_1, z_2| \\
&= \int \frac{\mathrm{d}^2 z_1 \mathrm{d}^2 z_2}{\pi^2} :\mathrm{e}^{-|z_1|^2-|z_2|^2+z_1\left(a^\dagger\left(\mathrm{e}^\Lambda\right)_{11}+b^\dagger\left(\mathrm{e}^\Lambda\right)_{21}\right)+z_2\left(a^\dagger\left(\mathrm{e}^\Lambda\right)_{12}+b^\dagger\left(\mathrm{e}^\Lambda\right)_{22}\right)+z_1^* a+z_2^* b-a^\dagger a-b^\dagger b}: \\
&= :\exp[\left(a^\dagger\left(\mathrm{e}^\Lambda\right)_{11}+b^\dagger\left(\mathrm{e}^\Lambda\right)_{21}\right)a+\left(a^\dagger\left(\mathrm{e}^\Lambda\right)_{12}+b^\dagger\left(\mathrm{e}^\Lambda\right)_{22}\right)b-a^\dagger a-b^\dagger b]: \\
&= :\exp\left[\left(a^\dagger\ b^\dagger\right)\left(\mathrm{e}^\Lambda-\mathbf{1}\right)\begin{pmatrix} a \\ b \end{pmatrix}\right]:
\end{aligned} \tag{7.64}$$

即(7.57)式得证. 于是有

$$\begin{aligned}
U &= \exp\left[-\mathrm{i}\chi t\left(a^\dagger b+b^\dagger a\right)\right] = \exp\left[-\mathrm{i}\chi t\left(a^\dagger\ b^\dagger\right)\begin{pmatrix} 0 & 1 \\ 1 & 0 \end{pmatrix}\begin{pmatrix} a \\ b \end{pmatrix}\right] \\
&= :\exp\left\{\left(a^\dagger\ b^\dagger\right)\left[\begin{pmatrix} \cos\chi t & -\mathrm{i}\sin\chi t \\ -\mathrm{i}\sin\chi t & \cos\chi t \end{pmatrix}-1\right]\begin{pmatrix} a \\ b \end{pmatrix}\right\}: \\
&= :\exp\left\{f\left(a^\dagger a+b^\dagger b\right)+g\left(a^\dagger b+b^\dagger a\right)\right\}:
\end{aligned} \tag{7.65}$$

其中

$$f = \cos(\chi t)-1, \quad g = -\mathrm{i}\sin(\chi t) \tag{7.66}$$

再从(7.65)式和 $b|0\rangle = 0$, 得到

$$\begin{aligned}
E_k &\equiv \langle k_b|U|0_b\rangle = \langle k_b| :\exp\left\{fa^\dagger a+gb^\dagger a\right\}: |0_b\rangle \\
&= \sum_{m=0}^{\infty}\langle k_b|\frac{\left(fa^\dagger+gb^\dagger\right)^m a^m}{m!}|0_b\rangle \\
&= \sum_{m=0}^{\infty}\sum_{i=0}^{m}\langle k_b|\frac{f^{m-i}g^i a^{\dagger(m-i)}a^m b^{\dagger i}}{(m-i)!i!}|0_b\rangle \\
&= \sum_{m=k}^{\infty}\sqrt{k!}\frac{f^{m-k}g^k a^{\dagger(m-k)}a^m}{k!(m-k)!} = \frac{g^k}{\sqrt{k!}}\sum_{j=0}^{\infty}\frac{f^j a^{\dagger j}a^{j+k}}{j!} \\
&= \frac{g^k}{\sqrt{k!}} :\exp\left[fa^\dagger a\right]: a^k = \frac{g^k}{\sqrt{k!}}\exp\left[a^\dagger a\ln(1+f)\right]a^k
\end{aligned} \tag{7.67}$$

可见 $E_k \equiv \langle k_b| U |0_b\rangle$ 确实是体系与环境相互耦合所引起的使体系（a-模）发生量子跃迁的一个算符. 此问题也可理解为测量（外界因素）导致系统的退相干. 用 a-模的 Fock 空间完备性：

$$\sum_{n=0}^{\infty} |n\rangle_{aa} \langle n| = 1, \quad |n\rangle_a = \frac{a^{\dagger n}}{\sqrt{n!}} |0\rangle_a \tag{7.68}$$

我们把 E_k 表达为

$$E_k = \sum_{n=k}^{\infty} \sqrt{\begin{pmatrix} n \\ k \end{pmatrix}} \cos^{n-k}(\chi t)\, g^k |n-k\rangle_{aa} \langle n| \tag{7.69}$$

接着有 $E_k^\dagger E_k = 1$, 及

$$\begin{aligned} E_k E_k^\dagger &= \sum_{n=k}^{\infty} \sum_{m=k}^{\infty} \sqrt{\begin{pmatrix} n \\ k \end{pmatrix}} \cos^{n-k}(\chi t)\, g^k \sqrt{\begin{pmatrix} m \\ k \end{pmatrix}} \\ &\quad \times \cos^{m-k}(\chi t)\, g^{*k} |n-k\rangle_{aa} \langle m-k| \delta_{mn} \\ &= |g|^{2k} \sum_{n=k}^{\infty} \begin{pmatrix} n \\ k \end{pmatrix} \cos^{2n-2k}(\chi t) |n-k\rangle_{aa} \langle n-k| \\ &= |g|^{2k} \sum_{n=0}^{\infty} \begin{pmatrix} n+k \\ k \end{pmatrix} \cos^{2n}(\chi t) |n\rangle_{aa} \langle n| \end{aligned} \tag{7.70}$$

再用负二项式定理：

$$(1+x)^{-(n+1)} = \sum_{k=0}^{\infty} \begin{pmatrix} n+k \\ k \end{pmatrix} (-)^k x^k \tag{7.71}$$

得到

$$\begin{aligned} \sum_{k=0}^{\infty} E_k E_k^\dagger &= \sum_{k=0}^{\infty} |g|^{2k} \sum_{n=0}^{\infty} \begin{pmatrix} n+k \\ k \end{pmatrix} \cos^{2n}(\chi t) |n\rangle_{aa} \langle n| \\ &= \sum_{n=0}^{\infty} |n\rangle_{aa} \langle n| \frac{\cos^{2n}(\chi t)}{\left(1-|g|^2\right)^{n+1}} = \frac{1}{\cos^2(\chi t)} \end{aligned} \tag{7.72}$$

- 与振幅衰减的密度矩阵主方程的解的等价性

以下我们要说明上述求演化算符 $U = \exp\left[-\mathrm{i}\chi t\left(a^\dagger b + b^\dagger a\right)\right]$ 在 b-模中的运算矩阵元的做法在效果上等价于解一个 a-模的密度矩阵 ρ 的主方程（7.56），此方程代表振幅衰减，κ 是衰减率. 为了求解方程（7.56），我们引入另一个虚模 $\tilde{a}^\dagger$，构建纠缠态表象：

$$|\eta\rangle = \exp(-\frac{1}{2}|\eta|^2 + \eta a^\dagger - \eta^* \tilde{a}^\dagger + a^\dagger \tilde{a}^\dagger)|0\tilde{0}\rangle \tag{7.73}$$

把算符主方程转变为 c-数方程. 具体做法是把方程(7.56)两边作用到 $|\eta=0\rangle\equiv|I\rangle$ 上，由

$$a|\eta=0\rangle=\tilde{a}^\dagger|\eta=0\rangle \tag{7.74}$$

$$a^\dagger|\eta=0\rangle=\tilde{a}|\eta=0\rangle \tag{7.75}$$

$$(a^\dagger a)^n|\eta=0\rangle=(\tilde{a}^\dagger\tilde{a})^n|\eta=0\rangle \tag{7.76}$$

使之转变为

$$\begin{aligned}\frac{\mathrm{d}}{\mathrm{d}t}|\rho\rangle&=x\left(2a\rho a^\dagger-a^\dagger a\rho-\rho a^\dagger a\right)|I\rangle\\&=x\left(2a\tilde{a}-a^\dagger a-\tilde{a}^\dagger\tilde{a}\right)|\rho\rangle\end{aligned} \tag{7.77}$$

其中 $|\rho\rangle=\rho\,|I\rangle$.(7.77)式的形式解是

$$|\rho\rangle=\exp\left[xt\left(2a\tilde{a}-a^\dagger a-\tilde{a}^\dagger\tilde{a}\right)\right]|\rho_0\rangle \tag{7.78}$$

这里 $|\rho_0\rangle\equiv\rho_0\,|I\rangle$, ρ_0 是初始密度算符. 注意到

$$\left[a^\dagger a+\tilde{a}^\dagger\tilde{a},a\tilde{a}\right]=-2a\tilde{a} \tag{7.79}$$

我们就可以利用算符恒等式:

$$\mathrm{e}^{\lambda(A+\sigma B)}=\mathrm{e}^{\lambda A}\exp\left[\sigma\left(1-\mathrm{e}^{-\lambda\tau}\right)B/\tau\right],\quad [A,B]=\tau B \tag{7.80}$$

将(7.78)式右边的指数算符分解为

$$|\rho\rangle=\exp\left[-\kappa t\left(a^\dagger a+\tilde{a}^\dagger\tilde{a}\right)\right]\exp\left[\left(1-\mathrm{e}^{-2\kappa t}\right)a\tilde{a}\right]|\rho_0\rangle \tag{7.81}$$

(7.80)式的证明如下:考虑到算符 $a^\dagger a$ 与 a^2 满足的对易关系为

$$\left[a^\dagger a,a^2\right]=-2a^2 \tag{7.82}$$

与(7.80)式中的 $[A,B]=\tau B$ 的对易关系相同,所以我们用 IWOP 技术分解:

$$\begin{aligned}\mathrm{e}^{\lambda a^\dagger a+\sigma a^2}&=\int\frac{\mathrm{d}^2z}{\pi}\mathrm{e}^{\lambda a^\dagger a+\sigma a^2}\mathrm{e}^{za^\dagger}\mathrm{e}^{-\left(\lambda a^\dagger a+\sigma a^2\right)}|0\rangle\langle z|\,\mathrm{e}^{-|z|^2/2}\\&=\int\frac{\mathrm{d}^2z}{\pi}\exp\left\{-\frac{|z|^2}{2}+z\left(a^\dagger\mathrm{e}^\lambda+\frac{2\sigma}{\lambda}a\sinh\lambda\right)\right\}|0\rangle\langle z|\\&=\int\frac{\mathrm{d}^2z}{\pi}:\exp\left\{-|z|^2+za^\dagger\mathrm{e}^\lambda+z^*a+\frac{\sigma\mathrm{e}^\lambda}{\lambda}z^2\sinh\lambda-a^\dagger a\right\}:\\&=:\exp\left\{\left(\mathrm{e}^\lambda-1\right)a^\dagger a+\frac{\sigma e^\lambda}{\lambda}a^2\sinh\lambda\right\}:\end{aligned}$$

$$= \mathrm{e}^{\lambda a^{\dagger}a} \exp\left\{\frac{\sigma \mathrm{e}^{\lambda}}{\lambda} a^2 \sinh\lambda\right\} \tag{7.83}$$

这就导致(7.81)式. 进一步用(7.76)式把(7.81)式改写为

$$\begin{aligned}|\rho\rangle &= \exp\left[-\kappa t\left(a^{\dagger}a + \tilde{a}^{\dagger}\tilde{a}\right)\right] \sum_{n=0}^{\infty} \frac{T^n}{n!} a^n \tilde{a}^n \rho_0 |I\rangle \\ &= \sum_{n=0}^{\infty} \frac{T^n}{n!} \mathrm{e}^{-\kappa t a^{\dagger}a} a^n \rho_0 a^{\dagger n} \mathrm{e}^{-\kappa t a^{\dagger}a} |I\rangle \end{aligned} \tag{7.84}$$

可得 $\rho(t)$ 的无穷算符和表示为

$$\rho(t) = \sum_{k=0}^{\infty} \frac{T'^k}{k!} \mathrm{e}^{-\kappa t a^{\dagger}a} a^k \rho_0 a^{\dagger k} \mathrm{e}^{-\kappa t a^{\dagger}a} = \sum_{k=0}^{\infty} M_k \rho_0 M_k^{\dagger} \tag{7.85}$$

这里 $T = 1 - \mathrm{e}^{-2\kappa t}$, M_k 是 Kraus 算符:

$$M_k \equiv \sqrt{\frac{(-T)^k}{k!}} \mathrm{e}^{-\kappa t a^{\dagger}a} a^k \tag{7.86}$$

(7.85)式反映了退相干过程,从纯态 ρ_0 变为混合态 $\rho(t)$. 现在我们对照(7.67)式做如下对应:

$$M_k \equiv \sqrt{\frac{(\mathrm{i}T)^k}{k!}} \mathrm{e}^{-\kappa t a^{\dagger}a} a^k \to \frac{g^k}{\sqrt{k!}} \exp\left[a^{\dagger}a \ln(1+f)\right] a^k \tag{7.87}$$

从中可以看到

$$-\kappa t \to \ln(1+f) = \ln\cos(\chi t) \tag{7.88}$$

$$\sqrt{(-T)} \to g = -\mathrm{i}\sin(\chi t), \quad T = 1 - \mathrm{e}^{-2\kappa t} = \sin^2(\chi t) \tag{7.89}$$

可见计算 $\langle k_b| U |0_b\rangle$ 与解主方程(7.56)的效果确实是等价的,也说明了如(7.47)式那样将总系统对环境的基取迹后,剩下的即为系统的态的演化的结论是可靠的.

第 8 章

从混沌场衍生出来的玻色场

8.1　平移混沌场的引入

从量子光学的观点看，太阳光是混沌光的一种. 描述它的密度算符是 $\rho_c = \left(1 - \mathrm{e}^f\right) \times \mathrm{e}^{fa^\dagger a}$，用粒子态 $|n\rangle$ 的完备性 $\sum_{n=0}^{\infty} |n\rangle\langle n| = 1$，数算符 $a^\dagger a$ 的系综平均是

$$\begin{aligned}
\operatorname{tr}\left(\rho_c a^\dagger a\right) &= \left(1 - \mathrm{e}^f\right) \frac{\partial}{\partial f} \operatorname{Tr}\left[\mathrm{e}^{fa^\dagger a} \sum_{n=0}^{\infty} |n\rangle\langle n|\right] = \left(1 - \mathrm{e}^f\right) \frac{\partial}{\partial f} \sum_{n=0}^{\infty} \mathrm{e}^{fn} \\
&= \left(1 - \mathrm{e}^f\right) \frac{\partial}{\partial f} \frac{1}{1 - \mathrm{e}^f} = \frac{1}{\mathrm{e}^{-f} - 1}
\end{aligned} \tag{8.1}$$

若取 $f = -\dfrac{\omega\hbar}{kT}$，$\beta = \dfrac{1}{kT}$，$k$ 是玻尔兹曼常数，T 代表温度，则 $\dfrac{1}{\mathrm{e}^{-f} - 1} = \dfrac{1}{\mathrm{e}^{\beta\hbar\omega} - 1}$，这就是普朗克的光子分布公式.

当混沌光历经如下的一个光子数增强机制，相应的密度算符有可能变为

$$\rho_d = C\mathrm{e}^{\lambda a^\dagger} \mathrm{e}^{fa^\dagger a} \mathrm{e}^{\lambda^* a} \tag{8.2}$$

称为平移混沌光场(displaced chaotic light,DCL). λ 是平移参量, C 是待定的归一化常数,由 $\mathrm{tr}\rho_d=1$ 决定. 一般而言,一个谐振子系统受线性外源的调控就可生成平移混沌光场,当其初始状态是混沌光.

- 将 ρ_d 归一化

用相干态表象的完备性可定出 C 来:

$$
\begin{aligned}
1=\mathrm{tr}\,\rho_d&=\mathrm{tr}\left[\int\frac{\mathrm{d}^2\alpha}{\pi}|\alpha\rangle\langle\alpha|\,\rho_d\right]\\
&=C\int\frac{\mathrm{d}^2\alpha}{\pi}\langle\alpha|\,\mathrm{e}^{\lambda a^\dagger}\mathrm{e}^{fa^\dagger a}\mathrm{e}^{\lambda^* a}|\alpha\rangle=C\int\frac{\mathrm{d}^2\alpha}{\pi}\mathrm{e}^{\lambda\alpha^*+\lambda^*\alpha}\langle\alpha|:\exp\left[\left(\mathrm{e}^f-1\right)a^\dagger a\right]:|\alpha\rangle\\
&=C\int\frac{\mathrm{d}^2\alpha}{\pi}\mathrm{e}^{\lambda\alpha^*+\lambda^*\alpha}\exp\left[-\left(1-\mathrm{e}^f\right)|\alpha|^2\right]=\frac{C}{1-\mathrm{e}^f}\exp\left[\frac{|\lambda|^2}{1-\mathrm{e}^f}\right]
\end{aligned}\tag{8.3}
$$

所以归一化系数

$$
C=\left(1-\mathrm{e}^f\right)\exp\left[\frac{-|\lambda|^2}{1-\mathrm{e}^f}\right]\tag{8.4}
$$

故而

$$
\rho_d=\left(1-\mathrm{e}^f\right)\exp\left(\frac{-|\lambda|^2}{1-\mathrm{e}^f}\right)\mathrm{e}^{\lambda a^\dagger}\mathrm{e}^{fa^\dagger a}\mathrm{e}^{\lambda^* a}\tag{8.5}
$$

由

$$
\mathrm{e}^{fa^\dagger a}=:\exp\left[\left(\mathrm{e}^f-1\right)a^\dagger a\right]:\tag{8.6}
$$

可见当 $T\to 0$, $f=-\dfrac{\omega\hbar}{kT}\to-\infty$, $\mathrm{e}^{fa^\dagger a}\to:\mathrm{e}^{-a^\dagger a}:=|0\rangle\langle 0|$, 变为纯真空态, 于是 $\rho_d\to\exp\left[-|\lambda|^2\right]\mathrm{e}^{\lambda a^\dagger}|0\rangle\langle 0|\,\mathrm{e}^{\lambda^* a}$,此即相干态. 因此 ρ_d 可被认为是介于混沌态 $(\lambda=0)$ 和相干态之间的态. 事实上, 当一个相干态历经一个扩散通道,它就会演变为平移混沌光场. 处于平移混沌光场的光子数是

$$
\begin{aligned}
\mathrm{tr}\left(\rho_d a^\dagger a\right)&=\mathrm{tr}\left(\rho_d aa^\dagger\right)-1=\mathrm{tr}\left(\rho_d a\int\frac{\mathrm{d}^2\alpha}{\pi}|\alpha\rangle\langle\alpha|\,a^\dagger\right)-1\\
&=\left(1-\mathrm{e}^f\right)\exp\left(\frac{-|\lambda|^2}{1-\mathrm{e}^f}\right)\int\frac{\mathrm{d}^2\alpha}{\pi}|\alpha|^2\langle\alpha|\,\mathrm{e}^{\lambda a^\dagger}\mathrm{e}^{fa^\dagger a}\mathrm{e}^{\lambda^* a}|\alpha\rangle-1\\
&=\left(1-\mathrm{e}^f\right)\exp\left(\frac{-|\lambda|^2}{1-\mathrm{e}^f}\right)\int\frac{\mathrm{d}^2\alpha}{\pi}|\alpha|^2\mathrm{e}^{\lambda\alpha^*+\lambda^*\alpha}\exp\left[\left(\mathrm{e}^f-1\right)|\alpha|^2\right]-1\\
&=\left(1-\mathrm{e}^f\right)\exp\left(\frac{-|\lambda|^2}{1-\mathrm{e}^f}\right)\frac{\partial^2}{\partial\lambda\partial\lambda^*}\int\frac{\mathrm{d}^2\alpha}{\pi}\mathrm{e}^{\lambda\alpha^*+\lambda^*\alpha}\exp\left[\left(\mathrm{e}^f-1\right)|\alpha|^2\right]-1\\
&=\frac{1}{\mathrm{e}^{-f}-1}+\frac{|\lambda|^2}{\left(1-\mathrm{e}^f\right)^2}
\end{aligned}\tag{8.7}
$$

可见相比混沌光场而言,光子数增加了 $\frac{|\lambda|^2}{\left(1-\mathrm{e}^f\right)^2}$.

8.2 平移混沌光场的衰减

本节中,我们探讨平移混沌光场的耗散,并看其光子数衰减的规律.

将(8.5)式中的 ρ_0 作为初态代入耗散主方程的解(7.12)式中,得到

$$\rho_d(t)=\sum_{n=0}^{\infty} M_n \rho_d M_n^{\dagger}=C \sum_{n=0}^{\infty} \frac{T'^n}{n!} \mathrm{e}^{-\kappa t a^{\dagger} a} a^n \mathrm{e}^{\lambda a^{\dagger}} \mathrm{e}^{f a^{\dagger} a} \mathrm{e}^{\lambda^* a} a^{\dagger n} \mathrm{e}^{-\kappa t a^{\dagger} a} \tag{8.8}$$

乍一见,右边对 n 的求和 $\sum\limits_{n=0}^{\infty}$ 很困难,因为其中的算符排列混乱,我们必须将其重排. 由

$$a^n \mathrm{e}^{\lambda a^{\dagger}}=\mathrm{e}^{\lambda a^{\dagger}}(a+\lambda)^n=\mathrm{e}^{\lambda a^{\dagger}} \sum_{l=0}\binom{n}{l} \lambda^{n-l} a^l \tag{8.9}$$

可得(8.8)式中的一部分:

$$a^n \mathrm{e}^{\lambda a^{\dagger}} \mathrm{e}^{f a^{\dagger} a} \mathrm{e}^{\lambda^* a} a^{\dagger n}=\mathrm{e}^{\lambda a^{\dagger}} \sum_{l=0} \sum_{k=0}\binom{n}{l}\binom{n}{k} \lambda^{n-l} a^l \mathrm{e}^{f a^{\dagger} a} a^{\dagger k} \lambda^{* n-k} \mathrm{e}^{\lambda^* a} \tag{8.10}$$

再用反正规排序公式

$$\mathrm{e}^{f a^{\dagger} a}=\mathrm{e}^{-f} \vdots \exp \left[\left(1-\mathrm{e}^{-f}\right) a a^{\dagger}\right] \vdots \tag{8.11}$$

和相干态的完备性将 $a^l \mathrm{e}^{f a^{\dagger} a} a^{\dagger k}$ 转化为正规排序,用积分公式

$$\int \frac{\mathrm{d}^2 z}{\pi} z^l z^{* k} \mathrm{e}^{A|z|^2+B z+C z^*}=\mathrm{e}^{-B C / A} \sum_{m=0} \frac{l!k!}{m!(l-m)!(k-m)!(-A)^{l+k-m+1}} B^{k-m} C^{l-m} \tag{8.12}$$

导出

$$\begin{aligned}
a^l \mathrm{e}^{f a^{\dagger} a} a^{\dagger k} & =\mathrm{e}^{-f} a^l \vdots \mathrm{e}^{\left(1-\mathrm{e}^{-f}\right) a a^{\dagger}} \vdots a^{\dagger k}=\mathrm{e}^{-f} \int \frac{\mathrm{d}^2 z}{\pi} z^l \mathrm{e}^{\left(1-\mathrm{e}^{-f}\right)|z|^2}|z\rangle\langle z| z^{* k} \\
& =\mathrm{e}^{-f} \int \frac{\mathrm{d}^2 z}{\pi} z^l z^{* k}: \mathrm{e}^{-\mathrm{e}^{-f}|z|^2+z a^{\dagger}+z^* a-a^{\dagger} a}: \\
& =\left(\mathrm{e}^f\right)^{(l+k) / 2}(-\mathrm{i})^{l+k}: \mathrm{e}^{\left(\mathrm{e}^f-1\right) a^{\dagger} a} \sum_{m=0} \frac{l!k!(-1)^m}{m!(l-m)!(k-m)!} \\
& \quad \times\left(\mathrm{ie}^{f / 2} a^{\dagger}\right)^{k-m}\left(\mathrm{ie}^{f / 2} a\right)^{l-m}:
\end{aligned}$$

$$= (-\mathrm{i})^{l+k} \left(\mathrm{e}^f\right)^{(l+k)/2} :\mathrm{e}^{\left(\mathrm{e}^f-1\right)a^\dagger a} H_{k,l}(\mathrm{i}a^\dagger \mathrm{e}^{f/2}, \mathrm{i}a\mathrm{e}^{f/2}): \tag{8.13}$$

将(8.13)式代入(8.8)式,我们需面对双重求和:

$$\begin{aligned}
&\sum_{l=0}\sum_{k=0}\binom{n}{l}\binom{n}{k}\lambda^{n-l}a^l\mathrm{e}^{fa^\dagger a}a^{\dagger k}\lambda^{*n-k}\\
&=\sum_{l=0}\sum_{k=0}\binom{n}{l}\binom{n}{k}\lambda^{n-l}(-\mathrm{i})^{l+k}\left(\mathrm{e}^f\right)^{(l+k)/2}:\mathrm{e}^{\left(\mathrm{e}^f-1\right)a^\dagger a}H_{k,l}(\mathrm{i}a^\dagger\mathrm{e}^{f/2},\mathrm{i}a\mathrm{e}^{f/2}):\lambda^{*n-k}\\
&=|\lambda|^{2n}:\mathrm{e}^{\left(\mathrm{e}^f-1\right)a^\dagger a}\sum_{l=0}^{n}\sum_{k=0}^{n}\binom{n}{l}\binom{n}{k}\left(\frac{-\mathrm{i}\mathrm{e}^{f/2}}{\lambda}\right)^l\left(\frac{-\mathrm{i}\mathrm{e}^{f/2}}{\lambda^*}\right)^k H_{k,l}(\mathrm{i}a^\dagger\mathrm{e}^{f/2},\mathrm{i}a\mathrm{e}^{f/2}):
\end{aligned} \tag{8.14}$$

那么如何做到呢?

为此,我们建立有关双变量厄密多项式的二项式定理,它是牛顿二项式定理的推广.

定理

$$\sum_{r=0}^{l}\sum_{q=0}^{k}\binom{l}{r}\binom{k}{q}H_{r,q}(x,y)f^r g^q = f^l t^k H_{l,k}\left(x+\frac{1}{f},y+\frac{1}{g}\right) \tag{8.15}$$

证明 前面已经给出过一个算符恒等式:

$$a^{\dagger q}a^r = \vdots H_{r,q}(a,a^\dagger)\vdots \tag{8.16}$$

我们将(8.15)式中的 $H_{r,q}(x,y)$ 以 $\vdots H_{r,q}(a,a^\dagger)\vdots$ 替代 (此方法称为算符厄密多项式方法 (operator Hermite polynomial method, OHP method)),转而考虑求和:

$$\begin{aligned}
\sum_{r=0}^{l}\sum_{q=0}^{k}\binom{l}{r}\binom{k}{q}\vdots H_{r,q}(a,a^\dagger)\vdots f^r g^q &= \sum_{r=0}^{l}\sum_{q=0}^{k}\binom{l}{r}\binom{k}{q}:a^{\dagger q}a^r:f^r g^q\\
&=:\left(ga^\dagger+1\right)^k(fa+1)^l:
\end{aligned} \tag{8.17}$$

这里用了传统的二项式定理. 然后我们做幂级数展开并将正规排序转为反正规排序:

$$\begin{aligned}
\sum_{l,k=0}^{\infty}\frac{s^l t^k:\left(ga^\dagger+1\right)^k(fa+1)^l:}{l!k!} &= \mathrm{e}^{t\left(ga^\dagger+1\right)}\mathrm{e}^{s(fa+1)}\\
&=\mathrm{e}^{sf\left(a+\frac{1}{f}\right)}\mathrm{e}^{tg\left(a^\dagger+\frac{1}{g}\right)}\mathrm{e}^{-sftg}\\
&=\vdots\mathrm{e}^{sf\left(a+\frac{1}{f}\right)+tg\left(a^\dagger+\frac{1}{g}\right)-sftg}\vdots\\
&=\sum_{l,k}^{\infty}\frac{(sf)^l(gt)^k}{l!k!}\vdots H_{l,k}\left(a+\frac{1}{f},a^\dagger+\frac{1}{g}\right)\vdots
\end{aligned} \tag{8.18}$$

在最后一步用了双变量母函数的展开. 由此导出

$$:(ga^{\dagger}+1)^{k}(fa+1)^{l}:=f^{l}t^{k}\vdots H_{l,k}\left(a+\frac{1}{f},a^{\dagger}+\frac{1}{g}\right)\vdots \tag{8.19}$$

比较(8.17)式和(8.19)式,导出

$$\sum_{r=0}^{l}\sum_{q=0}^{k}\binom{l}{r}\binom{k}{q}\vdots H_{r,q}(a,a^{\dagger})\vdots f^{r}g^{q}=f^{l}t^{k}\vdots H_{l,k}\left(a+\frac{1}{f},a^{\dagger}+\frac{1}{g}\right)\vdots \tag{8.20}$$

考虑到此式两边都是反正规乘积, 就有

$$\sum_{r=0}^{l}\sum_{q=0}^{k}\binom{l}{r}\binom{k}{q}H_{r,q}(x,y)f^{r}g^{q}=f^{l}t^{k}H_{l,k}\left(x+\frac{1}{f},y+\frac{1}{g}\right) \tag{8.21}$$

定理得证.

于是,方程(8.14)变为

$$\begin{aligned}&\sum_{l=0}\sum_{k=0}\binom{n}{l}\binom{n}{k}\lambda^{n-l}a^{l}\mathrm{e}^{fa^{\dagger}a}a^{\dagger k}\lambda^{*n-k}\\&=\sum_{l=0}\sum_{k=0}\binom{n}{l}\binom{n}{k}\lambda^{n-l}(-\mathrm{i})^{l+k}(\mathrm{e}^{f})^{(l+k)/2}:\mathrm{e}^{(\mathrm{e}^{f}-1)a^{\dagger}a}H_{k,l}(\mathrm{i}a^{\dagger}\mathrm{e}^{f/2},\mathrm{i}a\mathrm{e}^{f/2}):\lambda^{*n-k}\\&=(-\mathrm{e}^{f})^{n}:\mathrm{e}^{(\mathrm{e}^{f}-1)a^{\dagger}a}H_{n,n}(\mathrm{i}a^{\dagger}\mathrm{e}^{f/2}+\mathrm{i}\lambda^{*}\mathrm{e}^{-f/2},\mathrm{i}a\mathrm{e}^{f/2}+\mathrm{i}\mathrm{e}^{-f/2}\lambda):\end{aligned} \tag{8.22}$$

再由 $H_{n,n}$ 与拉盖尔多项式 L_n 之间的关系:

$$L_{n}(xy)=\frac{(-1)^{n}}{n!}H_{n,n}(x,y) \tag{8.23}$$

我们看到

$$\begin{aligned}&a^{n}\mathrm{e}^{\lambda a^{\dagger}}\mathrm{e}^{fa^{\dagger}a}\mathrm{e}^{\lambda^{*}a}a^{\dagger n}\\&=\mathrm{e}^{\lambda a^{\dagger}}\sum_{l=0}\sum_{k=0}\binom{n}{l}\binom{n}{k}\lambda^{n-l}a^{l}\mathrm{e}^{fa^{\dagger}a}a^{\dagger k}\lambda^{*n-k}\mathrm{e}^{\lambda^{*}a}\\&=\mathrm{e}^{\lambda a^{\dagger}}(-\mathrm{e}^{f})^{n}:\mathrm{e}^{(\mathrm{e}^{f}-1)a^{\dagger}a}H_{n,n}(\mathrm{i}a^{\dagger}\mathrm{e}^{f/2}+\mathrm{i}\lambda^{*}\mathrm{e}^{-f/2},\mathrm{i}a\mathrm{e}^{f/2}+\mathrm{i}\lambda\mathrm{e}^{-f/2}):\mathrm{e}^{\lambda^{*}a}\\&=\mathrm{e}^{\lambda a^{\dagger}}(-\mathrm{e}^{f})^{n}:\mathrm{e}^{(\mathrm{e}^{f}-1)a^{\dagger}a}n!(-1)^{n}L_{n}\left[-\left(a^{\dagger}\mathrm{e}^{f/2}+\lambda^{*}\mathrm{e}^{-f/2}\right)\left(a\mathrm{e}^{f/2}+\lambda\mathrm{e}^{-f/2}\right)\right]:\mathrm{e}^{\lambda^{*}a}\end{aligned} \tag{8.24}$$

下面为了书写简洁,引入

$$W\equiv\sum_{n=0}^{\infty}\frac{T'^{n}}{n!}a^{n}\mathrm{e}^{\lambda a^{\dagger}}\mathrm{e}^{fa^{\dagger}a}\mathrm{e}^{\lambda^{*}a}a^{\dagger n} \tag{8.25}$$

于是终态密度算符可表达为

$$\rho(t)=(1-\mathrm{e}^{f})\exp\left[\frac{-|\lambda|^{2}}{1-\mathrm{e}^{f}}\right]\mathrm{e}^{-\kappa ta^{\dagger}a}W\mathrm{e}^{-\kappa ta^{\dagger}a} \tag{8.26}$$

用拉盖尔多项式的母函数

$$(1-z)^{-1}\exp\left[\frac{zx}{z-1}\right]=\sum_{l=0}L_n(x)z^n \tag{8.27}$$

并用(8.24)式,得到

$$\begin{aligned}W&\equiv\sum_{n=0}^{\infty}\frac{T'^n}{n!}a^n e^{\lambda a^\dagger}e^{fa^\dagger a}e^{\lambda^* a}a^{\dagger n}\\&=e^{\lambda a^\dagger}\sum_{n=0}^{\infty}\frac{T'^n}{n!}\left(-e^f\right)^n :e^{\left(e^f-1\right)a^\dagger a}n!(-1)^n L_n\big[-\left(a^\dagger e^{f/2}+\lambda^* e^{-f/2}\right)\\&\quad\times\left(ae^{f/2}+\lambda e^{-f/2}\right)\big]:e^{\lambda^* a}\\&=e^{\lambda a^\dagger}\sum_{n=0}^{\infty}\left(T'e^f\right)^n :e^{\left(e^f-1\right)a^\dagger a}L_n\left[-\left(a^\dagger e^{f/2}+\lambda^* e^{-f/2}\right)\left(ae^{f/2}+\lambda^* e^{-f/2}\right)\right]:e^{\lambda^* a}\\&=e^{\lambda a^\dagger}\frac{1}{1-T'e^f}:e^{\left(e^f-1\right)a^\dagger a}\exp\left[\frac{-T'e^f\left(a^\dagger e^{f/2}+\lambda^* e^{-f/2}\right)\left(ae^{f/2}+\lambda e^{-f/2}\right)}{T'e^f-1}\right]:e^{\lambda^* a}\end{aligned} \tag{8.28}$$

再用

$$e^{-\kappa ta^\dagger a}a^\dagger=a^\dagger e^{-\kappa ta^\dagger a}e^{-\kappa t} \tag{8.29}$$

及

$$e^{\beta a^\dagger a}=:\exp\left[\left(e^\beta-1\right)a^\dagger a\right]: \tag{8.30}$$

就有

$$\begin{aligned}\rho(t)&=\left(1-e^f\right)\exp\left[\frac{-|\lambda|^2}{1-e^f}\right]e^{-\kappa ta^\dagger a}We^{-\kappa ta^\dagger a}\\&=\frac{1-e^f}{1-T'e^f}\exp\left[\frac{T'-1}{\left(e^f-1\right)\left(T'e^f-1\right)}|\lambda|^2\right]\\&\quad\times e^{\frac{\lambda a^\dagger}{1-T'e^f}e^{-\kappa t}}e^{-\kappa ta^\dagger a}:\exp\left[\left(\frac{e^f}{1-T'e^f}-1\right)a^\dagger a\right]:e^{-\kappa ta^\dagger a}e^{\frac{\lambda^* a}{1-T'e^f}e^{-\kappa t}}\\&=\frac{1-e^f}{1-T'e^f}\exp\left[\frac{T'-1}{\left(e^f-1\right)\left(T'e^f-1\right)}|\lambda|^2\right]\\&\quad\times e^{\frac{\lambda a^\dagger}{1-T'e^f}e^{-\kappa t}}\exp\left[a^\dagger a\left(\ln\frac{e^f}{1-T'e^f}-2\kappa t\right)\right]e^{\frac{\lambda^* a}{1-T'e^f}e^{-\kappa t}}\\&=\frac{1-e^f}{1-T'e^f}\exp\left[\frac{T'-1}{\left(e^f-1\right)\left(T'e^f-1\right)}|\lambda|^2\right]\\&\quad\times e^{\frac{\lambda a^\dagger}{1-T'e^f}e^{-\kappa t}}\exp\left[a^\dagger a\ln\frac{e^f\left(1-T'\right)}{1-T'e^f}\right]e^{\frac{\lambda^* a}{1-T'e^f}e^{-\kappa t}}\end{aligned} \tag{8.31}$$

我们发现终态也是一个平移混沌场, 但平移量和混沌参数都变了. 计算求迹得到

$$\begin{aligned}
\mathrm{tr}\rho(t) &= \frac{1-\mathrm{e}^f}{1-T'\mathrm{e}^f}\exp\left[\frac{T'-1}{\left(\mathrm{e}^f-1\right)\left(T'\mathrm{e}^f-1\right)}|\lambda|^2\right] \\
&\quad\times\int\frac{\mathrm{d}^2 z}{\pi}\langle z|\,\mathrm{e}^{\frac{\lambda a^\dagger}{1-T'\mathrm{e}^f}\mathrm{e}^{-\kappa t}}\exp\left[a^\dagger a\ln\frac{\mathrm{e}^f\left(1-T'\right)}{1-T'\mathrm{e}^f}\right]\mathrm{e}^{\frac{\lambda^* a}{1-T'\mathrm{e}^f}\mathrm{e}^{-\kappa t}}\,|z\rangle \\
&= \frac{1-\mathrm{e}^f}{1-T'\mathrm{e}^f}\exp\left[\frac{T'-1}{\left(\mathrm{e}^f-1\right)\left(T'\mathrm{e}^f-1\right)}|\lambda|^2\right] \\
&\quad\times\int\frac{\mathrm{d}^2 z}{\pi}\exp\left[-\left(1-\frac{\mathrm{e}^f\left(1-T'\right)}{1-T'\mathrm{e}^f}\right)|z|^2+\frac{\lambda z^*\mathrm{e}^{-\kappa t}}{1-T'\mathrm{e}^f}+\frac{\lambda^* z\mathrm{e}^{-\kappa t}}{1-T'\mathrm{e}^f}\right] \\
&= \exp\left\{\left[\frac{\mathrm{e}^{-2\kappa t}}{\left(1-\mathrm{e}^f\right)\left(1-T'\mathrm{e}^f\right)}+\frac{T'-1}{\left(\mathrm{e}^f-1\right)\left(T'\mathrm{e}^f-1\right)}\right]|\lambda|^2\right\}=1
\end{aligned} \tag{8.32}$$

再用相干态完备性计算

$$\begin{aligned}
&\mathrm{tr}\left[\rho(t)aa^\dagger\right] \\
&= \mathrm{tr}\left[\rho(t)a\int\frac{\mathrm{d}^2 z}{\pi}|z\rangle\langle z|\,a^\dagger\right] \\
&= \frac{1-\mathrm{e}^f}{1-T'\mathrm{e}^f}\exp\left[\frac{T'-1}{\left(\mathrm{e}^f-1\right)\left(T'\mathrm{e}^f-1\right)}|\lambda|^2\right] \\
&\quad\times\int\frac{\mathrm{d}^2 z}{\pi}|z|^2\langle z|\,\mathrm{e}^{\frac{\lambda a^\dagger}{1-T'\mathrm{e}^f}\mathrm{e}^{-\kappa t}}\exp\left[a^\dagger a\ln\frac{\mathrm{e}^f\left(1-T'\right)}{1-T'\mathrm{e}^f}\right]\mathrm{e}^{\frac{\lambda^* a}{1-T'\mathrm{e}^f}\mathrm{e}^{-\kappa t}}\,|z\rangle \\
&= \frac{1-\mathrm{e}^f}{1-T'\mathrm{e}^f}\exp\left[\frac{T'-1}{\left(\mathrm{e}^f-1\right)\left(T'\mathrm{e}^f-1\right)}|\lambda|^2\right] \\
&\quad\times\int\frac{\mathrm{d}^2 z}{\pi}|z|^2\exp\left[-\frac{1-\mathrm{e}^f}{1-T'\mathrm{e}^f}|z|^2+\frac{\lambda z^*}{1-T'\mathrm{e}^f}\mathrm{e}^{-\kappa t}+\frac{\lambda^* z}{1-T'\mathrm{e}^f}\mathrm{e}^{-\kappa t}\right] \\
&= \frac{1-\mathrm{e}^f}{1-T'\mathrm{e}^f}\exp\left[\frac{T'-1}{\left(\mathrm{e}^f-1\right)\left(T'\mathrm{e}^f-1\right)}|\lambda|^2\right] \\
&\quad\times\left(1-T'\mathrm{e}^f\right)^2\mathrm{e}^{2\kappa t}\frac{\partial^2}{\partial\lambda\partial\lambda^*}\int\frac{\mathrm{d}^2 z}{\pi}\exp\left[-\frac{1-\mathrm{e}^f}{1-T'\mathrm{e}^f}|z|^2+\frac{\lambda z^*}{1-T'\mathrm{e}^f}\mathrm{e}^{-\kappa t}\right. \\
&\quad\left.+\frac{\lambda^* z}{1-T'\mathrm{e}^f}\mathrm{e}^{-\kappa t}\right] \\
&= \exp\left[\frac{T'-1}{\left(\mathrm{e}^f-1\right)\left(T'\mathrm{e}^f-1\right)}|\lambda|^2\right]\left(T'\mathrm{e}^f-1\right)^2\mathrm{e}^{2\kappa t}\frac{\partial^2}{\partial\lambda\partial\lambda^*}\exp\left[\frac{\mathrm{e}^{-2\kappa t}}{\left(1-\mathrm{e}^f\right)\left(1-T'\mathrm{e}^f\right)}|\lambda|^2\right]
\end{aligned} \tag{8.33}$$

令

$$\frac{\mathrm{e}^{-\kappa t-}}{\sqrt{T'\mathrm{e}^f-1}}\lambda=\lambda' \tag{8.34}$$

上式变为

$$
\begin{aligned}
\operatorname{tr}\left[\rho(t) a a^{\dagger}\right] &= \left(T' \mathrm{e}^{f}-1\right) \exp \left[\frac{-\mathrm{e}^{2 \kappa t}|\lambda|^{2}}{\left(\mathrm{e}^{f}-1\right)\left(T' \mathrm{e}^{f}-1\right)}\right] \frac{\partial^{2}}{\partial \lambda' \partial \lambda'^{*}} \exp \left[\frac{1}{\mathrm{e}^{f}-1}|\lambda'|^{2}\right] \\
&= \left(T' \mathrm{e}^{f}-1\right) \exp \left[\frac{-\mathrm{e}^{-2 \kappa t}|\lambda|^{2}}{\left(\mathrm{e}^{f}-1\right)\left(T' \mathrm{e}^{f}-1\right)}\right] \frac{\partial}{\partial \lambda'}\left\{\frac{\lambda'}{\mathrm{e}^{f}-1} \exp \left[\frac{1}{\mathrm{e}^{f}-1}|\lambda'|^{2}\right]\right\} \\
&= \left(T' \mathrm{e}^{f}-1\right) \exp \left[\frac{-\mathrm{e}^{-2 \kappa t}|\lambda|^{2}}{\left(\mathrm{e}^{f}-1\right)\left(T' \mathrm{e}^{f}-1\right)}\right]\left\{\frac{1}{\mathrm{e}^{f}-1}+\frac{|\lambda'|^{2}}{\left(\mathrm{e}^{f}-1\right)^{2}}\right\} \\
&\quad \times \exp \left[\frac{1}{\mathrm{e}^{f}-1}|\lambda'|^{2}\right] \\
&= \left(T' \mathrm{e}^{f}-1\right)\left\{\frac{1}{\mathrm{e}^{f}-1}+\frac{|\lambda'|^{2}}{\left(\mathrm{e}^{f}-1\right)^{2}}\right\} \\
&= \left(T' \mathrm{e}^{f}-1\right)\left\{\frac{1}{\mathrm{e}^{f}-1}+\frac{|\lambda|^{2} \mathrm{e}^{-2 \kappa t}}{\left(\mathrm{e}^{f}-1\right)^{2}\left(T' \mathrm{e}^{f}-1\right)}\right\} \\
&= \frac{T' \mathrm{e}^{f}-1}{\mathrm{e}^{f}-1}+\frac{|\lambda|^{2} \mathrm{e}^{-2 \kappa t}}{\left(\mathrm{e}^{f}-1\right)^{2}}=1-\frac{\mathrm{e}^{f} \mathrm{e}^{-2 \kappa t}}{\mathrm{e}^{f}-1}+\frac{|\lambda|^{2} \mathrm{e}^{-2 \kappa t}}{\left(\mathrm{e}^{f}-1\right)^{2}}
\end{aligned} \tag{8.35}
$$

于是光子数的演化为

$$
\operatorname{tr}\left(\rho(t) a^{\dagger} a\right)=\operatorname{tr}\left[\rho(t) a a^{\dagger}\right]-1=\left(\frac{1}{\mathrm{e}^{-f}-1}+\frac{|\lambda|^{2}}{\left(1-\mathrm{e}^{f}\right)^{2}}\right) \mathrm{e}^{-2 \kappa t} \tag{8.36}
$$

明显地表明了振幅的指数衰减规律.

第 9 章

Wigner 函数的扩散

9.1 用相干态表象导出扩散方程

从分布函数 $P(z,t)$ 的扩散方程

$$\frac{\partial P(z,t)}{\partial t} = -\kappa \frac{\partial^2 P(z,t)}{\partial z \partial z^*} \tag{9.1}$$

出发,我们来导出光场密度算符的扩散方程. 将 $P(z,t)$ 看作是一个密度算符在相干态表象中的展开函数,即 P-表示:

$$\rho(t) = \int \frac{\mathrm{d}^2 z}{\pi} P(z,t) |z\rangle\langle z| \tag{9.2}$$

求 $P(z)$ 的方法是用相干态的内积公式:

$$\langle z' | z\rangle = \mathrm{e}^{-|z|^2/2 - |z'|^2/2 + z'^* z} \tag{9.3}$$

对(9.2)式两边求矩阵元:

$$\langle -z'|\rho|z'\rangle = \mathrm{e}^{-|z'|^2}\int \frac{\mathrm{d}^2 z}{\pi}P(z)\mathrm{e}^{-|z|^2-z'^*z+z^*z'} \tag{9.4}$$

由于 $(z^*z'-z'^*z)$ 是纯虚数,可把上式右边看作 $P(z)\mathrm{e}^{-|z|^2}$ 的傅里叶变换,那么(9.4)式的反变换是

$$P(z)\mathrm{e}^{-|z|^2} = \int \frac{\mathrm{d}^2 z'}{\pi}\langle -z'|\rho|z'\rangle \mathrm{e}^{|z'|^2+z'^*z-z^*z'} \tag{9.5}$$

将(9.2)式两边对时间求导:

$$\frac{\mathrm{d}\rho(t)}{\mathrm{d}t} = \int \frac{\mathrm{d}^2 z}{\pi}\frac{\partial P(z,t)}{\partial t}|z\rangle\langle z| \tag{9.6}$$

将经典方程(9.1)代入(9.6)式,可见

$$\frac{\mathrm{d}\rho}{\mathrm{d}t} = -\kappa\int \frac{\mathrm{d}^2 z}{\pi}\frac{\partial^2 P(z,t)}{\partial z\partial z^*}|z\rangle\langle z| \tag{9.7}$$

由 $|z\rangle\langle z|$ 的正规乘积形式得到

$$\begin{aligned} a^\dagger|z\rangle\langle z| &= :a^\dagger \mathrm{e}^{-|z|^2+za^\dagger+z^*a-a^\dagger a}: \\ &= (z^*+\frac{\partial}{\partial z}):\mathrm{e}^{-|z|^2+za^\dagger+z^*a-a^\dagger a}: = (z^*+\frac{\partial}{\partial z})|z\rangle\langle z| \end{aligned} \tag{9.8}$$

$$|z\rangle\langle z|a = (z+\frac{\partial}{\partial z^*})|z\rangle\langle z| \tag{9.9}$$

于是

$$\begin{aligned} &-\frac{\partial^2}{\partial z\partial z^*}|z\rangle\langle z| \\ &= z(z^*+\frac{\partial}{\partial z})|z\rangle\langle z| - (z^*+\frac{\partial}{\partial z})(z+\frac{\partial}{\partial z^*})|z\rangle\langle z| - |z|^2|z\rangle\langle z| + (z+\frac{\partial}{\partial z^*})(z^*|z\rangle\langle z|) \\ &= za^\dagger|z\rangle\langle z| - (z^*+\frac{\partial}{\partial z})|z\rangle\langle z|a - |z|^2|z\rangle\langle z| + (z+\frac{\partial}{\partial z^*})|z\rangle\langle z|a^\dagger \\ &= a^\dagger a|z\rangle\langle z| - a^\dagger|z\rangle\langle z|a - a|z\rangle\langle z|a^\dagger + |z\rangle\langle z|aa^\dagger \end{aligned} \tag{9.10}$$

将(9.10)式代入(9.7)式,得到

$$\frac{\mathrm{d}\rho}{\mathrm{d}t} = \kappa\int \frac{\mathrm{d}^2 z}{\pi}P(z,t)(a^\dagger a|z\rangle\langle z| - a^\dagger|z\rangle\langle z|a - a|z\rangle\langle z|a^\dagger + |z\rangle\langle z|aa^\dagger) \tag{9.11}$$

可见量子扩散方程为

$$\frac{\mathrm{d}\rho}{\mathrm{d}t} = \kappa(a^\dagger a\rho - a^\dagger\rho a - a\rho a^\dagger + \rho aa^\dagger) \tag{9.12}$$

9.2 用纠缠态表象解量子扩散方程

用纠缠态表象直接解量子扩散方程:

$$\frac{\mathrm{d}\rho}{\mathrm{d}t} = -\kappa\left(a^{\dagger}a\rho - a\rho a^{\dagger} - a^{\dagger}\rho a + \rho a a^{\dagger}\right) \tag{9.13}$$

其中 κ 是扩散率.

在(7.73)式中已经引入带虚模的纠缠态:

$$|\eta\rangle = \exp\left(-\frac{1}{2}|\eta|^2 + \eta a^{\dagger} - \eta^*\tilde{a}^{\dagger} + a^{\dagger}\tilde{a}^{\dagger}\right)|0\tilde{0}\rangle$$

$\tilde{a}^{\dagger}$ 是虚模的产生算符, $\left[\tilde{a},\tilde{a}^{\dagger}\right] = 1, \tilde{a}|\tilde{0}\rangle = 0$, $|\eta\rangle$ 遵守本征方程:

$$\langle\eta|(a^{\dagger} - \tilde{a}) = \eta^*\langle\eta|, \quad \langle\eta|(a - \tilde{a}^{\dagger}) = \eta\langle\eta| \tag{9.14}$$

与完备性关系:

$$\int\frac{\mathrm{d}^2\eta}{\pi}|\eta\rangle\langle\eta| = \int\frac{\mathrm{d}^2\eta}{\pi} :\exp[-|\eta|^2 + \eta(a^{\dagger} - \tilde{a}) + \eta^*(a - \tilde{a}^{\dagger}) - a^{\dagger}a - \tilde{a}^{\dagger}\tilde{a}]:= 1 \tag{9.15}$$

记 $|\eta = 0\rangle \equiv |I\rangle$, 它具有性质:

$$a|I\rangle = \tilde{a}^{\dagger}|I\rangle, \quad a^{\dagger}|I\rangle = \tilde{a}|I\rangle, \quad (a^{\dagger}a)^n|I\rangle = (\tilde{a}^{\dagger}\tilde{a})^n|I\rangle \tag{9.16}$$

将(9.13)式的两边同时作用于 $|I\rangle$, 注意(9.16)式,并记 $|\rho\rangle = \rho|I\rangle$, 就得到描述扩散场 $|\rho(t)\rangle$ 的薛定谔方程:

$$\begin{aligned}\frac{\mathrm{d}}{\mathrm{d}t}|\rho(t)\rangle &= -\kappa(a^{\dagger}a\rho - a^{\dagger}\rho a - a\rho a^{\dagger} + \rho a a^{\dagger})|I\rangle \\ &= -\kappa(a^{\dagger} - \tilde{a})(a - \tilde{a}^{\dagger})|\rho(t)\rangle\end{aligned} \tag{9.17}$$

其形式解是

$$|\rho(t)\rangle = \exp[-\kappa t(a^{\dagger} - \tilde{a})(a - \tilde{a}^{\dagger})]|\rho_0\rangle \tag{9.18}$$

用(9.14)式得到内积 $\langle\eta|\rho\rangle$:

$$\langle\eta|\rho\rangle = \langle\eta|\exp[-\kappa t(a^{\dagger} - \tilde{a})(a - \tilde{a}^{\dagger})]|\rho_0\rangle = \mathrm{e}^{-\kappa t|\eta|^2}\langle\eta|\rho_0\rangle \tag{9.19}$$

再用 $|\eta\rangle$ 的完备性和

$$:\exp[f(a^{\dagger}a + \tilde{a}^{\dagger}\tilde{a})]: = (f+1)^{a^{\dagger}a + \tilde{a}^{\dagger}\tilde{a}} \tag{9.20}$$

导出

$$
\begin{aligned}
|\rho(t)\rangle &= \int \frac{\mathrm{d}^2\eta}{\pi}\mathrm{e}^{-\kappa t|\eta|^2}|\eta\rangle\langle\eta|\rho_0\rangle \\
&= \int \frac{\mathrm{d}^2\eta}{\pi} : \exp[-(1+\kappa t)|\eta|^2 + \eta(a^\dagger - \tilde{a}) + \eta^*(a - \tilde{a}^\dagger) \\
&\quad + a^\dagger\tilde{a}^\dagger + a\tilde{a} - a^\dagger a - \tilde{a}^\dagger\tilde{a}] : |\rho_0\rangle \\
&= \frac{1}{1+\kappa t} : \exp\left[\frac{\kappa t}{1+\kappa t}(a^\dagger\tilde{a}^\dagger + a\tilde{a} - a^\dagger a - \tilde{a}^\dagger\tilde{a})\right] : |\rho_0\rangle \\
&= \frac{1}{1+\kappa t}\mathrm{e}^{\frac{\kappa t}{1+\kappa t}a^\dagger\tilde{a}^\dagger}\left(\frac{1}{1+\kappa t}\right)^{a^\dagger a + \tilde{a}^\dagger\tilde{a}}\mathrm{e}^{\frac{\kappa t}{1+\kappa t}a\tilde{a}}|\rho_0\rangle
\end{aligned}
\tag{9.21}
$$

再由（9.16）式知

$$
\mathrm{e}^{\frac{\kappa t}{1+\kappa t}a\tilde{a}}|\rho_0\rangle = \sum_{n=0}^{\infty}\frac{1}{n!}\left(\frac{\kappa t}{1+\kappa t}a\right)^n \rho_0 a^{\dagger n}|I\rangle \tag{9.22}
$$

所以（9.21）式可改写为

$$
\begin{aligned}
|\rho(t)\rangle &= \mathrm{e}^{\frac{\kappa t}{1+\kappa t}a^\dagger\tilde{a}^\dagger}\left(\frac{1}{1+\kappa t}\right)^{a^\dagger a+1}\sum_{n=0}^{\infty}\frac{1}{n!}\left(\frac{\kappa t}{1+\kappa t}a\right)^n\rho_0 a^{\dagger n}\left(\frac{1}{1+\kappa t}\right)^{a^\dagger a}|I\rangle \\
&= \sum_{m,n=0}^{\infty}\frac{1}{m!n!}\frac{(\kappa t)^{m+n}}{(\kappa t+1)^{m+n+1}}a^{\dagger m}\left(\frac{1}{1+\kappa t}\right)^{a^\dagger a}a^n\rho_0 a^{\dagger n}\left(\frac{1}{1+\kappa t}\right)^{a^\dagger a}a^m|I\rangle
\end{aligned}
\tag{9.23}
$$

因此有

$$
\begin{aligned}
\rho(t) &= \sum_{m,n=0}^{\infty}\frac{1}{m!n!}\frac{(\kappa t)^{m+n}}{(\kappa t+1)^{m+n+1}}a^{\dagger m}\left(\frac{1}{1+\kappa t}\right)^{a^\dagger a}a^n\rho_0 a^{\dagger n}\left(\frac{1}{1+\kappa t}\right)^{a^\dagger a}a^m \\
&\equiv \sum_{m,n=0}^{\infty}M_{m,n}\rho_0 M_{m,n}^\dagger
\end{aligned}
\tag{9.24}
$$

其中

$$
M_{m,n} = \sqrt{\frac{1}{m!n!}\frac{(\kappa t)^{m+n}}{(\kappa t+1)^{m+n+1}}}a^{\dagger m}\left(\frac{1}{1+\kappa t}\right)^{a^\dagger a}a^n \tag{9.25}
$$

满足 $\sum_{m,n=0}^{\infty}M_{m,n}^\dagger M_{m,n} = 1$.（9.24）式是扩散方程的量子解. 特别的，当初态 $\rho_0 = |z\rangle\langle z|$ 是一个相干态，那么终态就是

$$
\rho_{|z\rangle\langle z|}(t) = \frac{1}{1+\kappa t} : \exp\left(\frac{\kappa t}{1+\kappa t}a^\dagger a + \frac{z}{1+\kappa t}a^\dagger + \frac{z^*}{1+\kappa t}a - a^\dagger a - \frac{|z|^2}{1+\kappa t}\right) : \tag{9.26}
$$

回忆密度算符的反正规乘积展开：

$$
\rho = \int \frac{\mathrm{d}^2\beta}{\pi} \vdots \langle -\beta|\rho|\beta\rangle \exp[|\beta|^2 + \beta^* a - \beta a^\dagger + a^\dagger a] \vdots \tag{9.27}
$$

其中符号 $\vdots\ \vdots$ 代表反正规乘积,将(9.26)式代入(9.27)式积分就给出终态的反正规乘积形式:

$$\begin{aligned}\rho_{|z\rangle\langle z|}(t) &= \frac{1}{1+\kappa t}\int\frac{\mathrm{d}^2\beta}{\pi}\vdots\exp\left[-\frac{\kappa t}{1+\kappa t}|\beta|^2+\beta^*\left(a-\frac{z}{1+\kappa t}\right)\right.\\ &\quad\left.+\beta\left(\frac{z^*}{1+\kappa t}-a^\dagger\right)-\frac{|z|^2}{1+\kappa t}+a^\dagger a\right]\vdots\\ &= \frac{1}{\kappa t}\vdots\exp\left[-\frac{1}{\kappa t}(z-a)(z^*-a^\dagger)\right]\vdots\end{aligned} \tag{9.28}$$

其 P-表示是

$$P(\alpha,t)=\frac{1}{\kappa t}\exp\left[-\frac{1}{\kappa t}(z-\alpha)(z^*-\alpha^*)\right]=\frac{1}{\kappa t}\exp\left[-\frac{1}{\kappa t}|z-\alpha|^2\right] \tag{9.29}$$

它确实满足经典扩散方程(9.1):

$$\frac{\partial P(\alpha,t)}{\partial t}=-\kappa\frac{\partial^2 P(\alpha,t)}{\partial\alpha\partial\alpha^*} \tag{9.30}$$

这是从经典扩散方程过渡到量子扩散方程的捷径.

- 相干玻色场的扩散

当初态是纯相干玻色场,$\rho_0=|z\rangle\langle z|$,它的正规排序是 $\rho_0=:\exp\left[-\left(z^*-a^\dagger\right)(z-\alpha)\right]:$,所以其反正规排序是 $\rho_0=\pi\delta(z-a)\,\delta\left(z^*-a^\dagger\right)$,故而它的 P-表示为 $P_0=\pi\delta(z^*-\alpha^*)\times\delta(z-\alpha)$,由此可以直接验证扩散方程 $\dfrac{\partial P(z,t)}{\partial t}=-\kappa\dfrac{\partial^2 P(z,t)}{\partial z\partial z^*}$ 的解是

$$P_{z,t}=\frac{1}{\kappa t}\exp\left[\frac{-1}{\kappa t}(z^*-\alpha^*)(z-\alpha)\right] \tag{9.31}$$

此解满足初始条件,即

$$\lim_{t\to 0}\frac{1}{\kappa t}\exp\left[\frac{-1}{\kappa t}(z^*-\alpha^*)(z-\alpha)\right]=\pi\delta(z^*-\alpha^*)\,\delta(z-\alpha) \tag{9.32}$$

这是 $\delta(x)=\lim\limits_{\epsilon\to 0}\dfrac{1}{\sqrt{\pi\epsilon}}\mathrm{e}^{-x^2/\epsilon}$ 的推广.

$P_{z,t}$ 是密度算符 ρ_t 在相干态表象中的表示,所以立刻得到 ρ_t 的反正规乘积形式:

$$\rho_t=\frac{1}{\kappa t}\vdots\exp\left[\frac{-1}{\kappa t}\left(z^*-a^\dagger\right)(z-a)\right]\vdots \tag{9.33}$$

这就是相干态在扩散通道中的演化公式. 再用相干态表象和有序算符内的积分技术,可以将它化为正规乘积:

$$\rho_t=\frac{1}{\kappa t}\vdots\exp\left[\frac{-1}{\kappa t}\left(z^*-a^\dagger\right)(z-a)\right]\vdots\int\frac{\mathrm{d}^2\alpha}{\pi}|\alpha\rangle\langle\alpha|$$

$$
\begin{aligned}
&= \frac{1}{\kappa t}\int \frac{\mathrm{d}^2\alpha}{\pi}|\alpha\rangle\langle\alpha|\exp\left[\frac{-1}{\kappa t}(z^*-\alpha^*)(z-\alpha)\right] \\
&= \frac{1}{\kappa t}\int \frac{\mathrm{d}^2\alpha}{\pi} : \exp\left[\frac{-1}{\kappa t}(z^*-\alpha^*)(z-\alpha)-|\alpha|^2+\alpha a^\dagger+\alpha^* a-a^\dagger a\right] : \\
&= \frac{1}{1+\kappa t}\mathrm{e}^{\frac{z}{1+\kappa t}a^\dagger} : \mathrm{e}^{\left(\frac{\kappa t}{1+\kappa t}-1\right)a^\dagger a} : \mathrm{e}^{\frac{z^*}{1+\kappa t}a}\mathrm{e}^{-\frac{|z|^2}{1+\kappa t}} \\
&= \frac{1}{1+\kappa t}\mathrm{e}^{\frac{z}{1+\kappa t}a^\dagger}\mathrm{e}^{a^\dagger a\ln\frac{\kappa t}{1+\kappa t}}\mathrm{e}^{\frac{z^*}{1+\kappa t}a}\mathrm{e}^{-\frac{|z|^2}{1+\kappa t}}
\end{aligned} \tag{9.34}
$$

它不再是纯态. 可以验证 $\mathrm{tr}\,\rho_t = 1$, 故而 ρ_t 是一个新玻色场密度算符,代表一个广义的混沌场. 计算 t 时刻的光子数:

$$
\mathrm{tr}\left(a^\dagger a\rho_t\right) = |z|^2 + \kappa t \tag{9.35}
$$

比较初始时刻的光子数 $\mathrm{tr}\left(a^\dagger a\rho_0\right) = \langle z|a^\dagger a|z\rangle = |z|^2$, 可见光子数增加了 κt, 这是扩散的结果.

9.3 从 P-表示得到扩散方程的积分解

按照算符在相干态表象中的 P-表示:

$$
\rho_0 = \int \frac{\mathrm{d}^2\alpha}{\pi}P(\alpha,0)|\alpha\rangle\langle\alpha| \tag{9.36}
$$

代入扩散方程的幂级数解(9.24)式,并用

$$
\left(\frac{1}{1+\kappa t}\right)^{a^\dagger a}|\alpha\rangle = \mathrm{e}^{-a^\dagger a\ln(1+\kappa t)}|\alpha\rangle = \mathrm{e}^{-|\alpha|^2/2+\alpha a^\dagger\frac{1}{1+\kappa t}}|0\rangle \tag{9.37}
$$

我们得到

$$
\begin{aligned}
\rho(t) &= \sum_{m,n=0}^{\infty}\frac{1}{m!n!}\frac{(\kappa t)^{m+n}}{(\kappa t+1)^{m+n+1}}a^{\dagger m} \\
&\quad\times\left(\frac{1}{1+\kappa t}\right)^{a^\dagger a}\int\frac{\mathrm{d}^2\alpha}{\pi}P(\alpha,0)|\alpha|^{2n}|\alpha\rangle\langle\alpha|\left(\frac{1}{1+\kappa t}\right)^{a^\dagger a}a^m \\
&= \int\frac{\mathrm{d}^2\alpha}{\pi}P(\alpha,0)\sum_{m,n=0}^{\infty}\frac{|\alpha|^{2n}}{m!n!}\frac{(\kappa t)^{m+n}}{(\kappa t+1)^{m+n+1}}a^{\dagger m}\mathrm{e}^{-|\alpha|^2+\alpha a^\dagger\frac{1}{1+\kappa t}}|0\rangle\langle 0|\mathrm{e}^{\alpha^* a\frac{1}{1+\kappa t}}a^m
\end{aligned} \tag{9.38}
$$

再用 $|0\rangle\langle 0| = :\mathrm{e}^{-a^\dagger a}:$，并注意到 $a^\dagger$ 在 $::$ 内部与 a 可交换，就能实行（9.38）式中的求和操作：

$$\begin{aligned}\rho(t) &= \int \frac{\mathrm{d}^2\alpha}{\pi}\mathrm{e}^{-|\alpha|^2}P(\alpha,0)\sum_{m,n=0}^{\infty}\frac{|\alpha|^{2n}}{m!n!}\frac{(\kappa t)^{m+n}}{(\kappa t+1)^{m+n+1}}:a^{\dagger m}a^m\mathrm{e}^{(\alpha a^\dagger+\alpha^* a)\frac{1}{1+\kappa t}-a^\dagger a}: \\ &= \int \frac{\mathrm{d}^2\alpha}{\pi}\mathrm{e}^{-|\alpha|^2}P(\alpha,0)\sum_{m=0}^{\infty}\frac{1}{m!}\frac{(\kappa t)^{m}}{(\kappa t+1)^{m+1}}\mathrm{e}^{\frac{\kappa t}{\kappa t+1}|\alpha|^2}:a^{\dagger m}a^m\mathrm{e}^{(\alpha a^\dagger+\alpha^* a)\frac{1}{1+\kappa t}-a^\dagger a}: \\ &= \frac{1}{\kappa t+1}\int \frac{\mathrm{d}^2\alpha}{\pi}\mathrm{e}^{-\frac{|\alpha|^2}{\kappa t+1}}P(\alpha,0):\mathrm{e}^{\frac{\kappa t}{\kappa t+1}a^\dagger a+\frac{1}{1+\kappa t}(\alpha a^\dagger+\alpha^* a)-a^\dagger a}:\end{aligned} \tag{9.39}$$

一旦初始 $P(\alpha,0)$ 给定，就可直接代入上式积分得到 $\rho(t)$，由此可见 IWOP 方法的优越性.

再进一步，用 P-表示的反演式：

$$P(\alpha,0) = \mathrm{e}^{|\alpha|^2}\int \frac{\mathrm{d}^2\beta}{\pi}\langle -\beta|\rho_0|\beta\rangle\,\mathrm{e}^{|\beta|^2+\beta^*\alpha-\beta\alpha^*} \tag{9.40}$$

这里 $|\beta\rangle$ 也是相干态，代入前式，可导出

$$\begin{aligned}\rho(t) &= \frac{1}{\kappa t+1}\int \frac{\mathrm{d}^2\beta}{\pi}\langle -\beta|\rho_0|\beta\rangle\,\mathrm{e}^{|\beta|^2}\int\frac{\mathrm{d}^2\alpha}{\pi}\mathrm{e}^{\frac{\kappa t|\alpha|^2}{\kappa t+1}}\mathrm{e}^{\beta^*\alpha-\beta\alpha^*}:\mathrm{e}^{\frac{1}{1+\kappa t}(\alpha a^\dagger+\alpha^* a)-\frac{1}{\kappa t+1}a^\dagger a}: \\ &= \frac{-1}{\kappa t}\int \frac{\mathrm{d}^2\beta}{\pi}\langle -\beta|\rho_0|\beta\rangle\,\mathrm{e}^{|\beta|^2} \\ &\quad\times:\exp\left[\left(\frac{\kappa t+1}{-\kappa t}\right)\left(\frac{a^\dagger}{1+\kappa t}+\beta^*\right)\left(\frac{a}{1+\kappa t}-\beta\right)-\frac{1}{\kappa t+1}a^\dagger a\right]: \\ &= \frac{-1}{\kappa t}\int \frac{\mathrm{d}^2\beta}{\pi}\langle -\beta|\rho_0|\beta\rangle\,\mathrm{e}^{|\beta|^2}:\exp\left\{\frac{1}{\kappa t}\left[|\beta|^2(\kappa t+1)+\beta a^\dagger-\beta^* a-a^\dagger a\right]\right\}:\end{aligned} \tag{9.41}$$

这是扩散方程解的积分形式，直接关联了初态 ρ_0 及其输出态 $\rho(t)$，为研究扩散过程带来了方便.

- 应用

当初态是粒子数态 $|l\rangle\langle l|$，$|l\rangle = a^{\dagger l}|0\rangle/\sqrt{l!}$，讨论其历经的扩散过程. 由于

$$\langle l|\beta\rangle = \mathrm{e}^{-|\beta|^2/2}\frac{\beta^l}{\sqrt{l!}} \tag{9.42}$$

以及

$$\langle -\beta|l\rangle\langle l|\beta\rangle = \frac{(-1)^l|\beta|^{2l}}{l!}\mathrm{e}^{-|\beta|^2} \tag{9.43}$$

将（9.43）式代入（9.41）式，由积分公式：

$$\int\frac{\mathrm{d}^2\beta}{\pi}\beta^n\beta^{*m}\exp\left(\zeta|\beta|^2+\xi\beta+\eta\beta^*\right)$$

$$= \mathrm{e}^{\frac{-\xi\eta}{\zeta}} \sum_{k=0}^{\min(n,m)} \frac{n!m!\xi^{m-k}\eta^{n-k}}{k!(n-k)!(m-k)!(-\zeta)^{m+n-k+1}} \tag{9.44}$$

和双变数厄密多项式的公式：

$$H_{m,n}(x,y) = \sum_{l=0}^{\min(m,n)} \frac{m!n!(-1)^l}{l!(m-l)!(n-l)!} x^{m-l} y^{n-l} \tag{9.45}$$

以及 Laguerre 多项式的定义：

$$L_l(x) = \sum \binom{l}{l-k} \frac{(-x)^k}{k!} \tag{9.46}$$

与

$$L_l(xy) = \frac{(-1)^l}{l!} H_{l,l}(x,y) \tag{9.47}$$

我们可将(9.41)式化为

$$\begin{aligned}
\rho(t) &= \frac{-1}{\kappa t} \int \frac{\mathrm{d}^2\beta}{\pi} \langle -\beta| l\rangle \langle l| \beta\rangle \mathrm{e}^{|\beta|^2} \colon\exp\left\{\frac{1}{\kappa t}\left[|\beta|^2(\kappa t+1) + \beta a^\dagger - \beta^* a - a^\dagger a\right]\right\}\colon \\
&= \frac{(-1)^{l+1}}{l!\kappa t} \int \frac{\mathrm{d}^2\beta}{\pi} |\beta|^{2l} \colon\exp\left\{\frac{1}{\kappa t}\left[|\beta|^2(\kappa t+1) + \beta a^\dagger - \beta^* a - a^\dagger a\right]\right\}\colon \\
&= \frac{(\kappa t)^l}{(\kappa t+1)^{l+1}} \colon L_l\left(\frac{-a^\dagger a}{\kappa t(\kappa t+1)}\right) \mathrm{e}^{\frac{-1}{\kappa t+1} a^\dagger a}\colon
\end{aligned} \tag{9.48}$$

称为 Laguerre 多项式权重混沌态,这是因为 $\mathrm{e}^{\frac{-1}{\kappa t+1} a^\dagger a}$ 代表混沌态. 可见 $|l\rangle\langle l|$ 在扩散通道中演化为混合态,而且反映了量子相干. 进一步计算粒子数平均值,可得 $\mathrm{tr}\left[\rho(t) a^\dagger a\right] = l + \kappa t$,说明扩散过程使得粒子数从 $l \to l + \kappa t$.

作为第二个例子,如果初态是一个纯单模压缩态：

$$\rho_0 = \mathrm{sech}\lambda \mathrm{e}^{\frac{1}{2} a^{\dagger 2} \tanh\lambda} |0\rangle\langle 0| \mathrm{e}^{\frac{1}{2} a^2 \tanh\lambda} \tag{9.49}$$

压缩参数 λ,将它代入方程(9.41),用

$$\langle -\beta| \rho_0 |\beta\rangle = \mathrm{sech}\lambda \mathrm{e}^{\frac{1}{2}\left(\beta^{*2}+\beta^2\right)\tanh\lambda - |\beta|^2} \tag{9.50}$$

以及积分公式：

$$\begin{aligned}
&\int \frac{\mathrm{d}^2 z}{\pi} \exp\left(\zeta |z|^2 + \xi z + \eta z^* + f z^2 + g z^{*2}\right) \\
&\quad = \frac{1}{\sqrt{\zeta^2 - 4fg}} \exp\left[\frac{-\zeta\xi\eta + f\eta^2 + g\xi^2}{\zeta^2 - 4fg}\right]
\end{aligned} \tag{9.51}$$

算得

$$\rho(t) = \frac{-\text{sech}\lambda}{\kappa t}\int\frac{\mathrm{d}^2\beta}{\pi}:\exp\left\{\frac{\kappa t+1}{\kappa t}|\beta|^2+\frac{\beta a^\dagger-\beta^* a}{\kappa t}+\frac{\tanh\lambda}{2}\left(\beta^{*2}+\beta^2\right)-\frac{a^\dagger a}{\kappa t}\right\}:$$

$$= -\text{sech}\lambda\sqrt{\frac{1}{G}}:\exp\left[\frac{\frac{\kappa t+1}{\kappa t}a^\dagger a+\frac{\tanh\lambda}{2}\left(a^{\dagger 2}+a^2\right)}{G}-\frac{a^\dagger a}{\kappa t}\right]:$$

$$= -\text{sech}\lambda\sqrt{\frac{1}{G}}\mathrm{e}^{\frac{\tanh\lambda}{2G}a^{\dagger 2}}:\exp\left[\frac{(\kappa t+1)a^\dagger a}{G\kappa t}-\frac{a^\dagger a}{\kappa t}\right]:\mathrm{e}^{\frac{\tanh\lambda}{2G}a^2} \tag{9.52}$$

它是一个混合态,或称为压缩热态,其中

$$G \equiv (\kappa t+1)^2-(\kappa t)^2\tanh^2\lambda \tag{9.53}$$

9.4 扩散通道中 Wigner 算符的时间演化解

把 Wigner 算符本身看作一个混合态的密度算符,根据(9.1)式,它所满足的扩散方程是

$$\frac{\mathrm{d}\Delta}{\mathrm{d}t} = \kappa(a^\dagger a\Delta - a^\dagger\Delta a - a\Delta a^\dagger + \Delta a a^\dagger) \tag{9.54}$$

对照以往相应的内容可见此扩散方程的经典对应是

$$\frac{\partial W}{\partial t} = -\kappa\frac{\partial^2}{\partial\alpha\partial\alpha^*}W \tag{9.55}$$

此即 Wigner 函数 W 应该满足的扩散方程. 初始的 Wigner 算符 $\Delta(\alpha,\alpha^*,0)$ 在 Weyl 编序下是 $\Delta(\alpha,\alpha^*,0)=\frac{1}{2}\vdots\delta\left(\alpha^*-a^\dagger\right)\delta(\alpha-a)\vdots$, 那么类比于以往的结果可知

$$\Delta(\alpha,\alpha^*,t) = \frac{1}{2\kappa t}\vdots\exp\left\{\frac{-1}{\kappa t}(a^\dagger-\alpha^*)(a-\alpha)\right\}\vdots \tag{9.56}$$

满足初始条件

$$\lim_{t\to 0}\Delta(\alpha,\alpha^*,t) = \lim_{t\to 0}\frac{1}{2\kappa t}\vdots\exp\left\{\frac{-1}{\kappa t}(a^\dagger-\alpha^*)(a-\alpha)\right\}\vdots = \frac{1}{2}\vdots\delta\left(\alpha^*-a^\dagger\right)\delta(\alpha-a)\vdots \tag{9.57}$$

这就是量子扩散通道中 Wigner 算符的演化律公式，它简洁明了，展现了从点源函数 $\frac{1}{2}\vdots\delta\left(z^{*}-a^{\dagger}\right)\delta\left(z-a\right)\vdots$ 向高斯型函数 $\frac{1}{2\kappa t}\vdots\exp\{\frac{-1}{\kappa t}(a^{\dagger}-z^{*})(a-z)\}\vdots$ 的演变，所以此数学表达式的物理意义十分明晰.

从(9.56)式立刻知道 $\Delta\left(\alpha,\alpha^{*},t\right)$ 的经典对应为

$$\Delta\left(\alpha,\alpha^{*},t\right)\rightarrow\frac{1}{2\kappa t}\exp\left\{\frac{-1}{\kappa t}(\alpha^{*}-z^{*})(\alpha-z)\right\} \tag{9.58}$$

故从 Weyl 对应可知

$$\Delta\left(\alpha,\alpha^{*},t\right)=\int\mathrm{d}^{2}\alpha\frac{1}{\kappa t}\exp\left\{\frac{-1}{\kappa t}(\alpha^{*}-z^{*})(\alpha-z)\right\}\Delta\left(\alpha,\alpha^{*},0\right) \tag{9.59}$$

代入 Wigner 算符的正规乘积式：

$$\Delta\left(\alpha,\alpha^{*},0\right)=\frac{1}{\pi}:\mathrm{e}^{-2\left(\alpha^{*}-a^{\dagger}\right)(\alpha-a)}: \tag{9.60}$$

可得 $\Delta\left(\alpha,\alpha^{*},t\right)$ 的正规乘积是

$$\begin{aligned}\Delta&\left(\alpha,\alpha^{*},t\right)\\&=\int\mathrm{d}^{2}\alpha\frac{1}{\kappa t}\exp\left\{\frac{-1}{\kappa t}(\alpha^{*}-z^{*})(\alpha-z)\right\}\frac{1}{\pi}:\mathrm{e}^{-2\left(\alpha^{*}-a^{\dagger}\right)(\alpha-a)}:\\&=\frac{1}{\pi\left(2\kappa t+1\right)}:\exp\left[\frac{-2}{2\kappa t+1}(a^{\dagger}-\alpha^{*})(a-\alpha)\right]:\end{aligned} \tag{9.61}$$

• 另法讨论 Wigner 算符 $\Delta\left(\alpha,\alpha^{*},0\right)$ 在扩散通道的时间演化

从(9.24)式可知演化方程的解为

$$\begin{aligned}\Delta\left(\alpha,\alpha^{*},t\right)=&\sum_{m,n=0}^{\infty}\frac{1}{m!n!}\frac{(\kappa t)^{m+n}}{(\kappa t+1)^{m+n+1}}a^{\dagger m}\left(\frac{1}{1+\kappa t}\right)^{a^{\dagger}a}a^{n}\Delta\left(\alpha,\alpha^{*},0\right)\\&\times a^{\dagger n}\left(\frac{1}{1+\kappa t}\right)^{a^{\dagger}a}a^{m}\end{aligned} \tag{9.62}$$

将 $\Delta\left(\alpha,\alpha^{*},0\right)$ 的相干态表象代入上式得到

$$\begin{aligned}\Delta\left(\alpha,\alpha^{*},t\right)=&\sum_{m,n=0}^{\infty}\frac{1}{m!n!}\frac{(\kappa t)^{m+n}}{(\kappa t+1)^{m+n+1}}a^{\dagger m}\left(\frac{1}{1+\kappa t}\right)^{a^{\dagger}a}\\&\times a^{n}\mathrm{e}^{2|\alpha|^{2}}\int\frac{\mathrm{d}^{2}z}{\pi^{2}}|z\rangle\langle-z|\mathrm{e}^{2\left(\alpha z^{*}-\alpha^{*}z\right)}a^{\dagger n}\left(\frac{1}{1+\kappa t}\right)^{a^{\dagger}a}a^{m}\end{aligned} \tag{9.63}$$

鉴于 $a\left|z\right\rangle=z\left|z\right\rangle$，$\langle-z|a^{\dagger n}=(-z^{*})^{n}\left\langle-z\right|$，以及

$$\left(\frac{1}{1+\kappa t}\right)^{a^{\dagger}a}a^{n}\left|z\right\rangle=z^{n}\mathrm{e}^{-a^{\dagger}a\ln(1+\kappa t)}\left|z\right\rangle=z^{n}:\mathrm{e}^{a^{\dagger}a\frac{1}{1+\kappa t}}:\left|z\right\rangle=z^{n}\mathrm{e}^{-|z|^{2}/2+za^{\dagger}\frac{1}{1+\kappa t}}\left|0\right\rangle \tag{9.64}$$

$$\langle -z|a^{\dagger n}\left(\frac{1}{1+\kappa t}\right)^{a^{\dagger}a}=(-z^{*})^{n}\langle 0|\mathrm{e}^{-|z|^{2}/2-z^{*}a\frac{1}{1+\kappa t}}\tag{9.65}$$

再用 $|0\rangle\langle 0|=:\mathrm{e}^{-a^{\dagger}a}:$,在方程(9.63)中实现对 m 的求和,得到

$$\begin{aligned}
&\int\frac{\mathrm{d}^{2}z}{\pi^{2}}(-1)^{n}|z|^{2n}\sum_{m=0}^{\infty}\frac{1}{m!}\frac{(\kappa t)^{m}}{(\kappa t+1)^{m}}a^{\dagger m}\mathrm{e}^{-|z|^{2}+za^{\dagger}\frac{1}{1+\kappa t}}|0\rangle\langle 0|\mathrm{e}^{-z^{*}a\frac{1}{1+\kappa t}}a^{m}\mathrm{e}^{2(\alpha z^{*}-\alpha^{*}z)}\\
&=(-1)^{n}\int\frac{\mathrm{d}^{2}z}{\pi^{2}}|z|^{2n}\sum_{m=0}^{\infty}\frac{1}{m!}\frac{(\kappa t)^{m}}{(\kappa t+1)^{m}}:a^{\dagger m}\mathrm{e}^{-|z|^{2}+za^{\dagger}\frac{1}{1+\kappa t}-z^{*}a\frac{1}{1+\kappa t}-a^{\dagger}a}a^{m}:\mathrm{e}^{2(\alpha z^{*}-\alpha^{*}z)}\\
&=(-1)^{n}\int\frac{\mathrm{d}^{2}z}{\pi^{2}}|z|^{2n}\sum_{m=0}^{\infty}\frac{1}{m!}\frac{(\kappa t)^{m}}{(\kappa t+1)^{m}}:a^{\dagger m}a^{m}\mathrm{e}^{-|z|^{2}+za^{\dagger}\frac{1}{1+\kappa t}-z^{*}a\frac{1}{1+\kappa t}-a^{\dagger}a}\mathrm{e}^{2(\alpha z^{*}-\alpha^{*}z)}:\\
&=(-1)^{n}\int\frac{\mathrm{d}^{2}z}{\pi^{2}}|z|^{2n}:\mathrm{e}^{-|z|^{2}+z\left(a^{\dagger}\frac{1}{1+\kappa t}-2\alpha^{*}\right)-z^{*}\left(a\frac{1}{1+\kappa t}-2\alpha\right)+\frac{\kappa t}{\kappa t+1}a^{\dagger}a-a^{\dagger}a}:\\
&=\frac{1}{\pi}(-1)^{n}:n!L_{n}\left[\left(a^{\dagger}\frac{1}{1+\kappa t}-2\alpha^{*}\right)\left(a\frac{1}{1+\kappa t}-2\alpha\right)\right]\mathrm{e}^{A}:
\end{aligned}\tag{9.66}$$

其中,为了书写简练,我们已经令

$$\mathrm{e}^{A}\equiv\mathrm{e}^{-\left(a^{\dagger}\frac{1}{1+\kappa t}-2\alpha^{*}\right)\left(a\frac{1}{1+\kappa t}-2\alpha\right)-\frac{1}{\kappa t+1}a^{\dagger}a}\tag{9.67}$$

并在最后一步用了积分公式:

$$\int\frac{\mathrm{d}^{2}z}{\pi}|z|^{2n}\mathrm{e}^{-|z|^{2}+fz+gz^{*}}=n!L_{n}(-fg)\mathrm{e}^{fg}\tag{9.68}$$

这里 L_n 是 n 阶 Laguerre 多项式.

用 Laguerre 多项式的母函数公式:

$$\frac{1}{1-z}\exp\left(\frac{zx}{z-1}\right)=\sum_{n=0}^{\infty}L_{n}(x)z^{n}\tag{9.69}$$

并将(9.66)式代入(9.62)式,对剩下的 n 指标求和给出

$$\begin{aligned}
\Delta(\alpha,\alpha^{*},t)&=\sum_{n=0}^{\infty}\frac{\mathrm{e}^{2|\alpha|^{2}}}{n!}\frac{(\kappa t)^{n}}{(\kappa t+1)^{n+1}}\\
&\quad\times:\frac{(-1)^{n}n!}{\pi}L_{n}\left[\left(a^{\dagger}\frac{1}{1+\kappa t}-2\alpha^{*}\right)\left(a\frac{1}{1+\kappa t}-2\alpha\right)\right]\mathrm{e}^{A}:\\
&=\frac{\mathrm{e}^{2|\alpha|^{2}}}{\pi}\sum_{n=0}^{\infty}\frac{(-\kappa t)^{n}}{(\kappa t+1)^{n+1}}:L_{n}\left[\left(a^{\dagger}\frac{1}{1+\kappa t}-2\alpha^{*}\right)\left(a\frac{1}{1+\kappa t}-2\alpha\right)\right]\mathrm{e}^{A}:\\
&=\frac{\mathrm{e}^{2|\alpha|^{2}}}{\pi(2\kappa t+1)}:\exp\left[\frac{\kappa t}{2\kappa t+1}\left(a^{\dagger}\frac{1}{1+\kappa t}-2\alpha^{*}\right)\left(a\frac{1}{1+\kappa t}-2\alpha\right)\right]\mathrm{e}^{A}:\\
&=\frac{\mathrm{e}^{2|\alpha|^{2}}}{\pi(2\kappa t+1)}
\end{aligned}$$

$$
\begin{aligned}
&\times{:}\exp\left[\frac{-\kappa t-1}{2\kappa t+1}\left(a^{\dagger}\frac{1}{1+\kappa t}-2\alpha^{*}\right)\left(a\frac{1}{1+\kappa t}-2\alpha\right)-\frac{1}{\kappa t+1}a^{\dagger}a\right]{:}\\
&=\frac{1}{\pi(2\kappa t+1)}{:}\exp\left[\frac{-2}{2\kappa t+1}\left(a^{\dagger}-\alpha^{*}\right)(a-\alpha)\right]{:}\\
&=\frac{1}{\pi(2\kappa t+1)}\mathrm{e}^{\frac{2\alpha a^{\dagger}}{2\kappa t+1}}\exp\left[a^{\dagger}a\ln\frac{2\kappa t-1}{2\kappa t+1}\right]\mathrm{e}^{\frac{2\alpha^{*}a}{2\kappa t+1}-\frac{2|\alpha|^{2}}{2\kappa t+1}}
\end{aligned}
\tag{9.70}
$$

这就是 Wigner 算符经历扩散通道的结果. 显然，当 $\kappa=0,\Delta(\alpha,\alpha^{*},t)\to\Delta(\alpha,\alpha^{*},0)$，联系到 Weyl 对应就有

$$
\begin{aligned}
\rho\left(a^{\dagger},a,t\right)&=2\int\mathrm{d}^{2}\alpha h(\alpha,\alpha^{*},0)\Delta(\alpha,\alpha^{*},t)\\
&=\frac{2}{\pi(2\kappa t+1)}\int\mathrm{d}^{2}\alpha h(\alpha,\alpha^{*},0){:}\exp\left[\frac{-2}{2\kappa t+1}\left(a^{\dagger}-\alpha^{*}\right)(a-\alpha)\right]{:}
\end{aligned}
\tag{9.71}
$$

这里 $h(\alpha,\alpha^{*},0)$ 是 $\rho\left(a^{\dagger},a,0\right)$ 的经典对应. 以上讨论进一步发展了 Wigner 算符理论.

还可以将上述结果转化为 Weyl 编序的形式，将

$$
\Delta(\alpha,\alpha^{*},t)=\frac{1}{\pi(2kt+1)}{:}\,\mathrm{e}^{\frac{-2}{2kt+1}\left(a^{\dagger}-\alpha^{*}\right)(a-\alpha)}{:}
\tag{9.72}
$$

作为 ρ 代入化算符为 Weyl 序的公式中：

$$
\rho=2\,\vdots\int\frac{\mathrm{d}^{2}\beta}{\pi}\langle-\beta|\rho|\beta\rangle\,\mathrm{e}^{2\left(a^{\dagger}a+a\beta^{*}-\beta a^{\dagger}\right)}\vdots
\tag{9.73}
$$

积分得到其 Weyl 序形式：

$$
\begin{aligned}
\Delta(\alpha,\alpha^{*},t)&=\int\frac{2\mathrm{d}^{2}\beta}{\pi(2kt+1)}\vdots\exp\left[-2|\beta|^{2}+\frac{2(\beta^{*}+\alpha^{*})(\beta-\alpha)}{2kt+1}+2a^{\dagger}a+2a\beta^{*}-2\beta a^{\dagger}\right]\vdots\\
&=\int\frac{2\mathrm{d}^{2}\beta}{\pi(2kt+1)}\exp(-\frac{2|\alpha|^{2}}{2kt+1})\\
&\quad\times\vdots\exp\left[-\frac{4kt|\beta|^{2}}{2kt+1}+2\beta\left(\frac{\alpha^{*}}{2kt+1}-a^{\dagger}\right)-2\beta^{*}\left(\frac{\alpha}{2kt+1}-a\right)+2a^{\dagger}a\right]\vdots\\
&=\frac{1}{2kt}\vdots\exp\left[-\frac{2kt+1}{kt}\left(\frac{\alpha^{*}}{2kt+1}-a^{\dagger}\right)\left(\frac{\alpha}{2kt+1}-a\right)-\frac{2|\alpha|^{2}}{2kt+1}+2a^{\dagger}a\right]\vdots\\
&=\frac{1}{2kt}\vdots\exp\left[-\frac{1}{kt}\left(\alpha^{*}-a^{\dagger}\right)(\alpha-a)\right]\vdots
\end{aligned}
\tag{9.74}
$$

此即验证了(9.58)式.

小结：我们引入算符的 Weyl 编序记号，导出量子扩散通道中 Wigner 算符的演化律公式，它简洁而物理清晰，展现了从点源函数 $\frac{1}{2}\vdots\delta\left(\alpha^{*}-a^{\dagger}\right)\delta(\alpha-a)\vdots$ 向高斯型函数 $\frac{1}{2\kappa t}\vdots\exp\left\{\frac{-1}{\kappa t}(a^{\dagger}-\alpha^{*})(a-\alpha)\right\}\vdots$ 的演变，κ 是扩散系数. 由此也可向 Wigner 算符的其他排序形式转化，如正规乘积序. 值得指出的是，对于相干态的演化我们用了反正规乘积来讨论，而对 Wigner 算符的演化我们用 Weyl 排序来讨论，这两者的演化在数学形式上是一样的.

9.5 双模压缩态在双扩散通道中的演化

当初态是双模压缩态：

$$\rho_0=\operatorname{sech}^2\theta\exp\left(a_1^\dagger a_2^\dagger\tanh\theta\right)|00\rangle\langle00|\exp\left(a_1a_2\tanh\theta\right)\tag{9.75}$$

这是一个纯态,求其 a-模的光子数. 令

$$\operatorname{tr}\left(\rho_0a^\dagger a\right)=x\tag{9.76}$$

考虑到与 b-模的光子数相同,因为 ρ_0 对于它俩是对称的,则有

$$\begin{aligned}x&=\operatorname{sech}^2\theta\langle00|\exp\left(ab\tanh\theta\right)a^\dagger a\exp\left(a^\dagger b^\dagger\tanh\theta\right)|00\rangle\\&=\operatorname{sech}^2\theta\tanh^2\theta\langle00|\exp\left(ab\tanh\theta\right)bb^\dagger\exp\left(a^\dagger b^\dagger\tanh\theta\right)|00\rangle\\&=\tanh^2\theta\operatorname{sech}^2\theta\langle00|\exp\left(ab\tanh\theta\right)\left(a^\dagger a+1\right)\exp\left(a^\dagger b^\dagger\tanh\theta\right)|00\rangle\\&=x\tanh^2\theta+\tanh^2\theta\end{aligned}\tag{9.77}$$

所以 a-模的光子数是

$$x=\sinh^2\theta=\operatorname{tr}\left(\rho_0b^\dagger b\right)\tag{9.78}$$

讨论 ρ_0 在双模扩散通道中的演化,由演化方程解

$$\rho\left(t\right)=\sum_{m,n,m',n'=0}^{\infty}M_{m',n'}M_{m,n}\rho_0M_{m,n}^\dagger M_{m',n'}^\dagger\tag{9.79}$$

支配,其中 $M_{m,n}$ 由(9.25)式给出. 将 ρ_0 代入上式给出

$$\begin{aligned}\rho\left(t\right)=\operatorname{sech}^2\theta&\sum_{m,n,m',n'=0}^{\infty}\frac{1}{m!n!m'!n'!}\frac{(\kappa t)^{m+n+m'+n'}}{(\kappa t+1)^{m+n+2+m'+n'}}a^{\dagger m}b^{\dagger m'}\left(\frac{1}{1+\kappa t}\right)^{a^\dagger a+b^\dagger b}\\&\times a^nb^{n'}\exp\left(a^\dagger b^\dagger\tanh\theta\right)|00\rangle\langle00|\exp\left(ab\tanh\theta\right)a^{\dagger n}b^{\dagger n'}\left(\frac{1}{1+\kappa t}\right)^{a^\dagger a+b^\dagger b}a^mb^{m'}\end{aligned}\tag{9.80}$$

这里的 κ 是扩散系数. 由

$$a^nb^{n'}\mathrm{e}^{a^\dagger b^\dagger\tanh\theta}|00\rangle=a^n\left(a^\dagger\tanh\theta\right)^{n'}\mathrm{e}^{a^\dagger b^\dagger\tanh\theta}|00\rangle\tag{9.81}$$

和算符恒等式

$$a^na^{\dagger n'}=(-\mathrm{i})^{n+n'}:H_{n',n}\left(\mathrm{i}a^\dagger,\mathrm{i}a\right):\tag{9.82}$$

其中 $H_{n',n}$ 是双变量厄密多项式, 根据其定义,有

$$
\begin{aligned}
& a^n b^{n'} \mathrm{e}^{a^\dagger b^\dagger \tanh\theta} |00\rangle \\
& = (-\mathrm{i})^{n+n'} \tanh^{n'}\theta : H_{n',n}\left(\mathrm{i}a^\dagger, \mathrm{i}a\right) : \mathrm{e}^{a^\dagger b^\dagger \tanh\theta} |00\rangle \\
& = \tanh^{n'}\theta \sum_l \frac{n'!n!a^{\dagger n'-l}a^{n-l}}{l!\,(n'-l)!\,(n-l)!} \mathrm{e}^{a^\dagger b^\dagger \tanh\theta} |00\rangle \\
& = \tanh^{n'}\theta \sum_l \frac{n'!n!a^{\dagger n'-l}a^{n-l}}{l!\,(n'-l)!\,(n-l)!} \mathrm{e}^{a^\dagger b^\dagger \tanh\theta} \mathrm{e}^{-a^\dagger b^\dagger \tanh\theta} a^{n-l} \mathrm{e}^{a^\dagger b^\dagger \tanh\theta} |00\rangle \\
& = \tanh^{n'}\theta \mathrm{e}^{a^\dagger b^\dagger \tanh\theta} \sum_l \frac{n'!n!a^{\dagger n'-l}}{l!\,(n'-l)!\,(n-l)!} \left(a + b^\dagger \tanh\theta\right)^{n-l} |00\rangle \\
& = \tanh^{n'}\theta \mathrm{e}^{a^\dagger b^\dagger \tanh\theta} \sum_l \frac{n'!n!a^{\dagger n'-l}}{l!\,(n'-l)!\,(n-l)!} \left(b^\dagger \tanh\theta\right)^{n-l} |00\rangle \\
& = (-\mathrm{i})^{m+n} \tanh^{n'}\theta H_{n',n}\left(\mathrm{i}a^\dagger, \mathrm{i}b^\dagger \tanh\theta\right) \mathrm{e}^{a^\dagger b^\dagger \tanh\theta} |00\rangle
\end{aligned} \tag{9.83}
$$

再由

$$
\left(\frac{1}{1+\kappa t}\right)^{a^\dagger a + b^\dagger b} = \exp\left[\left(a^\dagger a + b^\dagger b\right) \ln \frac{1}{1+\kappa t}\right] \tag{9.84}
$$

得到

$$
\begin{aligned}
& \left(\frac{1}{1+\kappa t}\right)^{a^\dagger a + b^\dagger b} a^n b^{n'} \mathrm{e}^{a^\dagger b^\dagger \tanh\theta} |00\rangle \\
& = \left(\frac{1}{1+\kappa t}\right)^{a^\dagger a + b^\dagger b} (-\mathrm{i})^{m+n} \tanh^{n'}\theta H_{n',n}\left(\mathrm{i}a^\dagger, \mathrm{i}b^\dagger \tanh\theta\right) \mathrm{e}^{a^\dagger b^\dagger \tanh\theta} |00\rangle \\
& = (-\mathrm{i})^{n+n'} \tanh^{n'}\theta H_{n',n}\left(\frac{\mathrm{i}a^\dagger}{1+\kappa t}, \frac{\mathrm{i}b^\dagger \tanh\theta}{1+\kappa t}\right) \mathrm{e}^{\frac{1}{(1+\kappa t)^2} a^\dagger b^\dagger \tanh\theta} |00\rangle
\end{aligned} \tag{9.85}
$$

然后用双变量厄密多项式的母函数公式:

$$
\begin{aligned}
& \sum_{m,n=0}^{\infty} \frac{s^m t^n}{m!n!} H_{m,n}(x, y) H_{m,n}(x', y') \\
& \quad = \frac{1}{1-st} \exp\left[\frac{-sxy - tx'y' - ts(yy' + xx')}{1-st}\right]
\end{aligned} \tag{9.86}
$$

以及

$$
|00\rangle\langle 00| = : \mathrm{e}^{-a_1^\dagger a_1 - a_2^\dagger a_2} : \tag{9.87}
$$

得到终态的表达式:

$$
\begin{aligned}
\rho(t) = {} & \operatorname{sech}^2\theta \sum_{m,m'=0}^{\infty} \frac{1}{m!m'!} \left(\frac{\kappa t}{\kappa t+1}\right)^{m+m'} \frac{(\kappa t)^{m+m'}}{(\kappa t+1)^{m+m'}} \\
& \times a^{\dagger m} b^{\dagger m'} \sum_{n,n'=0}^{\infty} \frac{1}{n!n'!} \frac{(\kappa t)^{n+n'}}{(\kappa t+1)^{n+n'+2}}
\end{aligned}
$$

$$\times\left(\frac{1}{1+\kappa t}\right)^{a^\dagger a+b^\dagger b}a^n b^{n'}\mathrm{e}^{a^\dagger b^\dagger\tanh\theta}|00\rangle\langle 00|\,\mathrm{e}^{ab\tanh\theta}a^{\dagger n}b^{\dagger n'}\left(\frac{1}{1+\kappa t}\right)^{a^\dagger a+b^\dagger b}a^m b^{m'}$$

$$=\mathrm{sech}^2\theta\sum_{m,m'=0}^{\infty}\frac{a^{\dagger m}b^{\dagger m'}}{m!m'!}\left(\frac{\kappa t}{\kappa t+1}\right)^{m+m'}$$

$$\times\sum_{n,n'=0}^{\infty}\frac{1}{n!n'!}\frac{(\kappa t)^{n+n'}}{(\kappa t+1)^{n+n'+2}}(-\mathrm{i})^{n+n'}\tanh^{n'}\theta$$

$$\times H_{n',n}\left(\frac{\mathrm{i}a^\dagger}{1+\kappa t},\frac{\mathrm{i}b^\dagger\tanh\theta}{1+\kappa t}\right)\mathrm{e}^{\frac{1}{(1+\kappa t)^2}a^\dagger b^\dagger\tanh\theta}|00\rangle$$

$$\times\langle 00|\,\mathrm{e}^{\frac{1}{(1+\kappa t)^2}ab\tanh\theta}H_{n',n}\left(\frac{-\mathrm{i}a}{1+\kappa t},\frac{-\mathrm{i}b\tanh\theta}{1+\kappa t}\right)\tanh^{n'}\theta\,(\mathrm{i})^{n+n'}a^m b^{m'}$$

$$=\mathrm{sech}^2\theta\sum_{m,m'=0}^{\infty}\frac{a^{\dagger m}b^{\dagger m'}}{m!m'!}\left(\frac{\kappa t}{\kappa t+1}\right)^{m+m'}$$

$$\times\sum_{n,n'=0}^{\infty}\frac{(\kappa t+1)^{-2}}{n!n'!}\left(\frac{\kappa t\tanh^2\theta}{\kappa t+1}\right)^{n'}\left(\frac{\kappa t}{\kappa t+1}\right)^{n}$$

$$\times:H_{n',n}\left(\frac{\mathrm{i}a^\dagger}{1+\kappa t},\frac{\mathrm{i}b^\dagger\tanh\theta}{1+\kappa t}\right)H_{n',n}\left(\frac{-\mathrm{i}a}{1+\kappa t},\frac{-\mathrm{i}b\tanh\theta}{1+\kappa t}\right)$$

$$\times\,\mathrm{e}^{\frac{\tanh\theta}{(1+\kappa t)^2}(a^\dagger b^\dagger+ab)}\mathrm{e}^{-a^\dagger a-b^\dagger b}:a^m b^{m'}$$

$$=\frac{\mathrm{sech}^2\theta\,(\kappa t+1)^{-2}}{1-\dfrac{(\kappa t)^2\tanh^2\theta}{(\kappa t+1)^2}}\sum_{m,m'=0}^{\infty}\frac{a^{\dagger m}b^{\dagger m'}}{m!m'!}\left(\frac{\kappa t}{\kappa t+1}\right)^{m+m'}$$

$$\times:\exp\left\{\frac{1}{(\kappa t)^2\mathrm{sech}^2\theta+2\kappa t+1}\frac{\kappa t\tanh^2\theta}{1+\kappa t}\left[a^\dagger a+b^\dagger b+\frac{\kappa t\tanh\theta}{\kappa t+1}(a^\dagger b^\dagger+ab)\right]\right\}$$

$$\times\,\mathrm{e}^{\frac{\tanh\theta}{(1+\kappa t)^2}(a^\dagger b^\dagger+ab)}\mathrm{e}^{-a^\dagger a-b^\dagger b}:a^m b^{m'}$$

$$=\frac{\mathrm{sech}^2\theta}{(\kappa t)^2\mathrm{sech}^2\theta+2\kappa t+1}:\exp\left[\left(\frac{-1}{\kappa t+1}\right)(a^\dagger a+b^\dagger b)\right]\mathrm{e}^{\frac{\tanh\theta}{(1+\kappa t)^2}(a^\dagger b^\dagger+ab)}$$

$$\times\exp\left\{\frac{1}{(\kappa t)^2\mathrm{sech}^2\theta+2\kappa t+1}\frac{\kappa t\tanh^2\theta}{1+\kappa t}\left[(a^\dagger a+b^\dagger b)+\frac{\kappa t\tanh\theta}{\kappa t+1}(a^\dagger b^\dagger+ab)\right]\right\}:$$

$$=\frac{\mathrm{sech}^2\theta}{(\kappa t)^2\mathrm{sech}^2\theta+2\kappa t+1}:\exp\left[\frac{\tanh\theta}{(\kappa t)^2\mathrm{sech}^2\theta+2\kappa t+1}(a^\dagger b^\dagger+ab)\right]$$

$$\times\exp\left\{\left[\frac{1}{1+\kappa t}\left(\frac{\kappa t\tanh^2\theta}{(\kappa t)^2\mathrm{sech}^2\theta+2\kappa t+1}-1\right)\right](a^\dagger a+b^\dagger b)\right\}:$$

$$=\frac{\mathrm{sech}^2\theta}{(\kappa t)^2\mathrm{sech}^2\theta+2\kappa t+1}:\exp\left[\frac{\tanh\theta}{(\kappa t)^2\mathrm{sech}^2\theta+2\kappa t+1}(a^\dagger b^\dagger+ab)\right]$$

$$\times\exp\left\{\frac{-\kappa t\mathrm{sech}^2\theta-1}{(\kappa t)^2\mathrm{sech}^2\theta+2\kappa t+1}(a^\dagger a+b^\dagger b)\right\}:$$

$$
\begin{aligned}
&= \frac{\operatorname{sech}^2\theta}{(\kappa t)^2\operatorname{sech}^2\theta + 2\kappa t + 1} : \exp\left\{\frac{1}{(\kappa t)^2\operatorname{sech}^2\theta + 2\kappa t + 1}\right.\\
&\quad \left.\times \left[\left(a^\dagger b^\dagger + ab\right)\tanh\theta - \left(\kappa t\operatorname{sech}^2\theta + 1\right)\left(a^\dagger a + b^\dagger b\right)\right]\right\}:
\end{aligned} \tag{9.88}
$$

当 $t=0$ 时,上式变为纯态–双模压缩真空态.

令

$$
A = (\kappa t)^2\operatorname{sech}^2\theta + 2\kappa t + 1 \tag{9.89}
$$

(9.88)式可简写为

$$
\rho(t) = \frac{\operatorname{sech}^2\theta}{A} : \exp\left\{\frac{\tanh\theta}{A}\left[\left(a^\dagger b^\dagger + ab\right) - \left(\kappa t\operatorname{sech}^2\theta + 1\right)\left(a^\dagger a + b^\dagger b\right)\right]\right\}: \tag{9.90}
$$

这是一个双模压缩混合态，是一个新光场. 我们看到其压缩参数从初始的 $\tanh\theta$ 变为 $\dfrac{\tanh\theta}{A}$, 可以证明

$$
A = (\kappa t)^2\operatorname{sech}^2\theta + 2\kappa t + 1 = (\kappa t + 1)^2 - (\kappa t)^2\tanh^2\theta > 1 \tag{9.91}
$$

所以压缩减弱了.

小结:我们求出了双模压缩光场在双扩散通道中的演化规律,发现终态变成混合态,纠缠得以减弱,表明尽管双通道是互为独立的,由于初态的两个模是相互纠缠的态,所以经过扩散通道并没有完全解除纠缠.

用(9.90)式可证明

$$
\begin{aligned}
\operatorname{tr}\rho(t) &= \frac{\operatorname{sech}^2\theta}{A}\int\frac{d^2z_1 d^2z_2}{\pi^2}\langle z_1, z_2|\\
&\quad \times : \exp\left\{\frac{1}{A}\left[\left(a^\dagger b^\dagger + ab\right)\tanh\theta - \left(\kappa t\operatorname{sech}^2\theta + 1\right)\left(a^\dagger a + b^\dagger b\right)\right]\right\} : |z_1, z_2\rangle\\
&= \frac{\operatorname{sech}^2\theta}{A}\int\frac{d^2z_1 d^2z_2}{\pi^2}\\
&\quad \times \exp\left\{\left[\frac{1}{A}\left(z_1^* z_2^* + z_1 z_2\right)\tanh\theta - \frac{1}{A}\left(\kappa t\operatorname{sech}^2\theta + 1\right)\left(|z_1|^2 + |z_2|^2\right)\right]\right\}\\
&= \frac{\operatorname{sech}^2\theta}{A}\int\frac{d^2z_2}{\pi}\exp\left\{-\frac{1}{A}\left(\kappa t\operatorname{sech}^2\theta + 1\right)|z_2|^2\right\}\\
&\quad \times \frac{A}{\kappa t\operatorname{sech}^2\theta + 1}\exp\left\{\frac{A}{\kappa t\operatorname{sech}^2\theta + 1}|z_2|^2\frac{\tanh^2\theta}{A^2}\right\}\\
&= \frac{\operatorname{sech}^2\theta}{\kappa t\operatorname{sech}^2\theta + 1}\int\frac{d^2z_2}{\pi}\exp\left\{-\frac{\operatorname{sech}^2\theta}{\kappa t\operatorname{sech}^2\theta + 1}|z_2|^2\right\} = 1
\end{aligned} \tag{9.92}
$$

对 b-模的部分求迹:

$$
\operatorname{tr}_b\rho(t) = \frac{\operatorname{sech}^2\theta}{A}\int\frac{d^2z_2}{\pi}\langle z_2|
$$

$$\times :\exp\left\{\frac{1}{A}\left[(a^\dagger b^\dagger + ab)\tanh\theta - \left(\kappa t\mathrm{sech}^2\theta + 1\right)\left(a^\dagger a + b^\dagger b\right)\right]\right\}:|z_2\rangle$$

$$= \frac{\mathrm{sech}^2\theta}{A}\int\frac{\mathrm{d}^2 z_2}{\pi}$$

$$\times \exp\left\{\left[\frac{1}{A}(a^\dagger z_2^* + az_2)\tanh\theta - \frac{1}{A}\left(\kappa t\mathrm{sech}^2\theta + 1\right)\left(a^\dagger a + |z_2|^2\right)\right]\right\}$$

$$= \frac{\mathrm{sech}^2\theta}{\kappa t\mathrm{sech}^2\theta + 1}:\exp\left\{-\frac{\mathrm{sech}^2\theta}{\kappa t\mathrm{sech}^2\theta + 1}a^\dagger a\right\}:=\rho_a(t) \tag{9.93}$$

在此基础上求 a-模光子数,注意到

$$\int\frac{\mathrm{d}^2 z_1}{\pi}|z_1|^2:\exp(-\lambda|z_1|^2) = -\frac{\partial}{\partial\lambda}\int\frac{\mathrm{d}^2 z_1}{\pi}\exp(-\lambda|z_1|^2) = -\frac{\partial}{\partial\lambda}\frac{1}{\lambda} = \frac{1}{\lambda^2} \tag{9.94}$$

我们得到

$$\begin{aligned}
\mathrm{tr}_a\left\{[\mathrm{tr}_b\,\rho(t)]\,a^\dagger a\right\} &= \mathrm{tr}_a\left\{[\mathrm{tr}_b\,\rho(t)]\,aa^\dagger\right\} - 1 = \mathrm{tr}_a\left[\rho_a(t)\,a\int\frac{\mathrm{d}^2 z_1}{\pi}|z_1\rangle\langle z_1|\,a^\dagger\right] - 1\\
&= \mathrm{tr}_a\left[\rho_a(t)\int\frac{\mathrm{d}^2 z_1}{\pi}|z_1|^2|z_1\rangle\langle z_1|\right] - 1\\
&= \frac{\mathrm{sech}^2\theta}{\kappa t\mathrm{sech}^2\theta + 1}\int\frac{\mathrm{d}^2 z_1}{\pi}|z_1|^2\langle z_1|:\exp\left(-\frac{\mathrm{sech}^2\theta}{\kappa t\mathrm{sech}^2\theta + 1}a^\dagger a\right):|z_1\rangle - 1\\
&= \frac{\mathrm{sech}^2\theta}{\kappa t\mathrm{sech}^2\theta + 1}\int\frac{\mathrm{d}^2 z_1}{\pi}|z_1|^2:\exp\left(\frac{-\mathrm{sech}^2\theta}{\kappa t\mathrm{sech}^2\theta + 1}|z_1|^2\right):-1\\
&= \frac{\kappa t\mathrm{sech}^2\theta + 1}{\mathrm{sech}^2\theta} - 1 = \kappa t + \cosh^2\theta - 1 = \kappa t + \sinh^2\theta
\end{aligned} \tag{9.95}$$

比较初态的光子数,我们看到增加了 κt. 这就是扩散的效果.

附录

由

$$\sum_{m,n=0}^{\infty}\frac{s^m t^n}{m!n!}H_{m,n}(x,y)\,H_{m,n}(x',y') = \frac{1}{1-ts}\exp\left[\frac{sxx' + tyy' - ts(xy + x'y')}{1-ts}\right] \tag{9.96}$$

可以导出 $\sum_{n=0}^{\infty}\frac{t^n}{n!}H_{m,n}(x,y)\,H_{m,n}(x',y')$ 的求和结果.

证明 由

$$\sum_{m=0}^{\infty}L_m(x)\,s^m = (1-s)^{-1}\exp\left(\frac{-xs}{1-s}\right) \tag{9.97}$$

及

$$H_{m,m}(x,y) = (-1)^m m!L_m(xy) \tag{9.98}$$

可得

$$
\begin{aligned}
&\sum_{m,n=0}^{\infty}\frac{s^m t^n}{m!n!}H_{m,n}(x,y)H_{m,n}(x',y') \\
&=\frac{\mathrm{e}^{tyy'}}{1-st}\exp\left[\frac{-\left(xy+x'y'-tyy'-\frac{1}{t}xx'\right)ts}{1-st}\right] \\
&=\mathrm{e}^{tyy'}\sum_{m=0}^{\infty}(st)^m L_m\left(xy+x'y'-tyy'-\frac{1}{t}xx'\right) \\
&=\mathrm{e}^{tyy'}\sum_{m=0}^{\infty}\frac{(-st)^m}{m!}H_{m,m}\left[\mathrm{i}\left(\sqrt{t}y'-\frac{x}{\sqrt{t}}\right),\mathrm{i}\left(\sqrt{t}y-\frac{x'}{\sqrt{t}}\right)\right]
\end{aligned}
\tag{9.99}
$$

比较此式两边 s 的幂次就知道

$$
\sum_{n=0}^{\infty}\frac{t^n}{n!}H_{m,n}(x,y)H_{m,n}(x',y')=(-t)^m\mathrm{e}^{tyy'}H_{m,m}\left[\mathrm{i}\left(\sqrt{t}y'-\frac{x}{\sqrt{t}}\right),\mathrm{i}\left(\sqrt{t}y-\frac{x'}{\sqrt{t}}\right)\right]
\tag{9.100}
$$

如果双模压缩初态经历的只是单模扩散通道,结果又如何呢?

事实上,这种情况下的终态是

$$
\begin{aligned}
\rho'(t)=&\operatorname{sech}^2\theta\sum_{m,n=0}^{\infty}\frac{1}{m!n!}\frac{(\kappa t)^{m+n}}{(\kappa t+1)^{m+n+1}}a^{\dagger m}\left(\frac{1}{1+\kappa t}\right)^{a^\dagger a} \\
&\times a^n\exp\left(a^\dagger b^\dagger\tanh\theta\right)|00\rangle\langle 00|\exp(ab\tanh\theta)a^{\dagger n}\left(\frac{1}{1+\kappa t}\right)^{a^\dagger a}a^m
\end{aligned}
\tag{9.101}
$$

注意到

$$
\begin{aligned}
a_2^n\exp\left(a_1^\dagger a_2^\dagger\tanh\theta\right)|00\rangle&=\mathrm{e}^{a_1^\dagger a_2^\dagger\tanh\theta}\mathrm{e}^{-a_1^\dagger a_2^\dagger\tanh\theta}a_2^n\mathrm{e}^{a_1^\dagger a_2^\dagger\tanh\theta}|00\rangle \\
&=\left(a_1^\dagger\tanh\theta\right)^n\exp\left(a_1^\dagger a_2^\dagger\tanh\theta\right)|00\rangle
\end{aligned}
\tag{9.102}
$$

就有

$$
\begin{aligned}
&\left(\frac{1}{1+\kappa t}\right)^{a_2^\dagger a_2}\left(a_1^\dagger\tanh\theta\right)^n\exp\left(a_1^\dagger a_2^\dagger\tanh\theta\right)|00\rangle \\
&=\mathrm{e}^{a_2^\dagger a_2\ln\frac{1}{1+\kappa t}}\left(a_1^\dagger\tanh\theta\right)^n\mathrm{e}^{-a_2^\dagger a_2\ln\frac{1}{1+\kappa t}}\mathrm{e}^{a_2^\dagger a_2\ln\frac{1}{1+\kappa t}}\mathrm{e}^{a_1^\dagger a_2^\dagger\tanh\theta}|00\rangle \\
&=\left(a_1^\dagger\tanh\theta\right)^n\mathrm{e}^{a_1^\dagger a_2^\dagger\frac{\tanh\theta}{1+\kappa t}}|00\rangle
\end{aligned}
\tag{9.103}
$$

再由

$$
|00\rangle\langle 00|=:\mathrm{e}^{-a_1^\dagger a_1-a_2^\dagger a_2}:
\tag{9.104}
$$

可以导出终态的显式是

$$\begin{aligned}\rho'(t) &= \operatorname{sech}^2\theta \sum_{m,n=0}^{\infty} \frac{(\kappa t)^{m+n}}{m!n!(\kappa t+1)^{m+n+1}} a_2^{\dagger m}\left(a_1^{\dagger}\tanh\theta\right)^n \\ &\quad \times \mathrm{e}^{a_1^{\dagger}a_2^{\dagger}\frac{\tanh\theta}{1+\kappa t}}|00\rangle\langle 00|\mathrm{e}^{a_1a_2\frac{\tanh\theta}{1+\kappa t}}(a_1\tanh\theta)^n a_2^m \\ &= \operatorname{sech}^2\theta \sum_{m,n=0}^{\infty} \frac{(\kappa t)^{m+n}}{m!n!(\kappa t+1)^{m+n+1}} : a_2^{\dagger m}\left(a_1^{\dagger}\tanh\theta\right)^n \\ &\quad \times \mathrm{e}^{\left(a_1^{\dagger}a_2^{\dagger}+a_1a_2\right)\frac{\tanh\theta}{1+\kappa t}-a_1^{\dagger}a_1-a_2^{\dagger}a_2}(a_1\tanh\theta)^n a_2^m : \\ &= \frac{\operatorname{sech}^2\theta}{\kappa t+1}\mathrm{e}^{a_1^{\dagger}a_2^{\dagger}\frac{\tanh\theta}{1+\kappa t}} : \mathrm{e}^{\left(\frac{\kappa t}{1+\kappa t}-1\right)a_2^{\dagger}a_2}\mathrm{e}^{\left(\frac{\kappa t}{1+\kappa t}\tanh^2\theta-1\right)a_1^{\dagger}a_1} : \mathrm{e}^{a_1a_2\frac{\tanh\theta}{1+\kappa t}}\end{aligned} \tag{9.105}$$

与(9.90)式不同.

第 10 章

相空间中的纠缠傅里叶积分变换

狄拉克曾指出:“理论物理的精髓是变换理论,其应用范围越来越广泛.”在物理数学领域中,存在着多种变换理论,例如傅里叶变换、菲涅耳变换等. 经典傅里叶积分变换核对应于量子力学坐标–动量表象变换 $\langle q| p\rangle = \frac{1}{\sqrt{2\pi}}\mathrm{e}^{\mathrm{i}pq/\hbar}, Q|q\rangle = q|q\rangle, P|p\rangle = p|p\rangle$. 而经典 Hankel 积分变换核 (Bessel 函数) 对应于作者新引入的两个互为共轭的诱导双模纠缠态表象.

本节引入一种新的积分变换——纠缠傅里叶变换. 大家都知道传统的傅里叶分析是把一个复杂的振动或周期过程分解为各种频率成分,那么是否有积分变换能将两个独立的函数纠结起来呢? 经过物理考虑,笔者发明了一个积分变换能够使两个独立的幂级数的直积纠缠为一个双变量厄密多项式,后者是纠缠态表象中的函数基. 这个新变换是保模的,而且有逆变换.

纠缠傅里叶变换的引入源头是从探讨以下问题开始的:什么是对应量子力学基本对易关系的积分变换? 这样的积分变换存在吗? 在有序算符内的积分理论的基础上, 我们引入积分核为

$$\frac{1}{\pi}\vdots\exp[\pm 2\mathrm{i}\,(q-Q)\,(p-P)]\vdots \tag{10.1}$$

的积分变换，发现其功能是负责算符的三种常用排序规则的相互转化，由此导出了此积分核与 Wigner 算符之间的关系，以及 Wigner 函数在这类积分变换下的性质及用途.

量子力学基本对易关系反映在 Baker-Hausdorff 公式上，观察 $\mathrm{e}^{\lambda Q+\sigma P}$的分解为$P$-$Q$ 排序的公式（即 P 在左、Q 在右，以下为了写作的便利我们令普朗克常量 $\hbar=1$）：

$$\mathrm{e}^{\lambda Q+\sigma P}=\mathrm{e}^{\sigma P}\mathrm{e}^{\lambda Q}\mathrm{e}^{\frac{1}{2}[\lambda Q,\sigma P]}=\mathrm{e}^{\sigma P}\mathrm{e}^{\lambda Q}\mathrm{e}^{\frac{1}{2}\mathrm{i}\lambda\sigma} \tag{10.2}$$

我们发现存在对于 $\mathrm{e}^{\lambda q+\sigma p}$ 的积分变换：

$$\begin{aligned}\mathrm{e}^{\lambda q+\sigma p}&\rightarrow\frac{1}{\pi}\iint_{-\infty}^{+\infty}\mathrm{d}q'\mathrm{d}p'e^{\lambda q'+\sigma p'}\mathrm{e}^{2\mathrm{i}\left(p-p'\right)\left(q-q'\right)}\\&=\mathrm{e}^{\lambda q+\sigma p+\mathrm{i}\lambda\sigma/2}\end{aligned} \tag{10.3}$$

这里的积分核是 $\frac{1}{\pi}\mathrm{e}^{2\mathrm{i}\left(p-p'\right)\left(q-q'\right)}$. 另一方面，观察 $\mathrm{e}^{\lambda Q+\sigma P}$ 的分解为 Q-P 排序的公式（即 Q 在左、P 在右）：

$$\mathrm{e}^{\lambda Q+\sigma P}=\mathrm{e}^{\lambda Q}\mathrm{e}^{\sigma P}\mathrm{e}^{-\frac{1}{2}[\lambda Q,\sigma P]}=\mathrm{e}^{\lambda Q}\mathrm{e}^{\sigma P}\mathrm{e}^{-\frac{1}{2}\mathrm{i}\lambda\sigma} \tag{10.4}$$

我们发现存在另一种积分变换：

$$\mathrm{e}^{\lambda q+\sigma p}\rightarrow\frac{1}{\pi}\iint_{-\infty}^{+\infty}\mathrm{d}q'\mathrm{d}p'\mathrm{e}^{\lambda q'+\sigma p'}\mathrm{e}^{-2\mathrm{i}\left(p-p'\right)\left(q-q'\right)}=\mathrm{e}^{\lambda q+\sigma p-\mathrm{i}\lambda\sigma/2} \tag{10.5}$$

积分核是 $\frac{1}{\pi}\mathrm{e}^{-2\mathrm{i}\left(p-p'\right)\left(q-q'\right)}$. 经典函数 $\mathrm{e}^{\lambda q+\sigma p}$ 的三种常用的量子对应（Weyl 排序，Q-P 排序和 P-Q 排序）分别是

$$\mathrm{e}^{\lambda Q+\sigma P},\quad \mathrm{e}^{\lambda Q}\mathrm{e}^{\sigma P},\quad \mathrm{e}^{\sigma P}\mathrm{e}^{\lambda Q} \tag{10.6}$$

把 $\mathrm{e}^{\lambda q+\sigma p}$ 直接量子化为 $\mathrm{e}^{\lambda Q+\sigma P}$ 的方案称为 Weyl-Wigner 量子化，$\mathrm{e}^{\lambda Q+\sigma P}$ 是 Weyl 排序好了的算符：

$$\mathrm{e}^{\lambda Q+\sigma P}=\vdots\mathrm{e}^{\lambda Q+\sigma P}\vdots \tag{10.7}$$

这里 $\vdots\ \vdots$ 表示 Weyl 排序，(10.3) 式、(10.4) 式就启发我们确实存在有对应量子力学基本对易关系的积分变换. 据此定义如下一类积分变换：

$$G\,(p,q)\equiv\frac{1}{\pi}\iint_{-\infty}^{+\infty}\mathrm{d}q'\mathrm{d}p'h\,(p',q')\,\mathrm{e}^{2\mathrm{i}\left(p-p'\right)\left(q-q'\right)} \tag{10.8}$$

(它不同于傅里叶变换),并将其推广到量子力学. 当 $h(p',q')=1$ 时,上式变为

$$\frac{1}{\pi}\iint \mathrm{d}q'\mathrm{d}p'\mathrm{e}^{2\mathrm{i}(p-p')(q-q')}=\int_{-\infty}^{+\infty}\mathrm{d}q'\delta(q-q')\mathrm{e}^{2\mathrm{i}p(q-q')}=1 \tag{10.9}$$

(10.8)式存在逆变换:

$$\iint \frac{\mathrm{d}q\mathrm{d}p}{\pi}\mathrm{e}^{-2\mathrm{i}(p-p')(q-q')}G(p,q)=h(p',q') \tag{10.10}$$

事实上,将(10.8)式代入(10.10)式的左边给出

$$\begin{aligned}&\iint_{-\infty}^{+\infty}\frac{\mathrm{d}q\mathrm{d}p}{\pi}\iint\frac{\mathrm{d}q''\mathrm{d}p''}{\pi}h(p'',q'')\mathrm{e}^{2\mathrm{i}[(p-p'')(q-q'')-(p-p')(q-q')]}\\&=\iint_{-\infty}^{+\infty}\mathrm{d}q''\mathrm{d}p''h(p'',q'')\mathrm{e}^{2\mathrm{i}(p''q''-p'q')}\delta(p''-p')\delta(q''-q')=h(p',q')\end{aligned} \tag{10.11}$$

此变换具有保模的性质:

$$\begin{aligned}&\iint_{-\infty}^{+\infty}\frac{\mathrm{d}q\mathrm{d}p}{\pi}|h(p,q)|^2\\&=\iint\frac{\mathrm{d}q'\mathrm{d}p'}{\pi}|G(p',q')|^2\iint\frac{\mathrm{d}p''\mathrm{d}q''}{\pi}\mathrm{e}^{2\mathrm{i}(p''q''-p'q')}\\&\quad\times\iint_{-\infty}^{+\infty}\frac{\mathrm{d}q\mathrm{d}p}{\pi}\mathrm{e}^{2\mathrm{i}[(-p''p-q''q)+(pp'+q'q)]}\\&=\iint\frac{\mathrm{d}q'\mathrm{d}p'}{\pi}|G(p',q')|^2\iint\mathrm{d}p''\mathrm{d}q''\mathrm{e}^{2\mathrm{i}(p''q''-p'q')}\delta(q'-q'')\delta(p'-p'')\\&=\iint\frac{\mathrm{d}q'\mathrm{d}p'}{\pi}|G(p',q')|^2\end{aligned} \tag{10.12}$$

例如对 x^my^r 实施上述变换,得到

$$\begin{aligned}&\frac{1}{\pi}\iint_{-\infty}^{+\infty}\mathrm{d}x\mathrm{d}y\mathrm{e}^{2\mathrm{i}(p-x)(q-y)}x^my^r\\&=\mathrm{e}^{2\mathrm{i}pq}\left(\frac{\partial}{-2\mathrm{i}\partial p}\right)^r\left(\frac{\partial}{-2\mathrm{i}\partial q}\right)^m\iint_{-\infty}^{+\infty}\frac{\mathrm{d}x\mathrm{d}y}{\pi}\mathrm{e}^{2\mathrm{i}xy-2\mathrm{i}py-2\mathrm{i}xq}\\&=\left(\frac{\mathrm{i}}{2}\right)^{m+r}\mathrm{e}^{2\mathrm{i}pq}\left(\frac{\partial}{\partial p}\right)^r\left(\frac{\partial}{\partial q}\right)^m\int_{-\infty}^{+\infty}\mathrm{d}y\delta(y-q)\mathrm{e}^{-2\mathrm{i}py}\\&=\left(\frac{\mathrm{i}}{2}\right)^{m+r}\mathrm{e}^{2\mathrm{i}pq}\left(\frac{\partial}{\partial p}\right)^r\left(\frac{\partial}{\partial q}\right)^m\mathrm{e}^{-2\mathrm{i}pq}\\&=\left(\frac{\mathrm{i}}{2}\right)^{m+r}\mathrm{e}^{2\mathrm{i}pq}\left(\frac{\partial}{\partial p}\right)^r\left[\mathrm{e}^{-2\mathrm{i}pq}(-2\mathrm{i}p)^m\right]\\&=\left(\frac{\mathrm{i}}{2}\right)^{m+r}\mathrm{e}^{2\mathrm{i}pq}\sum_{l=0}^{r}\binom{r}{l}\left[\left(\frac{\partial}{\partial p}\right)^l(-2\mathrm{i}p)^m\right]\left[\left(\frac{\partial}{\partial p}\right)^{r-l}\mathrm{e}^{-2\mathrm{i}pq}\right]\\&=\left(\frac{\mathrm{i}}{2}\right)^{m+r}\sum_{l=0}^{r}\binom{r}{l}\frac{m!}{(m-l)!}(-2\mathrm{i}p)^{m-l}(-2\mathrm{i}q)^{r-l}\end{aligned}$$

$$= \left(\frac{1}{\sqrt{2}}\right)^{m+r} (-\mathrm{i})^r \sum_{l=0}^{r} \frac{m!r!\,(-1)^l}{l!\,(r-l)!\,(m-l)!} \left(\mathrm{i}\sqrt{2}q\right)^{r-l} \left(\sqrt{2}p\right)^{m-l}$$

$$= \left(\frac{1}{\sqrt{2}}\right)^{m+r} (-\mathrm{i})^r H_{m,r}\left(\sqrt{2}p, \mathrm{i}\sqrt{2}q\right) \tag{10.13}$$

这里 $H_{m,r}(\epsilon,\varepsilon)$ 是双变量厄密多项式:

$$H_{m,n}(\epsilon,\varepsilon) = \sum_{k=0}^{\min(m,n)} \frac{(-1)^k m!n!}{k!(m-k)!(n-k)!} \epsilon^{m-k} \varepsilon^{n-k} \tag{10.14}$$

可见 $H_{m,n}(\epsilon,\varepsilon)$ 是对 $\epsilon^{m-k}\varepsilon^{n-k}$ 项的有限 k 次和, 按照 Schmidt 分解理论表明这里有纠缠, 而原始函数 $x^m y^r$ 并无纠缠, 所以我们称此变换是纠缠傅里叶变换 (entangled Fourier integration transform, EFIT). $H_{m,n}(\epsilon,\varepsilon)$ 是由其母函数定义的:

$$\sum_{m,n=0}^{\infty} \frac{t^m t'^n}{m!n!} H_{m,n}(\epsilon,\varepsilon) = \exp\left[-tt' + \epsilon t + \varepsilon t'\right] \tag{10.15}$$

或

$$H_{m,n}(\epsilon,\varepsilon) = \frac{\partial^{m+n}}{\partial t^m \partial t'^n} \exp\left[-tt' + \epsilon t + \varepsilon t'\right]\Big|_{t=t'=0} \tag{10.16}$$

10.1 积分核为 $\frac{1}{\pi}\vdots\exp[\pm 2\mathrm{i}(q-Q)(p-P)]\vdots$ 的变换

将函数 $\frac{1}{\pi}\mathrm{e}^{2\mathrm{i}(p-p')(q-q')}$ 代之以 Weyl 排序的算符积分核

$$\frac{1}{\pi}\vdots\exp[2\mathrm{i}\,(q-Q)\,(p-P)]\vdots \tag{10.17}$$

并做类似 (10.3) 式的新积分变换, 由于在 $\vdots\ \vdots$ 内部 Q 与 P 可交换, 所以可用 Weyl 编序算符内的积分技术, 得到

$$\frac{1}{\pi}\iint_{-\infty}^{+\infty} \mathrm{d}p\mathrm{d}q \mathrm{e}^{\lambda q+\sigma p}\vdots\exp[2\mathrm{i}\,(q-Q)\,(p-P)]\vdots = \vdots\mathrm{e}^{\lambda Q+\sigma P+\mathrm{i}\lambda\sigma/2}\vdots$$
$$= \mathrm{e}^{\lambda Q+\sigma P}\mathrm{e}^{i\lambda\sigma/2} = \mathrm{e}^{\lambda Q}\mathrm{e}^{\sigma P} \tag{10.18}$$

这就直接把 $\mathrm{e}^{\lambda q+\sigma p}$ 量子化为算符 $\mathrm{e}^{\lambda Q}\mathrm{e}^{\sigma P}$($Q$-$P$ 排序的), 因此比较

$$\iint_{-\infty}^{+\infty} \mathrm{d}p\mathrm{d}q \mathrm{e}^{\lambda q+\sigma p}\delta\,(q-Q)\,\delta\,(p-P) = \mathrm{e}^{\lambda Q}\mathrm{e}^{\sigma P} \tag{10.19}$$

可知

$$\frac{1}{\pi}\vdots\exp[2\mathrm{i}\,(q-Q)\,(p-P)]\vdots=\delta\,(q-Q)\,\delta\,(p-P) \tag{10.20}$$

其功能是将一种算符排序规则转化为另一种. 类似的，以 $\frac{1}{\pi}\vdots\exp[-2\mathrm{i}\,(q-Q)\,(p-P)]\vdots$ 为积分核做如（10.5）式那样的变换：

$$\begin{aligned}\frac{1}{\pi}\iint\mathrm{d}p\mathrm{d}q\mathrm{e}^{\lambda q+\sigma p}\vdots\exp[-2\mathrm{i}\,(q-Q)\,(p-P)]\vdots&=\vdots\mathrm{e}^{\lambda Q+\sigma P-\mathrm{i}\lambda\sigma/2}\vdots\\&=\mathrm{e}^{\sigma P}\mathrm{e}^{\lambda Q}\end{aligned} \tag{10.21}$$

比较

$$\iint\mathrm{d}p\mathrm{d}q\mathrm{e}^{\lambda q+\sigma p}\delta\,(p-P)\,\delta\,(q-Q)=\mathrm{e}^{\sigma P}\mathrm{e}^{\lambda Q} \tag{10.22}$$

可知

$$\frac{1}{\pi}\vdots\exp[-2\mathrm{i}\,(q-Q)\,(p-P)]\vdots=\delta\,(p-P)\,\delta\,(q-Q) \tag{10.23}$$

所以，以 $\frac{1}{\pi}\vdots\exp[\pm2\mathrm{i}\,(q-Q)\,(p-P)]\vdots$ 为积分核的变换是负责转化算符排序规则的变换.

10.2 积分核 $\frac{1}{\pi}\vdots\exp[\pm2\mathrm{i}\,(q-Q)\,(p-P)]\vdots$ 与 Wigner 算符的关系

把经典量 $\mathrm{e}^{\lambda q+\sigma p}$ 直接量子化为 $\mathrm{e}^{\lambda Q+\sigma P}$ 的方案称为 Weyl-Wigner 量子化，它们通过以下积分变换相联系：

$$\mathrm{e}^{\lambda Q+\sigma P}=\iint_{-\infty}^{+\infty}\mathrm{d}p\mathrm{d}q\mathrm{e}^{\lambda q+\sigma p}\Delta\,(q,p) \tag{10.24}$$

$\Delta\,(q,p)$ 是 Wigner 算符，其原始定义为

$$\Delta\,(q,p)=\iint_{-\infty}^{+\infty}\frac{\mathrm{d}u\mathrm{d}v}{4\pi^2}\mathrm{e}^{\mathrm{i}(q-Q)u+\mathrm{i}(p-P)v} \tag{10.25}$$

对（10.25）式用 Weyl 排序内的积分技术得到（注意 P 与 Q 在 $\vdots\;\vdots$ 内部对易）

$$\Delta\,(q,p)=\iint_{-\infty}^{+\infty}\frac{\mathrm{d}u\mathrm{d}v}{4\pi^2}\vdots\mathrm{e}^{\mathrm{i}(q-Q)u+\mathrm{i}(p-P)v}\vdots=\vdots\delta\,(p-P)\,\delta\,(q-Q)\vdots=\vdots\delta\,(q-Q)\,\delta\,(p-P)\vdots \tag{10.26}$$

所以

$$\frac{1}{\pi}\vdots\exp[-2\mathrm{i}\left(q-Q\right)\left(p-P\right)]\vdots=\frac{1}{\pi}\iint\mathrm{d}p'\mathrm{d}q'\vdots\delta\left(p-P\right)\delta\left(q-Q\right)\vdots\mathrm{e}^{-2\mathrm{i}\left(p-p'\right)\left(q-q'\right)}$$
$$=\frac{1}{\pi}\iint\mathrm{d}p'\mathrm{d}q'\Delta\left(q',p'\right)\mathrm{e}^{-2\mathrm{i}\left(p-p'\right)\left(q-q'\right)}\tag{10.27}$$

所以 $\frac{1}{\pi}\vdots\exp[-2\mathrm{i}\left(q-Q\right)\left(p-P\right)]\vdots$ 与 Wigner 算符互为新积分变换.

比较(10.23)式与 Weyl 对应又得到

$$\delta\left(p-P\right)\delta\left(q-Q\right)=\frac{1}{\pi}\iint\mathrm{d}p'\mathrm{d}q'\Delta\left(q',p'\right)\mathrm{e}^{-2\mathrm{i}\left(p-p'\right)\left(q-q'\right)}\tag{10.28}$$

取其厄密共轭,可见

$$\delta\left(q-Q\right)\delta\left(p-P\right)=\frac{1}{\pi}\iint\mathrm{d}p'\mathrm{d}q'\Delta\left(q',p'\right)\mathrm{e}^{2\mathrm{i}\left(p-p'\right)\left(q-q'\right)}\tag{10.29}$$

明确地显示了算符排序规则之间的转化可以用积分变换实现. 根据(10.8)式和(10.10)式的互逆关系,我们从(10.28)式、(10.29)式又得到

$$\frac{1}{\pi}\iint\mathrm{d}q\mathrm{d}p\delta\left(p-P\right)\delta\left(q-Q\right)\mathrm{e}^{2\mathrm{i}\left(p-p'\right)\left(q-q'\right)}=\Delta\left(q',p'\right)\tag{10.30}$$

和

$$\frac{1}{\pi}\iint\mathrm{d}q\mathrm{d}p\delta\left(q-Q\right)\delta\left(p-P\right)\mathrm{e}^{-2\mathrm{i}\left(p-p'\right)\left(q-q'\right)}=\Delta\left(q',p'\right)\tag{10.31}$$

以上公式有助于讨论算符排序的相互转换.

10.3 Wigner 函数的[illegible]傅里叶变换及用途

一个量子态 ρ 的 Wigner 函数为 $W\left(q,p\right)=\mathrm{tr}\left[\rho\Delta\left(q\right.\right.$[illegible]由

$$\delta\left(q-Q\right)=\left|q\right\rangle\left\langle q\right|,\quad\delta\left(p-P\right)=\left|p\right\rangle\left\langle p\right|,\quad\left\langle q\right|\left.p\right\rangle=\frac{1}{\sqrt{2\pi}}\mathrm{e}\ [illegible]\tag{10.32}$$

及(10.31)式得到

$$W\left(q,p\right)=\frac{1}{\pi}\mathrm{tr}\left(\rho\iint\mathrm{d}q'\mathrm{d}p'\delta\left(q'-Q\right)\delta\left(p'-P\right)\mathrm{e}^{-2\mathrm{i}\left(p-p'\right)\left(q-q'\right)}\right)$$
$$=\frac{1}{\pi\sqrt{2\pi}}\mathrm{tr}\left(\rho\iint\mathrm{d}q'\mathrm{d}p'\left|q'\right\rangle\left\langle p'\right|\mathrm{e}^{\mathrm{i}p'q'-2\mathrm{i}\left(p-p'\right)\left(q-q'\right)}\right)$$

$$= \frac{1}{\pi\sqrt{2\pi}} \iint \mathrm{d}q'\mathrm{d}p' \left\langle p' \right| \rho \left| q' \right\rangle \mathrm{e}^{\mathrm{i}p'q' - 2\mathrm{i}(p-p')(q-q')} \tag{10.33}$$

$\langle p|\rho|q\rangle$ 是密度算符 ρ 在坐标–动量表象中的转换矩阵元. 其逆变换为

$$\frac{1}{\pi} \iint \mathrm{d}p'\mathrm{d}q' \mathrm{e}^{2\mathrm{i}(p-p')(q-q')} W(q', p') = \frac{1}{\sqrt{2\pi}} \langle p|\rho|q\rangle \mathrm{e}^{\mathrm{i}pq} \tag{10.34}$$

这有利于分析 Wigner 函数. 例如当 $\rho = |n\rangle\langle n|$ 时,它是一个纯粒子数态,已知其 Wigner 函数是

$$W_{|n\rangle\langle n|}(q', p') = \frac{1}{\pi} \mathrm{e}^{-p'^2 - q'^2} L_n\left[2\left(p'^2 + q'^2\right)\right](-1)^n \tag{10.35}$$

及

$$\langle p|\, n\rangle = \frac{(-\mathrm{i})^n}{\sqrt{2^n n! \sqrt{\pi}}} H_n(p)\, \mathrm{e}^{-p^2/2} \tag{10.36}$$

$$\langle n|\, q\rangle = \frac{1}{\sqrt{2^n n! \sqrt{\pi}}} H_n(q)\, \mathrm{e}^{-q^2/2} \tag{10.37}$$

把(10.35)式代入(10.33)式,得到

$$\begin{aligned}
&\frac{1}{\pi} \iint \mathrm{d}p'\mathrm{d}q' \mathrm{e}^{2\mathrm{i}(p-p')(q-q')} \mathrm{e}^{-p'^2 - q'^2} L_n\left[2\left(p'^2 + q'^2\right)\right] \\
&\quad = \frac{\sqrt{\pi}}{\sqrt{2}} \langle p|\, n\rangle \langle n|\, q\rangle \mathrm{e}^{\mathrm{i}pq} \\
&\quad = \frac{\mathrm{i}^n}{\sqrt{2} 2^n n!} H_n(q)\, \mathrm{e}^{-q^2/2} H_n(p)\, \mathrm{e}^{-p^2/2}
\end{aligned} \tag{10.38}$$

可见 $W_{|n\rangle\langle n|}$ 经此积分变换后达到了 q 函数与 p 函数的分离;其逆变换为

$$\frac{\mathrm{i}^n}{\sqrt{2\pi} 2^n n!} \iint \mathrm{d}p\mathrm{d}q H_n(p) H_n(q)\, \mathrm{e}^{-p^2/2 - q^2/2} \mathrm{e}^{2\mathrm{i}(p-p')(q-q')} = \mathrm{e}^{-p'^2 - q'^2} L_n\left[2\left(p'^2 + q'^2\right)\right] \tag{10.39}$$

小结:本节我们指出对应量子力学基本对易关系存在积分变换,引入了积分核为 $\frac{1}{\pi} \vdots \exp[\pm 2\mathrm{i}(q-Q)(p-P)] \vdots$ 的积分变换,其功能是负责算符的三种常用排序规则的相互转化. 我们还导出了此积分核与 Wigner 算符之间的关系,以及密度算符 ρ 的 Wigner 函数与 $\langle p|\rho|q\rangle$ 的关系,相信 Wigner 函数的这类积分变换对于研究相空间量子力学会有进一步的用处.

上述纠缠傅里叶变换也被称为范氏变换. 考虑对 $\Delta(p,q)$ 做范氏变换, 用正规乘积下的积分得到

$$\begin{aligned}&\frac{1}{\pi}\iint_{-\infty}^{+\infty}\mathrm{d}q\mathrm{d}p\mathrm{e}^{\mathrm{i}(p-x)(q-y)}:\mathrm{e}^{-(p-P)^2-(q-Q)^2}:\\&=:\exp\left[-\frac{P^2+Q^2}{2}-\frac{x^2+y^2}{2}+x(P-\mathrm{i}Q)+y(Q-\mathrm{i}P)+\mathrm{i}PQ+\mathrm{i}xy\right]:\end{aligned}\tag{10.40}$$

注意到 $P=\frac{a-a^+}{\sqrt{2}\mathrm{i}},Q=\frac{a+a^+}{\sqrt{2}}$, 在正规乘积 :: 内 a 与 $a^\dagger$ 可变换, 所以

$$:\mathrm{e}^{-\frac{P^2+Q^2}{2}}:=:\mathrm{e}^{-a^+a}:=|0\rangle\langle 0|\tag{10.41}$$

故

$$\begin{aligned}(10.40)\text{式}&=\exp\left(-\frac{x^2+y^2}{2}+\mathrm{i}xy\right)\exp\left(-\frac{a^{\dagger 2}}{2}+\sqrt{2}ya^\dagger\right)|0\rangle\langle 0|\exp\left(\frac{a^2}{2}-\mathrm{i}\sqrt{2}ax\right)\\&=|y\rangle\langle p=x|\mathrm{e}^{\mathrm{i}xy}=|y\rangle\langle y|\,p=x\rangle\langle p=x|\end{aligned}\tag{10.42}$$

其中 $|y\rangle$ 是坐标本征态.

同样可以导出

$$\frac{1}{\pi}\iint_{-\infty}^{+\infty}\mathrm{d}p\mathrm{d}q\mathrm{e}^{-2\mathrm{i}(p-x)(q-y)}\Delta(p,q)=|p=x\rangle\langle p=x|\,y\rangle\langle y|\tag{10.43}$$

作为应用, 我们推导引起分数压缩变换的幺正算符.

已知分数傅里叶变换定义为

$$\left\langle p=x\left|\mathrm{e}^{\mathrm{i}\left(\frac{\pi}{2}-\alpha\right)a^\dagger a}\right|y\right\rangle=\exp\left[\frac{\mathrm{i}\left(x^2+p^2\right)}{2\tan\alpha}-\frac{\mathrm{i}xp}{\sin\alpha}\right]\tag{10.44}$$

当 $\alpha=\frac{\pi}{2}$ 时, 为普通的傅里叶变换, 把其推广为 $\exp\left[\frac{\mathrm{i}\left(x^2+p^2\right)}{2\tanh\alpha}-\frac{\mathrm{i}xp}{\sinh\alpha}\right]$, 求什么算符 U 能做到让它恒同于 $\langle p=x|U|y\rangle$. 容易看出 U 的 $\mathfrak{P}$ 排序形式为

$$U=\exp\left[\frac{\mathrm{i}\left(Q^2+P^2\right)}{2\tanh\alpha}-\frac{\mathrm{i}QP}{\sinh\alpha}\right]\tag{10.45}$$

那么如何求出其明显形式呢? 用范氏变换计算:

$$\begin{aligned}&\iint\mathrm{d}x\mathrm{d}y\mathrm{e}^{-2\mathrm{i}(p-x)(q-y)}\exp\left[\frac{\mathrm{i}\left(x^2+p^2\right)}{2\tanh\alpha}-\frac{\mathrm{i}xp}{\sinh\alpha}\right]\\&=\exp\left[\mathrm{i}\left(p^2+q^2\right)\cosh\alpha+2\mathrm{i}pq\tanh\alpha\right]\end{aligned}\tag{10.46}$$

如果 U 是 $\mathfrak{P}$ 排序的，有

$$U = \int \mathrm{d}p\mathrm{d}q\delta\left(p-P\right)\delta\left(q-Q\right)U(p,q) = \mathfrak{P}U(p,q) = \mathfrak{P}\exp\left[\frac{\mathrm{i}\left(Q^2+P^2\right)}{2\tanh\alpha} - \frac{\mathrm{i}QP}{\sinh\alpha}\right] \tag{10.47}$$

由于上节已导出

$$\delta\left(p-P\right)\delta\left(q-Q\right) = \iint \mathrm{d}p'\mathrm{d}q'\Delta\left(p',q'\right)\mathrm{e}^{-2\mathrm{i}\left(p-p'\right)\left(q-q'\right)} \tag{10.48}$$

代入(10.47)式可见

$$U = \int \mathrm{d}p'\mathrm{d}q'\Delta\left(p',q'\right)\int \mathrm{d}p\mathrm{d}qU(q,p)\mathrm{e}^{-2\mathrm{i}\left(p-p'\right)\left(q-q'\right)} \tag{10.49}$$

再用 Wigner 算符的正规乘积形式即可得到

$$\begin{aligned} U &= \iint_{-\infty}^{+\infty} \mathrm{d}p\mathrm{d}q\exp\left[\mathrm{i}\left(q^2+p^2\right)\cosh\alpha + 2\mathrm{i}pq\sinh\alpha\right] : \mathrm{e}^{-(p-P)^2-(q-Q)^2} : \\ &= \mathrm{e}^{-\frac{\mathrm{i}a^{\dagger 2}}{2}\tanh\alpha}\mathrm{e}^{\left(a^\dagger a+\frac{1}{2}\right)\ln\operatorname{sech}\alpha}\mathrm{e}^{-\frac{\mathrm{i}a^2}{2}\tanh\alpha}\mathrm{e}^{\frac{\mathrm{i}\pi}{2}a^\dagger a} \\ &= \mathrm{e}^{-\frac{\mathrm{i}\alpha}{2}\left(a^{\dagger 2}+a^2\right)}\mathrm{e}^{\frac{\mathrm{i}\pi}{2}a^\dagger a} \end{aligned} \tag{10.50}$$

这就是分数压缩变换算符.

我们可以换一个角度讨论：

给定一个经典函数式

$$h_1\left(q,p\right) = \exp\left[\mathrm{i}\left(p^2+q^2\right)\cosh\alpha + 2\mathrm{i}pq\sinh\alpha\right] \tag{10.51}$$

我们要证明其 Weyl 对应算符 $H_1\left(P,Q\right)$ 能生成分数压缩变换. 事实上，对 $h_1\left(q,p\right)$ 做纠缠傅里叶变换得到

$$\begin{aligned} &\frac{1}{\pi}\iint_{-\infty}^{+\infty} \mathrm{d}q\mathrm{d}p\exp\left[\mathrm{i}\left(p^2+q^2\right)\cosh\alpha + 2\mathrm{i}pq\sinh\alpha\right]\mathrm{e}^{2\mathrm{i}(p-x)(q-y)} \\ &= \frac{1}{\pi}\int_{-\infty}^{+\infty} \mathrm{d}q\exp\left[\mathrm{i}q^2\cosh\alpha - 2\mathrm{i}x\left(q-y\right)\right] \\ &\quad\times\int_{-\infty}^{+\infty} \mathrm{d}p\exp\left[\mathrm{i}p^2\cosh\alpha + 2\mathrm{i}p\left(q\sinh\alpha + q - y\right)\right] \\ &= \sqrt{\frac{1}{2\sinh\alpha}}\exp\left[\frac{\mathrm{i}\left(x^2+y^2\right)}{2\tanh\alpha} - \frac{\mathrm{i}xy}{\sinh\alpha}\right]\mathrm{e}^{\mathrm{i}xy} \end{aligned} \tag{10.52}$$

与(10.44)式比较可以认定

$$\sqrt{\frac{1}{2\sinh\alpha}}\exp\left[\frac{\mathrm{i}\left(x^2+y^2\right)}{2\tanh\alpha} - \frac{\mathrm{i}xy}{\sinh\alpha}\right] = \left\langle p=x'\right|H_1\left(P,Q\right)\left|y'\right\rangle \tag{10.53}$$

附录

我们可以验证(10.52)式的反变换是

$$
\begin{aligned}
&\iint_{-\infty}^{+\infty} \mathrm{d}x\mathrm{d}y \mathrm{e}^{-2\mathrm{i}(p-x)(q-y)} \sqrt{\frac{1}{2\sinh\alpha}} \exp\left[\frac{\mathrm{i}\left(x^2+y^2\right)}{2\tanh\alpha} - \frac{\mathrm{i}xy}{\sinh\alpha}\right] \mathrm{e}^{\mathrm{i}xy} \\
&= \sqrt{\frac{1}{2\sinh\alpha}} \int \mathrm{d}y \exp\left[\frac{\mathrm{i}y^2}{2\tanh\alpha} - 2\mathrm{i}p\left(q-y\right)\right] \\
&\quad \times \int \mathrm{d}x \exp\left[\frac{\mathrm{i}x^2}{2\tanh\alpha} + \mathrm{i}x\left(2q - y\frac{\sinh\alpha+1}{\sinh\alpha}\right)\right] \\
&= \sqrt{\frac{\mathrm{i}\pi}{\cosh\alpha}} \int \mathrm{d}y \exp\left[\frac{\mathrm{i}y^2}{2\tanh\alpha} - 2\mathrm{i}p\left(q-y\right)\right] \exp\left[\frac{\tanh\alpha}{2\mathrm{i}}\left(2q - y\frac{\sinh\alpha+1}{\sinh\alpha}\right)^2\right] \\
&= \sqrt{\frac{\mathrm{i}\pi}{\cosh\alpha}} \int \mathrm{d}y \exp\left[\frac{\mathrm{i}y^2}{2\tanh\alpha} - 2\mathrm{i}p\left(q-y\right)\right] \\
&\quad \times \exp\left[\frac{\tanh\alpha}{2\mathrm{i}}\left(4q^2 + \frac{y^2\left(\sinh\alpha+1\right)^2}{\sinh^2\alpha} - 4qy\frac{\sinh\alpha+1}{\sinh\alpha}\right)\right] \\
&= \sqrt{\frac{\mathrm{i}\pi}{\cosh\alpha}} \int \mathrm{d}y \\
&\quad \exp\left[\frac{\mathrm{i}y^2\left(1 - \frac{\left(\sinh\alpha+1\right)^2}{\cosh^2\alpha}\right)}{2\tanh\alpha} - 2\mathrm{i}p\left(q-y\right) + \frac{2\mathrm{i}qy\left(\sinh\alpha+1\right)}{\cosh\alpha} + \frac{2\tanh\alpha}{\mathrm{i}}q^2\right] \\
&= \sqrt{\frac{\mathrm{i}\pi}{\cosh\alpha}} \int \mathrm{d}y \exp\left\{\frac{-\mathrm{i}y^2}{\cosh\alpha} + 2\mathrm{i}y\left[p + \frac{q\left(\sinh\alpha+1\right)}{\cosh\alpha}\right] + \frac{2\tanh\alpha}{\mathrm{i}}q^2 - 2\mathrm{i}pq\right\} \\
&= \sqrt{\frac{\mathrm{i}\pi}{\cosh\alpha}} \sqrt{\frac{\pi\cosh\alpha}{\mathrm{i}}} \exp\left\{\mathrm{i}\cosh\alpha\left[p + \frac{q\left(\sinh\alpha+1\right)}{\cosh\alpha}\right]^2 + \frac{2\tanh\alpha}{\mathrm{i}}q^2 - 2\mathrm{i}pq\right\} \\
&= \pi\exp\left[\mathrm{i}p^2\cosh\alpha + \mathrm{i}q^2\left[\frac{\left(\sinh\alpha+1\right)^2}{\cosh\alpha} - 2\tanh\alpha\right] + 2\mathrm{i}pq\left(\sinh\alpha+1\right) - 2\mathrm{i}pq\right] \\
&= \pi\exp\left[\mathrm{i}\left(p^2+q^2\right)\cosh\alpha + 2\mathrm{i}pq\sinh\alpha\right]
\end{aligned} \tag{10.54}
$$

作为应用,求引起分数压缩变换的么正算符的推导.

10.4 双模推广——双模算符在纠缠态表象的矩阵元与其 Wigner 函数的关系

本节将上述讨论推广到双模. 结合纠缠态 $|\eta\rangle$ 和其共轭态 $|\xi\rangle$,我们看到有完备性:

$$\int \frac{\mathrm{d}^2\sigma}{\pi}\frac{\mathrm{d}^2\gamma}{\pi} : \exp\left\{-\left|\sigma-\left(a_1-a_2^{\dagger}\right)\right|^2-\left|\gamma-\left(a_1+a_2^{\dagger}\right)\right|^2\right\} := 1 \tag{10.55}$$

所以有理由引入双模 Wigner 算符

$$\frac{1}{\pi^2} : \exp\left\{-\left|\sigma-\left(a_1-a_2^{\dagger}\right)\right|^2-\left|\gamma-\left(a_1+a_2^{\dagger}\right)\right|^2\right\} := \triangle\left(\sigma,\gamma\right) \tag{10.56}$$

事实上,让 $\gamma=\alpha+\beta^*,\sigma=\alpha-\beta^*$,可见

$$\begin{aligned}&\frac{1}{\pi^2} : \exp\left\{-\left|\sigma-\left(a_1-a_2^{\dagger}\right)\right|^2-\left|\gamma-\left(a_1+a_2^{\dagger}\right)\right|^2\right\} :\\&\quad=\frac{1}{\pi^2} : \exp\left[-2\left(\alpha^*-a_1^{\dagger}\right)\left(\alpha-a_1\right)-2\left(\beta^*-a_2^{\dagger}\right)\left(\beta-a_2\right)\right] :\\&\quad=\triangle_1\left(\alpha,\alpha^*\right)\triangle_2\left(\beta,\beta^*\right)\end{aligned} \tag{10.57}$$

它恰是两个单模 Wigner 算符的直积.$\triangle\left(\sigma,\gamma\right)$ 的边缘分布分别是

$$\int \mathrm{d}^2\sigma\,\triangle\left(\sigma,\gamma\right)=\pi\left|\xi\right\rangle\left\langle\xi\right|\Big|_{\xi=\gamma} \tag{10.58}$$

$$\int \mathrm{d}^2\gamma\,\triangle\left(\sigma,\gamma\right)=\pi\left|\eta\right\rangle\left\langle\eta\right|\Big|_{\eta=\sigma} \tag{10.59}$$

还可以证明 $\triangle\left(\sigma,\gamma\right)$ 的 $|\xi\rangle$ 表象是

$$\triangle\left(\sigma,\gamma\right)=\int\frac{\mathrm{d}^2\xi}{\pi^3}\left|-\xi+\gamma\right\rangle\left\langle\xi+\gamma\right|\mathrm{e}^{\xi^*\sigma-\xi\sigma^*} \tag{10.60}$$

而在 $\langle\eta|$ 表象是

$$\triangle\left(\sigma,\gamma\right)=\int\frac{\mathrm{d}^2\eta}{\pi^3}\left|\sigma-\eta\right\rangle\left\langle\sigma+\eta\right|\mathrm{e}^{\eta\gamma^*-\eta^*\gamma} \tag{10.61}$$

鉴于

$$\left|\eta\right\rangle\left\langle\eta\right|=\pi\delta^{(2)}\left(\eta-a_1+a_2^{\dagger}\right) \tag{10.62}$$

$$\left|\xi\right\rangle\left\langle\xi\right|=\pi\delta^{(2)}\left(\xi-a_1-a_2^{\dagger}\right) \tag{10.63}$$

所以 $\triangle(\mu,\nu)$ 的 Weyl 排序形式是

$$\pi^2 \vdots \delta^{(2)}\left(\mu - a_1 - a_2^{\dagger}\right)\delta^{(2)}\left(\nu - a_1 + a_2^{\dagger}\right)\vdots = \triangle(\mu,\nu) \tag{10.64}$$

- 双模纠缠傅里叶变换

模仿

$$\begin{aligned}
|p\rangle\langle p|x\rangle\langle x| &= \delta(p-P)\,\delta(x-X) \\
&= \frac{1}{4\pi^2}\int_{-\infty}^{+\infty}\mathrm{d}u\mathrm{e}^{\mathrm{i}u(p-P)}\int_{-\infty}^{+\infty}\mathrm{d}\nu\mathrm{e}^{\mathrm{i}\nu(x-X)} \\
&= \frac{1}{4\pi^2}\iint \mathrm{d}u\mathrm{d}\nu\mathrm{e}^{\mathrm{i}u(p-P)+\mathrm{i}\nu(x-X)}\mathrm{e}^{\frac{\mathrm{i}\mu\nu}{2}} \\
&= \frac{1}{4\pi^2}\iint \mathrm{d}u\mathrm{d}\nu \vdots \mathrm{e}^{\mathrm{i}u(p-P)+\mathrm{i}\nu(x-X)} \vdots \mathrm{e}^{\frac{\mathrm{i}\mu\nu}{2}} \\
&= \frac{1}{\pi}\vdots \exp\left[-2\mathrm{i}(x-X)(p-P)\right]\vdots
\end{aligned} \tag{10.65}$$

并注意到 $\left[a_1^{\dagger} - a_2, a_1 + a_2^{\dagger}\right] = -2$，我们将 $|\eta\rangle\langle\eta|\xi\rangle\langle\xi|$ 化为 Weyl 排序：

$$\begin{aligned}
&\delta^{(2)}\left(\eta - a_1 + a_2^{\dagger}\right)\delta^{(2)}\left(\xi - a_1 - a_2^{\dagger}\right) \\
&\equiv \delta\left(\eta - a_1 + a_2^{\dagger}\right)\delta\left(\eta^* - a_1^{\dagger} + a_2\right)\delta\left(\xi - a_1 - a_2^{\dagger}\right)\delta\left(\xi^* - a_1^{\dagger} - a_2\right) \\
&= \int \frac{\mathrm{d}^2\alpha\mathrm{d}^2\beta}{\pi^2}\mathrm{e}^{\alpha^*\left(\eta - a_1 + a_2^{\dagger}\right) - \alpha\left(\eta^* - a_1^{\dagger} + a_2\right)}\mathrm{e}^{\beta^*\left(\xi - a_1 - a_2^{\dagger}\right) - \beta\left(\xi^* - a_1^{\dagger} - a_2\right)} \\
&= \int \frac{\mathrm{d}^2\alpha\mathrm{d}^2\beta}{\pi^2}\mathrm{e}^{\alpha^*\left(\eta - a_1 + a_2^{\dagger}\right) - \alpha\left(\eta^* - a_1^{\dagger} + a_2\right) + \beta^*\left(\xi - a_1 - a_2^{\dagger}\right) - \beta\left(\xi^* - a_1^{\dagger} - a_2\right)}\mathrm{e}^{-\alpha^*\beta + \alpha\beta^*} \\
&= \int \frac{\mathrm{d}^2\alpha\mathrm{d}^2\beta}{\pi^2}\vdots\mathrm{e}^{\alpha^*\left(\eta - a_1 + a_2^{\dagger}\right) - \alpha\left(\eta^* - a_1^{\dagger} + a_2\right) + \beta^*\left(\xi - a_1 - a_2^{\dagger}\right) - \beta\left(\xi^* - a_1^{\dagger} - a_2\right)}\mathrm{e}^{-\alpha^*\beta + \alpha\beta^*}\vdots \\
&= \int \frac{\mathrm{d}^2\alpha\mathrm{d}^2\beta}{\pi^2}\vdots\mathrm{e}^{\alpha^*\left(\eta - a_1 + a_2^{\dagger} - \beta\right) - \alpha\left(\eta^* - a_1^{\dagger} + a_2 - \beta^*\right)}\mathrm{e}^{\beta^*\left(\xi - a_1 - a_2^{\dagger}\right) - \beta\left(\xi^* - a_1^{\dagger} - a_2\right)}\vdots \\
&= \int \mathrm{d}^2\beta\vdots\delta^{(2)}\left(\eta - a_1 + a_2^{\dagger} - \beta\right)\mathrm{e}^{\beta^*\left(\xi - a_1 - a_2^{\dagger}\right) - \beta\left(\xi^* - a_1^{\dagger} - a_2\right)}\vdots \\
&= \vdots\exp\left[\left(\xi - a_1 - a_2^{\dagger}\right)\left(\eta^* - a_1^{\dagger} + a_2\right) - \left(\eta - a_1 + a_2^{\dagger}\right)\left(\xi^* - a_1^{\dagger} - a_2\right)\right]\vdots
\end{aligned} \tag{10.66}$$

于是有

$$\begin{aligned}
&\delta^{(2)}\left(\eta - a_1 + a_2^{\dagger}\right)\delta^{(2)}\left(\xi - a_1 - a_2^{\dagger}\right) \\
&= |\eta\rangle\langle\eta|\xi\rangle\langle\xi| \\
&= \vdots\exp\left[\left(\xi - a_1 - a_2^{\dagger}\right)\left(\eta^* - a_1^{\dagger} + a_2\right) - \left(\eta - a_1 + a_2^{\dagger}\right)\left(\xi^* - a_1^{\dagger} - a_2\right)\right]\vdots
\end{aligned}$$

$$= \int \frac{d^2\mu d^2\nu}{\pi^2} e^{(\xi-\mu)(\eta^*-\nu^*)-(\eta-\nu)(\xi^*-\mu^*)} \vdots \delta^{(2)}\left(\mu - a_1 + a_2^\dagger\right)\delta^{(2)}\left(\nu - a_1 - a_2^\dagger\right)\vdots$$
$$= \int \frac{d^2\mu d^2\nu}{\pi^2} e^{(\xi-\mu)(\eta^*-\nu^*)-(\eta-\nu)(\xi^*-\mu^*)} \triangle(\mu,\nu) \tag{10.67}$$

其逆变换是

$$\int \frac{d^2\xi d^2\eta}{\pi^2}\delta^{(2)}\left(\eta - a_1 + a_2^\dagger\right)\delta^{(2)}\left(\xi - a_1 - a_2^\dagger\right) e^{-(\xi-\mu)(\eta^*-\nu^*)-(\eta-\nu)(\xi^*-\mu^*)} = \Delta(\mu,\nu) \tag{10.68}$$

这是一个新的复形式的纠缠傅里叶变换,其积分核是 $e^{-(\xi-\mu)(\eta^*-\nu^*)-(\eta-\nu)(\xi^*-\mu^*)}$.

设某个双模算符 $\hat{G}$ 的经典 Weyl 对应是 $F(\eta,\xi)$, 则用 Wigner 的纠缠态表象可得到

$$\begin{aligned} F(\eta,\xi) &= \mathrm{tr}\left(\hat{G}\Delta(\eta,\xi)\right) \\ &= \mathrm{tr}\left(\hat{G}\int\frac{d^2\sigma}{\pi^3}|\eta-\sigma\rangle\langle\eta+\sigma| e^{\sigma\xi^*-\sigma^*\xi}\right) \\ &= \int\frac{d^2\sigma}{\pi^3}\langle\eta+\sigma|\hat{G}|\eta-\sigma\rangle e^{\sigma\xi^*-\sigma^*\xi} \end{aligned} \tag{10.69}$$

对 $F(\eta,\xi)$ 做复形式的纠缠傅里叶变换:

$$\begin{aligned} &\int d^2\eta d^2\xi \exp\left[(\mu-\xi)(\eta^*-\nu^*)-(\eta-\nu)(\mu^*-\xi^*)\right]F(\eta,\xi) \\ &= \int d^2\eta d^2\xi \exp\left[(\mu-\xi)(\eta^*-\nu^*)-(\eta-\nu)(\mu^*-\xi^*)\right] \\ &\quad \times \int\frac{d^2\sigma}{\pi^3}|\eta-\sigma\rangle\langle\eta+\sigma| e^{\sigma\xi^*-\sigma^*\xi} \\ &= \int d^2\eta d^2\sigma\langle\eta+\sigma|\hat{G}|\eta-\sigma\rangle\delta^{(2)}(\sigma+\eta-\nu)\times e^{\mu(\eta^*-\nu^*)-\mu^*(\eta-\nu)} \\ &= \int d^2\sigma\langle\nu|\hat{G}|\nu-2\sigma\rangle e^{-\sigma^*\mu+\mu^*\sigma} \\ &= \langle\nu|\hat{G}|\mu\rangle e^{\frac{1}{2}(\mu^*\nu-\mu\nu^*)} \end{aligned} \tag{10.70}$$

这里 $|\mu\rangle$ 属于与 $|\nu\rangle$ 共轭的表象, 即在最后一步的积分 $d^2\sigma$,将 $|\nu-2\sigma\rangle$ 变为

$$\begin{aligned} &\int d^2\sigma|\nu-2\sigma\rangle e^{-\sigma^*\mu+\mu^*\sigma} \\ &= \int d^2\sigma\exp\left[-\frac{|\nu-2\sigma|^2}{2}+(\nu-2\sigma)a^\dagger-(\nu^*-2\sigma^*)b^\dagger+a^\dagger b^\dagger+\mu^*\sigma-\mu\sigma^*\right]|00\rangle \\ &= |\mu\rangle e^{\frac{1}{2}(\mu^*\nu-\mu\nu^*)} \end{aligned} \tag{10.71}$$

(10.70)式的逆变换就是

$$F(\eta,\xi) = \int d^2\mu d^2\nu \exp\left[-(\mu-\xi)(\eta^*-\nu^*)+(\eta-\nu)(\mu^*-\xi^*)\right]\times\langle\nu|\hat{G}|\mu\rangle e^{\frac{1}{2}(\mu^*\nu-\mu\nu^*)} \tag{10.72}$$

这个公式给出了 $\hat{G}$ 的 Wigner 函数 $F(\eta,\xi)$ 与其在互为共轭的纠缠态表象的矩阵元之间的关系.

10.5 复分数压缩变换的发现

给定一个经典函数

$$F(\eta,\xi)=\delta^{(2)}\left(\eta-\frac{1-\mathrm{ish}\,\alpha}{\mathrm{ch}\,\alpha}\xi\right)\times\mathrm{e}^{\eta^*\xi-\xi^*\eta}\mathrm{e}^{-2\mathrm{ith}\,\alpha|\xi^2|}\mathrm{sech}\,\alpha \tag{10.73}$$

这里 α 是一个角. 将(10.73)式代入(10.70)式实行复形式的纠缠傅里叶变换,得到

$$\begin{aligned}&\int\mathrm{d}^2\eta\mathrm{d}^2\xi\exp\left[(\mu-\xi)(\eta^*-\nu^*)-(\eta-\nu)(\mu^*-\xi^*)\right]\\&\quad\times\delta^{(2)}\left(\eta-\frac{1-\mathrm{ish}\,\alpha}{\mathrm{ch}\,\alpha}\xi\right)\times\mathrm{e}^{\eta^*\xi-\xi^*\eta}\mathrm{e}^{-2\mathrm{ith}\,\alpha|\xi^2|}\mathrm{sech}\,\alpha\\&=\langle\nu|\hat{G}|\mu\rangle\mathrm{e}^{\frac{1}{2}(\mu^*\nu-\mu\nu^*)}\end{aligned} \tag{10.74}$$

这里

$$\begin{aligned}G_{\mu,\nu}&=\langle\nu|\hat{G}|\mu\rangle\\&=\frac{1}{2\mathrm{ith}\,\alpha}\exp\left[\frac{\mathrm{i}\left(|\mu|^2+|\nu|^2\right)}{2\mathrm{th}\,\alpha}-\frac{\mathrm{i}\left(\mu\nu^*+\mu^*\nu\right)}{2\mathrm{sh}\,\alpha}\right]\end{aligned} \tag{10.75}$$

此为复的分数压缩变换核. 为了进一步导出 $\hat{G}$,用积分

$$\hat{G}=\int\mathrm{d}^2\mu\mathrm{d}^2\nu\,|\mu\rangle\,\hat{G}_{\mu,\nu}\,\langle\nu| \tag{10.76}$$

其中 $|\mu\rangle$ 和 $\langle\nu|$ 是互为共轭的纠缠态:

$$|\mu\rangle=\exp\left[-\frac{|\mu|^2}{2}+\mu a_1^\dagger-\mu^*a_2^\dagger+a_1^\dagger a_2^\dagger\right]|00\rangle \tag{10.77}$$

$$|\nu\rangle=\exp\left[-\frac{|\nu|^2}{2}+\nu a_1^\dagger+\nu^*a_2^\dagger-a_1^\dagger a_2^\dagger\right]|00\rangle \tag{10.78}$$

用 IWOP 方法得到

$$\hat{G}=\int\mathrm{d}^2\mu\mathrm{d}^2\nu\frac{1}{2\mathrm{ish}\,\alpha}\times\exp\left[\frac{\mathrm{i}\left(|\mu|^2+|\nu|^2\right)}{2\mathrm{th}\,\alpha}-\frac{\mathrm{i}\left(\mu\nu^*+\mu^*\nu\right)}{2\mathrm{sh}\,\alpha}\right]|\mu\rangle\langle\nu|$$

$$
\begin{aligned}
&= \frac{1}{2\mathrm{ish}\,\alpha}\int \mathrm{d}^2\mu \mathrm{d}^2\nu \times :\exp\left[\frac{\mathrm{i}\left(|\mu|^2+|\nu|^2\right)}{2\mathrm{th}\,\alpha}-\frac{\mathrm{i}\left(\mu\nu^*+\mu^*\nu\right)}{2\mathrm{sh}\,\alpha}\right] \\
&\quad \times \exp\left[-\frac{|\mu|^2}{2}+\mu a_1^\dagger-\mu^* a_2^\dagger+a_1^\dagger a_2^\dagger\right] \\
&\quad \times \mathrm{e}^{-a_1^\dagger a_1-a_2^\dagger a_2}\exp\left[-\frac{|\nu|^2}{2}+\nu a_1^\dagger+\nu^* a_2^\dagger-a_1^\dagger a_2^\dagger\right]: \\
&= \mathrm{sech}\,\alpha :\exp\left[-\mathrm{i}a_1^\dagger a_2^\dagger \mathrm{th}\,\alpha+(\mathrm{sech}\,\alpha-1)\,a_1^\dagger a_1+(-\mathrm{sech}\,\alpha-1)\,a_2^\dagger a_2+\mathrm{i}a_1 a_2\mathrm{th}\,\alpha\right]:
\end{aligned}
\tag{10.79}
$$

此即为复分数压缩算符.

第 11 章

压缩场的高斯型正态分布

11.1 压缩混沌场作为正态分布

在 3.8 节我们已经给出了单模压缩算符 S_1 和单模压缩真空态

$$S_1|0\rangle = \operatorname{sech}^{1/2}\lambda \mathrm{e}^{-\frac{a^{\dagger 2}}{2}\tanh\lambda}|0\rangle \tag{11.1}$$

它可以转化为

$$S_1|0\rangle = \operatorname{sech}^{1/2}\lambda \sum_{n=0}^{\infty} \frac{\sqrt{2n!}}{n!2^n}(-\tanh\lambda)^n |2n\rangle \tag{11.2}$$

这是光子数为偶数的态的叠加，故也称其为双光子态. 很容易算出场的两个正交分量 $\hat{Y}_1 = \dfrac{1}{2}(a+a^\dagger), \hat{Y}_2 = \dfrac{1}{2\mathrm{i}}(a-a^\dagger)$ 在压缩真空态的平均值,即

$$\langle 0| S_1^\dagger \hat{Y}_1 S_1 |0\rangle = \langle 0| S_1^\dagger \hat{Y}_2 S_1 |0\rangle = 0 \tag{11.3}$$

而

$$\langle 0| S_1^{\dagger}\hat{Y}_1^2 S_1 |0\rangle = \frac{\mathrm{e}^{2\lambda}}{4} \tag{11.4}$$

$$\langle 0| S_1^{\dagger}\hat{Y}_2^2 S_1 |0\rangle = \frac{\mathrm{e}^{-2\lambda}}{4} \tag{11.5}$$

由此导出

$$\left\langle \left(\Delta\hat{Y}_1\right)^2 \right\rangle = \left\langle \hat{Y}_1^2 \right\rangle - \left\langle \hat{Y}_1 \right\rangle^2 = \frac{\mathrm{e}^{2\lambda}}{4} \tag{11.6}$$

$$\left\langle \left(\Delta\hat{Y}_2\right)^2 \right\rangle = \left\langle \hat{Y}_2^2 \right\rangle - \left\langle \hat{Y}_2 \right\rangle^2 = \frac{\mathrm{e}^{-2\lambda}}{4} \tag{11.7}$$

$$\Delta\hat{Y}_1\Delta\hat{Y}_2 = \sqrt{\left(\Delta\hat{Y}_1\right)^2\left(\Delta\hat{Y}_2\right)^2} = \frac{1}{4} \tag{11.8}$$

表明压缩态的一个正交分量具有比相干态小的量子起伏，光场的非经典特性，其代价是另一正交分量的量子起伏增大. 由于它可以在某个正交分量上具有比相干态更小的量子噪声，因而在光学检测、光学精密测量、超弱光信号探测、量子密集编码以及高保真的量子通信等领域和引力波检测中都有着广泛的应用.

现在我们讨论压缩混沌场

$$\rho(0) = S_1^{\dagger}(r)\,\rho_c S_1(r) \tag{11.9}$$

其中

$$\rho_c = \left(1-\mathrm{e}^{\lambda}\right)\mathrm{e}^{\lambda a^{\dagger}a}, \quad \lambda = \frac{\hbar\omega}{kT} \tag{11.10}$$

是混沌场，k 是玻尔兹曼常数，$S(r)$ 是压缩算符.

为了求 $\rho(0)$ 的正规乘积形式，用压缩算符的坐标表象

$$S(r) = \int_{-\infty}^{+\infty}\frac{\mathrm{d}x}{\sqrt{\mu}}\left|\frac{x}{\mu}\right\rangle\langle x|, \quad \mu = \mathrm{e}^{r} \tag{11.11}$$

及 $|0\rangle\langle 0| =: \exp\left(-a^{\dagger}a\right):$，有

$$\begin{aligned}
\rho(0) &= \left(1-\mathrm{e}^{\lambda}\right)\int\frac{\mathrm{d}x'}{\mu}\left|\frac{x'}{\mu}\right\rangle\langle x'|\,\mathrm{e}^{\lambda a^{\dagger}a}\int\mathrm{d}x\,|x\rangle\left\langle\frac{x}{\mu}\right| \\
&= \left(1-\mathrm{e}^{\lambda}\right)\iint\frac{\mathrm{d}x'\mathrm{d}x}{\pi\mu}\exp\left(-\frac{x'^2}{2\mu^2}+\frac{\sqrt{2}x'}{\mu}a^{\dagger}-\frac{a^{\dagger 2}}{2}\right)|0\rangle \\
&\quad\times\left(\langle x'|\,\mathrm{e}^{\lambda a^{\dagger}a}\,|x\rangle\right)\langle 0|\exp\left(-\frac{x^2}{2\mu^2}+\frac{\sqrt{2}x}{\mu}a-\frac{a^2}{2}\right)
\end{aligned}$$

$$
\begin{aligned}
&= \left(1-\mathrm{e}^{\lambda}\right) \iint_{-\infty}^{+\infty} \frac{\mathrm{d}x'\mathrm{d}x}{\pi\mu} \\
&\quad \times : \exp\left[\left(-\frac{x'^2}{2\mu^2}+\frac{\sqrt{2}a^\dagger}{\mu}x'\right)+\left(-\frac{x^2}{2\mu^2}+\frac{\sqrt{2}a}{\mu}x\right)-\frac{\left(a+a^\dagger\right)^2}{2}\right] : \\
&\quad \times \left\langle x'\right| \mathrm{e}^{\lambda a^\dagger a}\left|x\right\rangle
\end{aligned} \tag{11.12}
$$

由福克空间的完备性 $\sum\limits_{n}|n\rangle\langle n|=1$,可知

$$
\begin{aligned}
\left\langle x'\right| \mathrm{e}^{\lambda a^\dagger a}\left|x\right\rangle &= \left\langle x'\right| \sum_{n,n'=0}^{\infty}\left|n'\right\rangle\left\langle n'\right| \mathrm{e}^{\lambda a^\dagger a}\left|n\right\rangle\langle n| \left.x\right\rangle \\
&= \sum_{n,n'=0}^{\infty}\left\langle q' \mid n'\right\rangle\langle n \mid q\rangle \mathrm{e}^{\lambda n}\delta_{n,n'}=\frac{\mathrm{e}^{-q^2/2-q'^2/2}}{\sqrt{\pi}}\sum_{n=0}^{\infty}\frac{\mathrm{e}^{\lambda n}}{2^n n!}H_n(q)H_n(q') \\
&= \frac{1}{\sqrt{\pi\left(1-\mathrm{e}^{2\lambda}\right)}}\exp\left[\frac{2\mathrm{e}^{\lambda}qq'-\mathrm{e}^{2\lambda}\left(q^2+q'^2\right)}{1-\mathrm{e}^{2\lambda}}-\frac{q^2+q'^2}{2}\right] \\
&= \frac{1}{\sqrt{\pi\left(1-\mathrm{e}^{2\lambda}\right)}}\exp\left[\frac{\mathrm{e}^{\lambda}+\mathrm{e}^{-\lambda}}{\mathrm{e}^{\lambda}-\mathrm{e}^{-\lambda}}\left(q^2+q'^2\right)+\frac{2\mathrm{e}^{\lambda}qq'}{1-\mathrm{e}^{2\lambda}}\right] \\
&= \frac{1}{\sqrt{\pi\left(1-\mathrm{e}^{2\lambda}\right)}}\exp\left[\coth\lambda\left(x^2+x'^2\right)-\sec\lambda xx'\right]
\end{aligned} \tag{11.13}
$$

将此式代入(11.12)式并对 x 和 x' 在 $::$ 内部积分,得到

$$
\begin{aligned}
\rho(0) &= \frac{1}{\sigma_1\sigma_2} : \exp\left[\frac{1}{2}\left(\frac{1}{2\sigma_2^2}-\frac{1}{2\sigma_1^2}\right)\left(a^2+a^{\dagger 2}\right)-\left(\frac{1}{2\sigma_1^2}+\frac{1}{2\sigma_2^2}\right)a^\dagger a\right] : \\
&= \frac{1}{\sigma_1\sigma_2} : \mathrm{e}^{-\frac{Q^2}{2\sigma_1^2}-\frac{P^2}{2\sigma_2^2}} :
\end{aligned} \tag{11.14}
$$

其中

$$
2\sigma_1^2 \equiv (2\bar{n}+1)\,\mathrm{e}^{2r}+1 \tag{11.15}
$$

$$
2\sigma_2^2 \equiv (2\bar{n}+1)\,\mathrm{e}^{-2r}+1 \tag{11.16}
$$

这里 $\bar{n}$ 是混沌场的平均粒子数:

$$
\bar{n} \equiv \operatorname{tr}\left(\rho_c a^\dagger a\right)=\left(\mathrm{e}^{\lambda}-1\right)^{-1} \tag{11.17}
$$

值得注意的是,$\rho(0)=\dfrac{1}{\sigma_1\sigma_2}:\mathrm{e}^{-\frac{Q^2}{2\sigma_1^2}-\frac{P^2}{2\sigma_2^2}}:$ 恰是正态分布形式,按照数理统计理论,σ_1^2 和 σ_2^2 是方差,σ_1 和 σ_2 是标准偏离.

因此,我们可以看出正规乘积形式的高斯算符(11.14)式代表了压缩混沌场的密度矩阵,这就是其物理意义.

11.2 压缩混沌场的衰减特性

计算(11.13)式的相干态矩阵元:

$$\langle -\beta|\rho(0)|\beta\rangle = \frac{1}{\sigma_1\sigma_2}\exp\left[\frac{1}{2}\left(\frac{1}{2\sigma_2^2}-\frac{1}{2\sigma_1^2}\right)(\beta^2+\beta^{*2})+\left(\frac{1}{2\sigma_1^2}+\frac{1}{2\sigma_2^2}-2\right)|\beta|^2\right] \tag{11.18}$$

并代入衰减通道解的积分形式(7.18)式:

$$\rho(t) = \frac{-1}{T}\int\frac{d^2\beta}{\pi}\langle -\beta|\rho(0)|\beta\rangle e^{|\beta|^2} : \exp\left\{\frac{1}{T}\left[|\beta|^2+e^{-\kappa t}\left(\beta a^\dagger-\beta^* a\right)-a^\dagger a\right]\right\}: \tag{11.19}$$

其中 $T=1-e^{-2\kappa t}$. 可得

$$\begin{aligned}\rho(t) &= \frac{-1}{T\sigma_1\sigma_2}\int\frac{d^2\beta}{\pi}:\exp\left[\left(\frac{1}{2\sigma_1^2}+\frac{1}{2\sigma_2^2}-1+\frac{1}{T}\right)|\beta|^2+\frac{e^{-\kappa t}a^\dagger}{T}\beta\right.\\&\quad\left.-\frac{e^{-\kappa t}a}{T}\beta^*+\frac{1}{2}\left(\frac{1}{2\sigma_2^2}-\frac{1}{2\sigma_1^2}\right)\beta^2+\frac{1}{2}\left(\frac{1}{2\sigma_2^2}-\frac{1}{2\sigma_1^2}\right)\beta^{*2}-\frac{1}{T}a^\dagger a\right]:\\&= \frac{1}{\sigma_1'\sigma_2'}:\exp\left[\frac{1}{2}\left(\frac{1}{2\sigma_2'^2}-\frac{1}{2\sigma_1'^2}\right)(a^{\dagger 2}-a^2)-\left(\frac{1}{2\sigma_2'^2}+\frac{1}{2\sigma_1'^2}\right)a^\dagger a\right]:\\&= \frac{1}{\sigma_1'\sigma_2'}:e^{-\frac{Q^2}{2\sigma_1'^2}-\frac{P^2}{2\sigma_2'^2}}:\end{aligned} \tag{11.20}$$

其中

$$\begin{aligned}\sigma_1^2\to\sigma_1'^2&=1-\left(1-\sigma_1^2\right)e^{-2\kappa t}<\sigma_1^2,\\\sigma_2^2\to\sigma_2'^2&=1-\left(1-\sigma_2^2\right)e^{-2\kappa t}<\sigma_2^2\end{aligned} \tag{11.21}$$

可见 $\rho(t)$ 仍是高斯分布. 比较(11.20)式与(11.14)式可看出压缩混沌场的耗散过程可以被归诸于两个方差值的衰减演化,这是非常鲜明的特点,并且容易被记忆.

- 平均光子数的衰减演化

初始密度算符 $\rho(0)$ 包含光子数的信息是

$$\begin{aligned}\langle N\rangle_0 &\equiv \mathrm{Tr}\left(\rho(0)a^\dagger a\right)=\mathrm{Tr}\left(a^\dagger\rho(0)a\right)-1\\&=\mathrm{Tr}\left\{\int\frac{d^2z}{\sigma_1\sigma_2\pi}|z\rangle\langle z|a^\dagger:\exp\left[\left(\frac{1}{2\sigma_2^2}-\frac{1}{2\sigma_1^2}\right)\frac{a^{\dagger 2}+a^2}{2}\right.\right.\\&\quad\left.\left.-\left(\frac{1}{2\sigma_2^2}+\frac{1}{2\sigma_1^2}\right)a^\dagger a\right]:a\right\}-1\end{aligned}$$

$$= \frac{1}{\sigma_1\sigma_2}\int\frac{\mathrm{d}^2 z}{\pi}|z|^2\exp\left[\left(\frac{1}{2\sigma_2^2}-\frac{1}{2\sigma_1^2}\right)\frac{z^{*2}+z^2}{2}-\left(\frac{1}{2\sigma_2^2}+\frac{1}{2\sigma_1^2}\right)|z|^2\right]-1$$

$$= \frac{\sigma_1^2+\sigma_2^2}{2}-1$$

$$= \left(\bar{n}+\frac{1}{2}\right)\cosh 2r-\frac{1}{2}=\bar{n}\cosh 2r+\sinh^2 r \tag{11.22}$$

由(11.20)式和(11.23)式立即得到 t 时刻的光子数为

$$\langle N\rangle_t=\mathrm{tr}\left[\rho(t)\,a^\dagger a\right]=\frac{\sigma_1'^2+\sigma_2'^2}{2}-1$$

$$=\left(\frac{\sigma_1^2+\sigma_2^2}{2}-1\right)\mathrm{e}^{-2\kappa t}=\left(\bar{n}\cosh 2r+\sinh^2 r\right)\mathrm{e}^{-2\kappa t} \tag{11.23}$$

比较(11.24)式可看出初态的光子数指数衰减为

$$\langle N\rangle_t=\langle N\rangle_0\,\mathrm{e}^{-2\kappa t} \tag{11.24}$$

这是正如预期的.

- 光子数的相对涨落和二阶相干度

鉴于

$$a^\dagger a a^\dagger a=\left(aa^\dagger-1\right)\left(aa^\dagger-1\right)=a^2a^{\dagger 2}-2aa^\dagger+1=a^2a^{\dagger 2}-2a^\dagger a-1 \tag{11.25}$$

我们有

$$\mathrm{tr}\left[\rho(0)\,a^\dagger a a^\dagger a\right]=\mathrm{tr}\left[a^2a^{\dagger 2}\rho(0)\right]-2\langle N\rangle_0-1 \tag{11.26}$$

于是由(11.14)式可得

$$\mathrm{tr}\left[a^2a^{\dagger 2}\rho(0)\right]$$

$$=\frac{1}{\sigma_1\sigma_2}\times$$

$$\mathrm{tr}\left\{\int\frac{\mathrm{d}^2 z}{\pi}|z\rangle\langle z|\,a^{\dagger 2}:\exp\left[\left(\frac{1}{2\sigma_2^2}-\frac{1}{2\sigma_1^2}\right)\frac{a^{\dagger 2}+a^2}{2}-\left(\frac{1}{2\sigma_2^2}+\frac{1}{2\sigma_1^2}\right)a^\dagger a\right]:a^2\right\}$$

$$=\frac{1}{\sigma_1\sigma_2}\int\frac{\mathrm{d}^2 z}{\pi}|z|^4\exp\left[\left(\frac{1}{2\sigma_2^2}-\frac{1}{2\sigma_1^2}\right)\frac{z^{*2}+z^2}{2}-\left(\frac{1}{2\sigma_2^2}+\frac{1}{2\sigma_1^2}\right)|z|^2\right] \tag{11.27}$$

再用(9.51)式便可算出结果. 随后即可根据光子数的二阶相干度定义展开讨论,这留给读者作为练习.

11.3 能生成单模压缩态的系统的熵

能生成单模压缩态的哈密顿量是

$$H_1 = \omega a^\dagger a + \kappa^* a^{\dagger 2} + \kappa a^2 \tag{11.28}$$

记相应的密度算符为 ρ_1:

$$\rho_1 \left(\operatorname{tr} \mathrm{e}^{-\beta \hat{H}_1}\right) = \mathrm{e}^{-\beta \hat{H}_1} = \mathrm{e}^{-\beta\left(\omega a^\dagger a + \kappa^* a^{\dagger 2} + \kappa a^2\right)} \tag{11.29}$$

借助于算符恒等式

$$\mathrm{e}^A B \mathrm{e}^{-A} = B + [A, B] + \frac{1}{2!}[A,[A,B]] + \frac{1}{3!}[A,[A,[A,B]]] + \cdots \tag{11.30}$$

我们能导出

$$\exp\left[f a^\dagger a + g a^{\dagger 2} + k a^2\right] = \mathrm{e}^{-f/2} \mathrm{e}^{\frac{g a^{\dagger 2}}{\mathcal{D} \coth \mathcal{D} - f}} \mathrm{e}^{\left(a^\dagger a + \frac{1}{2}\right) \ln \frac{\mathcal{D} \operatorname{sech} \mathcal{D}}{\mathcal{D} - f \tanh \mathcal{D}}} \mathrm{e}^{\frac{k a^2}{\mathcal{D} \coth \mathcal{D} - f}} \tag{11.31}$$

其中

$$\mathcal{D}^2 = f^2 - 4kg \tag{11.32}$$

故而有

$$\mathrm{e}^{-\beta \hat{H}_1} = \sqrt{\lambda \mathrm{e}^{\beta\omega}} \mathrm{e}^{E^* a^{\dagger 2}} \mathrm{e}^{a^\dagger a \ln \lambda} \mathrm{e}^{E a^2} \tag{11.33}$$

这里

$$\lambda = \frac{D}{\omega \sinh(\beta D) + D \cosh(\beta D)} \tag{11.34}$$

$$E = \frac{-\lambda}{D} \kappa \sinh(\beta D), \quad D^2 = \omega^2 - 4|\kappa|^2 \tag{11.35}$$

用(11.34)式以及 IWOP 方法可给出

$$\begin{aligned}
\mathrm{e}^{-\beta \hat{H}_1} &= \sqrt{\lambda \mathrm{e}^{\beta\omega}} \mathrm{e}^{E^* a^{\dagger 2}} : \exp\left\{(\lambda - 1) a^\dagger a\right\} : \mathrm{e}^{E a^2} \\
&= \sqrt{\lambda \mathrm{e}^{\beta\omega}} \mathrm{e}^{E^* a^{\dagger 2}} \int \frac{\mathrm{d}^2 z}{\pi} : \mathrm{e}^{-|z|^2 + \sqrt{\lambda} z^* a^\dagger + \sqrt{\lambda} z a - a^\dagger a} : \mathrm{e}^{E a^2}
\end{aligned} \tag{11.36}$$

在这里引入另一虚模场 $\tilde{a}^\dagger$ 及相应的相干态 $|\tilde{z}\rangle = \mathrm{e}^{-\frac{|z|^2}{2} + z\tilde{a}^\dagger}|\tilde{0}\rangle$,可将(11.37)式写成

$$\begin{aligned}
\mathrm{e}^{-\beta \hat{H}_1} &= \sqrt{\lambda \mathrm{e}^{\beta\omega}} \int \frac{\mathrm{d}^2 z}{\pi} \mathrm{e}^{E^* a^{\dagger 2} + \sqrt{\lambda} z^* a^\dagger} |0\rangle \langle 0| \mathrm{e}^{E a^2 + \sqrt{\lambda} z a} \langle \tilde{z} | \tilde{0} \rangle \langle \tilde{0} | \tilde{z} \rangle \\
&= \sqrt{\lambda \mathrm{e}^{\beta\omega}} \int \frac{\mathrm{d}^2 z}{\pi} \langle \tilde{z} | \mathrm{e}^{E^* a^{\dagger 2} + \sqrt{\lambda} z^* a^\dagger} |0\tilde{0}\rangle \langle 0\tilde{0}| \mathrm{e}^{E a^2 + \sqrt{\lambda} z a} |\tilde{z}\rangle
\end{aligned}$$

$$= \sqrt{\lambda \mathrm{e}^{\beta\omega}}\widetilde{\mathrm{tr}}\left[\mathrm{e}^{E^* a^{\dagger 2}+\sqrt{\lambda}a^\dagger \tilde{a}^\dagger}\left|0\tilde{0}\right\rangle\left\langle 0\tilde{0}\right|\mathrm{e}^{Ea^2+\sqrt{\lambda}a\tilde{a}}\right] \tag{11.37}$$

让混合态 $\mathrm{e}^{-\beta \hat{H}_1}/Z_1(\beta)$ 等同于 $\widetilde{\mathrm{tr}}\left(\left|\phi(\beta)\right\rangle\left\langle\phi(\beta)\right|\right)$:

$$\mathrm{e}^{-\beta \hat{H}_1} = \mathrm{tr}\left(\mathrm{e}^{-\beta \hat{H}_1}\right)\widetilde{\mathrm{tr}}\left[\left|\phi(\beta)\right\rangle\left\langle\phi(\beta)\right|\right] \tag{11.38}$$

对比(11.37)式与(11.38)式,我们得到相应于(11.29)式中 H_1 的热真空态 $|\phi(\beta)\rangle$:

$$\left|\phi(\beta)\right\rangle = \sqrt{\frac{\lambda^{1/2}\mathrm{e}^{\beta\omega/2}}{\mathrm{tr}\mathrm{e}^{-\beta \hat{H}_1}}}\mathrm{e}^{E^* a^{\dagger 2}+\sqrt{\lambda}a^\dagger \tilde{a}^\dagger}\left|0\tilde{0}\right\rangle \tag{11.39}$$

进而计算配分函数

$$Z(\beta) = \mathrm{tr}\,\mathrm{e}^{-\beta \hat{H}_1} = \mathrm{tr}\left[\sqrt{\lambda \mathrm{e}^{\beta\omega}}\mathrm{e}^{E^* a^{\dagger 2}} : \mathrm{e}^{(\lambda-1)a^\dagger a} : \mathrm{e}^{Ea^2}\right] \tag{11.40}$$

用完备性关系 $\int \frac{\mathrm{d}^2 z}{\pi}\left|z\right\rangle\left\langle z\right| = 1$ 及积分公式

$$\int \frac{\mathrm{d}^2 z}{\pi}\mathrm{e}^{\zeta|z|^2+\xi z+\eta z^*+fz^2+gz^{*2}} = \frac{1}{\sqrt{\zeta^2-4fg}}\exp\left(\frac{-\zeta\xi\eta+\xi^2 g+\eta^2 f}{\zeta^2-4fg}\right) \tag{11.41}$$

得到

$$\begin{aligned}\mathrm{tr}\,\mathrm{e}^{-\beta \hat{H}_1} &= \sqrt{\lambda \mathrm{e}^{\beta\omega}}\int \frac{\mathrm{d}^2 z}{\pi}\left\langle z\right|\mathrm{e}^{E^* a^{\dagger 2}} : \mathrm{e}^{(\lambda-1)a^\dagger a} : \mathrm{e}^{Ea^2}\left|z\right\rangle \\ &= \sqrt{\frac{\lambda \mathrm{e}^{\beta\omega}}{(1-\lambda)^2-4\left|E\right|^2}} = \frac{\mathrm{e}^{\beta\omega/2}}{2\sinh(\beta D/2)}\end{aligned} \tag{11.42}$$

代入(11.39)式,得

$$\left|\phi(\beta)\right\rangle = \Gamma^{1/4}\mathrm{e}^{E^* a^{\dagger 2}+\sqrt{\lambda}a^\dagger \tilde{a}^\dagger}\left|0\tilde{0}\right\rangle \tag{11.43}$$

这里

$$\Gamma^{1/4} = \sqrt{2\lambda^{1/2}\sinh(\beta D/2)}, \quad \lambda = \frac{D}{\omega\sinh\beta D + D\cosh\beta D} \tag{11.44}$$

用双模相干态完备性 $\int \frac{\mathrm{d}^2 \tilde{z}\mathrm{d}^2 z}{\pi^2}\left|z,\tilde{z}\right\rangle\left\langle z,\tilde{z}\right| = 1$,以及 IWOP 方法可知归一化

$$\left\langle\phi(\beta)\right|\left.\phi(\beta)\right\rangle = 1 \tag{11.45}$$

以上引入纯态 $|\phi(\beta)\rangle$ 使得统计量的计算变得简易.

- 熵的计算

由(11.35)式和(11.36)式给出

$$(1-\lambda)^2-4\left|E\right|^2 = 4\lambda\sinh^2(\beta D/2) \tag{11.46}$$

再用(11.40)式计算

$$\begin{aligned}\langle\phi(\beta)|\,aa^\dagger\,|\phi(\beta)\rangle &= \Gamma^{1/2}\int\frac{\mathrm{d}^2\tilde{z}\mathrm{d}^2z}{\pi^2}\langle 0\tilde{0}|\,\mathrm{e}^{Ez^2+\sqrt{\lambda}z\tilde{z}}z\,|z,\tilde{z}\rangle\langle z,\tilde{z}|\,z^*\mathrm{e}^{E^*z^{*2}+\sqrt{\lambda}z^*\tilde{z}^*}\,|0\tilde{0}\rangle\\ &= \Gamma^{1/2}\int\frac{\mathrm{d}^2z}{\pi}|z|^2\exp\left[-(1-\lambda)|z|^2+Ez^2+E^*z^{*2}\right]\\ &= \Gamma^{1/2}\frac{\partial}{\partial\lambda}\int\frac{\mathrm{d}^2z}{\pi}\exp[-(1-\lambda)|z|^2+Ez^2+E^*z^{*2}]\\ &= \Gamma^{1/2}\frac{\partial}{\partial\lambda}\frac{1}{\sqrt{(1-\lambda)^2-4EE^*}}\\ &= \frac{\omega}{2D}\coth\left(\frac{\beta D}{2}\right)+\frac{1}{2}\end{aligned}\tag{11.47}$$

接着有

$$\begin{aligned}\langle\phi(\beta)|\,\omega a^\dagger a\,|\phi(\beta)\rangle &= \langle\phi(\beta)|\,\omega\left(aa^\dagger-1\right)|\phi(\beta)\rangle\\ &= \omega\Gamma^{1/2}\frac{\partial}{\partial\lambda}\frac{1}{\sqrt{(1-\lambda)^2-4EE^*}}-\omega\\ &= \frac{\omega^2}{2D}\coth\left(\frac{\beta D}{2}\right)-\frac{\omega}{2}\\ &= \frac{\omega}{2}\left[\frac{\omega}{D}\coth\left(\frac{\beta D}{2}\right)-1\right]\end{aligned}\tag{11.48}$$

而且可以算出

$$\begin{aligned}\langle\phi(\beta)|\,\kappa^*a^{\dagger 2}\,|\phi(\beta)\rangle &= \kappa^*\Gamma^{1/2}\int\frac{\mathrm{d}^2\tilde{z}\mathrm{d}^2z}{\pi^2}\langle 0\tilde{0}|\,\mathrm{e}^{Ez^2+\sqrt{\lambda}z\tilde{z}}\,|z,\tilde{z}\rangle\langle z,\tilde{z}|\,z^{*2}\mathrm{e}^{E^*z^{*2}+\sqrt{\lambda}z^*\tilde{z}^*}\,|0\tilde{0}\rangle\\ &= \kappa^*\Gamma^{1/2}\int\frac{\mathrm{d}^2z}{\pi}z^{*2}\exp\left[-(1-\lambda)|z|^2+Ez^2+E^*z^{*2}\right]\\ &= \kappa^*\Gamma^{1/2}\frac{\partial}{\partial E^*}\int\frac{\mathrm{d}^2z}{\pi}\exp\left[-(1-\lambda)|z|^2+Ez^2+E^*z^{*2}\right]\\ &= \kappa^*\Gamma^{1/2}\frac{\partial}{\partial E^*}\frac{1}{\sqrt{(1-\lambda)^2-4EE^*}}\\ &= -\frac{|\kappa|^2}{D}\coth\left(\frac{\beta D}{2}\right)\end{aligned}\tag{11.49}$$

是一个实数,故

$$\langle\phi(\beta)|\,\kappa a^2\,|\phi(\beta)\rangle = -\frac{|\kappa|^2}{D}\coth\left(\frac{\beta D}{2}\right)\tag{11.50}$$

结合方程(11.48)~方程(11.51),我们得到生成压缩态的系统的熵:

$$\begin{aligned}S &= -K\langle\phi(\beta)|\ln\rho\,|\phi(\beta)\rangle = -K\langle\phi(\beta)|\ln\frac{\mathrm{e}^{-\beta\hat{H}_1}}{\mathrm{tr}\mathrm{e}^{-\beta\hat{H}_1}}\,|\phi(\beta)\rangle\\ &= K\beta\{\langle\phi(\beta)|\left[\omega a^\dagger a+\kappa^*a^{\dagger 2}+\kappa a^2\right]|\phi(\beta)\rangle-\beta\omega/2+\ln\left[2\sinh\left(\beta D/2\right)\right]\}\\ &= \left(\frac{\omega^2}{2}-2|\kappa|^2\right)\frac{1}{DT}\coth\left(\frac{\beta D}{2}\right)-K\ln\left[2\sinh\left(\beta D/2\right)\right]\end{aligned}$$

$$= \frac{D}{2T}\coth(\beta D/2) - K\ln[2\sinh(\beta D/2)] \tag{11.51}$$

我们也可以采用 Weyl-Wigner 理论计算熵. 令 $\ln\rho$ 的经典 Weyl 对应是 $\mathfrak{A}(\alpha)$,有

$$\ln\rho = 2\int d^2\alpha\Delta(\alpha)\mathfrak{A}(\alpha), \quad \alpha = (x + ip)/\sqrt{2} \tag{11.52}$$

其中 $\Delta(\alpha)$ 是 Wigner 算符,而

$$\mathfrak{A}(\alpha) = -\beta\omega|\alpha|^2 + \kappa\alpha^2 + \kappa^*\alpha^{\dagger 2} \tag{11.53}$$

计算

$$\begin{aligned} S &= -K\langle\phi(\beta)|\ln\rho|\phi(\beta)\rangle \\ &= -K\langle\phi(\beta)|2\int d^2\alpha\Delta(\alpha)\mathfrak{A}(\alpha)|\phi(\beta)\rangle \end{aligned} \tag{11.54}$$

接着是要导出 $\langle\phi(\beta)|\Delta(\alpha)|\phi(\beta)\rangle$,用 Wigner 算符的相干态表象

$$\Delta(\alpha) = e^{2|\alpha|^2}\int\frac{d^2z}{\pi^2}|z\rangle\langle -z|e^{-2(z\alpha^* - z^*\alpha)} \tag{11.55}$$

得到

$$\begin{aligned} \langle\phi(\beta)|\Delta(\alpha)|\phi(\beta)\rangle &= e^{2|\alpha|^2}\int\frac{d^2z}{\pi}\langle\phi(\beta)|z\rangle\langle -z|\phi(\beta)\rangle e^{-2(z\alpha^* - z^*\alpha)} \\ &= \Gamma^{1/2}e^{2|\alpha|^2}\int\frac{d^2z}{\pi}\exp[-(1+\lambda)|z|^2 - 2\alpha^*z + 2\alpha z^* + Ez^2 + E^*z^{*2}] \\ &= \frac{\tanh(\beta D/2)}{\pi}\exp\left\{-\frac{2}{D}\left[\omega|\alpha|^2 + \left(\kappa\alpha^2 + \kappa^*\alpha^{\dagger 2}\right)\right]\cdot\tanh(\beta D/2)\right\} \end{aligned} \tag{11.56}$$

将它代入(11.55)式,导致

$$\begin{aligned} S &= 2\int d^2\alpha\Delta(\alpha)\left\{-\beta\omega|\alpha|^2 + \kappa\alpha^2 + \kappa^*\alpha^{\dagger 2} + \ln[2\sinh(\beta D/2)]\right\} \\ &= -2K\int\frac{d^2\alpha}{\pi}\tanh(\beta D/2)\left\{-\beta\omega|\alpha|^2 + \kappa\alpha^2 + \kappa^*\alpha^{\dagger 2} + \ln[2\sinh(\beta D/2)]\right\} \\ &= \exp\left\{-\frac{2}{D}\left[\omega|\alpha|^2 + \left(\kappa\alpha^2 + \kappa^*\alpha^{\dagger 2}\right)\right]\cdot\tanh(\beta D/2)\right\} \\ &= -2K\tanh(\beta D/2)\left[\frac{\beta\left(4|\kappa|^2 - \omega^2\right)}{4D\tanh^2(\beta D/2)} + \frac{\ln[2\sinh(\beta D/2)]}{2D\tanh(\beta D/2)}\right] \\ &= \frac{D}{2T}\coth(\beta D/2) - K\ln[2\sinh(\beta D/2)] \end{aligned} \tag{11.57}$$

与(11.52)式的结果相同.

小结:我们给出了新公式 $S = -K\langle\phi(\beta)|\ln\rho|\phi(\beta)\rangle$ 以求有限温度下混态 ρ 的熵,内中用了部分求迹和 IWOP 方法,这里的 $|\phi(\beta)\rangle$ 是对应 ρ 的热真空态.

第 12 章

纠缠系统的量子统计

12.1 有纠缠粒子的玻色统计

量子纠缠（quantum entanglement）的概念起源于 Einstein、Podolsky 和 Rosen（简称 EPR）于 1935 年在 *Physical Review* 期刊上的一篇论文，文中指出了两体或多体系统各部分之间的量子关联与不可分离性. 鉴于现有的量子统计理论中没有涉及量子纠缠的相关内容，例如，当多模光子系统中存在纠缠光子对时，该系统的光子数统计分布公式将会呈现怎样的变化？本节我们推导计入量子纠缠的双模光场的量子统计. 我们结合有序算符内的积分理论和第 6 章讲到的热真空态理论解决这个问题.

计入量子纠缠的双模光场的哈密顿量为

$$H = \omega(a^{\dagger}a + b^{\dagger}b) + g^{*}a^{\dagger}b^{\dagger} + gab \tag{12.1}$$

其中 g 为双模光场的纠缠系数，$g^{*}a^{\dagger}b^{\dagger} + gab$ 代表光子对的纠缠，相应的归一化密度算符

为 ρ（以下取 $\hbar = 1$）：

$$\rho = \mathrm{e}^{-\beta H} / \left(\operatorname{tr} \mathrm{e}^{-\beta H}\right) = \mathrm{e}^{-\beta\omega(a^\dagger a + b^\dagger b) - \beta g^* a^\dagger b^\dagger - \beta g ab} / \left(\operatorname{tr} \mathrm{e}^{-\beta H}\right) \tag{12.2}$$

那么其光子数分布公式应该对已知的无纠缠情形做如何修正呢？考虑到密度算符是混合态，计算它的系综平均比较繁复，我们将通过引入有量子纠缠的双模光场的热真空态来解决此问题. 因为热真空态是一种纯态，用它来替代混合态计算平均值比较方便，但相应的自由度要加倍，增加的模通常称为虚模. 为了导出对应于 ρ 的热真空态，注意到 $a^\dagger a + b^\dagger b + 1, a^\dagger b^\dagger, ab$ 满足 SU(1,1) 李代数，可以做如下分解：

$$\begin{aligned} &\exp[h(a^\dagger a + b^\dagger b) + m a^\dagger b^\dagger + n ab] \\ &\quad = \mathrm{e}^{-h} \exp(A a^\dagger b^\dagger) \exp\left[\left(a^\dagger a + b^\dagger b + 1\right) C\right] \exp(Bab) \end{aligned} \tag{12.3}$$

其中

$$\begin{aligned} A &= \frac{m}{E\coth E - h}, \\ B &= \frac{n}{E\coth E - h}, \\ C &= \ln \frac{E}{E\coth E - h\sinh E}, \\ E^2 &= h^2 - mn \end{aligned} \tag{12.4}$$

借助于（12.3）式，可以将 $\mathrm{e}^{-\beta H}$ 分解为正规排序：

$$\begin{aligned} \mathrm{e}^{-\beta H} &= \exp[-\beta\omega(a^\dagger a + b^\dagger b) - \beta g^* a^\dagger b^\dagger - \beta g ab] \\ &= \varepsilon \exp(\mu^* a^\dagger b^\dagger) {:} \exp[(\mathrm{e}^\kappa - 1) a^\dagger a + (\mathrm{e}^\kappa - 1) b^\dagger b] {:} \exp(\mu ab) \end{aligned} \tag{12.5}$$

其中

$$\begin{aligned} \varepsilon &= \mathrm{e}^{\beta\omega} \mathrm{e}^{\kappa}, \\ \kappa &= \ln\left(\frac{M}{M\cosh M + \beta\omega \sinh M}\right), \\ M &= \beta\sqrt{\omega^2 - |g|^2}, \\ \mu &= \frac{-\beta g}{M\coth M + \beta\omega} \end{aligned} \tag{12.6}$$

利用双模真空态投影算符的正规乘积形式：$\exp(-a^\dagger a - b^\dagger b){:} = |00\rangle\langle 00|$（符号 ${:}{:}$ 代表正规乘积排序）和虚模相干态的完备性

$$\int \frac{\mathrm{d}^2 z}{\pi} |\tilde{z}\rangle\langle\tilde{z}| = 1 \tag{12.7}$$

这里 $|\tilde{z}\rangle$ 是虚模相干态，$|\tilde{z}\rangle = \exp\left(z\tilde{a}^\dagger - z^*\tilde{a}\right)|\tilde{0}\rangle$，$\tilde{a}|\tilde{z}\rangle = z|\tilde{z}\rangle$，$\langle\tilde{0}|\tilde{z}\rangle = \mathrm{e}^{-|z|^2/2}$，参照下式中有序算符内的积分：

$$
\begin{aligned}
\mathrm{e}^{-\omega a^\dagger a} &= :\exp\left[\left(\mathrm{e}^{-\beta\omega}-1\right)a^\dagger a\right]: \\
&= \int \frac{\mathrm{d}^2 z}{\pi} :\exp\left[-|z|^2 + z^* a^\dagger \mathrm{e}^{-\beta\omega/2} + za\mathrm{e}^{-\beta\omega/2} - a^\dagger a\right]: \\
&= \int \frac{\mathrm{d}^2 z}{\pi} \mathrm{e}^{z^* a^\dagger \mathrm{e}^{-\beta\omega/2}} |0\rangle\langle 0| \mathrm{e}^{za\mathrm{e}^{-\beta\omega/2}} \left\langle\tilde{z}|\tilde{0}\right\rangle\left\langle\tilde{0}|\tilde{z}\right\rangle \\
&= \int \frac{\mathrm{d}^2 z}{\pi} \left\langle\tilde{z}|\mathrm{e}^{\tilde{a}^\dagger a^\dagger \mathrm{e}^{-\beta\omega/2}}|0\tilde{0}\right\rangle\left\langle 0\tilde{0}|\mathrm{e}^{\tilde{a}a\mathrm{e}^{-\beta\omega/2}}|\tilde{z}\right\rangle \\
&= \widetilde{\mathrm{tr}}\left[\mathrm{e}^{\tilde{a}^\dagger a^\dagger \mathrm{e}^{-\beta\omega/2}}\left|0\tilde{0}\right\rangle\left\langle 0\tilde{0}\right|\mathrm{e}^{\tilde{a}a\mathrm{e}^{-\beta\omega/2}}\right]
\end{aligned} \tag{12.8}
$$

其中态 $\mathrm{e}^{\tilde{a}^\dagger a^\dagger \mathrm{e}^{-\beta\omega/2}}\left|0\tilde{0}\right\rangle$ 对应的便是 $\mathrm{e}^{-\omega a^\dagger a}$ 的热真空态，我们可以将（12.5）式改写为

$$
\begin{aligned}
\mathrm{e}^{-\beta H} &= \varepsilon \int \frac{\mathrm{d}^2 z_1 \mathrm{d}^2 z_2}{\pi^2} \\
&\quad \times \left\langle\tilde{z}_1\tilde{z}_2\right| \mathrm{e}^{\mu^* a^\dagger b^\dagger + z_1^* a^\dagger \mathrm{e}^{\kappa/2} + z_2^* b\mathrm{e}^{\kappa/2}} \left|00\tilde{0}\tilde{0}\right\rangle\left\langle 00\tilde{0}\tilde{0}\right| \mathrm{e}^{\mu ab + z_1 a\mathrm{e}^{\kappa/2} + z_2 b\mathrm{e}^{\kappa/2}} \left|\tilde{z}_1\tilde{z}_2\right\rangle \\
&= \varepsilon \int \frac{\mathrm{d}^2 z_1 \mathrm{d}^2 z_2}{\pi^2} \left\langle\tilde{z}_1\tilde{z}_2\right| \mathrm{e}^{\mu^* a^\dagger b^\dagger + a^\dagger\tilde{a}^\dagger \mathrm{e}^{\kappa/2} + b\tilde{b}^\dagger \mathrm{e}^{\kappa/2}} \left|00\tilde{0}\tilde{0}\right\rangle\left\langle 00\tilde{0}\tilde{0}\right| \mathrm{e}^{\mu ab + \tilde{a}a\mathrm{e}^{\kappa/2} + \tilde{b}b\mathrm{e}^{\kappa/2}} \left|\tilde{z}_1\tilde{z}_2\right\rangle \\
&= \widetilde{\mathrm{tr}}[\varepsilon \mathrm{e}^{\mu^* a^\dagger b^\dagger + a^\dagger\tilde{a}^\dagger \mathrm{e}^{\kappa/2} + b\tilde{b}^\dagger \mathrm{e}^{\kappa/2}} \left|00\tilde{0}\tilde{0}\right\rangle\left\langle 00\tilde{0}\tilde{0}\right| \mathrm{e}^{\mu ab + \tilde{a}a\mathrm{e}^{\kappa/2} + \tilde{b}b\mathrm{e}^{\kappa/2}}]
\end{aligned} \tag{12.9}
$$

其中 $\left|00\tilde{0}\tilde{0}\right\rangle = \left|0\tilde{0}\right\rangle_a\left|0\tilde{0}\right\rangle_b$. 再利用关系 $\rho Z(\beta) = \mathrm{e}^{-\beta H}$（其中 $Z(\beta)$ 为系统的配分函数）和（12.9）式可以得到

$$
\rho = \widetilde{\mathrm{tr}}\left[|\varphi(\beta)\rangle\langle\varphi(\beta)|\right] \tag{12.10}
$$

这里的 $|\varphi(\beta)\rangle$ 为

$$
|\varphi(\beta)\rangle = \sqrt{\frac{\varepsilon}{Z(\beta)}} \mathrm{e}^{\mu^* a^\dagger b^\dagger + a^\dagger\tilde{a}^\dagger \mathrm{e}^{\kappa/2} + b\tilde{b}^\dagger \mathrm{e}^{\kappa/2}} \left|00\tilde{0}\tilde{0}\right\rangle, \quad \varepsilon = \mathrm{e}^{\beta\omega}\mathrm{e}^{\kappa} \tag{12.11}
$$

它就是对应 ρ 的双模热真空态，可以证明它是归一化的.

- 纠缠双模玻色场的配分函数和内能

配分函数 $Z(\beta)$ 由（12.8）式决定：

$$
\begin{aligned}
Z(\beta) &= \mathrm{tr}\left(\mathrm{e}^{-\beta H}\right) \\
&= \mathrm{tr}\{\varepsilon\exp\left(\mu^* a^\dagger b^\dagger\right) :\exp\left[\left(\mathrm{e}^{\kappa}-1\right)a^\dagger a + \left(\mathrm{e}^{\kappa}-1\right)b^\dagger b\right]: \exp(\mu ab)\}
\end{aligned} \tag{12.12}
$$

在此基础上，借助于双模相干态完备性关系和（12.12）式，并利用积分公式

$$
\int \frac{\mathrm{d}^2 z}{\pi} \exp\left[-h|z|^2 + \eta z^* + \xi z\right] = \frac{1}{h}\exp\left(\frac{\eta\xi}{h}\right) \tag{12.13}
$$

可以计算出

$$
\begin{aligned}
Z(\beta) &= \varepsilon \int \frac{\mathrm{d}^2 z_1 \mathrm{d}^2 z_2}{\pi^2} \langle z_1 z_2 | \mathrm{e}^{\mu^* a^\dagger b^\dagger} : \mathrm{e}^{(\mathrm{e}^\kappa - 1) a^\dagger a + (\mathrm{e}^\kappa - 1) b^\dagger b} : \mathrm{e}^{\mu a b} | z_1 z_2 \rangle \\
&= \varepsilon \int \frac{\mathrm{d}^2 z_1 \mathrm{d}^2 z_2}{\pi^2} \exp\left[(\mathrm{e}^\kappa - 1) |z_1|^2 + (\mathrm{e}^\kappa - 1) |z_2|^2 + \mu^* z_1^* z_2^* + \mu z_1 z_2 \right] \\
&= \frac{\varepsilon}{(\mathrm{e}^\kappa - 1)^2 - |\mu|^2}, \quad \varepsilon = \mathrm{e}^{\beta w} \mathrm{e}^k
\end{aligned} \tag{12.14}
$$

所以有

$$
\ln Z(\beta) = w\beta + \kappa - \ln[(K-1)^2 - |\mu|^2], \quad K = \mathrm{e}^\kappa \tag{12.15}
$$

利用配分函数 $Z(\beta)$ 与热动力学关系,系统 H 的内能 $\langle H \rangle_{\mathrm{e}}$ 可以由(12.15)式求出:

$$
\begin{aligned}
\langle H \rangle_{\mathrm{e}} &= -\frac{\partial}{\partial \beta} \ln Z(\beta) \\
&= -\omega - \frac{\partial K}{K \partial \beta} + \frac{1}{(K-1)^2 - |\mu|^2} \left[2(K-1) \frac{\partial K}{\partial \beta} - \mu \frac{\partial \mu^*}{\partial \beta} - \mu^* \frac{\partial \mu}{\partial \beta} \right]
\end{aligned} \tag{12.16}
$$

由(12.6)式计算得

$$
\frac{\partial K}{\partial \beta} = -\frac{K^2}{\beta}(M \sinh M + \beta\omega \cosh M), \quad \frac{\partial \mu}{\partial \beta} = -gK^2 \tag{12.17}
$$

将其代入(12.16)式可得

$$
\begin{aligned}
\langle H \rangle_{\mathrm{e}} &= -\omega + \frac{1}{(K-1)^2 - |\mu|^2} \\
&\quad \times \left[\frac{-1}{\beta}(M \sinh M + \beta\omega \cosh M)\left(K^2 + |\mu|^2 - 1\right) + K(g^* \mu + g \mu^*) \right]
\end{aligned} \tag{12.18}
$$

其中

$$
1 - K^2 - |\mu|^2 = \frac{2M \sinh M (M \sinh M + \beta\omega \cosh M)}{(M \cosh M + \beta\omega \sinh M)^2} \tag{12.19}
$$

$$
\begin{aligned}
(K-1)^2 - |\mu|^2 &= (K - 1 - |\mu|)(K - 1 + |\mu|) \\
&= \frac{4M \sinh^2 \frac{M}{2}}{M \cosh M + \beta\omega \sinh M}
\end{aligned} \tag{12.20}
$$

然后将(12.20)式和(12.19)式代入 $\langle H \rangle_{\mathrm{e}}$ 中,并利用

$$
(M \sinh M + \beta\omega \cosh M)^2 - |g|^2 \beta^2 = (M \cosh M + \beta\omega \sinh M)^2 \tag{12.21}
$$

得到体系的内能为

$$
\langle H \rangle_{\mathrm{e}} = -\omega + \sqrt{\omega^2 - |g|^2} \coth \frac{M}{2} \tag{12.22}
$$

- 利用 $|\varphi(\beta)\rangle$ 计算系统的内能分布

接下来采用纯态的方法来求解内能分布,注意到 $\langle\varphi(\beta)|\varphi(\beta)\rangle=1$,可以计算得到

$$\begin{aligned}\left\langle\omega a^{\dagger}a\right\rangle_{\mathrm{e}}&=\left\langle\omega b^{\dagger}b\right\rangle_{\mathrm{e}}=\frac{1}{2}\left\langle\omega\left(a^{\dagger}a+b^{\dagger}b\right)\right\rangle_{\mathrm{e}}\\&=\frac{\omega}{2}\left\langle\varphi(\beta)\right|\left(a^{\dagger}a+b^{\dagger}b\right)\left|\varphi(\beta)\right\rangle-\omega\\&=\frac{\varepsilon}{Z(\beta)}\frac{\omega}{2}\left\langle00\tilde{0}\tilde{0}\right|\exp\left(\mu ab+a\tilde{a}\mathrm{e}^{\kappa/2}+b\tilde{b}\mathrm{e}^{\kappa/2}\right)\\&\quad\times\left(aa^{\dagger}+bb^{\dagger}\right)\exp\left(\mu^{*}a^{\dagger}b^{\dagger}+a^{\dagger}\tilde{a}^{\dagger}\mathrm{e}^{\kappa/2}+b\tilde{b}^{\dagger}\mathrm{e}^{\kappa/2}\right)\left|00\tilde{0}\tilde{0}\right\rangle-\omega\end{aligned}\tag{12.23}$$

利用四模相干态的完备性关系,可以得到

$$\begin{aligned}\left\langle\omega a^{\dagger}a\right\rangle_{\mathrm{e}}=\left\langle\omega b^{\dagger}b\right\rangle_{\mathrm{e}}&=-\omega+\frac{\varepsilon}{Z(\beta)}\int\frac{\mathrm{d}^{2}z_{1}\mathrm{d}^{2}z_{2}\mathrm{d}^{2}z_{3}\mathrm{d}^{2}z_{4}}{\pi^{4}}\left|z_{2}\right|^{2}\\&\quad\times\exp\left\{-\sum_{i}\left|z_{i}\right|^{2}+\mu z_{1}z_{2}+\left(z_{1}z_{1}^{\prime}+z_{2}z_{2}^{\prime}\right)\mathrm{e}^{\kappa/2}\right.\\&\quad\left.+\mu^{*}z_{1}^{*}z_{2}^{*}+\left(z_{1}^{*}z_{1}^{\prime *}+z_{2}^{*}z_{2}^{\prime *}\right)\mathrm{e}^{\kappa/2}\right\}\\&=\frac{\omega\left(1-\mathrm{e}^{\kappa}\right)}{\left(\mathrm{e}^{\kappa}-1\right)^{2}-|\mu|^{2}}-\omega\end{aligned}\tag{12.24}$$

讨论:当双模光场中不存在纠缠,即 $g=0$ 时,$M=\beta\omega$,$\mu=0$,$\kappa=\ln\left(\frac{1}{\cosh M+\sinh M}\right)=-\beta\omega$,则双模光场系统的内能公式退化为

$$\left\langle\omega a^{\dagger}a\right\rangle_{\mathrm{e}}=\left\langle\omega b^{\dagger}b\right\rangle_{\mathrm{e}}=\frac{\omega}{\mathrm{e}^{-\kappa}-1}=\frac{\omega}{\mathrm{e}^{\beta\omega}-1}\tag{12.25}$$

这与混沌光场给出的结果一致. 同时还可求解出

$$\left\langle g^{*}a^{\dagger}b^{\dagger}\right\rangle_{\mathrm{e}}=g^{*}\left\langle\varphi(\beta)\left|a^{\dagger}b^{\dagger}\right|\varphi(\beta)\right\rangle=\frac{g^{*}\mu}{\left(\mathrm{e}^{\kappa}-1\right)^{2}-|\mu|^{2}}\tag{12.26}$$

$$\langle gab\rangle_{\mathrm{e}}=\frac{g\mu^{*}}{\left(\mathrm{e}^{\kappa}-1\right)^{2}-|\mu|^{2}}\tag{12.27}$$

小结:我们在量子统计理论中增加了涉及量子纠缠的相关内容,结合有序算符内的积分理论和热真空态理论,推导出计入量子纠缠的双模玻色场的量子统计,首次求出了计入量子纠缠的双模光场的量子统计公式,并讨论了有光子对纠缠情形下的单模光子数分布,为研究量子纠缠光场的统计特性奠定了理论基础.

12.2 纠缠态表象的高斯分布形式

研究纠缠系统最好选用纠缠态表象.

1935 年,Einstein、Podolsky 和 Rosen 三人就在一篇质疑量子力学的不完备性的论文中指出两粒子的相对坐标和其总动量算符是可对易的,对于其中一个粒子的任何测量会影响到另一个,于是人们对于这两个粒子的量子行为不能只是孤立地考虑其中之一,这被称为量子纠缠. 那么,是否存在纠缠态表象呢? 迄今为止,尚未有见国际上流行的量子力学教科书介绍纠缠态表象. 究其原因,可能是越是简洁的公式越是隐蔽得深吧. 但是,用有序算符内的积分理论,它是很容易被发现的. 一旦发现了它,就会有"柳暗花明又一村"的感觉,其应用就很广泛.

用有序算符内的积分技术可以立即发现存在纠缠态表象. 将相干态的完备性 $\int \frac{\mathrm{d}^2 z}{\pi} :\exp[-(z-a)(z^*-a^\dagger)]:=1$ 推广为

$$
\begin{aligned}
&\int \frac{\mathrm{d}^2\eta}{\pi} :\mathrm{e}^{-\left(\eta-a_1+a_2^\dagger\right)\left(\eta^*-a_1^\dagger+a_2\right)}: \\
&\quad=\int \frac{\mathrm{d}^2\eta}{\pi} :\mathrm{e}^{-|\eta|^2+\eta a^\dagger-\eta^* b^\dagger+a^\dagger b^\dagger+\eta^* a-\eta b+ab-a^\dagger a-b^\dagger b}:=1
\end{aligned} \tag{12.28}
$$

再用 $|00\rangle\langle 00|=:\mathrm{e}^{-a_1^\dagger a_1-a_2^\dagger a_2}:$,可将(12.28)式改写为完备性:

$$
\int \frac{\mathrm{d}^2\eta}{\pi} |\eta\rangle\langle\eta|=1 \tag{12.29}
$$

其中

$$
|\eta\rangle=\exp\left[-\frac{1}{2}|\eta|^2+\eta a_1^\dagger-\eta^* a_2^\dagger+a_1^\dagger a_2^\dagger\right]|00\rangle \tag{12.30}
$$

就是我们要找的两粒子纠缠态的 Fock 表示. 它满足本征态方程

$$
\left(a_1-a_2^\dagger\right)|\eta\rangle=\eta|\eta\rangle, \quad \left(a_1^\dagger-a_2\right)|\eta\rangle=\eta^*|\eta\rangle \tag{12.31}
$$

由此可证

$$
\langle\eta'|\left(a_1-a_2^\dagger\right)|\eta\rangle=\eta\langle\eta'|\eta\rangle=\eta'\langle\eta'|\eta\rangle \tag{12.32}
$$

$$
\langle\eta'|\left(a_1^\dagger-a_2\right)|\eta\rangle=\eta^*\langle\eta'|\eta\rangle=\eta'^*\langle\eta'|\eta\rangle \tag{12.33}
$$

所以有正交性

$$
\langle\eta'|\eta\rangle=\pi\delta\left(\eta-\eta'\right)\delta\left(\eta^*-\eta'^*\right) \tag{12.34}
$$

或鉴于与坐标、动量的关系：

$$Q_i = \frac{a_i + a_i^\dagger}{\sqrt{2}}, \quad P_i = \frac{a_i - a_i^\dagger}{\sqrt{2}\mathrm{i}} \tag{12.35}$$

得到

$$(Q_1 - Q_2)|\eta\rangle = \sqrt{2}\eta_1|\eta\rangle, \quad (P_1 + P_2)|\eta\rangle = \sqrt{2}\eta_2|\eta\rangle, \quad \eta = \eta_1 + \mathrm{i}\eta_2 \tag{12.36}$$

$[(Q_1 - Q_2), (P_1 + P_2)] = 0$，所以 $|\eta\rangle$ 是相互对易的相对坐标 $Q_1 - Q$ 和总动量 $P_1 + P_2$ 的共同本征态. 这恰好是爱因斯坦等三人在 1935 年提出的量子纠缠的态矢量，我们称为纠缠态表象.

但是，1935 年爱因斯坦等三人发表的“佯谬”论文，给出的只是二粒子系统态的波函数，而没有进而深入导出此态的具体形式，百密一疏. 爱因斯坦没有从其波函数求出相应的态矢量，也许他不知道怎样求，更不用说求此态的归一化系数了. 要知道光写出波函数是不够的，因为波函数只是相应量子态的某个表象. 上面我们用有序算符内的积分理论，正确无误地导出此态，构建了完备正交的纠缠态表象（理论形式优美），并算出其归一化为奇异的 Delta 函数，这说明 EPR 文中的态是非物理的，即实验上不能实现的态，拿这个态来说因果律好比是叶公好龙，因为龙并不存在. 就是说，爱因斯坦所说的“鬼魅般的超距作用”就测量两粒子坐标和动量而言并不存在. 至于内禀自旋的纠缠，另当别论.

海森堡的坐标和动量的不可能同时确定，从爱因斯坦看来不是“实在的元素”. 爱因斯坦的论文用两粒子相对坐标和总动量对易来反驳海森堡，第一个粒子的坐标和第二个粒子的动量可以同时测，于是根据纠缠性也可以推断第一个粒子的动量和第二个粒子的坐标，因此它们都是实在的元素了.

其实，爱因斯坦没有注意到，两粒子相对坐标和总动量这一对量还存在着另一对共轭量，即两粒子质心坐标和相对动量，这两组互为共轭的量也是不能同时确定的，所以海森堡的理论并没有被爱因斯坦彻底驳斥倒.

爱因斯坦及其合作者在论文的结束语中写道：“虽然我们这样证明了波函数并不对物理实在提供一个完备的描述，我们还是没有解决是否存在这样一种完备的描述的问题. 但是我们相信，这样一种理论是可能的.”纠缠态表象的建立证实了这个信念.

可以证明 $|\eta\rangle$ 在坐标表象中的 Schmidt 分解是

$$|\eta = \eta_1 + \mathrm{i}\eta_2\rangle = \mathrm{e}^{-\mathrm{i}\eta_2\eta_1}\int_{-\infty}^{+\infty}\mathrm{d}q\,|q\rangle_1 \otimes \left|q - \sqrt{2}\eta_1\right\rangle_2 \mathrm{e}^{\mathrm{i}\sqrt{2}\eta_2 q} \tag{12.37}$$

其中 $|q\rangle_i$（$i = 1,2$）是坐标本征态; $|\eta\rangle$ 在动量表象中的 Schmidt 分解是

$$|\eta\rangle = \mathrm{e}^{-\mathrm{i}\eta_1\eta_2}\int_{-\infty}^{+\infty}\mathrm{d}p\left|p + \sqrt{2}\eta_2\right\rangle_1 \otimes |-p\rangle_2\,\mathrm{e}^{-\mathrm{i}\sqrt{2}\eta_1 p} \tag{12.38}$$

又鉴于 $\{(Q_1-Q_2),(P_1+P_2)\}$ 与 $\{(P_1-P_2),(Q_1+Q_2)\}$ 互为共轭,用同一方法我们可以构造与 $|\eta\rangle$ 互为共轭的态矢量 $|\xi\rangle$:

$$|\xi\rangle=\exp\left[-\frac{1}{2}|\xi|^2+\xi a_1^\dagger+\xi^* a_2^\dagger-a_1^\dagger a_2^\dagger\right]|00\rangle \tag{12.39}$$

其完备性也是正态分布形式:

$$\int\frac{\mathrm{d}^2\xi}{\pi}|\xi\rangle\langle\xi|=\int\frac{\mathrm{d}^2\eta}{\pi}:\mathrm{e}^{-\left(\xi-a_1-a_2^\dagger\right)\left(\xi^*-a_1^\dagger-a_2\right)}:=1 \tag{12.40}$$

正交性是

$$\langle\xi'|\xi\rangle=\pi\delta\left(\xi'-\xi\right)\delta\left(\xi'^*-\xi^*\right) \tag{12.41}$$

$|\xi\rangle$ 满足的本征态方程是

$$\left(a_1+a_2^\dagger\right)|\xi\rangle=\xi|\xi\rangle,\quad\left(a_2+a_1^\dagger\right)|\xi\rangle=\xi^*|\xi\rangle \tag{12.42}$$

或

$$(P_1-P_2)|\xi\rangle=\sqrt{2}\xi_1|\xi\rangle,\quad(Q_1+Q_2)|\xi\rangle=\sqrt{2}\xi_2|\xi\rangle,\quad\xi=\xi_1+\mathrm{i}\xi_2 \tag{12.43}$$

$|\eta\rangle$ 与 $|\xi\rangle$ 互为共轭,其内积为

$$\langle\eta|\xi\rangle=\frac{1}{2}\mathrm{e}^{(\xi\eta^*-\xi^*\eta)/2} \tag{12.44}$$

由双变量厄密多项式我们可把 $|\xi\rangle$ 展开为

$$|\xi\rangle=\mathrm{e}^{-|\xi|^2/2}\sum_{m,n=0}^{\infty}\frac{a^{\dagger m}b^{\dagger n}}{m!n!}H_{m,n}(\xi,\xi^*)|00\rangle=\mathrm{e}^{-|\xi|^2/2}\sum_{m,n=0}^{\infty}\frac{1}{\sqrt{m!n!}}H_{m,n}(\xi,\xi^*)|m,n\rangle \tag{12.45}$$

这是 $|\xi\rangle$ 在 Fock 空间中的 Schmidt 分解. 可以看出

$$|\eta\rangle\langle\eta|=\pi\delta\left(\eta_1-\frac{Q_1-Q_2}{\sqrt{2}}\right)\delta\left(\eta_1-\frac{P_1+P_2}{\sqrt{2}}\right) \tag{12.46}$$

与

$$|\xi\rangle\langle\xi|=\pi\delta\left(\xi_1-\frac{Q_1+Q_2}{\sqrt{2}}\right)\delta\left(\xi_2-\frac{P_1-P_2}{\sqrt{2}}\right) \tag{12.47}$$

12.3 纠缠态表象作为双模压缩算符的自然表象

在 $|\eta\rangle$ 表象中将 $\eta \to \eta/\mu$ 构建如下 ket-bra 并用 IWOP 积分:

$$\begin{aligned}S_2 &\equiv \int \frac{\mathrm{d}^2\eta}{\mu\pi} |\eta/\mu\rangle\langle\eta| \\ &= \operatorname{sech}\lambda \mathrm{e}^{-a_1^\dagger a_2^\dagger \tanh\lambda} :\mathrm{e}^{(\operatorname{sech}\lambda-1)\left(a_1^\dagger a_1+a_2^\dagger a_2\right)}: \mathrm{e}^{a_1 a_2 \tanh\lambda} \\ &= \exp\left[\lambda\left(a_1 a_2 - a_1^\dagger a_2^\dagger\right)\right], \quad \mu = \mathrm{e}^\lambda \end{aligned} \tag{12.48}$$

右边恰是双模压缩算符. 这表明纠缠态与双模压缩有内在的联系, 量子光学的实验确实认可了这一点, 即在参量下转换过程中组成了一个双模压缩态的闲置模和信号模, 它们同时又是纠缠的. 上式称得上"以简洁明快的方式表达物理规律". 从 (12.48) 式可见

$$S_2|\eta\rangle = \frac{1}{\mu}|\eta/\mu\rangle \tag{12.49}$$

即纠缠态表象是双模压缩算符的自然表象.

12.4 Wigner 算符在纠缠态表象的 Weyl 排序

自然会想到研究双模 Wigner 算符的 Weyl 排序及其纠缠态表象.

- 纠缠态表象算符的 Weyl 排序

前面章节中已经给出了算符 ρ 的 Weyl 排序公式:

$$\rho = 2\int \frac{\mathrm{d}^2\beta}{\pi} \vdots \langle-\beta|\rho|\beta\rangle \exp\left[2\left(\beta^* a_1 - a^\dagger\beta_1 + a_1^\dagger a_1\right)\right] \vdots \tag{12.50}$$

$|\beta\rangle$ 是归一化的相干态. 对双模算符 $\rho' = \mathrm{e}^{a_1^\dagger a_2^\dagger}|00\rangle\langle 00|\mathrm{e}^{a_1 a_2}$, 我们计算其 Weyl 排序形式:

$$\begin{aligned}\rho' &= 4\int \frac{\mathrm{d}^2\beta_1 \mathrm{d}^2\beta_2}{\pi^2} \vdots \langle-\beta_1, -\beta_2|\rho'|\beta_1, \beta_2\rangle \exp\left[2\sum_{i=1}^2\left(\beta_i^* a_i - a_i^\dagger\beta_i + a_i^\dagger a_i\right)\right] \vdots \\ &= 4\int \frac{\mathrm{d}^2\beta_2}{\pi} \vdots \exp\left[2\beta_2\left(a_1 - a_2^\dagger\right) - 2\beta_2^*\left(a_1^\dagger - a_2\right) - 2a_1^\dagger a_1 + 2a_2^\dagger a_2\right] \vdots\end{aligned}$$

$$= \pi \vdots \delta\left(a_1 - a_2^\dagger\right)\delta\left(a_1^\dagger - a_2\right)\vdots = \pi \vdots \delta(X_1 - X_2)\delta(P_1 + P_2)\vdots \tag{12.51}$$

既然 Weyl 编序符号 $\vdots\ \vdots$ 不妨碍相似变换 W 的进程,即

$$W \vdots \cdots\cdots \vdots W^{-1} = \vdots W \cdots\cdots W^{-1} \vdots \tag{12.52}$$

故当 $W \equiv D_1(\eta) = \exp(\eta a_1^\dagger - \eta^* a_1)$ 时,就有

$$\begin{aligned}|\eta\rangle\langle\eta| &= D_1(\eta)\,\mathrm{e}^{a_1^\dagger a_2^\dagger}|00\rangle\langle 00|\,\mathrm{e}^{a_1 a_2} D_1^\dagger(\eta) \\ &= \pi \vdots \delta\left(a_1 - a_2^\dagger - \eta\right)\delta\left(a_1^\dagger - a_2 - \eta^*\right)\vdots\end{aligned} \tag{12.53}$$

可见纠缠态表象算符 $|\eta\rangle\langle\eta|$ 的 Weyl 排序是精确的狄拉克的 δ-函数. 类似的,对 $|\xi\rangle\langle\xi|$ 表象算符,有

$$|\xi\rangle\langle\xi| = \pi \vdots \delta\left(a_1 + a_2^\dagger - \xi\right)\delta\left(a_1^\dagger + a_2 - \xi^*\right)\vdots \tag{12.54}$$

- 纠缠态表象双模 Wigner 算符的边缘分布

我们知道单模 Wigner 算符 $\Delta(x,p) = \pi^{-1}\mathrm{:}\mathrm{e}^{-(p-P)^2-(x-X)^2}\mathrm{:}$ 可以直接由其边缘分布 $|x\rangle_{11}\langle x| = \pi^{-1/2}\mathrm{:}\mathrm{e}^{-(x-X)^2}\mathrm{:}$ 和 $|p\rangle_{11}\langle p| = \pi^{-1/2}\mathrm{:}\mathrm{e}^{-(p-P)^2}\mathrm{:}$ 构成. 受此启迪,直接由纠缠态投影子(12.28)式和(12.40)式,我们可立即组成双模 Wigner 算符 $\Delta_{12}(\eta,\xi)$:

$$\begin{aligned}\Delta_{12}(\eta,\xi) = &\frac{1}{\pi^2}\mathrm{:}\exp\left[-\left(\eta - a_1 + a_2^\dagger\right)\left(\eta^* - a_1^\dagger + a_2\right)\right. \\ &\left. - \left(\xi - a_2^\dagger - a_1\right)\left(\xi^* - a_1^\dagger - a_2\right)\right]\mathrm{:}\end{aligned} \tag{12.55}$$

或

$$\begin{aligned}\Delta_{12}(\eta,\xi) = &\frac{1}{\pi^2}\mathrm{:}\exp\left[-\left(\eta_1 - \frac{X_1 - X_2}{\sqrt{2}}\right)^2 - \left(\eta_2 - \frac{P_1 + P_2}{\sqrt{2}}\right)^2\right. \\ &\left. - \left(\xi_1 - \frac{X_1 + X_2}{\sqrt{2}}\right)^2 - \left(\xi_2 - \frac{P_1 - P_2}{\sqrt{2}}\right)^2\right]\mathrm{:}\end{aligned} \tag{12.56}$$

这里 $\xi = \xi_1 + \mathrm{i}\xi_2$, $\eta = \eta_1 + \mathrm{i}\eta_2$, 因为其边缘积分为

$$\begin{aligned}\int \mathrm{d}^2\eta \Delta_{12}(\eta,\xi) &= \frac{1}{\pi}|\xi\rangle\langle\xi|, \\ \int \mathrm{d}^2\xi \Delta_{12}(\eta,\xi) &= \frac{1}{\pi}|\eta\rangle\langle\eta|\end{aligned} \tag{12.57}$$

所以

$$\langle\psi|\int \mathrm{d}^2\eta \Delta_{12}(\eta,\xi)|\psi\rangle = \frac{1}{\pi}|\psi(\xi)|^2, \quad \langle\psi|\int \mathrm{d}^2\xi \Delta_{12}(\eta,\xi)|\psi\rangle = \frac{1}{\pi}|\psi(\eta)|^2 \tag{12.58}$$

这明显地表明在此两粒子相空间中两粒子具有相对动量 $\sqrt{2}\xi_2$（总动量$\sqrt{2}\eta_2$），且同时具有质心位置 $\xi_1/\sqrt{2}$（相对位置$\sqrt{2}\eta_1$）的边缘分布 $|\psi(\xi)|^2$ $[|\psi(\eta)|^2]$. 可见纠缠态系统的 Wigner 函数的边缘分布应该在测量纠缠态本征值 (X_1-X_2,P_1+P_2) 或 (X_1+X_2,P_1-P_2) 的意义下理解.

由上述公式,我们能推断 Δ_{12} 的 Weyl 排序形式是

$$\begin{aligned}\Delta_{12}(\eta,\xi)=&\vdots\delta\left(a_1-a_2^{\dagger}-\eta\right)\delta\left(a_1^{\dagger}-a_2-\eta^*\right)\\&\times\delta\left(a_1+a_2^{\dagger}-\xi\right)\delta\left(a_1^{\dagger}+a_2-\xi^*\right)\vdots\end{aligned}\tag{12.59}$$

- 纠缠态表象中的层析（tomography）理论

我们对 Δ_{12} 做 Radon 变换:

$$R\equiv\iint\delta\left(s_1-u_1\eta_1-v_1\xi_2\right)\delta\left(s_2-u_2\xi_1-v_2\eta_2\right)\Delta_{12}(\eta,\xi)\,\mathrm{d}^2\eta\mathrm{d}^2\xi\tag{12.60}$$

其中 u_i、v_i（$i=1,2$）是变换常数. 由（12.59）式和 IWOP 方法得到

$$\begin{aligned}R=&\vdots\delta\left(s_1-\frac{u_1(X_1-X_2)}{\sqrt{2}}-\frac{v_1(P_1-P_2)}{\sqrt{2}}\right)\\&\times\delta\left(s_2-\frac{u_2(X_1+X_2)}{\sqrt{2}}-\frac{v_2(P_1+P_2)}{\sqrt{2}}\right)\vdots\end{aligned}\tag{12.61}$$

另一方面,由（12.56）式我们导出

$$\begin{aligned}R=&\iint\mathrm{d}^2\eta\mathrm{d}^2\xi\delta\left(s_1-u_1\eta_1-v_1\xi_2\right)\delta\left(s_2-u_2\xi_1-v_2\eta_2\right)\\&\times\frac{1}{\pi^2}{:}\exp\left\{-\left[\eta_1-\frac{1}{\sqrt{2}}(X_1-X_2)\right]^2-\left[\xi_1-\frac{1}{\sqrt{2}}(X_1+X_2)\right]^2\right.\\&\left.-\left[\eta_2-\frac{1}{\sqrt{2}}(P_1+P_2)\right]^2-\left[\xi_2-\frac{1}{\sqrt{2}}(P_1-P_2)\right]^2\right\}{:}\\=&\frac{1}{|\lambda_1||\lambda_2|}{:}\exp\left\{\frac{1}{|\lambda_1|^2}\left[s_1-\frac{u_1}{\sqrt{2}}(X_1-X_2)-\frac{v_1}{\sqrt{2}}(P_1-P_2)\right]^2\right.\\&\left.+\frac{1}{|\lambda_2|^2}\left[s_2-\frac{u_2}{\sqrt{2}}(X_1+X_2)-\frac{v_2}{\sqrt{2}}(P_1+P_2)\right]^2\right\}{:}\\\equiv&\left|s_1,s_2;\lambda_1,\lambda_2\right\rangle\left\langle s_1,s_2;\lambda_1,\lambda_2\right|\end{aligned}\tag{12.62}$$

这里的 $\lambda_i=|\lambda_i|\mathrm{e}^{\mathrm{i}\theta_i}=u_i+\mathrm{i}v_i$, $\sqrt{u_i^2+v_i^2}=|\lambda_i|$,以及

$$\left|s_1,s_2;\lambda_1,\lambda_2\right\rangle=\frac{1}{\sqrt{|\lambda_1|}\sqrt{|\lambda_2|}}\exp\left[-\frac{s_1^2}{2|\lambda_1|^2}-\frac{s_2^2}{2|\lambda_2|^2}\right.$$

$$+\left(\frac{s_1}{\lambda_1^*}+\frac{s_2}{\lambda_2^*}\right)a_1^\dagger+\left(\frac{s_2}{\lambda_2^*}-\frac{s_1}{\lambda_1^*}\right)a_2^\dagger$$
$$\left.+\frac{a_1^\dagger a_2^\dagger}{2}(\mathrm{e}^{2\mathrm{i}\theta_1}-\mathrm{e}^{2\mathrm{i}\theta_2})-\frac{a_1^{\dagger 2}+a_2^{\dagger 2}}{4}(\mathrm{e}^{2\mathrm{i}\theta_1}+\mathrm{e}^{2\mathrm{i}\theta_2})\right]|00\rangle \tag{12.63}$$

可见投影算符 $|s_1,s_2;\lambda_1,\lambda_2\rangle\langle s_1,s_2;\lambda_1,\lambda_2|$ 恰是纠缠 Wigner 算符的 Radon 变换. 特别当 $|\lambda_1|=|\lambda_2|=1$, $|s_1,s_2;\lambda_1,\lambda_2\rangle\to|s_1,s_2;\theta_1,\theta_2\rangle$. 我们还能够导出(12.62)式的倒易关系:

$$\begin{aligned}&\frac{1}{(2\pi)^4}\int\frac{\mathrm{d}s_1'\mathrm{d}s_2'}{\pi}\int_0^\infty v_1\mathrm{d}v_1\int_0^{2\pi}\mathrm{d}\theta_1\int_0^\infty v_2\mathrm{d}v_2\\&\quad\times\int_0^{2\pi}\mathrm{d}\theta_2|s_1',s_2';\theta_1,\theta_2\rangle\langle s_1',s_2';\theta_1,\theta_2|\\&\quad\times\exp\{-\mathrm{i}v_1(s_1'-\sigma_1\cos\theta_1-\tau_2\sin\theta_1)-\mathrm{i}v_2(s_2'-\tau_1\cos\theta_2-\sigma_2\sin\theta_2)\}\\&=\Delta(\sigma,\tau)\end{aligned} \tag{12.64}$$

这就是广义纠缠态表象中的 tomography 形式,它不同于两个独立单模 Wigner 算符的直积,因为在(12.64)式中 $|s_1,s_2;\theta_1,\theta_2\rangle$ 是一个纠缠态.

- 纠缠 Wigner 函数的迹乘积公式

密度算符 ρ_1 在纠缠态表象 $|\eta\rangle$ 中的 Wigner 函数是

$$W_{\rho_1}(\sigma,\gamma)=\int\frac{\mathrm{d}^2\eta}{\pi}\langle\sigma+\eta|\rho_1|\sigma-\eta\rangle\mathrm{e}^{\eta\gamma^*-\eta^*\gamma}=\mathrm{tr}(\rho_1\Delta_{12}(\sigma,\gamma)) \tag{12.65}$$

其中为了方便我们已经把 $\Delta_{12}(\eta,\xi)$ 记为 $\Delta_{12}(\sigma,\gamma)$, 即将 Wigner 算符用 $|\eta\rangle$ 表象

$$\Delta_{12}(\sigma,\gamma)=\int\frac{\mathrm{d}^2\eta}{\pi^3}|\sigma-\eta\rangle\langle\sigma+\eta|\mathrm{e}^{\eta\gamma^*-\eta^*\gamma} \tag{12.66}$$

表示出来. 我们希望计算

$$4\pi^2\int\mathrm{d}^2\sigma\mathrm{d}^2\gamma W_{\rho_1}(\sigma,\gamma)W_{\rho_2}(\sigma,\gamma) \tag{12.67}$$

将(12.66)式代入(12.67)式,得到

$$(12.67)式=4\int\mathrm{d}^2\sigma\int\frac{\mathrm{d}^2\eta}{\pi^2}\langle\sigma+\eta|\rho_1|\sigma-\eta\rangle\langle\sigma-\eta|\rho_2|\sigma+\eta\rangle \tag{12.68}$$

令 $\sigma+\eta=\tau$, $\sigma-\eta=\lambda$, 则(12.68)式变为

$$(12.68)式=\int\mathrm{d}^2\tau\int\frac{\mathrm{d}^2\lambda}{\pi^2}\langle\tau|\rho_1|\lambda\rangle\langle\lambda|\rho_2|\tau\rangle=\int\frac{\mathrm{d}^2\tau}{\pi}\langle\tau|\rho_1\rho_2|\tau\rangle=\mathrm{tr}(\rho_1\rho_2) \tag{12.69}$$

这里 $|\lambda\rangle$ 和 $|\tau\rangle$ 是 $|\eta\rangle$-类纠缠态. 因此有

$$\operatorname{tr}(\rho_1\rho_2) = 4\pi^2 \int \mathrm{d}^2\sigma \mathrm{d}^2\gamma W_{\rho_1}(\sigma,\gamma) W_{\rho_2}(\sigma,\gamma) \tag{12.70}$$

这是纠缠 Wigner 函数的新的迹乘积公式. 特别的,当 $\rho_1 = |\psi\rangle\langle\psi|$ 和 $\rho_2 = |\phi\rangle\langle\phi|$ 两者都是关联纯态,就有 (恢复 $\hbar$)

$$\begin{aligned}\operatorname{tr}(\rho_1\rho_2) &= |\langle\psi|\phi\rangle|^2 = \left|\int \frac{\mathrm{d}^2\eta}{\pi}\psi^*(\eta)\phi(\eta)\right|^2 \\ &= 4\pi^2\hbar^2 \int \mathrm{d}^2\sigma \mathrm{d}^2\gamma W_{|\psi\rangle}(\sigma,\gamma) W_{|\phi\rangle}(\sigma,\gamma)\end{aligned} \tag{12.71}$$

这表示跃迁振幅 $\langle\psi|\phi\rangle$ 可以用两个态的 Wigner 函数的乘积在相空间的积分表达出来. 进一步,在(12.71)式中当我们取 $\rho_1 = \rho_2 \equiv \rho$,则鉴于关于纯态的性质 $\operatorname{Tr}(\rho^2) \leqslant 1$,我们得到关于纠缠 Wigner 函数的一个关系:

$$4\pi^2\hbar^2 \leqslant 1 \bigg/ \int \mathrm{d}^2\sigma \mathrm{d}^2\gamma W_\rho^2(\sigma,\gamma) \tag{12.72}$$

有兴趣的读者可以继续讨论纠缠 Wigner 函数的时间演化.

12.5 用广义纠缠态表象讨论拉冬变换和量子层析

- 广义纠缠态 $|\eta,\lambda_1,\lambda_2\rangle$ 的显式形式及其性质

在 $|\eta\rangle$ 的基础上我们引入带两个附加参数 $\lambda_1 = |\lambda_1|\mathrm{e}^{\mathrm{i}\theta_1} = u_1 + \mathrm{i}v_1, \lambda_2 = |\lambda_2|\mathrm{e}^{\mathrm{i}\theta_2} = u_2 + \mathrm{i}v_2$ 的新态 $|\eta,\lambda_1,\lambda_2\rangle$:

$$\begin{aligned}|\eta,\lambda_1,\lambda_2\rangle = \frac{1}{\sqrt{|\lambda_1\lambda_2|}}\exp\bigg\{ &-\frac{\eta_1^2}{2|\lambda_1|^2} - \frac{\eta_2^2}{2|\lambda_2|^2} + \left(\frac{\eta_1}{\lambda_1^*} + \frac{\eta_2}{\lambda_2^*}\right)a_1^\dagger \\ &+ \left(\frac{\eta_2}{\lambda_2^*} - \frac{\eta_1}{\lambda_1^*}\right)a_2^\dagger + \frac{1}{2}(\mathrm{e}^{2\mathrm{i}\theta_1} - \mathrm{e}^{2\mathrm{i}\theta_2})a_1^\dagger a_2^\dagger \\ &- \frac{1}{4}(\mathrm{e}^{2\mathrm{i}\theta_1} + \mathrm{e}^{2\mathrm{i}\theta_2})(a_1^{\dagger 2} + a_2^{\dagger 2})\bigg\}|00\rangle\end{aligned} \tag{12.73}$$

其中 $\eta = \eta_1 + \mathrm{i}\eta_2$. 容易验证 $|\eta,\lambda_1,\lambda_2\rangle$ 是算符 $u_1(Q_1 - Q_2) + v_1(P_1 - P_2)$ 和 $u_2(Q_1 + Q_2) + v_2(P_1 + P_2)$ 的共同本征态. 事实上,以 a_1、a_2 作用之,得到

$$a_1|\eta,\lambda_1,\lambda_2\rangle = \left\{\frac{\eta_1}{\lambda_1^*} + \frac{\eta_2}{\lambda_2^*} + \frac{\mathrm{e}^{2\mathrm{i}\theta_1} - \mathrm{e}^{2\mathrm{i}\theta_2}}{2}a_2^\dagger - \frac{\mathrm{e}^{2\mathrm{i}\theta_1} + \mathrm{e}^{2\mathrm{i}\theta_2}}{2}a_1^\dagger\right\}|\eta,\lambda_1,\lambda_2\rangle \tag{12.74}$$

$$a_2|\eta,\lambda_1,\lambda_2\rangle=\left\{\frac{\eta_2}{\lambda_2^*}-\frac{\eta_1}{\lambda_1^*}+\frac{e^{2i\theta_1}-e^{2i\theta_2}}{2}a_1^\dagger-\frac{e^{2i\theta_1}+e^{2i\theta_2}}{2}a_2^\dagger\right\}|\eta,\lambda_1,\lambda_2\rangle \tag{12.75}$$

由于

$$u_2(Q_1+Q_2)+v_2(P_1+P_2)=\frac{1}{\sqrt{2}}|\lambda_2|\{(a_1+a_2)e^{-i\theta_2}+(a_1^\dagger+a_2^\dagger)e^{i\theta_2}\} \tag{12.76}$$

$$u_1(Q_1-Q_2)+v_1(P_1-P_2)=\frac{1}{\sqrt{2}}|\lambda_1|\{(a_1-a_2)e^{-i\theta_1}+(a_1^\dagger-a_2^\dagger)e^{i\theta_1}\} \tag{12.77}$$

故而 $|\eta,\lambda_1,\lambda_2\rangle$ 满足本征方程:

$$[u_1(Q_1-Q_2)+v_1(P_1-P_2)]|\eta,\lambda_1,\lambda_2\rangle=\sqrt{2}\eta_1|\eta,\lambda_1,\lambda_2\rangle \tag{12.78}$$

$$[u_2(Q_1+Q_2)+v_2(P_1+P_2)]|\eta,\lambda_1,\lambda_2\rangle=\sqrt{2}\eta_2|\eta,\lambda_1,\lambda_2\rangle \tag{12.79}$$

及正交性:

$$\langle\eta,\lambda_1,\lambda_2|\eta',\lambda_1,\lambda_2\rangle=\pi\delta^{(2)}(\eta-\eta') \tag{12.80}$$

用真空态投影算符的正规乘积式子 $|00\rangle\langle00|=:e^{-a_1^\dagger a_1-a_2^\dagger a_2}:$ 以及 IWOP 方法,得证 $|\eta,\lambda_1,\lambda_2\rangle$ 的完备性. 过程很简明:

$$\begin{aligned}&\int\frac{d^2\eta}{\pi}|\eta,\lambda_1,\lambda_2\rangle\langle\eta,\lambda_1,\lambda_2|\\&=\int\frac{d^2\eta}{\pi}\frac{1}{|\lambda_1\lambda_2|}:\exp\left\{-\frac{1}{|\lambda_1|^2}[\eta_1-\frac{1}{\sqrt{2}}[u_1(Q_1-Q_2)+v_1(P_1+P_2)]]^2\right.\\&\quad\left.-\frac{1}{|\lambda_2|^2}[\eta_2-\frac{1}{\sqrt{2}}[u_2(Q_1+Q_2)+v_2(P_1-P_2)]]^2\right\}:=1\end{aligned} \tag{12.81}$$

特别的,对于 $|\lambda_1|=|\lambda_2|=1$,$|\eta,\lambda_1,\lambda_2\rangle$ 变为

$$\begin{aligned}&\exp\left\{-\frac{|\eta|^2}{2}+(\eta_1e^{i\theta_1}+\eta_2e^{i\theta_2})a_1^\dagger+(\eta_2e^{i\theta_2}-\eta_1e^{i\theta_1})a_2^\dagger+\frac{e^{2i\theta_1}-e^{2i\theta_2}}{2}a_1^\dagger a_2^\dagger\right.\\&\quad\left.-\frac{1}{4}(e^{2i\theta_1}+e^{2i\theta_2})(a_1^{\dagger2}+a_2^{\dagger2})\right\}|00\rangle\\&=|\eta,\lambda_1,\lambda_2\rangle_{|\lambda_1|=|\lambda_2|=1}=|\eta,\theta_1,\theta_2\rangle\end{aligned} \tag{12.82}$$

鉴于(12.78)式、(12.79)式以及 $|\eta',\theta_1,\theta_2\rangle$ 的完备性,有

$$\begin{aligned}&\exp\{-iv_1[(Q_1-Q_2)\cos\theta_1+(P_1-P_2)\sin\theta_1]\\&\quad-iv_2[(Q_1+Q_2)\cos\theta_2+(P_1+P_2)\sin\theta_2]\}\\&=\int\frac{d^2\eta'}{\pi}|\eta',\theta_1,\theta_2\rangle\langle\eta',\theta_1,\theta_2|\exp(-iv_1\eta_1'-iv_2\eta_2')\end{aligned} \tag{12.83}$$

• 用 $|\eta,\lambda_1,\lambda_2\rangle\langle\eta,\lambda_1,\lambda_2|$ 讨论纠缠 Wigner 算符的 Radon 变换

按照 Wely 对应规则，$|\eta,\lambda_1,\lambda_2\rangle\langle\eta,\lambda_1,\lambda_2|$ 可以由其经典对应 $h(\sigma,\tau;\eta,\lambda_1,\lambda_2)$ 表示：

$$|\eta,\lambda_1,\lambda_2\rangle\langle\eta,\lambda_1,\lambda_2| = \int \mathrm{d}^2\sigma\mathrm{d}^2\tau h(\sigma,\tau;\eta,\lambda_1,\lambda_2)\Delta(\sigma,\tau) \tag{12.84}$$

纠缠 Wigner 算符的 $\langle\xi|$ 表象是

$$\Delta(\sigma,\tau) = \int \frac{\mathrm{d}^2\xi}{\pi^3}|\tau+\xi\rangle\langle\tau-\xi|\mathrm{e}^{\xi^*\sigma-\sigma^*\xi} \tag{12.85}$$

所以 $|\eta,\lambda_1,\lambda_2\rangle\langle\eta,\lambda_1,\lambda_2|$ 的经典对应可以由下式算出：

$$\begin{aligned}h(\sigma,\tau;\eta,\lambda_1,\lambda_2) &= 4\pi^2 Tr\left[|\eta,\lambda_1,\lambda_2\rangle\langle\eta,\lambda_1,\lambda_2|\Delta(\sigma,\tau)\right]\\ &= 4\int\frac{\mathrm{d}^2\xi}{\pi}\langle\tau-\xi|\eta,\lambda_1,\lambda_2\rangle\langle\eta,\lambda_1,\lambda_2|\tau+\xi\rangle\mathrm{e}^{\xi^*\sigma-\sigma^*\xi}\end{aligned} \tag{12.86}$$

• 逆 Radon 变换

由 (12.84) 式可知 $|\eta',\lambda_1,\lambda_2\rangle\left\langle\eta',\lambda_1,\lambda_2\right|$ 的傅里叶变换是

$$\begin{aligned}&\int \mathrm{d}^2\eta'|\eta',\lambda_1,\lambda_2\rangle\left\langle\eta',\lambda_1,\lambda_2\right|\exp(-\mathrm{i}\zeta_1\eta_1'-\mathrm{i}\zeta_2\eta_2')\\ &=\pi\int \mathrm{d}\eta'^2\mathrm{d}^2\sigma\mathrm{d}^2\tau\Delta(\sigma,\tau)\delta(\eta_1'-u_1\sigma_1-v_1\tau_2)\\ &\quad\times\delta(\eta_2'-u_2\tau_1-v_2\sigma_2)\exp(-\mathrm{i}\zeta_1\eta_1'-\mathrm{i}\zeta_2\eta_2')\\ &=\pi\int \mathrm{d}^2\sigma\mathrm{d}^2\tau\Delta(\sigma,\tau)\exp\{-\mathrm{i}\zeta_1(u_1\sigma_1+v_1\tau_2)-\mathrm{i}\zeta_2(u_2\tau_1+v_2\sigma_2)\}\end{aligned} \tag{12.87}$$

其逆傅里叶变换是

$$\begin{aligned}&\frac{1}{\pi}\int\frac{\mathrm{d}u_1\mathrm{d}v_1\mathrm{d}u_2\mathrm{d}v_2}{(2\pi)^4}\mathrm{d}\eta'^2|\eta',\lambda_1,\lambda_2\rangle\left\langle\eta',\lambda_1,\lambda_2\right|\exp\{-\mathrm{i}\zeta_1\eta_1'-\mathrm{i}\zeta_2\eta_2'\\ &\quad+\mathrm{i}u_1s_1+\mathrm{i}v_1t_2+\mathrm{i}u_2t_1+\mathrm{i}v_2s_2\}\\ &=\frac{1}{\zeta_1^2\zeta_2^2}\Delta\left(\frac{s_1}{\zeta_1}+\mathrm{i}\frac{s_2}{\zeta_2},\frac{t_1}{\zeta_2}+\mathrm{i}\frac{t_2}{\zeta_1}\right)\end{aligned} \tag{12.88}$$

特别的，当 $|\lambda_1|=|\lambda_2|=1$ 时，(12.87) 式变为

$$\begin{aligned}&\int\frac{\mathrm{d}^2\eta'}{\pi}|\eta',\theta_1,\theta_2\rangle\langle\eta',\theta_1,\theta_2|\exp(-\mathrm{i}v_1\eta_1'-\mathrm{i}v_2\eta_2')\\ &=\int \mathrm{d}^2\sigma\mathrm{d}^2\tau\Delta(\sigma,\tau)\exp\{-\mathrm{i}v_1(\sigma_1\cos\theta_1+\tau_2\sin\theta_1)-\mathrm{i}v_2(\tau_1\cos\theta_2+\sigma_2\sin\theta_2)\}\end{aligned} \tag{12.89}$$

将它视为特别的傅里叶变换 (Radon 变换),则其逆变换是

$$
\begin{aligned}
&\frac{1}{(2\pi)^4}\int\frac{\mathrm{d}^2\eta'}{\pi}\int_0^\infty \upsilon_1\mathrm{d}\upsilon_1\int_0^{2\pi}\mathrm{d}\theta_1\int_0^\infty \upsilon_2\mathrm{d}\upsilon_2\int_0^{2\pi}\mathrm{d}\theta_2|\eta',\theta_1,\theta_2\rangle\langle\eta',\theta_1,\theta_2| \\
&\quad\times\exp\{-\mathrm{i}\upsilon_1(\eta_1'-\sigma_1\cos\theta_1-\tau_2\sin\theta_1)-\mathrm{i}\upsilon_2(\eta_2'-\tau_1\cos\theta_2-\sigma_2\sin\theta_2)\} \\
&=\Delta(\sigma,\tau)
\end{aligned}
\tag{12.90}
$$

也就是纠缠 Wigner 算符在广义纠缠态表象中的逆 Radon 变换，它不同于两个单模 Wigner 算符的直积的逆 Radon 变换,因为在(12.90)式中 $|\eta',\theta_1,\theta_2\rangle$ 是一个纠缠态.

对(12.90)式中的 $\mathrm{d}^2\sigma$ 积分,经过积分变数变换得到

$$
\begin{aligned}
&\int\mathrm{d}^2\sigma\ \langle\Psi|\,\Delta(\sigma,\tau)\,|\Psi\rangle \\
&=\frac{1}{(2\pi)^2}\int\frac{\mathrm{d}^2\eta'}{\pi}\int\mathrm{d}k_1\mathrm{d}k_2\left|\Psi(\eta',\frac{\pi}{2},0)\right|^2\exp\left[-\mathrm{i}k_1(\eta_1'-\tau_2)-\mathrm{i}k_2(\eta_2'-\tau_1)\right]
\end{aligned}
\tag{12.91}
$$

其中 $\left|\eta,\frac{\pi}{2},0\right\rangle\left\langle\eta,\frac{\pi}{2},0\right|=|\xi\rangle_{\xi_1=\eta_2,\xi_2=\eta_1}$ 属于 $|\xi\rangle$ 集合,如(12.39)式的形式. 进一步完成上式中的积分,得到边缘分布:

$$
\int\mathrm{d}^2\sigma W_\Psi(\sigma,\tau)=\frac{1}{\pi}\left|\Psi(\xi)\right|^2_{\xi=\tau}
\tag{12.92}
$$

这反映了 Wigner 函数应有的特性. 类似的,对(12.90)式中的 $\mathrm{d}^2\tau$ 积分得到

$$
\int\mathrm{d}^2\tau W_\Psi(\sigma,\tau)=\frac{1}{\pi}\left|\Psi(\sigma,0,\frac{\pi}{2})\right|^2=\frac{1}{\pi}\left|\Psi(\eta)\right|^2_{\eta=\sigma}
\tag{12.93}
$$

从(12.90)式得到逆 Radon 变换:

$$
\begin{aligned}
W_\Psi(\sigma,\tau)=&\int\frac{\mathrm{d}^2\eta'}{(2\pi)^4\pi}\int_0^\infty \upsilon_1\mathrm{d}\upsilon_1\int_0^{2\pi}\mathrm{d}\theta_1\int_0^\infty \upsilon_2\mathrm{d}\upsilon_2\int_0^{2\pi}\mathrm{d}\theta_2|\langle\eta',\theta_1,\theta_2\,|\Psi\rangle\,|^2 \\
&\times\exp\{-\mathrm{i}\upsilon_1(\eta_1'-\sigma_1\cos\theta_1-\tau_2\sin\theta_1)-\mathrm{i}\upsilon_2(\eta_2'-\tau_1\cos\theta_2-\sigma_2\sin\theta_2)\}
\end{aligned}
\tag{12.94}
$$

小结:本节我们用广义纠缠态表象 $|\eta,\lambda_1,\lambda_2\rangle$ 构建了纠缠 Wigner 算符的 Radon 变换理论.

12.6 纠缠菲涅耳变换对应的广义 Collins 公式

在前面的 4.4 节我们引入了纠缠菲涅耳算符

$$F_2(r,s)=\exp\left(\frac{r}{s^*}a_1^\dagger a_2^\dagger\right)\exp\left[\left(a_1^\dagger a_1+a_2^\dagger a_2+1\right)\ln(s^*)^{-1}\right]\exp\left(-\frac{r^*}{s^*}a_1a_2\right) \tag{12.95}$$

借助于双模相干态表象的完备性,我们计算纠缠菲涅耳算符在纠缠态表象下的转换矩阵元:

$$\begin{aligned}
&\langle\eta'|F_2(r,s)|\eta\rangle\\
&=\prod_{i=1}^{2}\int\frac{\mathrm{d}^2z_i\mathrm{d}^2z_i'}{\pi^2}\langle\eta'|z_1,z_2\rangle\langle z_1,z_2|F_2(r,s)|z_1',z_2'\rangle\langle z_1',z_2'|\eta\rangle\\
&=\frac{1}{t-s-t^*+s^*}\exp\left[\frac{(t-s)|\eta'|^2-(t+s^*)|\eta|^2+\eta\eta'^*+\eta^*\eta'}{t-s-t^*+s^*}-\frac{|\eta'|^2+|\eta|^2}{2}\right]
\end{aligned} \tag{12.96}$$

由

$$s=\frac{1}{2}[A+D-\mathrm{i}(B-C)],\quad r=\frac{1}{2}[A-D+\mathrm{i}(B+C)] \tag{12.97}$$

又得到

$$\langle\eta'|F_2(r,s)|\eta\rangle=\frac{1}{2\mathrm{i}B\pi}\exp\left\{\frac{\mathrm{i}}{2B}[A|\eta|^2-(\eta\eta'^*+\eta^*\eta')+D|\eta'|^2]\right\} \tag{12.98}$$

它具有经典光学中 Collins 衍射积分公式的复数形式.

第 13 章

玻色统计的广义普朗克公式

本章旨在推广普朗克的黑体辐射光子统计配分函数公式.

13.1　全同玻色子的两体置换变换

置换变换出现在量子力学的全同性粒子的研究中,并在粒子物理和固体物理中有广泛的应用,因为置换群被用于基本粒子的分类和晶体结构的分析. 对应于经典置换,什么算符是其量子力学对应的呢? 这个问题在国外的量子力学教科书中都没有提到. 用有序算符内的积分技术有助于处理此类问题. 本节讨论与置换有关的联合变换,即置换–宇称变换,意在导出相应的量子算符的显式形式.

• 置换–宇称变换算符的导出

我们的出发点是狄拉克的坐标表象的完备性:

$$\iint_{-\infty}^{+\infty} \mathrm{d}q_1 \mathrm{d}q_2 \left|q_1, q_2\right\rangle \left\langle q_1, q_2\right| = 1 \tag{13.1}$$

这里 $\left|q_1, q_2\right\rangle = \left|q_1\right\rangle \left|q_2\right\rangle$ 是双模位置本征态,在 Fock 空间中

$$\left|q_1\right\rangle = \pi^{-1/4} \exp\left[-\frac{q_1^2}{2} + \sqrt{2} q_1 a_1^\dagger - \frac{a_1^{\dagger 2}}{2}\right] |0\rangle_1 \tag{13.2}$$

它是位置算符 Q_1 的本征态:

$$Q_1 \left|q_1\right\rangle = q_1 \left|q_1\right\rangle, \quad Q_1 = \frac{a_1^\dagger + a_1}{\sqrt{2}} \tag{13.3}$$

$$\left|q_2\right\rangle = \pi^{-1/4} \exp\left[-\frac{q_2^2}{2} + \sqrt{2} q_2 a_2^\dagger - \frac{a_2^{\dagger 2}}{2}\right] |0\rangle_2 \tag{13.4}$$

$$Q_2 \left|q_2\right\rangle = q_2 \left|q_2\right\rangle, \quad Q_2 = \frac{a_2^\dagger + a_2}{\sqrt{2}} \tag{13.5}$$

这里 $a_1^\dagger$、$a_2^\dagger$ 是玻色产生算符,a_1、a_2 是湮灭算符,满足对易关系

$$\left[a_i, a_j^\dagger\right] = \delta_{ij} \tag{13.6}$$

$|0\rangle_1 |0\rangle_2 = |00\rangle$ 是双模真空态,$a_1 |00\rangle = 0$,$a_2 |00\rangle = 0$. 一方面,将(13.1)式中 $\left|q_1, q_2\right\rangle$ 的本征值 q_1、q_2 置换(经典置换),得到 $\left|q_2, q_1\right\rangle$,于是有置换算符

$$\iint_{-\infty}^{+\infty} \mathrm{d}q_1 \mathrm{d}q_2 \left|q_2, q_1\right\rangle \left\langle q_1, q_2\right| \equiv P_{12} \tag{13.7}$$

它施行置换:

$$P_{12} \left|q_1, q_2\right\rangle = \left|q_2, q_1\right\rangle \tag{13.8}$$

另一方面,我们有双模宇称算符

$$\iint_{-\infty}^{+\infty} \mathrm{d}q_1 \mathrm{d}q_2 \left|-q_1, -q_2\right\rangle \left\langle q_1, q_2\right| \equiv \mathfrak{P} \tag{13.9}$$

它施行双模宇称变换:

$$\mathfrak{P} \left|q_1, q_2\right\rangle = \left|-q_1, -q_2\right\rangle \tag{13.10}$$

现在引入置换–宇称联合变换算符的表象形式:

$$\iint_{-\infty}^{+\infty} \mathrm{d}q_1 \mathrm{d}q_2 \left|-q_2, -q_1\right\rangle \left\langle q_1, q_2\right| \equiv T \tag{13.11}$$

目的是要求出其显式形式. 用有序算符内的积分理论,并用 $|00\rangle\langle 00|$ 的正规乘积形式 (记号 $: :$ 表示正规乘积)

$$|00\rangle\langle 00| =: \mathrm{e}^{-a_1^\dagger a_1 - a_2^\dagger a_2}: \tag{13.12}$$

得到

$$\begin{aligned}
T &= \pi^{-1/2} \iint_{-\infty}^{+\infty} \mathrm{d}q_1 \mathrm{d}q_2 \exp\left[-\frac{q_2^2+q_1^2}{2} - \sqrt{2}q_2 a_1^\dagger - \frac{a_1^{\dagger 2}}{2} - \sqrt{2}q_1 a_2^\dagger - \frac{a_2^{\dagger 2}}{2}\right] \\
&\quad \times |00\rangle\langle 00| \exp\left[-\frac{q_1^2}{2} + \sqrt{2}q_1 a_1 - \frac{a_1^2}{2} - \frac{q_2^2}{2} + \sqrt{2}q_2 a_2 - \frac{a_2^2}{2}\right] \\
&= \pi^{-1/2} \iint_{-\infty}^{+\infty} \mathrm{d}q_1 \mathrm{d}q_2 \\
&\quad \times : \exp\left[-\left(q_2^2+q_1^2\right) + \sqrt{2}q_2(a_2 - a_1^\dagger) + \sqrt{2}q_1\left(a_1 - a_2^\dagger\right)\right. \\
&\quad \left. - \frac{a_1^{\dagger 2} + a_2^{\dagger 2} + a_1^2 + a_2^2}{2} - a_1^\dagger a_1 - a_2^\dagger a_2\right]: \\
&=: \exp[-a_2^\dagger a_1 - a_1^\dagger a_2 - a_1^\dagger a_1 - a_2^\dagger a_2]:
\end{aligned} \tag{13.13}$$

或写成

$$\begin{aligned}
T &=: \exp\left[\left(a_1^\dagger\ a_2^\dagger\right)\begin{pmatrix} -1 & -1 \\ -1 & -1 \end{pmatrix}\begin{pmatrix} a_1 \\ a_2 \end{pmatrix}\right]: \\
&=: \exp\left\{\left(a_1^\dagger\ a_2^\dagger\right)\left[\begin{pmatrix} 0 & -1 \\ -1 & 0 \end{pmatrix} - \begin{pmatrix} 1 & 0 \\ 0 & 1 \end{pmatrix}\right]\begin{pmatrix} a_1 \\ a_2 \end{pmatrix}\right\}:
\end{aligned} \tag{13.14}$$

或用粒子数态

$$|m,n\rangle = \frac{a_1^{\dagger m}}{\sqrt{m!}} \frac{a_2^{\dagger n}}{\sqrt{n!}} |00\rangle \tag{13.15}$$

表示为

$$\begin{aligned}
T &=: \sum_{n=0} \frac{\left(-a_2^\dagger a_1\right)^n}{n!} \sum_{m=0} \frac{\left(-a_1^\dagger a_2\right)^m}{m!} \mathrm{e}^{-a_1^\dagger a_1 - a_2^\dagger a_2}: \\
&= \sum_n \sum_m \frac{(-a_2^\dagger)^n}{\sqrt{n!}} \frac{(-a_1^\dagger)^m}{\sqrt{m!}} |00\rangle\langle 00| \frac{a_1^n}{\sqrt{n!}} \frac{a_2^m}{\sqrt{m!}} \\
&= \sum_n \sum_m (-)^{n+m} |m,n\rangle\langle n,m|
\end{aligned} \tag{13.16}$$

根据算符恒等式 (重复指标暗示求和)

$$\exp\left[a_i^\dagger \Lambda_{ij} a_j\right] =: \exp[a_i^\dagger \left(\mathrm{e}^\Lambda - \mathbf{1}\right)_{ij} a_j]: \tag{13.17}$$

(此式可用相干态表象导出,见(7.64)式),(13.14)式变为

$$T = \exp\left[\left(a_1^\dagger\ a_2^\dagger\right) \ln\begin{pmatrix} 0 & -1 \\ -1 & 0 \end{pmatrix}\begin{pmatrix} a_1 \\ a_2 \end{pmatrix}\right] \tag{13.18}$$

这就是置换–宇称变换算符的显示形式. 可以用 Baker-Hausdorff 恒等式

$$e^{A}Be^{-A}=B+[A,B]+\frac{1}{2!}[A,[A,B]]+\frac{1}{3!}[A,[A,[A,B]]]+\cdots \tag{13.19}$$

导出

$$\exp\left[a_i^{\dagger}(\ln R)_{ij}a_j\right]a_l^{\dagger}\exp\left[-a_i^{\dagger}(\ln R)_{ij}a_j\right]=a_j^{\dagger}R_{jl} \tag{13.20}$$

所以从(13.18)式和(13.20)式可得

$$Ta_1^{\dagger}T^{-1}=-a_2^{\dagger},\quad Ta_2^{\dagger}T^{-1}=-a_1^{\dagger} \tag{13.21}$$

$$Ta_1T^{-1}=-a_2,\quad Ta_2T^{-1}=-a_1 \tag{13.22}$$

接着就有

$$TQ_1T^{-1}=\frac{1}{\sqrt{2}}\left(-a_2^{\dagger}-a_2\right)=-Q_2,\quad TQ_2T^{-1}=-Q_1 \tag{13.23}$$

验证了(13.18)式确实是置换–宇称变换算符. 计算

$$\ln\begin{pmatrix}0 & -1\\ -1 & 0\end{pmatrix}=\mathrm{i}\frac{\pi}{2}\begin{pmatrix}1 & 1\\ 1 & 1\end{pmatrix} \tag{13.24}$$

于是(13.18)式变为

$$T=\exp\left[\mathrm{i}\frac{\pi}{2}\begin{pmatrix}a_1^{\dagger} & a_2^{\dagger}\end{pmatrix}\begin{pmatrix}1 & 1\\ 1 & 1\end{pmatrix}\begin{pmatrix}a_1\\ a_2\end{pmatrix}\right] \tag{13.25}$$

- 置换–宇称变换算符的分拆

进一步,根据置换–宇称变换算符的物理意义并参见(13.9)式和(13.7)式, 应该有

$$T=\mathfrak{P}P_{12} \tag{13.26}$$

对(13.7)式用有序算符内的积分可导出置换算符

$$\begin{aligned}P_{12}&=\iint_{-\infty}^{+\infty}\mathrm{d}q_1\mathrm{d}q_2\,|q_2,q_1\rangle\langle q_1,q_2|\\&=\pi^{-1/2}\iint_{-\infty}^{+\infty}\mathrm{d}q_1\mathrm{d}q_2\exp\left[-\frac{q_2^2+q_1^2}{2}+\sqrt{2}q_2a_1^{\dagger}-\frac{a_1^{\dagger 2}+a_2^{\dagger 2}}{2}+\sqrt{2}q_1a_2^{\dagger}\right]\\&\quad\times|00\rangle\langle 00|\exp\left[-\frac{q_1^2}{2}+\sqrt{2}q_1a_1-\frac{a_1^2}{2}-\frac{q_2^2}{2}+\sqrt{2}q_2a_2-\frac{a_2^2}{2}\right]\\&=\pi^{-1/2}\iint_{-\infty}^{+\infty}\mathrm{d}q_1\mathrm{d}q_2\\&\quad\times:\exp\left[-\left(q_2^2+q_1^2\right)+\sqrt{2}q_2(a_2+a_1^{\dagger})+\sqrt{2}q_1\left(a_1+a_2^{\dagger}\right)-\frac{a_1^{\dagger 2}+a_2^{\dagger 2}+a_1^2+a_2^2}{2}\right.\end{aligned}$$

$$
\begin{aligned}
&\quad -a_1^\dagger a_1 - a_2^\dagger a_2\Big]: \\
&=:\exp\left[a_2^\dagger a_1 + a_1^\dagger a_2 - a_1^\dagger a_1 - a_2^\dagger a_2\right]: \\
&=:\exp\left[\begin{pmatrix} a_1^\dagger & a_2^\dagger \end{pmatrix}\begin{pmatrix} -1 & 1 \\ 1 & -1 \end{pmatrix}\begin{pmatrix} a_1 \\ a_2 \end{pmatrix}\right]: \\
&= \exp\left[\begin{pmatrix} a_1^\dagger & a_2^\dagger \end{pmatrix}\ln\begin{pmatrix} 0 & 1 \\ 1 & 0 \end{pmatrix}\begin{pmatrix} a_1 \\ a_2 \end{pmatrix}\right] \\
&= \exp\left[-\mathrm{i}\frac{\pi}{2}\begin{pmatrix} a_1^\dagger & a_2^\dagger \end{pmatrix}\begin{pmatrix} -1 & 1 \\ 1 & -1 \end{pmatrix}\begin{pmatrix} a_1 \\ a_2 \end{pmatrix}\right]
\end{aligned} \tag{13.27}
$$

其中用了

$$
\ln\begin{pmatrix} 0 & 1 \\ 1 & 0 \end{pmatrix} = -\mathrm{i}\frac{\pi}{2}\begin{pmatrix} -1 & 1 \\ 1 & -1 \end{pmatrix} \tag{13.28}
$$

另一方面,对(13.7)式积分得到宇称算符的显式形式:

$$
\begin{aligned}
\mathfrak{P} &= \pi^{-1/2}\iint_{-\infty}^{+\infty}\mathrm{d}q_1\mathrm{d}q_2\exp\left[-\left(q_1^2+q_2^2\right)-\sqrt{2}\left(q_1a_1^\dagger+q_2a_2^\dagger\right)-\frac{a_1^{\dagger 2}+a_2^{\dagger 2}}{2}\right] \\
&\quad\times|00\rangle\langle 00|\exp\left[\sqrt{2}\left(q_1a_1+q_2a_2\right)-\frac{a_1^2}{2}-\frac{a_2^2}{2}\right] \\
&= \pi^{-1/2}\iint_{-\infty}^{+\infty}\mathrm{d}q_1\mathrm{d}q_2:\exp\Bigg\{-\left(q_1^2+q_2^2\right) \\
&\quad -\sqrt{2}\left[q_1\left(a_1^\dagger-a_1\right)+q_2\left(a_2^\dagger-a_2\right)\right]-\frac{\left(a_1+a_1^\dagger\right)^2+\left(a_2+a_2^\dagger\right)^2}{2}\Bigg\}: \\
&=:\mathrm{e}^{-2a_1^\dagger a_1-2a_2^\dagger a_2}: \\
&=:\exp\left\{\begin{pmatrix} a_1^\dagger & a_2^\dagger \end{pmatrix}\left[\begin{pmatrix} \mathrm{e}^{\mathrm{i}\pi} & 0 \\ 0 & \mathrm{e}^{\mathrm{i}\pi} \end{pmatrix}-\begin{pmatrix} 1 & 0 \\ 0 & 1 \end{pmatrix}\right]\begin{pmatrix} a_1 \\ a_2 \end{pmatrix}\right\}:
\end{aligned} \tag{13.29}
$$

再用(13.17)式可得

$$
\mathfrak{P} = \exp\left[a_i^\dagger\ln\begin{pmatrix} \mathrm{e}^{\mathrm{i}\pi} & 0 \\ 0 & \mathrm{e}^{\mathrm{i}\pi} \end{pmatrix}a_j\right] = \mathrm{e}^{\mathrm{i}\pi\left(a_1^\dagger a+a_2^\dagger a_2\right)} = (-1)^{a_1^\dagger a+a_2^\dagger a_2} \tag{13.30}
$$

联立以上诸式,可见有以下算符分拆公式:

$$
\begin{aligned}
&\exp\left[\mathrm{i}\frac{\pi}{2}\begin{pmatrix} a_1^\dagger & a_2^\dagger \end{pmatrix}\begin{pmatrix} 1 & 1 \\ 1 & 1 \end{pmatrix}\begin{pmatrix} a_1 \\ a_2 \end{pmatrix}\right] \\
&\quad = (-1)^{a_1^\dagger a_1+a_2^\dagger a_2}\exp\left[-\mathrm{i}\frac{\pi}{2}\begin{pmatrix} a_1^\dagger & a_2^\dagger \end{pmatrix}\begin{pmatrix} -1 & 1 \\ 1 & -1 \end{pmatrix}\begin{pmatrix} a_1 \\ a_2 \end{pmatrix}\right]
\end{aligned} \tag{13.31}
$$

小结:我们将经典置换和宇称变换直接用有序算符内的积分方法导出量子置换–宇称联合变换算符,充实了全同量子态的理论研究. 此方法可以推广到研究多粒子态情形.

13.2 双模玻色算符的一般哈密顿量的能级公式

用 IWOP 技术我们求多模指数二次型玻色算符的相干态表象及其正规乘积展开，本章要导出两个重要的公式,并介绍其与辛变换的关系.

一般形式的双模玻色哈密顿算符是

$$H=\omega_1 a_1^\dagger a_1+\omega_2 a_2^\dagger a_2+C\left(a_1^\dagger a_2+a_1 a_2^\dagger\right)+D\left(a_1^\dagger a_2^\dagger+a_1 a_2\right) \tag{13.32}$$

它描述一个非简并参量放大器, 也可描述 Raman 光散射等. 把 H 写成矩阵形式:

$$\begin{aligned}H&=\frac{1}{2}\left(a_1^\dagger\ a_2^\dagger\ a_1\ a_2\right)\begin{pmatrix}\omega_1 & C & 0 & D\\ C & \omega_2 & D & 0\\ 0 & D & \omega_1 & C\\ D & 0 & C & \omega_2\end{pmatrix}\begin{pmatrix}a_1\\ a_2\\ a_1^\dagger\\ a_2^\dagger\end{pmatrix}-\frac{1}{2}(\omega_1+\omega_2)\\&=\frac{1}{2}\left(b^\dagger\ \tilde{b}\right)\begin{pmatrix}\gamma & \beta\\ \beta & \gamma\end{pmatrix}\begin{pmatrix}b\\ \tilde{b}^\dagger\end{pmatrix}-\frac{1}{2}(\omega_1+\omega_2)\end{aligned} \tag{13.33}$$

其中

$$b=\begin{pmatrix}a_1\\ a_2\end{pmatrix},\quad b^\dagger=\left(a_1^\dagger\ a_2^\dagger\right),\quad \gamma=\begin{pmatrix}\omega_1 & C\\ C & \omega_2\end{pmatrix},\quad \beta=\begin{pmatrix}0 & D\\ D & 0\end{pmatrix} \tag{13.34}$$

引入幺正变换算符 W 使得

$$\begin{pmatrix}b'\\ \tilde{b}'^\dagger\end{pmatrix}=W\begin{pmatrix}b\\ \tilde{b}^\dagger\end{pmatrix}W^{-1}=\begin{pmatrix}U & V\\ V & U\end{pmatrix}\begin{pmatrix}b\\ \tilde{b}^\dagger\end{pmatrix}=\begin{pmatrix}Ub+V\tilde{b}^\dagger\\ Vb+U\tilde{b}^\dagger\end{pmatrix} \tag{13.35}$$

即

$$b'=Ub+V\tilde{b}^\dagger=U\begin{pmatrix}a_1\\ a_2\end{pmatrix}+V\begin{pmatrix}a_1^\dagger\\ a_2^\dagger\end{pmatrix}=\begin{pmatrix}b_1'\\ b_2'\end{pmatrix} \tag{13.36}$$

$$\tilde{b}'^\dagger=Vb+U\tilde{b}^\dagger=V\begin{pmatrix}a_1\\ a_2\end{pmatrix}+U\begin{pmatrix}a_1^\dagger\\ a_2^\dagger\end{pmatrix}=\begin{pmatrix}b_1^{\dagger\prime}\\ b_2^{\dagger\prime}\end{pmatrix} \tag{13.37}$$

矩阵 U 和 V 待求. 幺正性要求 $\delta_{ik}=\left[b_i',b_k'^\dagger\right],[b_i',b_k']=0$, 用基本玻色对易关系 $\left[a_i,a_j^\dagger\right]=\delta_{ij}$ 可知

$$\left[U_{ij}a_j+V_{ij}a_j^\dagger,V_{kl}a_l+U_{kl}a_l^\dagger\right]=\left(U\widetilde{U}-V\widetilde{V}\right)_{ik} \tag{13.38}$$

$$\left[U_{ij}a_j+V_{ij}a_j^\dagger,U_{kl}a_l+V_{kl}a_l^\dagger\right]=\left(U\widetilde{V}-V\widetilde{U}\right)_{ik}=0 \tag{13.39}$$

即

$$U\widetilde{U}-V\widetilde{V}=1,\quad V\widetilde{U}-U\widetilde{V}=0 \tag{13.40}$$

于是知道

$$\begin{pmatrix} U & V \\ V & U \end{pmatrix}^{-1}=\begin{pmatrix} \widetilde{U} & -\widetilde{V} \\ -\widetilde{V} & \widetilde{U} \end{pmatrix} \tag{13.41}$$

由(13.35)式得

$$\begin{pmatrix} \widetilde{U} & -\widetilde{V} \\ -\widetilde{V} & \widetilde{U} \end{pmatrix}\begin{pmatrix} b' \\ \tilde{b}'^{\dagger} \end{pmatrix}=\begin{pmatrix} b \\ \tilde{b}^{\dagger} \end{pmatrix} \tag{13.42}$$

即

$$\widetilde{U}b'-\widetilde{V}\tilde{b}'^{\dagger}=b,\quad -\widetilde{V}b'+\widetilde{U}\tilde{b}'^{\dagger}=\tilde{b}^{\dagger} \tag{13.43}$$

于是有

$$U\tilde{b}'-Vb'^{\dagger}=\tilde{b},\quad -V\tilde{b}'+Ub'^{\dagger}=b^{\dagger} \tag{13.44}$$

或写成

$$\begin{pmatrix} b'^{\dagger} & \tilde{b}' \end{pmatrix}\begin{pmatrix} U & -V \\ -V & U \end{pmatrix}=\begin{pmatrix} b^{\dagger} & \tilde{b} \end{pmatrix} \tag{13.45}$$

在(13.33)式中用(13.42)式和(13.45)式后得到

$$H=\frac{1}{2}\begin{pmatrix} b'^{\dagger} & \tilde{b}' \end{pmatrix}\begin{pmatrix} U & -V \\ -V & U \end{pmatrix}\begin{pmatrix} \gamma & \beta \\ \beta & \gamma \end{pmatrix}\begin{pmatrix} \widetilde{U} & -\widetilde{V} \\ -\widetilde{V} & \widetilde{U} \end{pmatrix}\begin{pmatrix} b' \\ \tilde{b}'^{\dagger} \end{pmatrix}-\frac{1}{2}(\omega_1+\omega_2) \tag{13.46}$$

进一步要求(13.46)式中的

$$\begin{pmatrix} U & -V \\ -V & U \end{pmatrix}\begin{pmatrix} \gamma & \beta \\ \beta & \gamma \end{pmatrix}\begin{pmatrix} \widetilde{U} & -\widetilde{V} \\ -\widetilde{V} & \widetilde{U} \end{pmatrix}=\begin{pmatrix} \Lambda_1 & 0 \\ 0 & \Lambda_2 \end{pmatrix} \tag{13.47}$$

是块对角化的,就可发现 $\Lambda_1=\Lambda_2$. 事实上,上式两边左乘 $\begin{pmatrix} \widetilde{U} & \widetilde{V} \\ \widetilde{V} & \widetilde{U} \end{pmatrix}$,由(13.40)式知

$$\begin{pmatrix} \widetilde{U} & \widetilde{V} \\ \widetilde{V} & \widetilde{U} \end{pmatrix}\begin{pmatrix} U & -V \\ -V & U \end{pmatrix}=I \tag{13.48}$$

故

$$\begin{pmatrix} \gamma & \beta \\ \beta & \gamma \end{pmatrix}\begin{pmatrix} \widetilde{U} & -\widetilde{V} \\ -\widetilde{V} & \widetilde{U} \end{pmatrix}=\begin{pmatrix} \widetilde{U} & \widetilde{V} \\ \widetilde{V} & \widetilde{U} \end{pmatrix}\begin{pmatrix} \Lambda_1 & 0 \\ 0 & \Lambda_2 \end{pmatrix} \tag{13.49}$$

也就是

$$\gamma\widetilde{U}-\beta\widetilde{V}=\widetilde{U}\Lambda_1,\quad \beta\widetilde{U}-\gamma\widetilde{V}=\widetilde{V}\Lambda_1,$$

$$\gamma\widetilde{U}-\beta\widetilde{V}=\widetilde{U}\Lambda_2,\quad \beta\widetilde{U}-\gamma\widetilde{V}=\widetilde{V}\Lambda_2 \tag{13.50}$$

由此可见 Λ_1 和 Λ_2 遵守相同的矩阵方程, 故 $\Lambda_1=\Lambda_2=\Lambda$. 接着有

$$\gamma\widetilde{U}-\beta\widetilde{V}=\widetilde{U}\Lambda \tag{13.51}$$

$$\beta\widetilde{U}-\gamma\widetilde{V}=\widetilde{V}\Lambda \tag{13.52}$$

设 $\Lambda=\lambda I_{2\times 2}$, 上式写成本征矢量方程为

$$\begin{pmatrix}\gamma & \beta\\ \beta & \gamma\end{pmatrix}\begin{pmatrix}\widetilde{U}\\ -\widetilde{V}\end{pmatrix}=\begin{pmatrix}\lambda I_{2\times 2} & 0\\ 0 & -\lambda I_{2\times 2}\end{pmatrix}\begin{pmatrix}\widetilde{U}\\ -\widetilde{V}\end{pmatrix} \tag{13.53}$$

代入 $\gamma=\begin{pmatrix}\omega_1 & C\\ C & \omega_2\end{pmatrix}$, $\beta=\begin{pmatrix}0 & D\\ D & 0\end{pmatrix}$,解此方程,写下

$$\det\begin{pmatrix}\gamma-\lambda I_{2\times 2} & \beta\\ \beta & \gamma+\lambda I_{2\times 2}\end{pmatrix}=0 \tag{13.54}$$

就可导出本征值

$$\lambda=\frac{1}{\sqrt{2}}\left[\omega_1^2+\omega_2^2+2C^2-2D^2\pm\sqrt{\left(\omega_1^2-\omega_2^2\right)^2+4C^2\left(\omega_1+\omega_2\right)^2-4D^2\left(\omega_1-\omega_2\right)^2}\right]^{1/2} \tag{13.55}$$

它也可以用不变本征算符法导出(参见《量子力学不变本征算符法》,范洪义等著).

13.3 多模指数二次型玻色算符的相干态表示和范氏恒等式

IWOP 技术的另一个重要应用是研究玻色算符的相似变换. 以单模相似变换算符为例,问是否存在算符 $\mathcal{W}$ 使得

$$\mathcal{W}a\mathcal{W}^{-1}=\mu a+\nu a^{\dagger},\quad \mathcal{W}a^{\dagger}\mathcal{W}^{-1}=\sigma a+\tau a^{\dagger} \tag{13.56}$$

这里复参数满足

$$\mu\tau-\nu\sigma=1 \tag{13.57}$$

根据(13.57)式,尽管有 $[\mu a+\nu a^{\dagger},\sigma a+\tau a^{\dagger}]=1$,但是 $\mu a+\nu a^{\dagger}$ 不是 $\sigma a+\tau a^{\dagger}$ 的厄密共轭,故 $\mathcal{W}^{-1}\neq\mathcal{W}^{\dagger}$, $\mathcal{W}$ 不是幺正算符. 有了 IWOP 技术,我们将演示 $\mathcal{W}$ 是可以用经典变换 $\begin{pmatrix} z \\ z^* \end{pmatrix}\rightarrow\begin{pmatrix} \tau z-\nu z^* \\ \mu z^*-\sigma z \end{pmatrix}$ 的量子映射通过相干态表象找到的,即

$$\mathcal{W}=\tau^{1/2}\int\frac{\mathrm{d}^2 z}{\pi}\left|\begin{pmatrix} \tau & -\nu \\ -\sigma & \mu \end{pmatrix}\begin{pmatrix} z \\ z^* \end{pmatrix}\right\rangle\left\langle\begin{pmatrix} z \\ z^* \end{pmatrix}\right| \tag{13.58}$$

这就是单模相似变换的相干态表象,称为范氏公式. 这里 $\left\langle\begin{pmatrix} z \\ z^* \end{pmatrix}\right|\equiv\langle z|$,而

$$\begin{aligned}\left|\begin{pmatrix} \tau & -\nu \\ -\sigma & \mu \end{pmatrix}\begin{pmatrix} z \\ z^* \end{pmatrix}\right\rangle&=\left|\begin{pmatrix} \tau z-\nu z^* \\ \mu z^*-\sigma z \end{pmatrix}\right\rangle\\&=\exp\left[(\tau z-\nu z^*)\,a^{\dagger}-(\mu z^*-\sigma z)\,a\right]|0\rangle\end{aligned} \tag{13.59}$$

用 IWOP 技术积分(13.58)式得

$$\begin{aligned}\mathcal{W}&=\tau^{1/2}\int\frac{\mathrm{d}^2 z}{\pi}:\exp\left[-\mu\tau|z|^2+z\tau a^{\dagger}+z^*\left(a-\nu a^{\dagger}\right)+\frac{\mu\nu}{2}z^{*2}+\frac{\sigma\tau}{2}z^2-a^{\dagger}a\right]:\\&=\mu^{-1/2}\exp\left(\frac{-\nu}{2\mu}a^{\dagger 2}\right)\exp\left[-a^{\dagger}a\ln\mu\right]\exp\left(\frac{\sigma}{2\mu}a^2\right)\end{aligned} \tag{13.60}$$

于是

$$\mathcal{W}^{-1}=\mu^{1/2}\exp\left(\frac{-\sigma}{2\mu}a^2\right)\exp\left[a^{\dagger}a\ln\mu\right]\exp\left(\frac{\nu}{2\mu}a^{\dagger 2}\right) \tag{13.61}$$

为了说明 $\mathcal{W}^{-1}\neq\mathcal{W}^{\dagger}$,我们用 IWOP 技术积分求 $\mathcal{W}^{-1}$ 的正规乘积形式:

$$\begin{aligned}\mathcal{W}^{-1}&=\mu^{1/2}\exp\left(\frac{-\sigma}{2\mu}a^2\right)\int\frac{\mathrm{d}^2 z}{\pi}\exp\left[a^{\dagger}a\ln\mu\right]|z\rangle\langle z|\exp\left(\frac{\nu}{2\mu}a^{\dagger 2}\right)\\&=\mu^{1/2}\exp\left(\frac{-\sigma}{2\mu}a^2\right)\int\frac{\mathrm{d}^2 z}{\pi}\exp\left[-\frac{|z|^2}{2}+a^{\dagger}z\mu\right]|0\rangle\langle z|\exp\left(\frac{\nu}{2\mu}a^{\dagger 2}\right)\\&=\mu^{1/2}\exp\int\frac{\mathrm{d}^2 z}{\pi}:\exp\left[-|z|^2+a^{\dagger}z\mu+z^*a-\frac{\sigma\mu}{2}z^2+\frac{\nu}{2\mu}z^{*2}-a^{\dagger}a\right]:\\&=\frac{1}{\sqrt{\tau}}:\exp\left[\frac{1}{\mu\tau}\left(\mu a^{\dagger}a-\frac{\sigma\mu}{2}a^2+\frac{\nu}{2\mu}\left(a^{\dagger}\mu\right)^2\right)-a^{\dagger}a\right]:\\&=\frac{1}{\sqrt{\tau}}\exp\left(\frac{\nu a^{\dagger 2}}{2\tau}\right)\exp\left(-a^{\dagger}a\ln\tau\right)\exp\left(-\frac{\sigma}{2\tau}a^2\right)\end{aligned} \tag{13.62}$$

可见 $\mathcal{W}^{-1}\neq\mathcal{W}^{\dagger}$.

作为(13.58)式的推广,关于多模指数二次型玻色算符,笔者给出如下的定理:

定理 1 多模指数二次型玻色算符 $\exp\{\mathcal{H}\}$, $\mathcal{H}=\dfrac{1}{2}B\Gamma\widetilde{B}$, Γ 是一个对称 $2n\times 2n$ 矩阵以保证 $\mathcal{H}$ 的厄密性, B 定义为

$$B\equiv\left(A^{\dagger}\ A\right)\equiv\left(a_1^{\dagger}\ a_2^{\dagger}\cdots\ a_n^{\dagger}\ a_1\ a_2\cdots\ a_n\right),\quad\widetilde{B}=\begin{pmatrix}\widetilde{A}^{\dagger}\\ \widetilde{A}\end{pmatrix} \tag{13.63}$$

有其 n 模相干态表示:

$$\exp\{\mathcal{H}\}=\sqrt{\det Q}\int\prod_{i=1}^{n}\frac{\mathrm{d}^2 Z_i}{\pi}\left|\begin{pmatrix} Q & -L \\ -N & P\end{pmatrix}\begin{pmatrix}\widetilde{Z}\\ \widetilde{Z}^*\end{pmatrix}\right\rangle\left\langle\begin{pmatrix}\widetilde{Z}\\ \widetilde{Z}^*\end{pmatrix}\right| \tag{13.64}$$

这里 n 模相干态是

$$\left|\begin{pmatrix}\widetilde{Z}\\ \widetilde{Z}^*\end{pmatrix}\right\rangle\equiv|Z\rangle=D(Z)\left|\vec{0}\right\rangle,\quad D(Z)\equiv\exp\{A^\dagger\widetilde{Z}-A\widetilde{Z}^*\} \tag{13.65}$$

Q、L、N、P 都是 $n\times n$ 复矩阵,满足

$$\begin{pmatrix} Q & L \\ N & P\end{pmatrix}=\exp\{\varGamma\varPi\}\equiv M,\quad \varPi=\begin{pmatrix} 0 & -I \\ I & 0\end{pmatrix} \tag{13.66}$$

I_n 是 $n\times n$ 单位矩阵. 而

$$\begin{aligned}&\left|\begin{pmatrix} Q & -L \\ -N & P\end{pmatrix}\begin{pmatrix}\widetilde{Z}\\ \widetilde{Z}^*\end{pmatrix}\right\rangle\\ &=\exp\{A^\dagger(Q\widetilde{Z}-L\widetilde{Z}^*)-A(-N\widetilde{Z}+P\widetilde{Z}^*)\}|\vec{0}\rangle\\ &=\exp\left\{A^\dagger(Q\widetilde{Z}-L\widetilde{Z}^*)+\frac{1}{2}(Z\widetilde{N}-\widetilde{Z^*}P)(Q\widetilde{Z}-L\widetilde{Z}^*)\right\}|\vec{0}\rangle\end{aligned} \tag{13.67}$$

$\varGamma$ 是对称矩阵保证了 M 是一个辛矩阵, 满足

$$M\varPi\widetilde{M}=\varPi,\quad \varPi\widetilde{M}\varPi=-M^{-1} \tag{13.68}$$

换言之,由 $\exp\{\mathcal{H}\}$ 引起的变换是保辛的.

为了证明此定理,一方面,先要说明什么是辛矩阵. 对于 n 维列矢量 $\varLambda$ 和 $\varLambda'$ 我们引入如下规定:

$$\left[\tilde{\varLambda}_i,\varLambda'_j\right]\equiv\left[\tilde{\varLambda},\varLambda'\right]_{ij}=\left[\varLambda_i,\varLambda'_j\right],\quad i,j=1,2,\cdots,n \tag{13.69}$$

就是说,$\left[\tilde{\varLambda},\varLambda'\right]$ 是一个 $2n\times 2n$ 矩阵. 用以上用语及基本对易关系 $\left[a_i,a_j^\dagger\right]=\delta_{ij}$, 就有

$$\left[\widetilde{B},B\right]=\varPi,\quad \varPi=\begin{pmatrix} 0 & -I \\ I & 0\end{pmatrix} \tag{13.70}$$

例如,根据(13.63)式,$B_{n+1}=a_1$, $\widetilde{B}_1=a_1^\dagger$,故由(13.70)式我们可知

$$\left[a_1^\dagger,a_1\right]=\left[\widetilde{B}_1,B_{n+1}\right]=\left[\widetilde{B},B\right]_{1,n+1}=\varPi_{1,n+1}=-1 \tag{13.71}$$

这样就可帮助理解(13.70)式的含义. 设 $B'=WBW^{-1}$,W 是一个引起多模相似变换的算符,该变换的效果是

$$WAW^{-1}=AP+A^\dagger L,\quad WA^\dagger W^{-1}=A^\dagger Q+AN \tag{13.72}$$

或简记为

$$WBW^{-1} = BM \equiv B', \quad M \equiv \begin{pmatrix} Q & L \\ N & P \end{pmatrix} \tag{13.73}$$

其中 Q、L、P、N 全是 $n \times n$ 复矩阵. 一般而言,$AP + A^{\dagger}L$ 和 $A^{\dagger}Q + AN$ 不是互为厄密共轭的,尽管相似变换保持了 A 与 $A^{\dagger}$ 的对易子. 注意对易关系(13.71)式在相似变换下是不变的 $\left(\left[\widetilde{B}_i, B_j\right] = 0\text{或} \pm 1\right)$,就是说

$$\left[\widetilde{B}', B'\right]_{ij} = W\left[\widetilde{B}_i, B_j\right]W^{-1} = \left[\widetilde{B}, B\right]_{ij} \tag{13.74}$$

另一方面,从(13.74)式知

$$\left[\widetilde{B}', B'\right]_{ij} = \left[\left(\widetilde{M}\widetilde{B}\right)_i, (BM)_j\right] = \widetilde{M}_{ik}\left[\widetilde{B}, B\right]_{kl}M_{lj} = \left(\widetilde{M}\left[\widetilde{B}, B\right]M\right)_{ij} \tag{13.75}$$

比较(13.75)式和(13.74)式,并用(13.71)式,我们看到 $\widetilde{M}\left[\widetilde{B}, B\right]M = \left[\widetilde{B}, B\right]$,故有(13.68)式的 $\widetilde{M}\Pi M = \Pi$, $\Pi\widetilde{M}\Pi = -M^{-1}$,说明 M 是辛矩阵. 辛(symplectic)对称的概念是 Weyl 在研究分析力学哈密顿正则方程时提出的,华罗庚先生将它音译为“辛”.

从 $\Pi^{-1} = -\Pi$,知 $M^{-1}\Pi\left(\widetilde{M}\right)^{-1} = \Pi$,故

$$\Pi = M\Pi\widetilde{M} = \left(\widetilde{M}\right)^{\sim}\Pi\widetilde{M} \tag{13.76}$$

这样的 M 是保持经典泊松括号不变的变换,且形成辛群. 从(13.74)式和(13.68)式得辛条件的具体表达式是

$$\widetilde{Q}N = \widetilde{N}Q, \quad \widetilde{L}P = \widetilde{P}L, \quad \widetilde{Q}P - \widetilde{N}L = I, \quad \widetilde{P}Q - \widetilde{L}N = I \tag{13.77}$$

或等价地写为

$$Q\widetilde{L} = L\widetilde{Q}, \quad N\widetilde{P} = P\widetilde{N}, \quad Q\widetilde{P} - L\widetilde{N} = I, \quad P\widetilde{Q} - N\widetilde{L} = I \tag{13.78}$$

接下来我们再说明可以把算符 $\exp\{\mathcal{H}\}$,$\mathcal{H} = \frac{1}{2}B\Gamma\widetilde{B}$ 看成引起相似变换的算符. 记

$$\Gamma = \begin{pmatrix} R & C \\ \widetilde{C} & D \end{pmatrix} \tag{13.79}$$

就有

$$B\Gamma\widetilde{B} = (A^{\dagger} \ A)\begin{pmatrix} R & C \\ \widetilde{C} & D \end{pmatrix}\begin{pmatrix} \widetilde{A}^{\dagger} \\ \widetilde{A} \end{pmatrix} = A^{\dagger}\left(R\widetilde{A}^{\dagger} + C\widetilde{A}\right) + A\left(\widetilde{C}\widetilde{A}^{\dagger} + D\widetilde{A}\right) \tag{13.80}$$

所以

$$\left[\mathcal{H}, a_i^{\dagger}\right] = \left[\frac{1}{2}\left(A^{\dagger}C\widetilde{A} + A\widetilde{C}\widetilde{A}^{\dagger} + AD\widetilde{A}\right), \ a_i^{\dagger}\right] = a_j^{\dagger}C_{ji} + a_jD_{ji} \tag{13.81}$$

$$[\mathcal{H},a_i] = -a_j\widetilde{C}_{ji} - a_j^\dagger R_{ji} \tag{13.82}$$

写成简洁形式为

$$[\mathcal{H},B] = [\mathcal{H},(A^\dagger,A)] = (A^\dagger,A)\begin{pmatrix} C & -R \\ D & -\widetilde{C} \end{pmatrix} = B\begin{pmatrix} R & C \\ \widetilde{C} & D \end{pmatrix}\begin{pmatrix} 0 & -I \\ I & 0 \end{pmatrix} = B\,(\varGamma\varPi) \tag{13.83}$$

由 Baker-Hausdorff 公式,有

$$\begin{aligned} \mathrm{e}^{\mathcal{H}}B\mathrm{e}^{-\mathcal{H}} &= B + B\,(\varGamma\varPi) + \frac{1}{2!}B\,(\varGamma\varPi)^2 + \frac{1}{3!}B\,(\varGamma\varPi)^3 + \cdots \\ &= B\mathrm{e}^{\varGamma\varPi} = (A^\dagger\ A)\begin{pmatrix} Q & L \\ N & P \end{pmatrix} \end{aligned} \tag{13.84}$$

比较(13.84)式和(13.73)式,我们确实能够视 $\mathrm{e}^{\mathcal{H}} = W$,即将 $\mathrm{e}^{\mathcal{H}}$ 看成是引起相似变换的算符.

(13.64)式的证明:

如果我们能看到(13.64)式中的 $\sqrt{\det Q}\int\prod_{i=1}^{n}\frac{\mathrm{d}^2 Z_i}{\pi}\left|\begin{pmatrix} Q & -L \\ -N & P \end{pmatrix}\begin{pmatrix} \widetilde{Z} \\ \widetilde{Z}^* \end{pmatrix}\right\rangle\left\langle\begin{pmatrix} \widetilde{Z} \\ \widetilde{Z}^* \end{pmatrix}\right|$ 也能生成如(13.84)式那样的变换(仅差一个相因子),那就等于证明了此定理.为此目的,用

$$\left|\vec{0}\right\rangle\left\langle\vec{0}\right| = :\mathrm{e}^{-A^\dagger\widetilde{A}}: \tag{13.85}$$

和(13.67)式以及(13.77)式中的 $\widetilde{Q}P - \widetilde{N}L = I$,重写(13.64)式为

$$\begin{aligned} \exp\{\mathcal{H}\} &= \sqrt{\det Q}\int\prod_{i=1}^{n}\frac{\mathrm{d}^2 Z_i}{\pi}\exp\{A^\dagger(Q\widetilde{Z} - L\widetilde{Z}^*) \\ &\quad + \frac{1}{2}(Z\widetilde{N} - \widetilde{Z^*}P)(Q\widetilde{Z} - L\widetilde{Z}^*)\}|\vec{0}\rangle\left\langle\begin{pmatrix} \widetilde{Z} \\ \widetilde{Z}^* \end{pmatrix}\right| \\ &= \sqrt{\det Q}\int\prod_{i=1}^{n}\frac{\mathrm{d}^2 Z_i}{\pi}:\exp\left\{-\frac{1}{2}(Z\ Z^*)\begin{pmatrix} -\widetilde{N}Q & \widetilde{Q}P \\ \widetilde{P}Q & -\widetilde{P}L \end{pmatrix}\begin{pmatrix} \widetilde{Z} \\ \widetilde{Z}^* \end{pmatrix}\right. \\ &\quad \left. + (A^\dagger Q\ \ A - A^\dagger L)\begin{pmatrix} \widetilde{Z} \\ \widetilde{Z}^* \end{pmatrix} - A^\dagger\widetilde{A}\right\}: \end{aligned} \tag{13.86}$$

再用 Gaussian 积分公式

$$\begin{aligned} &\int\prod_{i=1}^{n}\frac{\mathrm{d}^2 Z_i}{\pi}\exp\left\{-\frac{1}{2}(Z\ Z^*)\begin{pmatrix} F & C \\ \widetilde{C} & D \end{pmatrix}\begin{pmatrix} \widetilde{Z} \\ \widetilde{Z}^* \end{pmatrix} + (\mu\ \nu^*)\begin{pmatrix} \widetilde{Z} \\ \widetilde{Z}^* \end{pmatrix}\right\} \\ &= \left[\det\begin{pmatrix} \widetilde{C} & D \\ F & C \end{pmatrix}\right]^{-1/2}\exp\left\{-\frac{1}{2}(\mu\ \nu^*)\begin{pmatrix} F & C \\ \widetilde{C} & D \end{pmatrix}^{-1}\begin{pmatrix} \widetilde{\mu} \\ \widetilde{\nu}^* \end{pmatrix}\right\} \end{aligned} \tag{13.87}$$

及 IWOP 技术完成(13.86)式中的积分，结果是

$$
\begin{aligned}
(13.86)\text{式之右} = & \sqrt{\det Q}\left[\det\begin{pmatrix} \widetilde{P}Q & -\widetilde{P}L \\ -\widetilde{N}Q & \widetilde{Q}P \end{pmatrix}\right]^{-\frac{1}{2}} \\
& \times :\exp\left\{\frac{1}{2}(A^{\dagger}Q \quad A - A^{\dagger}L)\begin{pmatrix} -\widetilde{N}Q & \widetilde{Q}P \\ \widetilde{P}Q & -\widetilde{P}L \end{pmatrix}^{-1}\begin{pmatrix} \widetilde{Q}\widetilde{A}^{\dagger} \\ \widetilde{A} - \widetilde{L}\widetilde{A^{\dagger}} \end{pmatrix} - A^{\dagger}\widetilde{A}\right\}:
\end{aligned}
\tag{13.88}
$$

用 $2n \times 2n$ 矩阵的以分块形式求逆矩阵的公式

$$
\begin{pmatrix} \alpha & \beta \\ \gamma & \eta \end{pmatrix}^{-1} = \begin{pmatrix} (\alpha - \beta\eta^{-1}\gamma)^{-1} & \alpha^{-1}\beta(\gamma\alpha^{-1}\beta - \eta)^{-1} \\ \eta^{-1}\gamma(\beta\eta^{-1}\gamma - \alpha)^{-1} & (\eta - \gamma\alpha^{-1}\beta)^{-1} \end{pmatrix}
\tag{13.89}
$$

及其求行列式的公式

$$
\det\begin{pmatrix} \alpha & \beta \\ \gamma & \eta \end{pmatrix} = \det\alpha\det(\eta - \gamma\alpha^{-1}\beta)
\tag{13.90}
$$

并考虑到辛条件(13.77)式、(13.78)式，我们计算出

$$
\begin{pmatrix} -\widetilde{N}Q & \widetilde{Q}P \\ \widetilde{P}Q & -\widetilde{P}L \end{pmatrix}^{-1} = \begin{pmatrix} Q^{-1}L & I \\ I & P^{-1}N \end{pmatrix}
\tag{13.91}
$$

$$
\left[\det\begin{pmatrix} \widetilde{P}Q & -\widetilde{P}L \\ -\widetilde{N}Q & \widetilde{Q}P \end{pmatrix}\right]^{-\frac{1}{2}} = [\det(QP)]^{-\frac{1}{2}}
\tag{13.92}
$$

于是(13.88)式变成

$$
(13.88)\text{式之右} = \frac{1}{\sqrt{\det P}}:\exp\left\{-\frac{1}{2}A^{\dagger}(LP^{-1})\widetilde{A}^{\dagger} + A^{\dagger}(\widetilde{P}^{-1} - I)\widetilde{A} + \frac{1}{2}A(P^{-1}N)\widetilde{A}\right\}:
\tag{13.93}
$$

再用(7.57)式脱去(13.93)式的正规乘积记号：

$$
\begin{aligned}
(13.93)\text{式之右} = & \frac{1}{\sqrt{\det P}}\exp\left\{-\frac{1}{2}A^{\dagger}(LP^{-1})\widetilde{A}^{\dagger}\right\} \\
& \exp\{A^{\dagger}(\ln\widetilde{P}^{-1})\widetilde{A}\}\exp\left\{\frac{1}{2}A(P^{-1}N)\widetilde{A}\right\} \\
\equiv & V
\end{aligned}
\tag{13.94}
$$

从(13.94)式并用(7.58)式可算出

$$
\begin{aligned}
VA_kV^{-1} &= \exp\left\{-\frac{1}{2}A_i^{\dagger}(LP^{-1})_{ij}\widetilde{A_j}^{\dagger}\right\}\widetilde{P}_{kl}A_l\exp\left\{\frac{1}{2}A_i^{\dagger}(LP^{-1})_{ij}\widetilde{A_j}^{\dagger}\right\} \\
&= \widetilde{P}_{kl}A_l + A_i^{\dagger}(LP^{-1})_{ij}\widetilde{P}_{kj} = AP + A^{\dagger}L
\end{aligned}
\tag{13.95}
$$

这恰好等于(13.72)式中的第一式. 进而有

$$\exp\left[\frac{1}{2}A_i(P^{-1}N)_{ij}\widetilde{A}_j\right]A_k^\dagger\exp\left[\frac{-1}{2}A_i(P^{-1}N)_{ij}\widetilde{A}_j\right]=A_k^\dagger+A_i(P^{-1}N)_{ik} \tag{13.96}$$

以及

$$\begin{aligned}&\exp\left[A_i^\dagger(\ln\widetilde{P}^{-1})_{ij}\widetilde{A}_j\right]\left[A_k^\dagger+A_i(P^{-1}N)_{ik}\right]\exp\{-A_i^\dagger(\ln\widetilde{P}^{-1})_{ij}\widetilde{A}_j\}\\&=A_j^\dagger(\widetilde{P}^{-1})_{jk}+\widetilde{P}_{il}A_l(P^{-1}N)_{ik}=A_j^\dagger(\widetilde{P}^{-1})_{jk}+A_lN_{lk}\end{aligned} \tag{13.97}$$

联立(13.94)式和(13.78)式中的 $\widetilde{P}Q-\widetilde{L}N=I$,我们得到

$$\begin{aligned}VA_kV^{-1}&=\exp\left[-\frac{1}{2}A_i^\dagger(LP^{-1})_{ij}\widetilde{A_j}^\dagger\right]\left[A_j^\dagger(\widetilde{P}^{-1})_{jk}+A_lN_{lk}\right]\exp\left\{\frac{1}{2}A_i^\dagger(LP^{-1})_{ij}\widetilde{A_j}^\dagger\right\}\\&=A_j^\dagger(\widetilde{P}^{-1})_{jk}+\left[A_l+A_i^\dagger(LP^{-1})_{il}\right]N_{lk}=A^\dagger Q+AN\end{aligned} \tag{13.98}$$

这恰好等于(13.72)式中的第二式. 所以 $V\equiv$(13.94)式之右生出来与 $e^{\mathcal{H}}=W$ 相同的变换,这就证明了(13.64)式(仅差一个相因子,有兴趣的读者可以进一步证明这个相因子为 1).

定理 2 对于 $\mathcal{H}=\dfrac{1}{2}B\Gamma\widetilde{B}$, 多模指数二次型玻色算符 $\exp\{\mathcal{H}\}$ 的正规乘积形式是

$$\begin{aligned}\exp\{\mathcal{H}\}=&\frac{1}{\sqrt{\det P}}\exp\left\{-\frac{1}{2}A^\dagger(LP^{-1})\widetilde{A}^\dagger\right\}\exp\left\{A^\dagger(\ln\widetilde{P}^{-1})\widetilde{A}\right\}\\&\times\exp\left\{\frac{1}{2}A(P^{-1}N)\widetilde{A}\right\}\end{aligned} \tag{13.99}$$

综合定理 1 和 2,我们可以下结论:$e^{\mathcal{H}}$ 的相干态表象和显示形式是

$$\begin{aligned}e^{\mathcal{H}}&=\exp\left(\frac{B\Gamma\widetilde{B}}{2}\right)\\&=\sqrt{\det Q}\int\prod_{i=1}^{n}\frac{\mathrm{d}^2z_i}{\pi}\left|\begin{pmatrix}Q&-L\\-N&P\end{pmatrix}\begin{pmatrix}\widetilde{Z}\\\widetilde{Z}^*\end{pmatrix}\right\rangle\left\langle\begin{pmatrix}\widetilde{Z}\\\widetilde{Z}^*\end{pmatrix}\right|\\&=\frac{1}{\sqrt{\det P}}\exp\left\{-\frac{1}{2}A^\dagger LP^{-1}\widetilde{A}^\dagger\right\}\exp\left\{A^\dagger(\ln\widetilde{P}^{-1})\widetilde{A}\right\}\exp\left\{\frac{1}{2}AP^{-1}N\widetilde{A}\right\}=W\end{aligned} \tag{13.100}$$

其中

$$\begin{pmatrix}Q&L\\N&P\end{pmatrix}=\exp\{\Gamma\Pi\},\quad B=\left(A^\dagger,A\right) \tag{13.101}$$

此式称为多模玻色算符的范洪义恒等式，它有广泛的应用，例如在 12 章中求描述激光的主方程的解.Dirac 曾写道: “...for a quantum dynamic system that has a classical analogue, unitary transformation in the quantum theory is the analogue of contact transformation in the classical theory.” 上述讨论指出了辛变换 $\begin{pmatrix} \widetilde{Z} \\ \widetilde{Z}^* \end{pmatrix} \to \begin{pmatrix} Q & -L \\ -N & P \end{pmatrix}\begin{pmatrix} \widetilde{Z} \\ \widetilde{Z}^* \end{pmatrix}$ 与量子力学算符 $\mathrm{e}^{\mathcal{H}}$ 通过相干态表象和 IWOP 技术对应起来.

推论 1 辛矩阵组成一个群,故其量子力学算符对应构成一个忠实表示.

推论 2 对应辛矩阵的逆,有

$$\mathrm{e}^{-\mathcal{H}} = \sqrt{\det \widetilde{P}} \int \prod_{i=1}^{n} \frac{\mathrm{d}^2 Z_i}{\pi} \left| \begin{pmatrix} \widetilde{P} & \widetilde{L} \\ \widetilde{N} & \widetilde{Q} \end{pmatrix} \begin{pmatrix} \widetilde{Z} \\ \widetilde{Z}^* \end{pmatrix} \right\rangle \left\langle \begin{pmatrix} \widetilde{Z} \\ \widetilde{Z}^* \end{pmatrix} \right| = W^{-1} \tag{13.102}$$

证明 从 $\widetilde{M}\varPi M = \varPi$, 我们知道 $\varPi^{-1}\widetilde{M}\varPi = M^{-1}$, 故 M^{-1} 相似于 $\widetilde{M}$, 也相似于 M. 既然(13.64)式指明了变换 $\begin{pmatrix} Q & -L \\ -N & P \end{pmatrix}$ 映射出 $\mathrm{e}^{\mathcal{H}} = W$, 故

$$\begin{pmatrix} Q & -L \\ -N & P \end{pmatrix}^{-1} = \varPi^{-1} \begin{pmatrix} \widetilde{Q} & -\widetilde{N} \\ -\widetilde{L} & \widetilde{P} \end{pmatrix} \varPi = \begin{pmatrix} \widetilde{P} & \widetilde{L} \\ \widetilde{N} & \widetilde{Q} \end{pmatrix} \tag{13.103}$$

其中映射 $W^{-1} = \mathrm{e}^{-\mathcal{H}}$. 于是(13.102)式得证. 结合(13.64)式和(13.103)式我们就得到

$$W^{-1} = \frac{1}{\sqrt{\det \widetilde{Q}}} \exp\left\{\frac{1}{2} A^\dagger \widetilde{L}\widetilde{Q}^{-1} \widetilde{A}^\dagger\right\} \exp\{A^\dagger (\ln Q^{-1}) \widetilde{A}\} \exp\left\{-\frac{1}{2} A \widetilde{Q}^{-1} \widetilde{N} \widetilde{A}\right\} \tag{13.104}$$

再由 $Q\widetilde{L} = L\widetilde{Q}$, $\widetilde{Q}N = \widetilde{N}Q$, 看到

$$W^{-1} = \frac{1}{\sqrt{\det \widetilde{Q}}} \exp\left[\frac{1}{2} A^\dagger Q^{-1} L \widetilde{A}^\dagger\right] \exp\left[A^\dagger (\ln Q^{-1}) \widetilde{A}\right] \exp\left[-\frac{1}{2} A N Q^{-1} \widetilde{A}\right] \neq W^\dagger \tag{13.105}$$

所以 W 是一个相似变换算符,而非幺正的.

13.4 n 模玻色相互作用系统的广义普朗克公式

由(13.95)式我们立即得到 $\mathrm{e}^{\mathcal{H}}$ 的相干态矩阵元:

$$\langle Z' | \mathrm{e}^{\mathcal{H}} | Z'' \rangle = \frac{1}{\sqrt{\det P}} \exp\left\{ -\frac{1}{2} Z'^* L P^{-1} \widetilde{Z}'^* + Z'^* \widetilde{P}^{-1} \widetilde{Z}'' \right.$$

$$+\frac{1}{2}Z''P^{-1}N\widetilde{Z}''-\frac{1}{2}Z'\widetilde{Z}'^{*}-\frac{1}{2}Z''\widetilde{Z}''^{*}\Big\}\tag{13.106}$$

于是其迹为

$$\begin{aligned}
\operatorname{tr}\mathrm{e}^{\mathcal{H}}&=\int\prod_{i=1}^{n}\frac{\mathrm{d}^2Z_i}{\pi}\langle Z|\mathrm{e}^{\mathcal{H}}|Z\rangle=\frac{1}{\sqrt{\det P}}\\
&\quad\times\int\prod_{i=1}^{n}\frac{\mathrm{d}^2Z_i}{\pi}\exp\left\{-\frac{1}{2}Z^*LP^{-1}\widetilde{Z}^*+Z^*\widetilde{P}^{-1}\widetilde{Z}+\frac{1}{2}ZP^{-1}N\widetilde{Z}-Z\widetilde{Z}^*\right\}\\
&=\frac{1}{\sqrt{\det P}}\int\prod_{i=1}^{n}\frac{\mathrm{d}^2Z_i}{\pi}\exp\left\{-\frac{1}{2}(Z\ Z^*)\begin{pmatrix}-P^{-1}N & I-P^{-1}\\ I-\widetilde{P}^{-1} & LP^{-1}\end{pmatrix}\begin{pmatrix}\widetilde{Z}\\ \widetilde{Z}^*\end{pmatrix}\right\}\\
&=\left(\det\widetilde{P}\right)^{-1/2}\left[\det\begin{pmatrix}I-\widetilde{P}^{-1} & LP^{-1}\\ -P^{-1}N & I-P^{-1}\end{pmatrix}\right]^{-1/2}
\end{aligned}\tag{13.107}$$

注意 $P^{-1}N=\widetilde{N}\widetilde{P}^{-1}$，再由(13.91)式得

$$\begin{aligned}
\operatorname{Tr}\mathrm{e}^{\mathcal{H}}&=\left[\det\left(\widetilde{P}-I\right)\right]^{-1/2}\{\det[(I-P^{-1})+\widetilde{N}(\widetilde{P}-I)^{-1}LP^{-1}]\}^{-1/2}\\
&=\left[\det\begin{pmatrix}\widetilde{P}-I & LP^{-1}\\ -\widetilde{N} & I-P^{-1}\end{pmatrix}\right]^{-1/2}\\
&=(-1)^{-n/2}\left[\det\begin{pmatrix}\widetilde{P}-I & -LP^{-1}\\ -\widetilde{N} & P^{-1}-I\end{pmatrix}\right]^{-1/2}
\end{aligned}\tag{13.108}$$

现在我们证明可以把(13.108)式写成更简洁的形式：

$$\operatorname{tr}\mathrm{e}^{\mathcal{H}}=|\det\left(I-\mathrm{e}^{\Gamma\Pi}\right)|^{-1/2},\quad \Gamma=\begin{pmatrix}R & C\\ \widetilde{C} & D\end{pmatrix}\tag{13.109}$$

证明 从(13.66)式及 $\widetilde{M}\Pi M=\Pi$，有

$$\mathrm{e}^{-\Gamma\Pi}=\begin{pmatrix}Q & L\\ N & P\end{pmatrix}^{-1}=M^{-1}=-\Pi\left(\widetilde{M}\right)^{-1}\Pi=\begin{pmatrix}\widetilde{P} & -\widetilde{L}\\ -\widetilde{N} & \widetilde{Q}\end{pmatrix}\tag{13.110}$$

根据辛条件(13.77)式、(13.78)式：

$$\widetilde{Q}=\widetilde{P}\left(I+N\widetilde{L}\right),\quad P^{-1}N=\widetilde{N}\widetilde{P}^{-1}\tag{13.111}$$

可见

$$\det\left(\mathrm{e}^{-\Gamma\Pi}-I\right)=\det\begin{pmatrix}\widetilde{P}-I & -\widetilde{L}\\ -\widetilde{N} & P^{-1}-I+\widetilde{N}\widetilde{P}^{-1}\widetilde{L}\end{pmatrix}\tag{13.112}$$

根据行列式的初等变换不改变其值的性质，把上式中第一列右乘 $\widetilde{P}^{-1}\widetilde{L}$ 后加到第二列上，并由 $\widetilde{P}^{-1}\widetilde{L}=LP^{-1}$，得到

$$\det\left(\mathrm{e}^{-\Gamma\Pi}-I\right)=\det\begin{pmatrix}\widetilde{P}-I & -LP^{-1}\\ -\widetilde{N} & P^{-1}-I\end{pmatrix}\tag{13.113}$$

比较（13.112）式和（13.109）式得到

$$\operatorname{tr}\mathrm{e}^{\mathcal{H}}=(-1)^{-n/2}\det\left(\mathrm{e}^{-\Gamma\Pi}-I\right)\tag{13.114}$$

由于 Γ 是对称矩阵，而 Π 是反对称的，故

$$\det\mathrm{e}^{-\Gamma\Pi}=\exp\left[\operatorname{tr}\left(-\Gamma\Pi\right)\right]=\mathrm{e}^{0}=1\tag{13.115}$$

于是

$$\det\left(\mathrm{e}^{\Gamma\Pi}-I\right)=\det\left(I-\mathrm{e}^{\Gamma\Pi}\right)\tag{13.116}$$

接着有

$$\operatorname{tr}\mathrm{e}^{\mathcal{H}}=(-1)^{-n/2}\left[\det\left(I-\mathrm{e}^{\Gamma\Pi}\right)\right]^{-1/2}\tag{13.117}$$

在精确到一个相因子范围内，有

$$\operatorname{tr}\mathrm{e}^{\mathcal{H}}=\left|\det\left(I-\mathrm{e}^{\Gamma\Pi}\right)\right|^{-1/2}\tag{13.118}$$

于是（13.109）式得证，这是一个很简洁的形式.

作为例子，考虑

$$\mathcal{H}\rightarrow-\beta\omega\left(a^{\dagger}a+\frac{1}{2}\right)=\frac{1}{2}\left(a^{\dagger}\ a\right)\begin{pmatrix}0 & -\beta\omega\\ -\beta\omega & 0\end{pmatrix}\begin{pmatrix}a^{\dagger}\\ a\end{pmatrix}\tag{13.119}$$

相应的，$\Gamma=-\beta\begin{pmatrix}0 & \omega\\ \omega & 0\end{pmatrix}$，于是

$$\exp\left[-\beta\begin{pmatrix}0 & \omega\\ \omega & 0\end{pmatrix}\Pi\right]=\begin{pmatrix}\mathrm{e}^{-\beta\omega} & 0\\ 0 & \mathrm{e}^{\beta\omega}\end{pmatrix}\rightarrow\begin{pmatrix}Q & L\\ N & P\end{pmatrix}=\exp\{\Gamma\Pi\}\tag{13.120}$$

由（13.118）式有

$$\operatorname{tr}\mathrm{e}^{-\beta\omega\left(a^{\dagger}a+\frac{1}{2}\right)}=\left|\det\begin{pmatrix}\mathrm{e}^{-\beta\omega}-1 & 0\\ 0 & \mathrm{e}^{\beta\omega}-1\end{pmatrix}\right|^{-1/2}=\frac{\mathrm{e}^{-\beta\omega/2}}{1-\mathrm{e}^{-\beta\omega}}\tag{13.121}$$

当 $\beta=1/kT$，k 是玻尔兹曼常数，上式就是谐振子的配分函数. 所以我们有理由称（13.118）式为多模玻色系统的配分函数公式，或称为玻色统计的广义普朗克公式，是理想玻色气体分布的非平凡推广.

13.5 多模指数二次型玻色算符的热真空态

已经知道当 $H=\omega a^{\dagger}a$, 热真空态是

$$|0(\beta)\rangle=\sqrt{1-\mathrm{e}^{-\beta\omega}}\exp\left[a^{\dagger}\tilde{a}^{\dagger}\mathrm{e}^{-\beta\omega/2}\right]|0\tilde{0}\rangle \tag{13.122}$$

那么当 $H=\dfrac{1}{2}B\Gamma B^{\mathrm{T}}$ 时,热真空态是什么呢? 这里

$$\Gamma=\begin{pmatrix} R & C \\ C^{\mathrm{T}} & D \end{pmatrix}=\Gamma^{\mathrm{T}} \tag{13.123}$$

$$B=\begin{pmatrix} A^{\dagger} & A \end{pmatrix},\quad B^{\mathrm{T}}=\begin{pmatrix} A^{\dagger\mathrm{T}} \\ A^{\mathrm{T}} \end{pmatrix} \tag{13.124}$$

$$A=\begin{pmatrix} a_1 & \cdots & a_n \end{pmatrix},\quad A^{\dagger}=\begin{pmatrix} a_1^{\dagger} & \cdots & a_n^{\dagger} \end{pmatrix} \tag{13.125}$$

以及

$$\exp(\Gamma\Pi)=\begin{pmatrix} Q & L \\ N & P \end{pmatrix},\quad \Pi=\begin{pmatrix} 0 & -I_n \\ I_n & 0 \end{pmatrix} \tag{13.126}$$

根据(13.93)式我们有

$$\begin{aligned}\exp(H)&\equiv W\\&=\frac{1}{\sqrt{\det P}}:\exp\left[-\frac{1}{2}A^{\dagger}LP^{-1}A^{\dagger\mathrm{T}}+\frac{1}{2}A^{\dagger}\left(P^{T-1}-I_n\right)A^{\mathrm{T}}+\frac{1}{2}AP^{-1}NA^{\mathrm{T}}\right]:\\&=\frac{1}{\sqrt{\det P}}\exp\left(-\frac{1}{2}A^{\dagger}LP^{-1}A^{\dagger\mathrm{T}}\right):\exp\left[\frac{1}{2}A^{\dagger}\left(P^{T-1}-I_n\right)A^{\mathrm{T}}\right]:\\&\quad\times\exp\left(\frac{1}{2}AP^{-1}NA^{\mathrm{T}}\right)\end{aligned} \tag{13.127}$$

同时由(13.118)式可见

$$\begin{aligned}&\operatorname{tr}\exp(H)\\&=\frac{1}{\sqrt{\det P}}\int\frac{\mathrm{d}^{2n}Z}{\pi^n}\langle Z|\exp\left(-\frac{1}{2}A^{\dagger}LP^{-1}A^{\dagger\mathrm{T}}\right):\exp\left[A^{\dagger}\left(P^{\mathrm{T}-1}-I_n\right)A^{\mathrm{T}}\right]:\\&\quad\times\exp\left(\frac{1}{2}AP^{-1}NA^{\mathrm{T}}\right)|Z\rangle\\&=\frac{1}{\sqrt{\det P}}\int\frac{\mathrm{d}^{2n}Z}{\pi^n}\exp\left[\frac{1}{2}ZP^{-1}NZ^{\mathrm{T}}-\frac{1}{2}Z^{*}LP^{-1}Z^{*\mathrm{T}}+Z^{*}\left(P^{\mathrm{T}-1}-I_n\right)Z^{\mathrm{T}}\right]\\&=\left|\det\left(I-\exp\Gamma\Pi\right)\right|^{-1/2}\end{aligned} \tag{13.128}$$

进一步, 设 H 是厄密算符 $H^{\dagger}=H$,则有

$$(\exp H)^{\dagger}=\exp H,\quad P^{\dagger}=P,\quad L^{\dagger}=-N \tag{13.129}$$

可记

$$P=U\begin{pmatrix}p_1 & & \\ & \ddots & \\ & & p_n\end{pmatrix}U^{\dagger}=\left(\sqrt{P}\right)^{\dagger}\sqrt{P} \tag{13.130}$$

其中

$$\sqrt{P}=U\begin{pmatrix}\sqrt{p_1} & & \\ & \ddots & \\ & & \sqrt{p_n}\end{pmatrix}U^{\dagger} \tag{13.131}$$

故可用有序算符内积分法将(13.127)式变形为

$$\begin{aligned}
\exp(H)=&\frac{1}{\sqrt{\det P}}\exp\left(-\frac{1}{2}A^{\dagger}LP^{-1}A^{\dagger\mathrm{T}}\right):\exp\left[A^{\dagger}\left(\left(\sqrt{P^{\mathrm{T}-1}}\right)^{\dagger}\sqrt{P^{\mathrm{T}-1}}-I_n\right)A^{\mathrm{T}}\right]:\\
&\times\exp\left(\frac{1}{2}AP^{-1}NA^{\mathrm{T}}\right)\\
=&\frac{1}{\sqrt{\det P}}\exp\left(-\frac{1}{2}A^{\dagger}LP^{-1}A^{\dagger\mathrm{T}}\right)\\
&\times\int\frac{\mathrm{d}^{2n}Z}{\pi^n}:\exp\left[-|Z|^2+A^{\dagger}\left(\sqrt{P^{\mathrm{T}-1}}\right)^{\dagger}Z^{*\mathrm{T}}+Z\sqrt{P^{\mathrm{T}-1}}A^{\mathrm{T}}-A^{\dagger}A^{\mathrm{T}}\right]\\
&\times:\exp\left(\frac{1}{2}AP^{-1}NA^{\mathrm{T}}\right)\\
=&\frac{1}{\sqrt{\det P}}\exp\left(-\frac{1}{2}A^{\dagger}LP^{-1}A^{\dagger\mathrm{T}}\right)\int\frac{\mathrm{d}^{2n}Z}{\pi^n}\left\langle\widetilde{Z}\right|\tilde{0}\rangle\langle\tilde{0}\left|\widetilde{Z}\right\rangle\\
&\times\exp\left[A^{\dagger}\left(\sqrt{P^{\mathrm{T}-1}}\right)^{\dagger}Z^{*\mathrm{T}}\right]|0\rangle\langle0|\exp\left[Z\sqrt{P^{\mathrm{T}-1}}A^{\mathrm{T}}\right]\exp\left(\frac{1}{2}AP^{-1}NA^{\mathrm{T}}\right)\\
=&\frac{1}{\sqrt{\det P}}\exp\left(-\frac{1}{2}A^{\dagger}LP^{-1}A^{\dagger\mathrm{T}}\right)\\
&\times\int\frac{\mathrm{d}^{2n}Z}{\pi^n}\left\langle\widetilde{Z}\right|\exp\left[A^{\dagger}\left(\sqrt{P^{\mathrm{T}-1}}\right)^{\dagger}\widetilde{A}^{\dagger\mathrm{T}}\right]|0\tilde{0}\rangle\langle0\tilde{0}|\exp\left[\widetilde{A}\sqrt{P^{\mathrm{T}-1}}A^{\mathrm{T}}\right]\left|\widetilde{Z}\right\rangle\\
&\times\exp\left(\frac{1}{2}AP^{-1}NA^{\mathrm{T}}\right)\\
\equiv&Z(\beta)\,\widetilde{\mathrm{tr}}\left(|\psi(\beta)\rangle\langle\psi(\beta)|\right)
\end{aligned} \tag{13.132}$$

在推导中我们注意到了 $L^{\dagger}=-N$，并引入了虚模 $\widetilde{A}^{\dagger}$ 与 $\widetilde{A}$. 从上式可以立即读出对应 $H=\frac{1}{2}B\Gamma B^{\mathrm{T}}$ 的热真空态是

$$|\psi(\beta)\rangle=\frac{1}{(\det P)^{1/4}\sqrt{Z(\beta)}}\exp\left[-\frac{1}{2}A^{\dagger}LP^{-1}A^{\dagger\mathrm{T}}+A^{\dagger}\left(\sqrt{P^{\mathrm{T}-1}}\right)^{\dagger}\widetilde{A}^{\dagger\mathrm{T}}\right]|0\tilde{0}\rangle \tag{13.133}$$

例 1 当

$$-\beta H=-\beta\omega a^{\dagger}a=-\frac{1}{2}\beta\omega\left(a^{\dagger}a+aa^{\dagger}\right)+\frac{1}{2}\beta\omega \tag{13.134}$$

$$\Gamma = -\beta\omega\begin{pmatrix} 0 & 1 \\ 1 & 0 \end{pmatrix} \tag{13.135}$$

则

$$\exp(\Gamma\Pi) = \begin{pmatrix} \mathrm{e}^{-\beta\omega} & 0 \\ 0 & \mathrm{e}^{\beta\omega} \end{pmatrix} = \begin{pmatrix} Q & L \\ N & P \end{pmatrix} \tag{13.136}$$

$$P = \mathrm{e}^{\beta\omega} \tag{13.137}$$

$$Z(\beta) = \mathrm{tr}\mathrm{e}^{-\beta H} = \frac{\mathrm{e}^{\frac{1}{2}\beta\omega}}{1-\mathrm{e}^{-\beta\omega}} \tag{13.138}$$

热真空态是

$$|\psi(\beta)\rangle = \sqrt{1-\mathrm{e}^{-\beta\omega}}\exp\left(a^\dagger\tilde{a}^\dagger\mathrm{e}^{-\frac{1}{2}\beta\omega}\right)|0\tilde{0}\rangle \tag{13.139}$$

例 2 当

$$-\beta H = -\frac{1}{2}\beta\left(\omega a^\dagger a + \omega a a^\dagger + 2\kappa^* a^{\dagger 2} + 2\kappa a^2\right) \tag{13.140}$$

$$\Gamma = -\beta\begin{pmatrix} 2\kappa^* & \omega \\ \omega & 2\kappa \end{pmatrix} \tag{13.141}$$

则根据(13.126)式,有

$$\begin{aligned}\exp(\Gamma\Pi) &= \begin{pmatrix} \cosh\beta D - \frac{\omega}{D}\sinh\beta D & \frac{2\kappa^*}{D}\sinh\beta D \\ -\frac{2\kappa}{D}\sinh\beta D & \cosh\beta D + \frac{\omega}{D}\sinh\beta D \end{pmatrix} \\ &\equiv \begin{pmatrix} Q & L \\ N & P \end{pmatrix}\end{aligned} \tag{13.142}$$

$$D = \sqrt{\omega^2 - 4|\kappa|^2} \tag{13.143}$$

$$P = \cosh\beta D + \frac{\omega}{D}\sinh\beta D \tag{13.144}$$

$$\begin{aligned}Z(\beta) &= \mathrm{tr}\,\mathrm{e}^{-\beta H} \\ &= \left|\det\begin{pmatrix} \cosh\beta D - \frac{\omega}{D}\sinh\beta D - 1 & \frac{2\kappa^*}{D}\sinh\beta D \\ -\frac{2\kappa}{D}\sinh\beta D & \cosh\beta D + \frac{\omega}{D}\sinh\beta D - 1 \end{pmatrix}\right|^{-1/2} \\ &= \frac{1}{2\sinh\frac{\beta D}{2}}\end{aligned} \tag{13.145}$$

则可按(13.133)式写出热真空态:

$$|\psi(\beta)\rangle = \frac{1}{(\det P)^{1/4}\sqrt{Z(\beta)}}\exp\left[\frac{-\frac{\kappa^*}{D}\sinh\beta D}{\cosh\beta D + \frac{\omega}{D}\sinh\beta D}a^{\dagger 2}\right.$$

$$+\left(\cosh\beta D+\frac{\omega}{D}\sinh\beta D\right)^{-1/2}a^{\dagger}\tilde{a}^{\dagger}\Bigg]|0\tilde{0}\rangle \tag{13.146}$$

- 双模情形 1

当

$$-\beta H=-\frac{1}{2}\beta\omega_1\left(a^{\dagger}a+aa^{\dagger}\right)-\frac{1}{2}\beta\omega_2\left(b^{\dagger}b+bb^{\dagger}\right)-\beta\left(\kappa^*a^{\dagger}b+\kappa ab^{\dagger}\right) \tag{13.147}$$

$$\varGamma=-\beta\begin{pmatrix}0&0&\omega_1&\kappa^*\\0&0&\kappa&\omega_2\\\omega_1&\kappa&0&0\\\kappa^*&\omega_2&0&0\end{pmatrix} \tag{13.148}$$

$$\begin{aligned}\varGamma\varPi&=-\beta\begin{pmatrix}0&0&\omega_1&\kappa^*\\0&0&\kappa&\omega_2\\\omega_1&\kappa&0&0\\\kappa^*&\omega_2&0&0\end{pmatrix}\begin{pmatrix}0&-I_2\\I_2&0\end{pmatrix}\\&=\beta\begin{pmatrix}-\omega_1&-\kappa^*&0&0\\-\kappa&-\omega_2&0&0\\0&0&\omega_1&\kappa\\0&0&\kappa^*&\omega_2\end{pmatrix}\end{aligned} \tag{13.149}$$

引入记号:

$$D=\beta\sqrt{\left(\omega_1-\omega_2\right)^2+4\left|\kappa\right|^2},\quad \varDelta=\omega_1-\omega_2,\quad \varOmega=\frac{\omega_1+\omega_2}{2} \tag{13.150}$$

则相应的有

$$Q=\begin{pmatrix}\mathrm{e}^{-\beta\varOmega}\left(\cosh\frac{\beta D}{2}-\frac{\varDelta}{D}\sinh\frac{\beta D}{2}\right)&-\frac{2\kappa^*}{D}\mathrm{e}^{-\beta\varOmega}\sinh\frac{\beta D}{2}\\-\frac{2\kappa}{D}\mathrm{e}^{-\beta\varOmega}\sinh\frac{\beta D}{2}&\mathrm{e}^{-\beta\varOmega}\left(\cosh\frac{\beta D}{2}+\frac{\varDelta}{D}\sinh\frac{\beta D}{2}\right)\end{pmatrix} \tag{13.151}$$

$$P=\begin{pmatrix}\mathrm{e}^{\beta\varOmega}\left(\cosh\frac{\beta D}{2}+\frac{\varDelta}{D}\sinh\frac{\beta D}{2}\right)&\frac{2\kappa}{D}\mathrm{e}^{\beta\varOmega}\sinh\frac{\beta D}{2}\\\frac{2\kappa^*}{D}\mathrm{e}^{\beta\varOmega}\sinh\frac{\beta D}{2}&\mathrm{e}^{\beta\varOmega}\left(\cosh\frac{\beta D}{2}-\frac{\varDelta}{D}\sinh\frac{\beta D}{2}\right)\end{pmatrix} \tag{13.152}$$

$$L=N=0 \tag{13.153}$$

计算得到

$$\det P=\mathrm{e}^{2\beta\varOmega}\left(\cosh^2\frac{\beta D}{2}-\frac{\varDelta^2}{D^2}\sinh^2\frac{\beta D}{2}\right)-\frac{4\left|\kappa\right|^2}{D^2}\mathrm{e}^{2\beta\varOmega}\sinh^2\frac{\beta D}{2}=\mathrm{e}^{2\beta\varOmega} \tag{13.154}$$

$$
\left(P^{T}\right)^{-1}=Q^{*}=\begin{pmatrix} \mathrm{e}^{-\beta\Omega}\left(\cosh\frac{\beta D}{2}-\frac{\Delta}{D}\sinh\frac{\beta D}{2}\right) & -\frac{2\kappa}{D}\mathrm{e}^{-\beta\Omega}\sinh\frac{\beta D}{2} \\ -\frac{2\kappa^{*}}{D}\mathrm{e}^{-\beta\Omega}\sinh\frac{\beta D}{2} & \mathrm{e}^{-\beta\Omega}\left(\cosh\frac{\beta D}{2}+\frac{\Delta}{D}\sinh\frac{\beta D}{2}\right) \end{pmatrix}
\tag{13.155}
$$

$$
\sqrt{P^{T-1}}=\mathrm{e}^{-\frac{1}{2}\beta\Omega}\begin{pmatrix} \cosh\frac{\beta D}{4}-\frac{\Delta}{D}\sinh\frac{\beta D}{4} & -\frac{2\kappa}{D}\sinh\frac{\beta D}{4} \\ -\frac{2\kappa^{*}}{D}\sinh\frac{\beta D}{4} & \cosh\frac{\beta D}{4}+\frac{\Delta}{D}\sinh\frac{\beta D}{4} \end{pmatrix}
\tag{13.156}
$$

于是热真空态是

$$
\begin{aligned}
|\psi(\beta)\rangle=&\frac{1}{(\det P)^{1/4}\sqrt{Z(\beta)}}\exp\left[\mathrm{e}^{-\frac{\beta\Omega}{2}}\begin{pmatrix} a^{\dagger} & b^{\dagger} \end{pmatrix}\right. \\
&\left.\times\begin{pmatrix} \cosh\frac{\beta D}{4}-\frac{\Delta}{D}\sinh\frac{\beta D}{4} & -\frac{2\kappa}{D}\sinh\frac{\beta D}{4} \\ -\frac{2\kappa^{*}}{D}\sinh\frac{\beta D}{4} & \cosh\frac{\beta D}{4}+\frac{\Delta}{D}\sinh\frac{\beta D}{4} \end{pmatrix}\begin{pmatrix} \tilde{a}^{\dagger} \\ \tilde{b}^{\dagger} \end{pmatrix}\right]|0\tilde{0}\rangle
\end{aligned}
\tag{13.157}
$$

- 双模情形 2

当

$$
\begin{aligned}
-\beta H&=-\beta\omega_1 a^{\dagger}a-\beta\omega_2 b^{\dagger}b-\beta\left(\kappa^{*}a^{\dagger}b^{\dagger}+\kappa ab\right) \\
&=-\frac{1}{2}\beta\omega_1\left(a^{\dagger}a+aa^{\dagger}\right)-\frac{1}{2}\beta\omega_2\left(b^{\dagger}b+bb^{\dagger}\right)-\beta\left(\kappa^{*}a^{\dagger}b^{\dagger}+\kappa ab\right)+\frac{1}{2}\beta\Omega
\end{aligned}
\tag{13.158}
$$

相应的有

$$
\Gamma=-\beta\begin{pmatrix} 0 & \kappa^{*} & \omega_1 & 0 \\ \kappa^{*} & 0 & 0 & \omega_2 \\ \omega_1 & 0 & 0 & \kappa \\ 0 & \omega_2 & \kappa & 0 \end{pmatrix}
\tag{13.159}
$$

$$
\begin{aligned}
\Gamma\Pi&=-\beta\begin{pmatrix} 0 & \kappa^{*} & \omega_1 & 0 \\ \kappa^{*} & 0 & 0 & \omega_2 \\ \omega_1 & 0 & 0 & \kappa \\ 0 & \omega_2 & \kappa & 0 \end{pmatrix}\begin{pmatrix} 0 & -I_2 \\ I_2 & 0 \end{pmatrix} \\
&=\beta\begin{pmatrix} -\omega_1 & 0 & 0 & \kappa^{*} \\ 0 & -\omega_2 & \kappa^{*} & 0 \\ 0 & -\kappa & \omega_1 & 0 \\ -\kappa & 0 & 0 & \omega_2 \end{pmatrix}
\end{aligned}
\tag{13.160}
$$

引入

$$D=\beta\sqrt{\Omega^2-|\kappa|^2},\quad \Delta=\omega_1-\omega_2,\quad \Omega=\frac{\omega_1+\omega_2}{2} \tag{13.161}$$

算得

$$Q=\begin{pmatrix} \mathrm{e}^{-\frac{1}{2}\beta\Delta}\left(\cosh\beta D-\frac{\Omega}{D}\sinh\beta D\right) & 0 \\ 0 & \mathrm{e}^{\frac{1}{2}\beta\Delta}\left(\cosh\beta D-\frac{\Omega}{D}\sinh\beta D\right) \end{pmatrix} \tag{13.162}$$

$$L=\begin{pmatrix} 0 & \frac{\kappa^*}{D}\mathrm{e}^{-\frac{1}{2}\beta\Delta}\sinh\beta D \\ \frac{\kappa^*}{D}\mathrm{e}^{\frac{1}{2}\beta\Delta}\sinh\beta D & 0 \end{pmatrix} \tag{13.163}$$

$$N=\begin{pmatrix} 0 & -\frac{\kappa}{D}\mathrm{e}^{\frac{1}{2}\beta\Delta}\sinh\beta D \\ -\frac{\kappa}{D}\mathrm{e}^{-\frac{1}{2}\beta\Delta}\sinh\beta D & 0 \end{pmatrix} \tag{13.164}$$

$$P=\begin{pmatrix} \mathrm{e}^{\frac{1}{2}\beta\Delta}\left(\cosh\beta D+\frac{\Omega}{D}\sinh\beta D\right) & 0 \\ 0 & \mathrm{e}^{-\frac{1}{2}\beta\Delta}\left(\cosh\beta D+\frac{\Omega}{D}\sinh\beta D\right) \end{pmatrix} \tag{13.165}$$

以及

$$\det P=\left(\cosh\beta D+\frac{\Omega}{D}\sinh\beta D\right)^2 \tag{13.166}$$

$$P^{T-1}=\begin{pmatrix} \dfrac{\mathrm{e}^{-\frac{1}{2}\beta\Delta}}{\cosh\beta D+\frac{\Omega}{D}\sinh\beta D} & 0 \\ 0 & \dfrac{\mathrm{e}^{\frac{1}{2}\beta\Delta}}{\cosh\beta D+\frac{\Omega}{D}\sinh\beta D} \end{pmatrix} \tag{13.167}$$

$$\sqrt{P^{T-1}}=\begin{pmatrix} \dfrac{\mathrm{e}^{-\frac{1}{4}\beta\Delta}}{\sqrt{\cosh\beta D+\frac{\Omega}{D}\sinh\beta D}} & 0 \\ 0 & \dfrac{\mathrm{e}^{\frac{1}{4}\beta\Delta}}{\sqrt{\cosh\beta D+\frac{\Omega}{D}\sinh\beta D}} \end{pmatrix} \tag{13.168}$$

$$\begin{aligned} -\frac{1}{2}LP^{-1}=&-\frac{1}{2}\begin{pmatrix} 0 & \frac{\kappa^*}{D}\mathrm{e}^{-\frac{1}{2}\beta\Delta}\sinh\beta D \\ \frac{\kappa^*}{D}\mathrm{e}^{\frac{1}{2}\beta\Delta}\sinh\beta D & 0 \end{pmatrix} \\ &\times\begin{pmatrix} \dfrac{\mathrm{e}^{-\frac{1}{2}\beta\Delta}}{\cosh\beta D+\frac{\Omega}{D}\sinh\beta D} & 0 \\ 0 & \dfrac{\mathrm{e}^{\frac{1}{2}\beta\Delta}}{\cosh\beta D+\frac{\Omega}{D}\sinh\beta D} \end{pmatrix} \end{aligned}$$

$$
= \begin{pmatrix} 0 & -\dfrac{\dfrac{\kappa^*}{2D}\sinh\beta D}{\cosh\beta D + \dfrac{\Omega}{D}\sinh\beta D} \\ -\dfrac{\dfrac{\kappa^*}{D}\sinh\beta D}{\cosh\beta D + \dfrac{\Omega}{D}\sinh\beta D} & 0 \end{pmatrix} \tag{13.169}
$$

故而热真空态是

$$
\begin{aligned}
|\psi(\beta)\rangle = & \frac{1}{(\det P)^{1/4}\sqrt{Z(\beta)}} \\
& \times \exp\left[-\frac{\dfrac{\kappa^*}{D}\sinh\beta D}{\cosh\beta D + \dfrac{\Omega}{D}\sinh\beta D}a^\dagger b^\dagger + \frac{\mathrm{e}^{-\frac{1}{4}\beta\Delta}}{\sqrt{\cosh\beta D + \dfrac{\Omega}{D}\sinh\beta D}}a^\dagger\tilde{a}^\dagger\right. \\
& \left. + \frac{\mathrm{e}^{\frac{1}{4}\beta\Delta}}{\sqrt{\cosh\beta D + \dfrac{\Omega}{D}\sinh\beta D}}b^\dagger\tilde{b}^\dagger\right]|0\tilde{0}\rangle
\end{aligned} \tag{13.170}
$$

第14章

激光过程中密度算符的演化

在爱因斯坦1917年提出受激辐射的理论后,1960年梅曼首先制成了红光激光器.在他以前,苏联的亚历山大·普罗霍鲁夫与他的学生尼古拉·巴索夫,以及美国科学家查尔斯·汤斯,独立地研制了分子束微波激射器,他们因在量子电子学、无线电频谱学和激光技术等研究方面取得的突出成就,于1964年共同获得诺贝尔物理学奖.

激光与微波激射器的发明是一个物理学家的想象得以成功实现的范例.

20世纪50年代,当时通常的无线电器件只能产生波长较长的无线电波,若打算用这种器件来产生微波,器件的尺寸就必须做得极小,这是很难的事,以至于无实际实现的可能性.但是,汤斯一直想象着能有一种产生高强度微波的器件.

1951年的一个早晨,汤斯坐在华盛顿市一个公园的长凳上等待饭店开门,以便进去吃早餐.这时他突然想到,如果用分子,而不用电子线路,不就可以得到波长足够小的无线电波吗?分子具有各种不同的振动形式,有些人发现的振动正好和微波段范围的辐射相同.问题是如何将这些振动转变为辐射.就氨分子来说,在适当的条件下,它每秒振动24000000000次,因此,有可能发射波长为1.25厘米的微波.

汤斯设想通过热或电的方法，把能量泵入氨分子中，使它们处于“激发”状态. 然后，再设想使这些受激的分子处于具有和氨分子的固有频率相同的微波束中——这个微波束的能量可以是很微弱的. 一个单独的氨分子就会受到这一微波束的作用，以同样波长的数波形式放出它的能量，这一能量会继而作用于另一个氨分子，使它也放出能量. 这个很微弱的入射微波束相当于对一场雪崩的促进作用，最后就会产生一个很强的微波束. 最初用来激发分子的能量就全部变为一种特殊的辐射. 汤斯在公园的长凳上思考了所有的一切，并把一些要点记录在一只用过的信封的反面.

1953 年 12 月，汤斯和他的学生终于制备了按上述原理工作的一个装置，产生了所需要的微波束.1952 年，普罗霍鲁夫与巴索夫用量子系统产生电磁振荡，用粒子数反转原理和谐振腔也研制出了分子束微波激射器. 他们三人的成功表明想象力是创造的源头.

理论物理研究创新的根基也是想象，爱因斯坦认为培养想象力比获取知识更为重要，它代表了人类文明的进步. 爱因斯坦经常提出一些想象中的实验来引起科学争论. 那么何谓想象呢？古人曾写道：“思旧故以想象兮，长太息而掩涕.”可见想象是在思旧故的基础上产生的，想象会引起情感的波动. 古人还指出：“有天地自然之像，有人心营造之像.”后者出于前者. 科学想象与文学创作的想象有异，前者要受自然界的检验，后者却可以浪漫与荒唐. 但也是这个爱因斯坦甚至认为科学想象要是不够荒唐是不够味的，这使得我们想起他创立的狭义相对论中有尺缩和时延现象，乍看这是荒诞的神话，因为我国古代就有这样的故事：一个樵子进入深山老林云雾深处，见两位老叟正在下棋，樵子迷恋棋局，看到棋局结束后才回家，发现家里人的光景已是隔了几十年了. 所谓天上一日，凡间数年. 如今古人的想象竟然在狭义相对论中得以理论证明. 又如，聊斋故事中崂山道士穿墙而入的荒唐事在学过量子力学的隧道效应的人看来也不觉得太突兀. 至于爱因斯坦的广义相对论说到光线在引力场中会弯曲，这没有“荒诞不经”的想象勇气更是不可“想象”的.

本书作者常常叹息明代万历卅年进士谢肇制失去了发现万有引力的机遇，谢肇制曾写道：“潮汐之说，诚不可穷诘，然但近岸浅浦，见其有消长耳，大海之体固毫无增减也. 以此推之，不过海之一呼一吸，如人之鼻息，何必究其归泄之所？人生而有气息，即睡梦中形神不属，何以能吸？天地间只是一气耳. 至于应月者，月为阴类，水之主也. 月望而蚌合盈，月蚀而鱼脑灭，各从其类也. 然齐、浙、闽、粤，潮信各不同，时来之有远近也.”可见他已经把潮汐想象为海之呼吸，知道了潮汐应月，也看到潮信的不同与地之远近有关，但他没有进一步大胆地想象潮汐起因是海与月之吸引力的变化，而最终止于“不可穷诘”的保守. 呜呼！

科学想象与文学创作的想象颇有相通之处，譬如晋朝的陆机说：“其始也，皆收视反听,耽思傍讯,精骛八极,心游万仞. 其致也……收百世之阙文,采千载之遗韵;谢朝华于已披,启夕秀于未振;观古今于须臾,抚四海于一瞬. 然后选义按部,考辞就班.”可见想象的翅膀要扇得多快,才能观古今于须臾,抚四海于一瞬. 人的心游万仞这一点毫不逊色于高速电子计算机. 笔者在年轻时广读文献,现在看文献时,常能联想起已有的知识,脑中迸发出新的思维之花.

美学家认为文学想象或艺术想象这种心理活动是一种形式思维,在思旧故的基础上以营造新的美好环境. 但笔者以为,理论物理学家的想象不限于此,它往往不是在思旧故的基础上,反而是扬弃了已有的知识,普朗克提出的量子假说认为能量是一份一份发出的就是破天荒的,这件事在他以前谁又能想象呢?

普朗克和爱因斯坦都喜欢音乐,另一理论物理学大家薛定谔除了爱音乐,还喜欢写诗,“诗人感物,联类不穷,流连万象之际,沉吟视听之区”,所以多看一些诗歌作品会帮助提高理论物理学家的想象力,即所谓“诗意浪漫助想象,风物吟唱泄愁念”.

当然,理论家的想象终究要受到实验的检验,否则只是“月痕着地如何深,镜像虚返总是薄”.

一方面,激光有广泛的应用,激光的量子论描述是相干态,事实上,理论上计算处于相干态的光子数分布是 Poisson 分布,这与测量一束激光中光子数分布的结果相吻合. 另一方面,熵是一个重要的热力学函数,那么作为一个热力学系统的激光的熵是如何演化的? 本章将导出激光过程中熵的演化规律,即探求一个初始相干态 $\rho_0 = |z\rangle\langle z|$ 在激光过程中的熵变化.

14.1 描述激光过程的量子主方程的解

在量子光学理论中激光过程由如下的密度算符主方程描写:

$$\begin{aligned}\frac{\mathrm{d}\rho(t)}{\mathrm{d}t} &= g\left[2a^{\dagger}\rho(t)a - aa^{\dagger}\rho(t) - \rho(t)aa^{\dagger}\right] \\ &\quad + \kappa\left[2a\rho(t)a^{\dagger} - a^{\dagger}a\rho(t) - \rho(t)a^{\dagger}a\right]\end{aligned} \tag{14.1}$$

其中 g 和 κ 分别代表增益和损耗. 我们看到把上式中第二个方括号中的 $a^{\dagger}$ 与 a 对调,就变成了第一个方括号中的内容,所以,第二个方括号中的算符对耗散做贡献,那么第一个方括号中的算符对增益做贡献. 前面我们已经说明环境对系统的相互作用可以归结为

系统的密度算符 ρ_0 到 $\rho(t)$ 的演化,由以下方程支配:

$$\rho(t)=\sum_{n=0}^{\infty}M_n\rho_0M_n^{\dagger} \tag{14.2}$$

此式称为算符和 (Kraus) 表示,M_n 是 Kraus 算符. 所以我们首先要求描述激光过程的 Kraus 算符,即求解主方程(14.1).

我们的方法还是引入热纠缠态

$$|\eta\rangle=\exp\left(-\frac{1}{2}|\eta|^2+\eta a^{\dagger}-\eta^*\tilde{a}^{\dagger}+a^{\dagger}\tilde{a}^{\dagger}\right)|0\tilde{0}\rangle \tag{14.3}$$

这里 $\tilde{a}^{\dagger}$ 是独立于 $a^{\dagger}$ 的虚模,$\tilde{a}|\tilde{0}\rangle=0$, $\left[\tilde{a},\tilde{a}^{\dagger}\right]=1$. 态 $|\eta=0\rangle$ 满足

$$\begin{aligned}&a|\eta=0\rangle=\tilde{a}^{\dagger}|\eta=0\rangle,\\&a^{\dagger}|\eta=0\rangle=\tilde{a}|\eta=0\rangle,\\&(a^{\dagger}a)^n|\eta=0\rangle=(\tilde{a}^{\dagger}\tilde{a})^n|\eta=0\rangle\end{aligned} \tag{14.4}$$

把(14.1)式的两边分别作用于 $|\eta=0\rangle\equiv|I\rangle$,并记 $|\rho\rangle=\rho|I\rangle$,由(14.4)式我们得到 $|\rho(t)\rangle$ 的演化方程:

$$\frac{\mathrm{d}}{\mathrm{d}t}|\rho(t)\rangle=\left[g\left(2a^{\dagger}\tilde{a}^{\dagger}-aa^{\dagger}-\tilde{a}\tilde{a}^{\dagger}\right)+\kappa\left(2a\tilde{a}-a^{\dagger}a-\tilde{a}^{\dagger}\tilde{a}\right)\right]|\rho(t)\rangle \tag{14.5}$$

这里 $|\rho_0\rangle\equiv\rho_0|I\rangle$, ρ_0 是初始密度算符.

(14.5)式的形式解是

$$|\rho(t)\rangle=U(t)|\rho_0\rangle \tag{14.6}$$

这里

$$U(t)=\exp\left[gt\left(2a^{\dagger}\tilde{a}^{\dagger}-aa^{\dagger}-\tilde{a}\tilde{a}^{\dagger}\right)+\kappa t\left(2a\tilde{a}-a^{\dagger}a-\tilde{a}^{\dagger}\tilde{a}\right)\right] \tag{14.7}$$

接下来的任务是分拆指数算符 $U(t)$.

我们回忆上一章的两个定理:

定理 1 多模指数算符 $\exp(\mathcal{H})$,其中 $\mathcal{H}=\frac{1}{2}B\Gamma\widetilde{B}$, B 的定义是

$$B\equiv\left(A^{\dagger}\ A\right)\equiv\left(a_1^{\dagger}\ a_2^{\dagger}\cdots\ a_n^{\dagger}\ a_1\ a_2\cdots\ a_n\right) \tag{14.8}$$

$$\widetilde{B}=\begin{pmatrix}\widetilde{A}^{\dagger}\\\widetilde{A}\end{pmatrix},\quad A=\begin{pmatrix}\widetilde{a} & a\end{pmatrix} \tag{14.9}$$

Γ 是一个 $2n\times2n$ 的对称矩阵, 有其 n 模相干态表示:

$$\exp(\mathcal{H})=\sqrt{\det Q}\int\prod_{i=1}^{n}\frac{\mathrm{d}^2Z_i}{\pi}\left|\begin{pmatrix}Q & -L\\-N & P\end{pmatrix}\begin{pmatrix}\widetilde{Z}\\\widetilde{Z}^*\end{pmatrix}\right\rangle\left\langle\begin{pmatrix}\widetilde{Z}\\\widetilde{Z}^*\end{pmatrix}\right| \tag{14.10}$$

n 模相干态为

$$\left|\begin{pmatrix}\widetilde{Z}\\ \widetilde{Z}^*\end{pmatrix}\right\rangle \equiv |Z\rangle = D(Z)\left|\vec{0}\right\rangle \tag{14.11}$$

$$D(Z) \equiv \exp\{A^\dagger \widetilde{Z} - A\widetilde{Z}^*\} \tag{14.12}$$

而

$$\begin{pmatrix} Q & L \\ N & P \end{pmatrix} = \exp\{\Gamma\Pi\}, \quad \Pi = \begin{pmatrix} 0 & -I_n \\ I_n & 0 \end{pmatrix} \tag{14.13}$$

其中 I_n 是 $n\times n$ 的单位矩阵,Q、L、N、P 全是 $n\times n$ 复矩阵,$\begin{pmatrix} Q & L \\ N & P \end{pmatrix} \equiv M$ 是辛矩阵,满足

$$M\Pi\widetilde{M} = \Pi, \quad \Pi\widetilde{M}\Pi = -M^{-1} \tag{14.14}$$

或

$$\begin{aligned} &Q\widetilde{L} = L\widetilde{Q}, \quad Q\widetilde{P} - L\widetilde{N} = I, \\ &N\widetilde{P} = P\widetilde{N}, \quad P\widetilde{Q} - N\widetilde{L} = I \end{aligned} \tag{14.15}$$

从而有

$$\begin{aligned} \left|\begin{pmatrix} Q & -L \\ -N & P \end{pmatrix}\begin{pmatrix}\widetilde{Z}\\ \widetilde{Z}^*\end{pmatrix}\right\rangle &= \exp\{A^\dagger(Q\widetilde{Z} - L\widetilde{Z}^*) - A(-N\widetilde{Z} + P\widetilde{Z}^*)\}|\vec{0}\rangle \\ &= \exp\{A^\dagger(Q\widetilde{Z} - L\widetilde{Z}^*) + \frac{1}{2}(Z\widetilde{N} - \widetilde{Z}^* P)(Q\widetilde{Z} - L\widetilde{Z}^*)\}|\vec{0}\rangle \end{aligned} \tag{14.16}$$

定理 2 用 IWOP 技术对(14.10)式积分,给出

$$\exp(\mathcal{H}) = \frac{1}{\sqrt{\det P}}\exp\left\{-\frac{1}{2}A^\dagger(LP^{-1})\widetilde{A}^\dagger\right\}\exp\{A^\dagger(\ln\widetilde{P}^{-1})\widetilde{A}\}\exp\left\{\frac{1}{2}A(P^{-1}N)\widetilde{A}\right\} \tag{14.17}$$

现在我们诉诸定理 1,将(14.7)式的 $U(t)$ 认同为 $\exp(\mathcal{H})$,先把 $U(t)$ 写成以下对称矩阵形式:

$$U(t) = \mathrm{e}^{(\kappa-g)t}\exp\left[\frac{1}{2}B\Gamma\widetilde{B}\right] = \mathrm{e}^{(\kappa-g)t}\exp\left\{\frac{1}{2}\begin{pmatrix}\widetilde{a}^\dagger & a^\dagger & \widetilde{a} & a\end{pmatrix}\Gamma\begin{pmatrix}\widetilde{a}^\dagger\\ a^\dagger\\ \widetilde{a}\\ a\end{pmatrix}\right\} \tag{14.18}$$

这里的对称矩阵 Γ 为

$$\begin{aligned}\Gamma &= t\begin{pmatrix} 0 & 2g & -g-\kappa & 0 \\ 2g & 0 & 0 & -g-\kappa \\ -g-\kappa & 0 & 0 & 2\kappa \\ 0 & -g-\kappa & 2\kappa & 0 \end{pmatrix} \\ &\equiv t\begin{pmatrix} 2gJ_2 & -(g+\kappa)I_2 \\ -(g+\kappa)I_2 & 2\kappa J_2 \end{pmatrix}\end{aligned} \tag{14.19}$$

其中

$$I_2 = \begin{pmatrix} 1 & 0 \\ 0 & 1 \end{pmatrix}, \quad J_2 = \begin{pmatrix} 0 & 1 \\ 1 & 0 \end{pmatrix}, \quad J_2^2 = \begin{pmatrix} 1 & 0 \\ 0 & 1 \end{pmatrix} = I_2 \tag{14.20}$$

为了计算 $\exp(\Gamma\Pi)$,先算

$$\begin{aligned}\Gamma\Pi &= t\begin{pmatrix} 2gJ_2 & -(g+\kappa)I_2 \\ -(g+\kappa)I_2 & 2\kappa J_2 \end{pmatrix}\begin{pmatrix} 0 & -I_2 \\ I_2 & 0 \end{pmatrix} \\ &= t\begin{pmatrix} -(g+\kappa)I_2 & -2gJ_2 \\ 2\kappa J_2 & (g+\kappa)I_2 \end{pmatrix}\end{aligned} \tag{14.21}$$

观察到

$$\begin{aligned}&\begin{pmatrix} -(g+\kappa)I_2 & -2gJ_2 \\ 2\kappa J_2 & (g+\kappa)I_2 \end{pmatrix}\begin{pmatrix} -gJ_2 & -gJ_2 \\ gI_2 & \kappa I_2 \end{pmatrix} \\ &= \begin{pmatrix} g(\kappa-g)J_2 & g(g-\kappa)J_2 \\ g(g-\kappa)I_2 & \kappa(\kappa-g)I_2 \end{pmatrix} \\ &= \begin{pmatrix} -gJ_2 & -gJ_2 \\ gI_2 & \kappa I_2 \end{pmatrix}\begin{pmatrix} (g-\kappa)I_2 & 0 \\ 0 & (\kappa-g)I_2 \end{pmatrix}\end{aligned} \tag{14.22}$$

故可以对角化 $\Gamma\Pi$ 为

$$\begin{aligned}&t\begin{pmatrix} -(g+\kappa)I_2 & -2gJ_2 \\ 2\kappa J_2 & (g+\kappa)I_2 \end{pmatrix} \\ &= \begin{pmatrix} -gJ_2 & -gJ_2 \\ gI_2 & \kappa I_2 \end{pmatrix}\begin{pmatrix} (g-\kappa)tI_2 & 0 \\ 0 & (\kappa-g)tI_2 \end{pmatrix}\begin{pmatrix} -gJ_2 & -gJ_2 \\ gI_2 & \kappa I_2 \end{pmatrix}^{-1}\end{aligned} \tag{14.23}$$

于是

$$\begin{aligned}\mathrm{e}^{\Gamma\Pi} &= \exp\left\{\begin{pmatrix} -(g+\kappa)I_2 & -2gJ_2 \\ 2\kappa J_2 & (g+\kappa)I_2 \end{pmatrix} t\right\} \\ &= \begin{pmatrix} -gJ_2 & -gJ_2 \\ gI_2 & \kappa I_2 \end{pmatrix}\begin{pmatrix} \mathrm{e}^{(g-\kappa)t}I_2 & 0 \\ 0 & \mathrm{e}^{(\kappa-g)t}I_2 \end{pmatrix}\begin{pmatrix} -gJ_2 & -gJ_2 \\ gI_2 & \kappa I_2 \end{pmatrix}^{-1} \\ &= \frac{1}{g(g-\kappa)}\begin{pmatrix} -gJ_2 & -gJ_2 \\ gI_2 & \kappa I_2 \end{pmatrix}\begin{pmatrix} \mathrm{e}^{(g-\kappa)t}I_2 & 0 \\ 0 & \mathrm{e}^{(\kappa-g)t}I_2 \end{pmatrix}\begin{pmatrix} \kappa J_2 & gI_2 \\ -gJ_2 & -gI_2 \end{pmatrix}\end{aligned}$$

$$= \frac{1}{g-\kappa}\begin{pmatrix} \left[g\mathrm{e}^{(\kappa-g)t}-\kappa\mathrm{e}^{(g-\kappa)t}\right]I_2 & g\left[\mathrm{e}^{(\kappa-g)t}-\mathrm{e}^{(g-\kappa)t}\right]J_2 \\ \kappa\left[\mathrm{e}^{(g-\kappa)t}-\mathrm{e}^{(\kappa-g)t}\right]J_2 & \left[g\mathrm{e}^{(g-\kappa)t}-\kappa\mathrm{e}^{(\kappa-g)t}\right]I_2 \end{pmatrix} \equiv \begin{pmatrix} Q & L \\ N & P \end{pmatrix} \tag{14.24}$$

即

$$Q \equiv \frac{g\mathrm{e}^{(\kappa-g)t}-\kappa\mathrm{e}^{(g-\kappa)t}}{g-\kappa}I_2,\quad L \equiv \frac{g\left[\mathrm{e}^{(\kappa-g)t}-\mathrm{e}^{(g-\kappa)t}\right]}{g-\kappa}J_2,$$
$$N \equiv \frac{\kappa\left[\mathrm{e}^{(g-\kappa)t}-\mathrm{e}^{(\kappa-g)t}\right]}{g-\kappa}J_2,\quad P \equiv \frac{g\mathrm{e}^{(g-\kappa)t}-\kappa\mathrm{e}^{(\kappa-g)t}}{g-\kappa}I_2 \tag{14.25}$$

读者可以验证它们满足（14.13）式. 再用（14.10）式和（14.17）式我们改写（14.18）式为

$$\begin{aligned} U(t) &= \sqrt{\det Q}\int\prod_{i=1}^{n}\frac{\mathrm{d}^2 Z_i}{\pi}\left|\begin{pmatrix} Q & -L \\ -N & P \end{pmatrix}\begin{pmatrix} \widetilde{Z} \\ \widetilde{Z}^* \end{pmatrix}\right\rangle\left\langle\begin{pmatrix} \widetilde{Z} \\ \widetilde{Z}^* \end{pmatrix}\right| \\ &= \mathrm{e}^{(\kappa-g)t}\frac{1}{\sqrt{\det P}}\exp\left[-\frac{1}{2}\begin{pmatrix} \widetilde{a}^\dagger & a^\dagger \end{pmatrix}LP^{-1}\begin{pmatrix} \widetilde{a}^\dagger \\ a^\dagger \end{pmatrix}\right] \\ &\quad\times\exp\left[\begin{pmatrix} \widetilde{a}^\dagger & a^\dagger \end{pmatrix}\ln P^{-1}\begin{pmatrix} \widetilde{a} \\ a \end{pmatrix}\right] \\ &\quad\times\exp\left[\frac{1}{2}\begin{pmatrix} \widetilde{a} & a \end{pmatrix}P^{-1}N\begin{pmatrix} \widetilde{a} \\ a \end{pmatrix}\right] \\ &= \frac{\kappa-g}{\kappa\mathrm{e}^{-2(g-\kappa)t}-g}\exp\left[\frac{g\left[1-\mathrm{e}^{-2(\kappa-g)t}\right]}{\kappa-g\mathrm{e}^{-2(\kappa-g)t}}\widetilde{a}^\dagger a^\dagger\right] \\ &\quad\times\exp\left[\left(\widetilde{a}^\dagger\widetilde{a}+a^\dagger a\right)\ln\frac{(\kappa-g)\,\mathrm{e}^{-(\kappa-g)t}}{\kappa-g\mathrm{e}^{-2(\kappa-g)t}}\right] \\ &\quad\times\exp\left[\frac{\kappa\left[1-\mathrm{e}^{-2(\kappa-g)t}\right]}{\kappa-g\mathrm{e}^{-2(\kappa-g)t}}a\widetilde{a}\right] \end{aligned} \tag{14.26}$$

推导中我们用了

$$LP^{-1} = \frac{g\left[1-\mathrm{e}^{-2(\kappa-g)t}\right]}{g\mathrm{e}^{-2(\kappa-g)t}-\kappa}J_2,\quad P^{-1}N = \frac{\kappa\left[\mathrm{e}^{-2(\kappa-g)t}-1\right]}{g\mathrm{e}^{-2(\kappa-g)t}-\kappa}J_2 \tag{14.27}$$

和

$$\sqrt{\det P} \equiv \frac{g\mathrm{e}^{(g-\kappa)t}-\kappa\mathrm{e}^{(\kappa-g)t}}{g-\kappa} \tag{14.28}$$

至今,我们已将激光过程看成是相干态受热场动力学支配的辛演化.

进一步,令

$$T_1 = \frac{1-\mathrm{e}^{-2(\kappa-g)t}}{\kappa-g\mathrm{e}^{-2t(\kappa-g)}},\quad T_2 = \frac{(\kappa-g)\,\mathrm{e}^{-(\kappa-g)t}}{\kappa-g\mathrm{e}^{-2t(\kappa-g)}},$$

$$T_3=\frac{\kappa-g}{\kappa-g\mathrm{e}^{-2t(\kappa-g)}}=1-gT_1 \tag{14.29}$$

用(14.29)式我们改写(14.6)式为

$$\begin{aligned}
|\rho(t)\rangle &= T_3\exp\left[gT_1a^\dagger\tilde{a}^\dagger\right]\ :\exp\left\{(T_2-1)\left(\tilde{a}^\dagger\tilde{a}+a^\dagger a\right)\right\}:\exp\left[\kappa T_1 a\tilde{a}\right]|\rho_0\rangle \\
&= T_3\exp\left[gT_1a^\dagger\tilde{a}^\dagger\right]\exp\left[\left(\tilde{a}^\dagger\tilde{a}+a^\dagger a\right)\ln T_2\right]\exp\left[\kappa T_1 a\tilde{a}\right]|\rho_0\rangle \\
&= \sum_{i,j=0}^{\infty}T_3\frac{\kappa^i g^j T_1^{i+j}}{i!j!}a^{\dagger j}\exp\left[a^\dagger a\ln T_2\right]a^i\rho_0 a^{\dagger i}\exp\left[a^\dagger a\ln T_2\right]a^j|\eta=0\rangle \\
&= \sum_{i,j=0}^{\infty}T_3\frac{\kappa^i g^j T_1^{i+j}}{i!j!}a^{\dagger j}\exp\left[a^\dagger a\ln T_2\right]a^i\rho_0 a^{\dagger i}\exp\left[a^\dagger a\ln T_2\right]a^j|\eta=0\rangle \\
&= \sum_{i,j=0}^{\infty}T_3\frac{\kappa^i g^j T_1^{i+j}}{i!j!T_2^{2j}}\exp\left[a^\dagger a\ln T_2\right]a^{\dagger j}a^i\rho_0 a^{\dagger i}a^j\exp\left[a^\dagger a\ln T_2\right]|\eta=0\rangle
\end{aligned} \tag{14.30}$$

从此得到激光过程的 Kraus 形式的演化表示:

$$\rho(t)=\sum_{i,j=0}^{\infty}M_{ij}\rho_0 M_{ij}^\dagger \tag{14.31}$$

其中

$$M_{ij}=\sqrt{\frac{\kappa^i g^j T_3 T_1^{i+j}}{i!j!T_2^{2j}}}\mathrm{e}^{a^\dagger a\ln T_2}a^{\dagger j}a^i \tag{14.32}$$

是描述激光过程的 Kraus 算符, 为笔者等首先导出. 读者可以验证 Kraus 算符的归一性:

$$\sum_{i,j=0}^{\infty}M_{ij}^\dagger M_{ij}=1 \tag{14.33}$$

事实上,直截了当地用相干态完备性可算得

$$\begin{aligned}
\sum_{i,j=0}^{\infty}M_{ij}^\dagger M_{ij} &= \sum_{i,j=0}^{\infty}T_3\frac{\kappa^i g^j T_1^{i+j}}{i!j!T_2^{2i-1}}a^{\dagger i}a^j a^{\dagger j}a^i\exp\left[2a^\dagger a\ln T_2\right] \\
&= T_3\sum_{i,j=0}^{\infty}\frac{\kappa^i g^j T_1^{i+j}}{i!j!T_2^{2i}}a^{\dagger i}\int\frac{\mathrm{d}^2z}{\pi}z^j z^{*j}|z\rangle\langle z|a^i\exp\left[2a^\dagger a\ln T_2\right] \\
&= T_3\sum_{i=0}^{\infty}\frac{\kappa^i T_1^i}{i!T_2^{2i}}a^{\dagger i}\int\frac{\mathrm{d}^2z}{\pi}\exp\left[gT_1|z|^2\right] \\
&\quad\times:\mathrm{e}^{-|z|^2+z^*a+za^\dagger-a^\dagger a}:a^i\exp\left[2a^\dagger a\ln T_2\right] \\
&= \frac{T_3}{1-gT_1}\sum_{i=0}^{\infty}\frac{\kappa^i T_1^i}{i!T_2^{2i}}a^{\dagger i}:\exp\left[\frac{gT_1}{1-gT_1}a^\dagger a\right]:a^i\exp\left[2a^\dagger a\ln T_2\right] \\
&= \frac{T_3}{1-gT_1}:\exp\left[\frac{gT_1}{1-gT_1}a^\dagger a+\frac{\kappa T_1}{T_2^2}a^\dagger a\right]:\exp\left[2a^\dagger a\ln T_2\right]
\end{aligned}$$

$$= \frac{T_3}{1-gT_1}\exp\left[\ln\left(\frac{gT_1}{1-gT_1}+\frac{\kappa T_1}{T_2^2}+1\right)a^\dagger a\right]\exp\left[2a^\dagger a\ln T_2\right]=1 \tag{14.34}$$

还可用纠缠态的定义(14.4)式和(14.19)式将(14.6)式改写为

$$\begin{aligned}
|\rho(t)\rangle &= T_3\exp\left(gT_1a^\dagger\tilde{a}^\dagger\right):\exp\left[(T_2-1)\left(\tilde{a}^\dagger\tilde{a}+a^\dagger a\right)\right]:\exp\left(\kappa T_1 a\tilde{a}\right)|\rho_0\rangle \\
&= \int\frac{\mathrm{d}^2\eta}{\pi}:\exp\left[-\frac{\kappa-g\mathrm{e}^{-2t(\kappa-g)}}{\kappa-g}|\eta|^2+\eta\left(a^\dagger-\mathrm{e}^{-(\kappa-g)t}\tilde{a}\right)\right] \\
&\quad\times\exp\left[\eta^*\left(\mathrm{e}^{-(\kappa-g)t}a-\tilde{a}^\dagger\right)+a^\dagger\tilde{a}^\dagger+a\tilde{a}-a^\dagger a-\tilde{a}^\dagger\tilde{a}\right]:|\rho_0\rangle \\
&= \int\frac{\mathrm{d}^2\eta}{\pi}|\eta\rangle\langle\eta|\,\rho(t)\rangle
\end{aligned} \tag{14.35}$$

其中

$$\langle\eta|\,\rho(t)\rangle=\exp\left[-\frac{\kappa+g}{2(\kappa-g)}\left(1-\mathrm{e}^{-2(\kappa-g)t}\right)|\eta|^2\right]\left\langle\eta\mathrm{e}^{-(\kappa-g)t}\right|\rho_0\rangle \tag{14.36}$$

从此式可以清楚地看出在纠缠态表象中 $\langle\eta|\,\rho_0\rangle\to\left\langle\eta\mathrm{e}^{-(\kappa-g)t}\right|\rho_0\rangle$ 的演化.

小结:激光过程可以被等价地描述为热场动力学的辛演化.

14.2 激光通道中粒子态向二项-负二项联合分布态的演化

一方面,在量子光学中,描述辐射场的密度算符的统计性质往往与数学统计中的某种分布有关,尤其是场态的光子数分布与熟悉的概率分布关联. 例如,光场的二项式态和负二项式态分别对应于二项分布和负二项分布,二项式态定义为

$$\rho_{\mathrm{b}}=\sum_{n=0}^{m}\binom{m}{n}\sigma^n(1-\sigma)^{m-n}|n\rangle\langle n|,\quad 0\leqslant\sigma\leqslant 1 \tag{14.37}$$

显然 $\mathrm{tr}\,\rho_{\mathrm{b}}=1$, $|n\rangle$ 是数态, σ 是二项式参数, 平均光子数 $\bar{n}_{\mathrm{b}}=m\sigma$, 方差 $(\Delta n)_{\mathrm{b}}^2=m\sigma(1-\sigma)$. 当 $\sigma\to 1$,二项式态趋于数态 $|m\rangle$. 当 $\sigma\to 0$ 且 $m\to\infty$ 时,二项分布趋于 Poisson 分布.

另一方面, 对应于负二项分布

$$\sum_{m=0}^{\infty}\binom{m+n}{m}(-x)^m=(1+x)^{-n-1} \tag{14.38}$$

存在负二项式态

$$\rho_{\text{nb}} = \sum_{m=0}^{\infty} \binom{m+n}{m} \gamma^{n+1} (1-\gamma)^m |m\rangle \langle m| \tag{14.39}$$

$\text{tr}\,\rho_{\text{nb}} = 1, 0 < \gamma < 1$. 负二项式态是中介于纯热态和纯相干态之间的态,物理上,当在混沌光场中检测几个光子后,前者会表现出负二项分布.

在本节中,我们引入如下的一种新二项–负二项联合分布函数:

$$f(x,y,m) = \binom{m}{l} x^l \binom{m-l+j}{j} y^j \tag{14.40}$$

其中 $\binom{m}{l}$ 是二项分布因子,$\binom{m-l+j}{j}$ 是负二项分布因子. 根据二项式定理

$$\sum_{l=0}^{m} \binom{m}{l} x^l y^{m-l} = (x+y)^m \tag{14.41}$$

和负二项式定理

$$\sum_{j=0}^{\infty} \binom{s+j}{j} (-1)^j x^j = (1+x)^{-(s+1)} \tag{14.42}$$

得到

$$\begin{aligned}\sum_{l=0}^{m}\sum_{j=0}^{\infty} f(x,y,m) &= \sum_{l=0}^{m}\sum_{j=0}^{\infty} \binom{m}{l} x^l \binom{m-l+j}{j} y^j \\ &= \sum_{l=0}^{m} \binom{m}{l} x^l (1-y)^{-(m-l)-1} = \left(x + \frac{1}{1-y}\right)^m \frac{1}{1-y}\end{aligned} \tag{14.43}$$

在此基础上我们构造二项–负二项组合光场态:

$$\rho_z = C_m \sum_{l=0}^{m}\sum_{j=0}^{\infty} \binom{m}{l} \binom{m-l+j}{j} x^l y^j |m-l+j\rangle\langle m-l+j| \tag{14.44}$$

其中

$$|m-l+j\rangle = \frac{a^{\dagger m-l+j}}{(m-l+j)!}|0\rangle \tag{14.45}$$

是粒子数态,当归一化系数 C_m 满足

$$C_m \left(x + \frac{1}{1-y}\right)^m \frac{1}{1-y} = 1 \tag{14.46}$$

那么由负二项式定理得

$$\text{tr}\,\rho_z = C_m \sum_{l=0}^{m} \binom{m}{l} x^l \left(\frac{1}{1-y}\right)^{m-l+1} = 1 \tag{14.47}$$

所以

$$C_m = (1-y)\left(x+\frac{1}{1-y}\right)^{-m} \tag{14.48}$$

那么自然界是否存在这样的二项-负二项联合分布？我们将解释这样的分布可以出现在激光过程 (激光通道) 中，即当初态是一个数态，它通过激光通道后，终态会表现出二项-负二项联合分布.

在上一节我们已经导出激光通道的密度矩阵演化规律：

$$\rho(t) = T_3 \sum_{l,j=0}^{\infty} \frac{\kappa^l g^j}{l!j!T_2^{2j}} T_1^{l+j} \mathrm{e}^{a^\dagger a \ln T_2} a^{\dagger j} a^l \rho_0 a^{\dagger l} a^j \mathrm{e}^{a^\dagger a \ln T_2} \tag{14.49}$$

这里的 $T_i\,(i=1,2,3)$ 由 (14.29) 式给出.

当初态是一个纯粒子数态时，$\rho_0 = |m\rangle\langle m|$，代入 (14.49) 式，由

$$a|m\rangle = \sqrt{m}\,|m-l\rangle, \quad a^\dagger|m\rangle = \sqrt{m+1}\,|m+1\rangle \tag{14.50}$$

就有

$$\begin{aligned}\rho_{|m\rangle}(t) &= T_3 \sum_{l,j=0}^{\infty} \frac{\kappa^l g^j}{l!j!T_2^{2j}} T_1^{l+j} \mathrm{e}^{a^\dagger a \ln T_2} a^{\dagger j} \frac{m!}{(m-l)!} |m-l\rangle\langle m-l| a^j \mathrm{e}^{a^\dagger a \ln T_2} \\ &= T_3 \sum_{l=0}^{\infty} \binom{m}{l} \kappa^l T_1^l T_2^{2(m-l)} \sum_{j=0}^{\infty} g^j T_1^j \binom{m-l+j}{j} |m-l+j\rangle\langle m-l+j|\end{aligned} \tag{14.51}$$

由 (14.43) 式得

$$\begin{aligned}&T_3 \sum_{l=0}^{\infty} \binom{m}{l} \kappa^l T_1^l T_2^{2(m-l)} \sum_{j=0}^{\infty} g^j T_1^j \binom{m-l+j}{j} \\ &= \sum_{l=0}^{\infty} \binom{m}{l} \kappa^l T_1^l T_2^{2(m-l)} (1-gT_1)^{-m+l} \\ &= \left(\kappa T_1 + \frac{T_2^2}{1-gT_1}\right)^m\end{aligned} \tag{14.52}$$

比较于 (14.44) 式，我们可以看到它们的相似，所以 (14.51) 式是量子光学理论中的一个二项-负二项联合分布态 (混合态). 进而我们计算

$$\operatorname{tr}\left[\rho_{|m\rangle}(t)\right] = \left(\kappa T_1 + \frac{T_2^2}{1-gT_1}\right)^m = 1 \tag{14.53}$$

这验证了 (14.51) 式的正确性.

14.3 激光过程中 Wigner 算符的演化

从(14.31)式我们知道激光密度矩阵 $\rho(t)$ 的 Wigner 函数是

$$W_{\rho(t)}(p,q)=\mathrm{tr}\left[\rho(t)\Delta(\alpha,a^*)\right]=\mathrm{tr}\left[\sum_{i,j=0}^{\infty}M_{ij}\rho_0M_{ij}^{\dagger}\Delta(\alpha,a^*)\right]$$
$$=\mathrm{tr}\left[\sum_{i,j=0}^{\infty}\rho_0M_{ij}^{\dagger}\Delta(\alpha,a^*)M_{ij}\right]=\mathrm{tr}\left[\rho_0\Delta(\alpha,a^*,t)\right] \tag{14.54}$$

其中已经定义

$$\Delta(\alpha,a^*,t)=\sum_{i,j=0}^{\infty}M_{ij}^{\dagger}\Delta(\alpha,a^*)M_{ij} \tag{14.55}$$

$\Delta(\alpha,a^*)$ 是 Wigner 算符. 将 $\Delta(\alpha,a^*)$ 的形式代入上式,并用

$$(-1)^N a=-a(-1)^N \tag{14.56}$$
$$\exp\left[a^{\dagger}a\ln A\right]f\left(a^{\dagger}\right)\exp\left[-a^{\dagger}a\ln A\right]=f\left(Aa^{\dagger}\right) \tag{14.57}$$
$$\exp\left[a^{\dagger}a\ln A\right]f(a)\exp\left[-a^{\dagger}a\ln A\right]=f(a/A) \tag{14.58}$$

计算得

$$\begin{aligned}\Delta(\alpha,a^*,t)=&\frac{\mathrm{e}^{-2\alpha^*\alpha}T_3}{\pi}\sum_{i,j=0}^{\infty}\frac{\kappa^ig^jT_1^{i+j}}{i!j!T_2^{2j}}a^{\dagger i}a^j\mathrm{e}^{a^{\dagger}a\ln T_2}\mathrm{e}^{2\alpha a^{\dagger}}\\&\times\exp\left[a^{\dagger}a\ln(-1)\right]\mathrm{e}^{2\alpha^*a}\mathrm{e}^{a^{\dagger}a\ln T_2}a^{\dagger j}a^i\\=&\frac{\mathrm{e}^{-2\alpha^*\alpha}T_3}{\pi}\sum_{i,j=0}^{\infty}\frac{\kappa^ig^jT_1^{i+j}}{i!j!T_2^{2j}}a^{\dagger i}a^j\mathrm{e}^{2\alpha T_2a^{\dagger}}\mathrm{e}^{a^{\dagger}a\ln T_2}(-1)^N\mathrm{e}^{2\alpha^*a}\mathrm{e}^{a^{\dagger}a\ln T_2}a^{\dagger j}a^i\\=&\frac{\mathrm{e}^{-2\alpha^*\alpha}T_3}{\pi}\sum_{i,j=0}^{\infty}\frac{\kappa^ig^jT_1^{i+j}}{i!j!T_2^{2j}}a^{\dagger i}a^j\mathrm{e}^{2\alpha T_2a^{\dagger}}\mathrm{e}^{-2\alpha^*a/T_2}\exp\left[a^{\dagger}a\ln\left(-T_2^2\right)\right]a^{\dagger j}a^i\\=&\frac{\mathrm{e}^{-2\alpha^*\alpha}T_3}{\pi}\sum_{i,j=0}^{\infty}\frac{\kappa^ig^jT_1^{i+j}}{i!j!T_2^{2j}}a^{\dagger i}a^j\mathrm{e}^{2\alpha T_2a^{\dagger}}\mathrm{e}^{-2\alpha^*a/T_2}a^{\dagger j}a^i\\&\times\exp\left[a^{\dagger}a\ln\left(-T_2^2\right)\right]\left(-T_2^2\right)^{j-i}\end{aligned} \tag{14.59}$$

再用

$$\mathrm{e}^{Aa}f\left(a^{\dagger}\right)\mathrm{e}^{-Aa}=\sum_{n=0}^{\infty}\frac{A^n}{n!}f^{(n)}\left(a^{\dagger}\right)=f\left(a^{\dagger}+A\right) \tag{14.60}$$

$$\mathrm{e}^{Aa^{\dagger}}f(a)\mathrm{e}^{-Aa^{\dagger}}=\sum_{n=0}^{\infty}\frac{A^n}{n!}(-1)^nf^{(n)}\left(a^{\dagger}\right)=f(a-A) \tag{14.61}$$

进而化为

$$\Delta(\alpha,a^*,t)=\frac{\mathrm{e}^{-2\alpha^*\alpha}T_3}{\pi}\sum_{i,j=0}^{\infty}\frac{\kappa^i g^j T_1^{i+j}}{i!j!T_2^{2j}}a^{\dagger i}\mathrm{e}^{2\alpha T_2 a^\dagger}(a+2\alpha T_2)^j\left(a^\dagger-2\alpha^*/T_2\right)^j\mathrm{e}^{-2\alpha^* a/T_2}$$
$$\times a^i\exp\left[a^\dagger a\ln\left(-T_2^2\right)\right]\left(-T_2^2\right)^{j-i} \tag{14.62}$$

再由相干态的完备性

$$\int\frac{\mathrm{d}^2z}{\pi}|z\rangle\langle z|=\int\frac{\mathrm{d}^2z}{\pi}:\exp\left[-|z|^2+za^\dagger+z^*a-a^\dagger a\right]:=1 \tag{14.63}$$

及 $a|z\rangle=z|z\rangle$,得到

$$\begin{aligned}
&\Delta(\alpha,a^*,t)\\
&=\frac{\mathrm{e}^{-2\alpha^*\alpha}T_3}{\pi}\sum_{i,j=0}^{\infty}\frac{\kappa^i g^j T_1^{i+j}}{i!j!T_2^{2j}}\mathrm{e}^{2\alpha T_2 a^\dagger}a^{\dagger i}\int\frac{\mathrm{d}^2z}{\pi}(z+2\alpha T_2)^j|z\rangle\langle z|(z^*-2\alpha^*/T_2)^j\\
&\quad\times a^i\mathrm{e}^{-2\alpha^* a/T_2}\exp\left[a^\dagger a\ln\left(-T_2^2\right)\right]\left(-T_2^2\right)^{j-i}\\
&=\frac{\mathrm{e}^{-2\alpha^*\alpha}T_3}{\pi}\sum_{i=0}^{\infty}\frac{\kappa^i T_1^i}{i!}\mathrm{e}^{2\alpha T_2 a^\dagger}a^{\dagger i}\int\frac{\mathrm{d}^2z}{\pi}\exp\left[-gT_1(z+2\alpha T_2)(z^*-2\alpha^*/T_2)\right]\\
&\quad\times|z\rangle\langle z|a^i\mathrm{e}^{-2\alpha^* a/T_2}\exp\left[a^\dagger a\ln\left(-T_2^2\right)\right]\left(-T_2^2\right)^{-i}
\end{aligned} \tag{14.64}$$

再用 IWOP 技术积分得

$$\begin{aligned}
\Delta(\alpha,a^*,t)&=\frac{\mathrm{e}^{-2\alpha^*\alpha}T_3}{\pi(1+gT_1)}\sum_{i=0}^{\infty}\frac{\kappa^i T_1^i}{i!}\left(-T_2^2\right)^{-i}\mathrm{e}^{2\alpha T_2 a^\dagger}\\
&\quad\times:a^{\dagger i}\exp\left[\frac{gT_1\left(2\alpha^*/T_2 a-a^\dagger a-2\alpha T_2 a^\dagger+4\alpha^*\alpha\right)}{1+gT_1}\right]a^i:\\
&\quad\times\mathrm{e}^{-2\alpha^* a/T_2}\exp\left[a^\dagger a\ln\left(-T_2^2\right)\right]\\
&=\frac{\mathrm{e}^{\frac{gT_1-1}{1+gT_1}2\alpha^*\alpha}T_3}{\pi(1+gT_1)}\mathrm{e}^{2\alpha T_2 a^\dagger}:\exp\left[\frac{gT_1}{1+gT_1}\left(2\alpha^*/T_2 a-a^\dagger a-2\alpha T_2 a^\dagger\right)-\frac{\kappa T_1}{T_2^2}a^\dagger a\right]:\\
&\quad\times\mathrm{e}^{-2\alpha^* a/T_2}\exp\left[a^\dagger a\ln\left(-T_2^2\right)\right]\\
&=\frac{\mathrm{e}^{\frac{gT_1-1}{1+gT_1}2\alpha^*\alpha}T_3}{\pi(1+gT_1)}\mathrm{e}^{\frac{2\alpha T_2 a^\dagger}{1+gT_1}}:\exp\left[\left(\frac{1}{1+gT_1}-\frac{\kappa T_1}{T_2^2}-1\right)a^\dagger a\right]:\\
&\quad\times\mathrm{e}^{-\frac{2\alpha^* a}{T_2(1+gT_1)}}\exp\left[a^\dagger a\ln\left(-T_2^2\right)\right]\\
&=\frac{\mathrm{e}^{\frac{gT_1-1}{1+gT_1}2\alpha^*\alpha}T_3}{\pi(1+gT_1)}\mathrm{e}^{\frac{2\alpha T_2 a^\dagger}{1+gT_1}}\exp\left[\ln\left(\frac{1}{1+gT_1}-\frac{\kappa T_1}{T_2^2}\right)a^\dagger a\right]\\
&\quad\times\exp\left[a^\dagger a\ln\left(-T_2^2\right)\right]\mathrm{e}^{\frac{2\alpha^* T_2 a}{1+gT_1}}\\
&=\frac{\mathrm{e}^{\frac{gT_1-1}{gT_1+1}2\alpha^*\alpha}T_3}{\pi(1+gT_1)}\mathrm{e}^{\frac{2\alpha T_2 a^\dagger}{1+gT_1}}\exp\left[\ln\left(\kappa T_1-\frac{T_2^2}{1+gT_1}\right)a^\dagger a\right]\mathrm{e}^{\frac{2\alpha^* T_2 a}{1+gT_1}}
\end{aligned} \tag{14.65}$$

引入

$$T=\frac{1-gT_1}{gT_1+1}=\frac{\kappa-g}{\kappa+g-2g\mathrm{e}^{-2(\kappa-g)t}} \tag{14.66}$$

我们可以简化(14.65)式为

$$\begin{aligned}\Delta(\alpha,a^*,t)&=\frac{\mathrm{e}^{-2T\alpha^*\alpha}T}{\pi}\mathrm{e}^{2\alpha T\mathrm{e}^{-(\kappa-g)t}a^\dagger}\exp\left[\ln\left(1-2T\mathrm{e}^{-2(\kappa-g)t}\right)a^\dagger a\right]\mathrm{e}^{2\alpha^*T\mathrm{e}^{-(\kappa-g)t}a}\\&=\frac{T}{\pi}:\exp\left[-2T\left(a^\dagger\mathrm{e}^{-(\kappa-g)t}-\alpha^*\right)\left(a\mathrm{e}^{-(\kappa-g)t}-\alpha\right)\right]:\end{aligned} \tag{14.67}$$

这是 Wigner 算符在激光通道中演化的一般表达式,从中我们看到了增益和衰减是怎样起作用的.

- 计算相干态和数态的 Wigner 函数经激光通道的时间演化

我们求相干态和数态的 Wigner 函数在激光通道中的时间演化. 回忆一个纯数态 $|n\rangle\langle n|$ 的 Wigner 函数是

$$\langle n|\Delta(\alpha,a^*)|n\rangle=\frac{1}{\pi}\mathrm{e}^{-2|\alpha|^2}L_n\left(4|\alpha|^2\right)(-1)^n \tag{14.68}$$

这里 $L_n(x)$ 是 Laguerre 多项式:

$$L_n(x)=\sum_{l=0}^{n}\binom{n}{l}\frac{(-x)^l}{l!} \tag{14.69}$$

用 $a|n\rangle=\sqrt{n}|n-1\rangle$,以及由(14.67)式的提示,我们计算

$$\mathrm{e}^{\lambda a}|n\rangle=\sum_{l=0}\frac{(\lambda a)^l}{l!}|n\rangle=\sum_{l=0}^{n}\frac{\lambda^l}{l!}\sqrt{\frac{n!}{(n-l)!}}|n-l\rangle,\quad \lambda=2T\mathrm{e}^{-(\kappa-g)t}\alpha^* \tag{14.70}$$

得经激光通道在 t 时刻的 Wigner 函数:

$$\begin{aligned}\langle n|\Delta(\alpha,a^*,t)|n\rangle&=\frac{\mathrm{e}^{-2T\alpha^*\alpha}T}{\pi}\sum_{m=0,l=0}^{n}\frac{\lambda^l\lambda^{*m}}{l!m!}\sqrt{\frac{n!n!}{(n-m)!(n-l)!}}\\&\quad\times\langle n-m|\exp\left[a^\dagger a\ln\left(1-2T\mathrm{e}^{-2(\kappa-g)t}\right)\right]|n-l\rangle\\&=\frac{\mathrm{e}^{-2T\alpha^*\alpha}T}{\pi}\sum_{m=0,l=0}^{n}\frac{\lambda^l\lambda^{*m}}{l!m!}\left(1-2T\mathrm{e}^{-2(\kappa-g)t}\right)^{n-l}\\&\quad\times\sqrt{\frac{n!n!}{(n-m)!(n-l)!}}\delta_{m,l}\\&=\frac{\mathrm{e}^{-2T\alpha^*\alpha}T}{\pi}\sum_{l=0}^{n}\frac{n!|\lambda|^{2l}}{(l!)^2(n-l)!}\left(1-2T\mathrm{e}^{-2(\kappa-g)t}\right)^{n-l}\end{aligned}$$

$$
\begin{aligned}
&= \frac{e^{-2T\alpha^*\alpha}T}{\pi}\left(1-2Te^{-2(\kappa-g)t}\right)^n L_n\left(\frac{|\lambda|^2}{2Te^{-2(\kappa-g)t}-1}\right)\\
&= \frac{e^{-2T\alpha^*\alpha}T}{\pi}\left(1-2Te^{-2(\kappa-g)t}\right)^n L_n\left(\frac{4T^2e^{-2(\kappa-g)t}|\alpha|^2}{2Te^{-2(\kappa-g)t}-1}\right)
\end{aligned}
\tag{14.71}
$$

当 $t=0, T=1$ 时,(14.71)式约化为(14.68)式,诚如所期.

当初态是相干态 $\rho_0 = |z\rangle\langle z|$,则用(14.67)式得终态的 Wigner 函数是

$$
\begin{aligned}
W_{\rho(t)} &= \frac{T}{\pi}\langle z|:\exp\left[-2T\left(a^\dagger e^{-(\kappa-g)t}-\alpha^*\right)\left(ae^{-(\kappa-g)t}-\alpha\right)\right]:|z\rangle\\
&= \frac{T}{\pi}\exp\left[-2T\left(z^*e^{-(\kappa-g)t}-\alpha^*\right)\left(ze^{-(\kappa-g)t}-\alpha\right)\right]
\end{aligned}
\tag{14.72}
$$

一般而言,若把 ρ_0 写为 P–表示:

$$
\rho_0 = \int d^2 z P(z)|z\rangle\langle z|
\tag{14.73}
$$

则由(14.67)式可得

$$
\begin{aligned}
W_{\rho(t)} &= \mathrm{tr}\left[\rho_0 \Delta(\alpha, a^*, t)\right]\\
&= \int d^2 z P(z)\langle z|\frac{T}{\pi}:\exp\left[-2T\left(a^\dagger e^{-(\kappa-g)t}-\alpha^*\right)\left(ae^{-(\kappa-g)t}-\alpha\right)\right]:|z\rangle\\
&= \frac{T}{\pi}\int d^2 z P(z)\exp\left[-2T\left(z^*e^{-(\kappa-g)t}-\alpha^*\right)\left(ze^{-(\kappa-g)t}-\alpha\right)\right]
\end{aligned}
\tag{14.74}
$$

小结:对一个激光过程,(14.67)式是关于 Wigner 算符演化的一般公式,由它和(14.74)式可得各种态的 Wigner 函数的时间演化.

14.4 激光过程中的光子数演化

我们已经得到了描述激光演化的密度算符解,就可计算当初态是相干态 $\rho_0 = |z\rangle\langle z|$ 时的光子数演化规律,这里 $|z\rangle = \exp[-|z|^2/2 + za^\dagger]|0\rangle$. 由(14.30)式得

$$
\begin{aligned}
\langle n\rangle &= \mathrm{tr}\left[\rho(t)a^\dagger a\right]\\
&= e^{\kappa T_1|z|^2}\mathrm{tr}\left[\sum_{j=0}^{\infty} T_3\frac{g^j T_1^j}{j!T_2^{2j}}e^{a^\dagger a\ln T_2}a^{\dagger j}|z\rangle\langle z|a^j e^{a^\dagger a\ln T_2}a^\dagger a\right]
\end{aligned}
\tag{14.75}
$$

再用真空投影算符的正规乘积 $|0\rangle\langle 0| = :\mathrm{e}^{-a^\dagger a}:$ 以及 $\int \frac{\mathrm{d}^2 z}{\pi}|z\rangle\langle z| = 1$，我们就可导出光子数演化公式：

$$\begin{aligned}
\langle n\rangle &= T_3 \mathrm{e}^{(\kappa T_1-1)|z|^2} \mathrm{tr}\left[\sum_{j=0}^{\infty} \frac{g^j T_1^j}{j!} a^{\dagger j} \mathrm{e}^{z T_2 a^\dagger} :\mathrm{e}^{-a^\dagger a}: \mathrm{e}^{z^* T_2 a} a^j a^\dagger a\right] \\
&= T_3 \mathrm{e}^{(\kappa T_1-1)|z|^2} \mathrm{tr}\left[\mathrm{e}^{z T_2 a^\dagger} \mathrm{e}^{a^\dagger a \ln(g T_1)} \mathrm{e}^{z^* T_2 a} a^\dagger a\right] \\
&= T_3 \mathrm{e}^{(\kappa T_1-1)|z|^2} \mathrm{tr}\left[\mathrm{e}^{z T_2 a^\dagger}\left(g T_1 a^\dagger + z^* T_2\right) \mathrm{e}^{a^\dagger a \ln(g T_1)} \mathrm{e}^{z^* T_2 a} a\right] \\
&= T_3 \mathrm{e}^{(\kappa T_1-1)|z|^2} \int \frac{\mathrm{d}^2 z'}{\pi}\langle z'| \\
&\quad \times :\mathrm{e}^{z T_2 a^\dagger + z^* T_2 a + (g T_1-1) a^\dagger a}\left(g T_1 a^\dagger + z^* T_2\right) a: |z'\rangle \\
&= g \frac{1-\mathrm{e}^{-2(\kappa-g) t}}{\kappa-g} + |z|^2 \mathrm{e}^{-2(\kappa-g) t}
\end{aligned} \tag{14.76}$$

由此式可以看出，当 $\kappa = g$，增益与耗散系数相等时，$\langle n\rangle = |z|^2 + 2gt$，光子数随着时间增多；当 $\kappa < g$，增益大于耗散时，$\langle n\rangle \sim \left(\frac{g}{g-\kappa} + |z|^2\right) \mathrm{e}^{2(g-\kappa)t}$，表明光子数随着时间指数增长，最终形成激光.

14.5 激光的熵的演化

我们计算当初始态是一个纯相干态 $|z\rangle\langle z|$，在激光过程中熵的演化. 将 $|z\rangle\langle z|$ 代入（14.30）式并用 IWOP 技术得到

$$\begin{aligned}
\rho(t) &= T_3 \exp\left[|z|^2 \mathrm{e}^{2(g-\kappa)t} \ln(g T_1)\right] \\
&\quad \times \sum_{j=0}^{\infty} \frac{g^j T_1^j}{j! T_2^{2j}} :a^{\dagger j} a^j \mathrm{e}^{z a^\dagger + z^* a - a^\dagger a}: \mathrm{e}^{a^\dagger a \ln T_2} \\
&= T_3 \mathrm{e}^{\kappa T_1 |z|^2 - |z|^2} \mathrm{e}^{z T_2 a^\dagger} \mathrm{e}^{a^\dagger a \ln(g T_1)} \mathrm{e}^{z^* T_2 a}
\end{aligned} \tag{14.77}$$

注意到 Baker-Hausdorff 公式，如两个算符 X、Y 满足

$$[X, Y] = \lambda Y + \mu \tag{14.78}$$

则有

$$\exp X \exp Y = \exp\left(X + \frac{\lambda Y + \mu}{1-\mathrm{e}^{-\lambda}} - \frac{\mu}{\lambda}\right) \tag{14.79}$$

由此我们就能把（14.77）式中的三个指数算符合并为一个，即

$$\rho(t)=T_3\exp\left[|z|^2\mathrm{e}^{2(g-\kappa)t}\ln(gT_1)\right]\times\exp\left\{\left[a^\dagger a-\mathrm{e}^{(g-\kappa)t}\left(za^\dagger+z^*a\right)\right]\ln(gT_1)\right\}\tag{14.80}$$

这是一个混合态，说明用上述纠缠态表象可以很好地披露系统与其环境之间的纠缠. 取上式的对数，得

$$\ln\rho(t)=\ln T_3+|z|^2\mathrm{e}^{2(g-\kappa)t}\ln gT_1+\left[a^\dagger a-\mathrm{e}^{(g-\kappa)t}\left(za^\dagger+z^*a\right)\right]\ln gT_1\tag{14.81}$$

于是 $\rho(t)$ 的 von-Neumann 熵（根据定义是 $-\mathrm{tr}[\rho\ln\rho]$）为

$$\begin{aligned}-\mathrm{tr}[\rho\ln\rho]&=-\mathrm{tr}\left[\rho\left(\ln T_3+|z|^2\mathrm{e}^{2(g-\kappa)t}\ln gT_1\right)\right]-T_3\mathrm{e}^{(\kappa T_1-1)|z|^2}\ln gT_1\\&\quad\times\mathrm{tr}\left[\mathrm{e}^{zT_2a^\dagger}\mathrm{e}^{a^\dagger a\ln gT_1}\mathrm{e}^{z^*T_2a}\left(a^\dagger a-\mathrm{e}^{(g-\kappa)t}\left(za^\dagger+z^*a\right)\right)\right]\\&=-\ln T_3-|z|^2\mathrm{e}^{2(g-\kappa)t}\ln gT_1-T_3\mathrm{e}^{(\kappa T_1-1)|z|^2}\ln gT_1\\&\quad\times\mathrm{tr}\left[\mathrm{e}^{zT_2a^\dagger}\mathrm{e}^{a^\dagger a\ln gT_1}\mathrm{e}^{z^*T_2a}\left(a^\dagger a-\mathrm{e}^{(g-\kappa)t}\left(za^\dagger+z^*a\right)\right)\right]\\&\equiv S(\rho(t))/k_{\mathrm{B}}\end{aligned}\tag{14.82}$$

式中 k_{B} 是玻尔兹曼常数. 进一步分析，由于

$$\begin{aligned}&\mathrm{e}^{zT_2a^\dagger}\mathrm{e}^{a^\dagger a\ln gT_1}\mathrm{e}^{z^*T_2a}\left[a^\dagger a-\mathrm{e}^{(g-\kappa)t}za^\dagger\right]\\&=\mathrm{e}^{zT_2a^\dagger}\mathrm{e}^{a^\dagger a\ln gT_1}\left(a^\dagger+z^*T_2\right)\mathrm{e}^{z^*T_2a}a\\&\quad-\mathrm{e}^{(g-\kappa)t}z\mathrm{e}^{zT_2a^\dagger}\mathrm{e}^{a^\dagger a\ln gT_1}\left(a^\dagger+z^*T_2\right)\mathrm{e}^{z^*T_2a}\\&=\mathrm{e}^{zT_2a^\dagger}\left(gT_1a^\dagger+z^*T_2\right)\mathrm{e}^{a^\dagger a\ln gT_1}\mathrm{e}^{z^*T_2a}a\\&\quad-\mathrm{e}^{(g-\kappa)t}z\mathrm{e}^{zT_2a^\dagger}\left(gT_1a^\dagger+z^*T_2\right)\mathrm{e}^{a^\dagger a\ln gT_1}\mathrm{e}^{z^*T_2a}\end{aligned}\tag{14.83}$$

故

$$\begin{aligned}&\mathrm{tr}\left[\mathrm{e}^{zT_2a^\dagger}\mathrm{e}^{a^\dagger a\ln gT_1}\mathrm{e}^{z^*T_2az^*T_2a}\left(a^\dagger a-\mathrm{e}^{(g-\kappa)t}\left(za^\dagger+z^*a\right)\right)\right]\\&=\int\frac{\mathrm{d}^2z'}{\pi}\langle z'|:\mathrm{e}^{zT_2a^\dagger+z^*T_2a+(gT_1-1)a^\dagger a}\\&\quad\times\left[\left(gT_1a^\dagger+z^*T_2\right)\left(a-\mathrm{e}^{(g-\kappa)t}z\right)-\mathrm{e}^{(g-\kappa)t}z^*a\right]:|z'\rangle\\&=\int\frac{\mathrm{d}^2z'}{\pi}\mathrm{e}^{zT_2z'^*+z^*T_2z'+(gT_1-1)|z'|^2}\\&\quad\times\left[\left(gT_1z'^*+z^*T_2\right)\left(z'-\mathrm{e}^{(g-\kappa)t}z\right)-\mathrm{e}^{(g-\kappa)t}z^*z'\right]\end{aligned}\tag{14.84}$$

最终得熵的演化规律是

$$S(\rho(t))=-k_{\mathrm{B}}\left(\ln T_3+\frac{gT_1\ln gT_1}{1-gT_1}\right)\tag{14.85}$$

(14.85)式是简洁优美的. 狄拉克曾说:"让方程式优美比方程式符合实验更为重要,因为差异可能是由于未能适当地考虑一些小问题引起的,而这些小问题将会随着理论的发展得到澄清. 假如一个人在进行研究工作时着眼于让方程式优美,假如他具有这样的洞察力,那么他肯定会获得进步."

让我们分析当 $t\to+\infty$ 时,$S\left(\rho\left(t\right)\right)$ 的渐近行为:

当 $\kappa<g$,泵浦率大于损耗率时,$S\left(\rho\left(t\right)\right)/k_{\mathrm{B}}\sim1+\ln\dfrac{g}{g-\kappa}+2\left(g-\kappa\right)t$,$t\to+\infty$,熵线性增加.

当 $\kappa>g$,泵浦率小于损耗率时,$S\left(\rho\left(t\right)\right)/k_{\mathrm{B}}\sim\ln\dfrac{\kappa}{\kappa-g}+\dfrac{g}{\kappa-g}\ln\dfrac{\kappa}{g}$,熵将趋于常数.

14.6 激光演化方程的纠缠态表象

本章开始我们已经给出了描述激光机制的主方程:

$$\begin{aligned}\frac{\mathrm{d}\rho\left(t\right)}{dt}&=g\left[2a^{\dagger}\rho\left(t\right)a-aa^{\dagger}\rho\left(t\right)-\rho\left(t\right)aa^{\dagger}\right]\\&\quad+\kappa\left[2a\rho\left(t\right)a^{\dagger}-a^{\dagger}a\rho\left(t\right)-\rho\left(t\right)a^{\dagger}a\right]\end{aligned}\tag{14.86}$$

g 与 κ 分别代表增益和损耗. 上式两边作用于 $|\eta=0\rangle$,给出

$$\frac{\mathrm{d}}{\mathrm{d}t}\left|\rho\left(t\right)\right\rangle=\left\{g\left(2a^{\dagger}\tilde{a}^{\dagger}-aa^{\dagger}-\tilde{a}\tilde{a}^{\dagger}\right)+\kappa\left(2a\tilde{a}-a^{\dagger}a-\tilde{a}^{\dagger}\tilde{a}\right)\right\}\left|\rho\left(t\right)\right\rangle\tag{14.87}$$

其形式解是

$$\left|\rho\left(t\right)\right\rangle=\exp\{gt\left(2a^{\dagger}\tilde{a}^{\dagger}-aa^{\dagger}-\tilde{a}\tilde{a}^{\dagger}\right)+\kappa t\left(2a\tilde{a}-a^{\dagger}a-\tilde{a}^{\dagger}\tilde{a}\right)\}\left|\rho_{0}\right\rangle\tag{14.88}$$

注意到

$$\begin{aligned}>\left(2a^{\dagger}\tilde{a}^{\dagger}-aa^{\dagger}-\tilde{a}\tilde{a}^{\dagger}\right)+\kappa t\left(2a\tilde{a}-a^{\dagger}a-\tilde{a}^{\dagger}\tilde{a}\right)\\&\quad=t\left(\kappa+g\right)\left(\tilde{a}-a^{\dagger}\right)\left(a-\tilde{a}^{\dagger}\right)+t\left(\kappa-g\right)\left(a\tilde{a}-\tilde{a}^{\dagger}a^{\dagger}+1\right)\end{aligned}\tag{14.89}$$

以及对易关系

$$\left[\left(\tilde{a}-a^{\dagger}\right),\left(a\tilde{a}-\tilde{a}^{\dagger}a^{\dagger}\right)\right]=\tilde{a}-a^{\dagger}\tag{14.90}$$

就导致

$$\left|\rho\left(t\right)\right\rangle=\exp\left[\left(a\tilde{a}-\tilde{a}^{\dagger}a^{\dagger}+1\right)\left(\kappa-g\right)t\right]$$

$$\times \exp\left[\frac{\kappa+g}{2(\kappa-g)}\left(1-e^{2(\kappa-g)t}\right)\left(a^{\dagger}-\tilde{a}\right)\left(a-\tilde{a}^{\dagger}\right)\right]|\rho_0\rangle \tag{14.91}$$

于是可给出激光终态在纠缠态表象中的投影是

$$\langle\eta|\,\rho(t)\rangle = \exp\left(-\frac{A}{2}|\eta|^2\right)\left\langle\eta e^{-(\kappa-g)t}\right|\,\rho_0\rangle \tag{14.92}$$

其中

$$A=\frac{\kappa+g}{\kappa-g}\left(1-e^{-2(\kappa-g)t}\right) \tag{14.93}$$

14.7 用纠缠态表象求 Wigner 函数的演化

在第 8 章已经给出

$$\begin{aligned}|\eta=0\rangle \equiv |I\rangle &= \exp(a^{\dagger}\tilde{a}^{\dagger})|0,\tilde{0}\rangle \\ &= \sum_{n=0}^{\infty}\frac{\left(a^{\dagger}\tilde{a}^{\dagger}\right)^n}{n!}|0,\tilde{0}\rangle = \sum_{n=0}^{\infty}|n,\tilde{n}\rangle\end{aligned} \tag{14.94}$$

$|n,\tilde{n}\rangle$ 是双模粒子态,其中 $|\tilde{n}\rangle$ 是虚模. 鉴于密度算符 ρ 的单模 Wigner 函数是

$$W(\alpha)=\mathrm{tr}\left[\Delta(\alpha)\rho\right] \tag{14.95}$$

其中

$$\Delta(\alpha)=\frac{1}{\pi}:e^{-2\left(\alpha^*-a^{\dagger}\right)(\alpha-a)}:=\frac{1}{\pi}D(2\alpha)(-1)^{a^{\dagger}a} \tag{14.96}$$

是 Wigner 算符,这里 $(-1)^{a^{\dagger}a}$ 是宇称算符,$D(2\alpha)$ 是平移算符:

$$D(2\alpha)=\exp\left[2\alpha a^{\dagger}-2\alpha^* a\right] \tag{14.97}$$

引入虚态 $|\tilde{n}\rangle$,用 $\langle\tilde{m}|\,\tilde{n}\rangle=\delta_{m,n}$,就有

$$\begin{aligned}W(\alpha) &= \sum_{n=0}^{\infty}\langle n|\,\Delta(\alpha)\rho\,|n\rangle = \sum_{n=0}^{\infty}\sum_{m=0}^{\infty}\langle m,\tilde{m}|\,\Delta(\alpha)\rho|n,\tilde{n}\rangle \\ &= \langle I|\,\Delta(\alpha)\rho|I\rangle = \frac{1}{\pi}\langle\eta=0|\exp\left[2\alpha a^{\dagger}-2\alpha^* a\right](-1)^{a^{\dagger}a}|\rho\rangle\end{aligned}$$

$$= \frac{1}{\pi} \langle \eta = -2\alpha | (-1)^{a^\dagger a} | \rho \rangle \tag{14.98}$$

或

$$W(\alpha) = \frac{1}{\pi} \langle \xi = 2\alpha | \rho \rangle \tag{14.99}$$

这就是用纠缠态表象求单模密度算符 ρ 的 Wigner 函数的新公式,其中 $\langle \xi |$ 是与 $\langle \eta |$ 共轭的纠缠态:

$$\langle \xi | \eta \rangle = \frac{1}{2} \exp\left(\frac{\xi^* \eta - \xi \eta^*}{2} \right) \tag{14.100}$$

于是

$$\begin{aligned} W(\alpha) &= \int \frac{d^2\eta}{\pi^2} \langle \xi = 2\alpha | \eta \rangle \langle \eta | \rho \rangle \\ &= \int \frac{d^2\eta}{2\pi^2} \exp(\alpha^* \eta - \alpha \eta^*) \langle \eta | \rho \rangle \end{aligned} \tag{14.101}$$

此即用纠缠态表象求出的单模密度算符的 Wigner 函数. 于是(14.92)式变成

$$W(\alpha, t) = \int \frac{d^2\eta}{2\pi^2} \exp\left(-\frac{A}{2} |\eta|^2 + \alpha^* \eta - \alpha \eta^* \right) \left\langle \eta e^{-(\kappa - g)t} \right| \rho_0 \rangle \tag{14.102}$$

再插入与 $|\eta\rangle$ 共轭的纠缠态表象 $|\nu\rangle$ 的完备性可得

$$W(\alpha, t) = \int \frac{d^2\nu}{\pi} \int \frac{d^2\eta}{2\pi^2} \exp\left(-\frac{A|\eta|^2}{2} + \alpha^* \eta - \alpha \eta^* \right) \left\langle \eta e^{-(\kappa - g)t} \right| \nu \rangle \langle \nu | \rho_0 \rangle \tag{14.103}$$

注意到根据新公式(14.99)式,有

$$\pi^{-1} \langle \nu | \rho_0 \rangle = W\left(\beta = \frac{\nu}{2}, 0 \right) \tag{14.104}$$

故而

$$\begin{aligned} W(\alpha, t) &= \int \frac{d^2\nu}{\pi} \int \frac{d^2\eta}{2\pi} \exp\left(-\frac{A|\eta|^2}{2} + \alpha^* \eta - \alpha \eta^* \right) \left\langle \eta e^{-(\kappa - g)t} \right| \nu \rangle W\left(\beta = \frac{\nu}{2}, 0 \right) \\ &= \int \frac{d^2\nu}{2\pi} \int \frac{d^2\eta}{2\pi} \exp\left\{ -\frac{A|\eta|^2}{2} + \eta \left[\alpha^* - \frac{\nu^* e^{-(\kappa - g)t}}{2} \right] + \eta^* \left[\frac{\nu e^{-(\kappa - g)t}}{2} - \alpha \right] \right\} \\ &\quad \times W\left(\beta = \frac{\nu}{2}, 0 \right) \\ &= \int \frac{d^2\beta}{\pi} \int \frac{d^2\eta}{\pi} \exp\left\{ -\frac{A|\eta|^2}{2} + \eta \left[\alpha^* - \beta^* e^{-(\kappa - g)t} \right] + \eta^* \left[\beta e^{-(\kappa - g)t} - \alpha \right] \right\} \\ &\quad \times W(\beta, 0) \\ &= \frac{2}{A} \int \frac{d^2\beta}{\pi} \exp\left[-\frac{2}{A} \left| \alpha - \beta e^{-(\kappa - g)t} \right|^2 \right] W(\beta, 0) \end{aligned} \tag{14.105}$$

例如,当初态是相干态 $|z\rangle\langle z|$ 时,有

$$W_{|z\rangle\langle z|}(\beta,0)=\frac{1}{\pi}\exp\left[-2|\beta-z|^2\right] \tag{14.106}$$

经激光通道后,将它代入(14.105)式,我们得到其 Wigner 函数演化为

$$\begin{aligned}W_{|z\rangle\langle z|}(\alpha,t)&=\frac{2}{A}\int\frac{\mathrm{d}^2\beta}{\pi^2}\exp\left[-\frac{2}{A}\left|\alpha-\beta\mathrm{e}^{-(\kappa-g)t}\right|^2-2|\beta-z|^2\right]\\&=\frac{2}{A}\mathrm{e}^{-2|z|^2-\frac{2}{A}|\alpha|^2}\int\frac{\mathrm{d}^2\beta}{\pi^2}\exp\left[-2\frac{A+\mathrm{e}^{-2(\kappa-g)t}}{A}|\beta|^2\right]\\&\quad\times\exp\left[2\beta\left(z^*+\frac{\alpha^*}{A}\mathrm{e}^{-(\kappa-g)t}\right)+2\beta^*\left(\frac{\alpha}{A}\mathrm{e}^{-(\kappa-g)t}+z\right)\right]\\&=\frac{\mathrm{e}^{-2|z|^2-\frac{2}{A}|\alpha|^2}}{\pi\left(A+\mathrm{e}^{-2(\kappa-g)t}\right)}\exp\left[\frac{2A}{A+\mathrm{e}^{-2(\kappa-g)t}}\left|\frac{\alpha}{A}\mathrm{e}^{-(\kappa-g)t}+z\right|^2\right]\end{aligned} \tag{14.107}$$

这里 $A=\dfrac{\kappa+g}{\kappa-g}\left(1-\mathrm{e}^{-2(\kappa-g)t}\right)$. 特别当 $g\to\kappa\bar{n}$, $\kappa\to\kappa(\bar{n}+1)$ 时, 则 $A=(2\bar{n}+1)T$, 上式变成

$$W(\alpha,t)=\frac{2}{(2\bar{n}+1)T}\int\frac{\mathrm{d}^2\beta}{\pi}W(\beta,0)\exp\left[-2\frac{\left|\alpha-\beta\mathrm{e}^{-\kappa t}\right|^2}{(2\bar{n}+1)T}\right] \tag{14.108}$$

或

$$W(\alpha,t)=2\mathrm{e}^{2\kappa t}\int\mathrm{d}^2\beta W_T(\beta)W\left(\mathrm{e}^{\kappa t}(\alpha-\sqrt{T}\beta),0\right) \tag{14.109}$$

这里

$$W_T(\beta)=\frac{1}{\pi(2\bar{n}+1)}\mathrm{e}^{-\frac{2|\beta|^2}{2\bar{n}+1}} \tag{14.110}$$

是带平均光子数 $\bar{n}$ 的热态的 Wigner 函数.

第 15 章

系综平均意义下的广义费曼定理

15.1 修正 Virial 定理

量子力学对于纯态 $|\phi_n(\lambda)\rangle$ 的 Feynman-Hellmann (FH) 定理阐述为

$$\frac{\partial E_n(\lambda)}{\partial\lambda} = \langle\phi_n(\lambda)|\frac{\partial H(\lambda)}{\partial\lambda}|\phi_n(\lambda)\rangle \tag{15.1}$$

其中 $H(\lambda)$ 是系统的依赖于实参数 λ 的哈密顿量, $E_n(\lambda)$ 和 $|\phi_n(\lambda)\rangle$ 分别是 $H(\lambda)$ 的本征值和本征矢量, $|\psi\rangle_n$ 是 H 的本征矢量, $H|\psi\rangle_n = E_n|\psi\rangle_n$.FH 定理在计算量子束缚纯态的期望值随动力学参量变换时有用, 被广泛地应用于固体物理、量子化学、量子统计、原子–分子物理和粒子物理的夸克势分析. 用关于纯态的 FH 定理可以导出 Virial 定理:对于哈密顿量

$$\mathcal{H} = \frac{\vec{P}^2}{2m} + V(\vec{r}) \tag{15.2}$$

来说,动能和势能之间存在关系:

$$ {}_n\langle\psi|\frac{\vec{P}^2}{2m}|\psi\rangle_n=\frac{1}{2}{}_n\langle\psi|\vec{r}\cdot\nabla V(\vec{r})|\psi\rangle_n \tag{15.3}$$

特别的,当 $V(\vec{r})$ 是 $\vec{r}$ 的 ν 阶齐次函数,则有

$$ {}_n\langle\psi|\frac{\vec{P}^2}{2m}|\psi\rangle_n=\frac{\nu}{2}{}_n\langle\psi|V(\vec{r})|\psi\rangle_n \tag{15.4}$$

有趣的是问: 当存在坐标–动量耦合时,例如哈密顿量是

$$H_1=\frac{P^2}{2m}+\frac{m\omega^2}{2}Q^2+f(PQ+QP) \tag{15.5}$$

那么 Virial 定理如何修正? 为了知道来自于坐标–动量耦合项的能量贡献,我们应该选择一些项,它参与的海森堡方程可以派生出给定哈密顿量的所有项,然后借助于 Hellmann-Feynman 定理,我们可以导出它们对哈密顿量能量本征值的贡献.

而 Feynman-Hellmann 定理怎样能被合理地应用而给出 $(PQ+QP)$ 项对一确定能级的贡献? 举例来说:当

$$H_2=\sum_{i=1}^{2}\left(\frac{P_i^2}{2m}+\frac{m\omega^2}{2}Q_i^2\right)+\lambda(P_1Q_2+P_2Q_1) \tag{15.6}$$

问 $P_1Q_2+P_2Q_1$ 项对能量的贡献?

回忆从哈密顿 $\mathcal{H}=\dfrac{P^2}{2m}+\dfrac{m\omega^2}{2}Q^2$ 导出 Virial 定理的一条途径是选择考虑算符 PQ,并写下其海森堡方程:

$$\frac{\mathrm{d}(PQ)}{\mathrm{d}t}=-\mathrm{i}[PQ,\mathcal{H}]=\frac{P^2}{m}-m\omega^2Q^2 \tag{15.7}$$

鉴于 $\mathcal{H}|\phi\rangle_n=E_n|\phi\rangle_n$,故

$$\left\langle\frac{\mathrm{d}(PQ)}{\mathrm{d}t}\right\rangle_n=-\mathrm{i}\langle[PQ,\mathcal{H}]\rangle_n=0 \tag{15.8}$$

结合前式得到动能和势能之间存在关系:

$$\left\langle\frac{P^2}{m}\right\rangle_n=\langle m\omega^2Q^2\rangle_n \tag{15.9}$$

这就导出了 Virial 定理. 当出现坐标–动量耦合项,例如:

情形 1 哈密顿量是 H_1,从 $[P^2,Q^2]=-2\mathrm{i}(PQ+QP)$,得到

$$\frac{\mathrm{d}P^2}{\mathrm{d}t}=-\mathrm{i}\left[P^2,\frac{m\omega^2}{2}Q^2+f(PQ+QP)\right]=-m\omega^2(PQ+QP)-4fP^2 \tag{15.10}$$

与

$$\frac{\mathrm{d}Q^2}{\mathrm{d}t}=-\mathrm{i}\left[Q^2,\frac{P^2}{2m}+f\left(PQ+QP\right)\right]=\frac{1}{m}\left(PQ+QP\right)+4fQ^2 \tag{15.11}$$

设 H_1 存在本征态 $|\psi\rangle_n$,看到

$$\left\langle\frac{\mathrm{d}P^2}{\mathrm{d}t}\right\rangle=-\mathrm{i}\left\langle\left[P^2,H_1\right]\right\rangle=0,\quad\left\langle\frac{\mathrm{d}Q^2}{\mathrm{d}t}\right\rangle=-\mathrm{i}\left\langle\left[Q^2,H_1\right]\right\rangle=0 \tag{15.12}$$

故有

$$\langle(PQ+QP)\rangle=-\frac{4f}{m\omega^2}\left\langle P^2\right\rangle,\quad\langle(PQ+QP)\rangle=-4mf\left\langle Q^2\right\rangle \tag{15.13}$$

仍有 $m\omega^2\left\langle Q^2\right\rangle=\dfrac{1}{m}\left\langle P^2\right\rangle$ 成立. 故处于 $|\psi\rangle_n$ 的平均能量是

$$\langle H_1\rangle_n=\left\langle\frac{P^2}{2m}+\frac{m\omega^2}{2}Q^2+f\left(PQ+QP\right)\right\rangle_n=E_n=\frac{\omega^2-4f^2}{m\omega^2}\left\langle P^2\right\rangle_n \tag{15.14}$$

即

$$\left\langle\frac{P^2}{2m}\right\rangle_n=\frac{\omega^2}{2\left(\omega^2-4f^2\right)}E_n \tag{15.15}$$

所以坐标–动量耦合项的贡献是

$$\langle f\left(PQ+QP\right)\rangle_n=-\frac{8f^2}{\omega^2}\left\langle\frac{P^2}{2m}\right\rangle_n=\frac{-4f^2}{\left(\omega^2-4f^2\right)}E_n \tag{15.16}$$

可见,当 $\omega^2>4f^2$ 时,坐标–动量耦合项对处于本征态的振子贡献是使能量减小,而当 $\omega^2<4f^2$ 时,贡献是使能量增加,坐标–动量耦合项当然可以作为振子的外源或外扰.

情形 2 考虑双模哈密顿量

$$H_2=\sum_{i=1}^{2}\left(\frac{P_i^2}{2m}+\frac{m\omega^2}{2}Q_i^2\right)+\lambda\left(P_1Q_2+P_2Q_1\right) \tag{15.17}$$

其中 λ 是参数,坐标–动量处于交叉耦合模式. 一方面,鉴于

$$\begin{aligned}\frac{\mathrm{d}}{\mathrm{d}t}\left(Q_1Q_2\right)&=-\mathrm{i}\left[Q_1Q_2,\sum_{i=1}^{2}\frac{P_i^2}{2m}+\lambda\left(P_1Q_2+P_2Q_1\right)\right]\\&=\frac{1}{m}\left(P_1Q_2+P_2Q_1\right)+\lambda\left(Q_2^2+Q_1^2\right)\end{aligned} \tag{15.18}$$

故而对于 H_2 的束缚态,有

$$\left\langle\frac{\mathrm{d}}{\mathrm{d}t}\left(Q_1Q_2\right)\right\rangle_n=-\mathrm{i}\left\langle\left[Q_1Q_2,H\right]\right\rangle_n=0 \tag{15.19}$$

因此

$$\langle(P_1Q_2+P_2Q_1)\rangle_n={}_n\left\langle\psi\right|\frac{\partial H}{\partial\lambda}\left|\psi\right\rangle_n=-\lambda m\left\langle\left(Q_2^2+Q_1^2\right)\right\rangle_n=\frac{\partial E_n}{\partial\lambda} \tag{15.20}$$

另一方面，从

$$\frac{\mathrm{d}}{\mathrm{d}t}(P_1P_2)=-\mathrm{i}\left[P_1P_2,\sum_{i=1}^{2}\frac{m\omega^2}{2}Q_i^2+\lambda(P_1Q_2+P_2Q_1)\right]$$
$$=-m\omega^2(P_1Q_2+P_2Q_1)-\lambda\left(P_1^2+P_2^2\right) \tag{15.21}$$

以及

$$\left\langle\frac{\mathrm{d}}{\mathrm{d}t}(P_1P_2)\right\rangle_n=-\mathrm{i}\langle[P_1P_2,H]\rangle_n=0 \tag{15.22}$$

可以得到

$$\frac{\partial E_n}{\partial\lambda}=\langle(P_1Q_2+P_2Q_1)\rangle=-\frac{\lambda}{m\omega^2}\left\langle\left(P_1^2+P_2^2\right)\right\rangle=-\lambda m\left\langle\left(Q_2^2+Q_1^2\right)\right\rangle_n \tag{15.23}$$

因此，我们仍有

$$m\omega^2\left\langle\left(Q_2^2+Q_1^2\right)\right\rangle=\frac{1}{m}\left\langle\left(P_1^2+P_2^2\right)\right\rangle \tag{15.24}$$

总能量

$$\langle H_2\rangle_n=\left\langle\sum_{i=1}^{2}\frac{P_i^2}{m}+\lambda(P_1Q_2+P_2Q_1)\right\rangle_n=\left\langle\sum_{i=1}^{2}\frac{\omega^2-\lambda^2}{m\omega^2}P_i^2\right\rangle_n=E_n \tag{15.25}$$

所以来自于 $(P_1Q_2+P_2Q_1)$ 项的贡献是

$$\langle(P_1Q_2+P_2Q_1)\rangle=-\frac{\lambda}{\omega^2-\lambda^2}E_n \tag{15.26}$$

从(15.25)式有关系：

$$E_n=-m\int\mathrm{d}\lambda\lambda\left\langle\left(Q_2^2+Q_1^2\right)\right\rangle+C \tag{15.27}$$

情形3　当坐标–动量耦合的形式是 $P_1P_2+Q_1Q_2$，

$$H_3=\sum_{i=1}^{2}\left(\frac{P_i^2}{2m}+\frac{m\omega^2}{2}Q_i^2\right)+\lambda(P_1P_2+Q_1Q_2) \tag{15.28}$$

计算

$$-\mathrm{i}\left[P_1Q_1,\frac{P_1^2}{2m}+\frac{m\omega^2}{2}Q_1^2\right]=\frac{P_1^2}{m}-m\omega^2Q_1^2 \tag{15.29}$$

以及

$$-\mathrm{i}\left[P_1Q_1+P_2Q_2,\lambda(P_1P_2+Q_1Q_2)\right]=2\lambda(P_1P_2-Q_1Q_2) \tag{15.30}$$

就有

$$\frac{\mathrm{d}(P_1Q_1+P_2Q_2)}{\mathrm{d}t}=-\mathrm{i}\left[(P_1Q_1+P_2Q_2),H\right]$$

$$= \sum_{i=1}^{2} \left(\frac{P_i^2}{m} - m\omega^2 Q_i^2 \right) + 2\lambda \left(P_1 P_2 - Q_1 Q_2 \right) \tag{15.31}$$

对于 H_3 的束缚态,有

$$\left\langle \frac{\mathrm{d}\left(P_1 Q_1 + P_2 Q_2\right)}{\mathrm{d}t} \right\rangle_n = \langle -\mathrm{i}\left[\left(P_1 Q_1 + P_2 Q_2\right), H_3 \right] \rangle_n = 0 \tag{15.32}$$

所以

$$\left\langle \sum_{i=1}^{2} \frac{P_i^2}{m} + 2\lambda P_1 P_2 \right\rangle = \left\langle \sum_{i=1}^{2} m\omega^2 Q_i^2 + 2\lambda Q_1 Q_2 \right\rangle \tag{15.33}$$

这是 Virial 定理的非平庸推广.

小结:为了知道来自于坐标–动量耦合项的能量贡献,我们应该选择一些项,它们参与的海森堡方程可以派生出给定哈密顿量的所有项,然后用 Hellmann-Feynman 定理我们可导出其对哈密顿量束缚态的能量的贡献.

情形 4 一个更为复杂的玻色系统哈密顿量.

现在讨论如下的玻色系统哈密顿量中双模玻色项的能量分布:

$$H_4 = \omega_1 a^\dagger a + \omega_2 b^\dagger b + \lambda \left(a^\dagger b + b^\dagger a \right) + g \left(ab + a^\dagger b^\dagger \right) \tag{15.34}$$

其中 $\left[a, a^\dagger\right] = \left[b, b^\dagger\right] = 1$, $\left[a, b^\dagger\right] = [a, b] = 0$. 我们希望能找到一个算符组合譬如说 Λ, 使得对易子 $[\Lambda, H]$ 包含了出现在 H_4 中所有的项 $a^\dagger a$、$b^\dagger b$、$(a^\dagger b + b^\dagger a)$ 以及 $(ab + a^\dagger b^\dagger)$. 找的过程如下:注意到

$$\begin{aligned}
&\left[\frac{g}{2} \left(\frac{a^2 - a^{\dagger 2}}{\omega_1} - \frac{b^2 - b^{\dagger 2}}{\omega_2} \right), H_4 \right] \\
&\quad = g(a^{\dagger 2} - b^2 + a^2 - b^{\dagger 2}) \\
&\qquad + g \left(\frac{1}{\omega_1} - \frac{1}{\omega_2} \right) \left[\lambda (ab + a^\dagger b^\dagger) + g(a^\dagger b + b^\dagger a) \right]
\end{aligned} \tag{15.35}$$

以及

$$\begin{aligned}
&\left[a^\dagger b - b^\dagger a, H_4 \right] \\
&\quad = 2\lambda (a^\dagger a - b^\dagger b) - (\omega_1 - \omega_2)(a^\dagger b + b^\dagger a) + g(a^{\dagger 2} - b^2 + a^2 - b^{\dagger 2})
\end{aligned} \tag{15.36}$$

我们引入算符组合

$$\Lambda \equiv (a^\dagger b - b^\dagger a) - \frac{g}{2} \left(\frac{a^2 - a^{\dagger 2}}{\omega_1} - \frac{b^2 - b^{\dagger 2}}{\omega_2} \right) \tag{15.37}$$

就有

$$[\Lambda, H_4] = 2\lambda (a^\dagger a - b^\dagger b) - \left(\omega_1 - \omega_2 + \frac{g^2}{\omega_1} - \frac{g^2}{\omega_2} \right) (a^\dagger b + b^\dagger a)$$

$$-g\lambda\left(\frac{1}{\omega_1}-\frac{1}{\omega_2}\right)(ab+a^{\dagger}b^{\dagger}) \tag{15.38}$$

比较(15.38)式、(15.36)式与(15.35)式,可见 H_4 中所含各项在它们的右边都出现了.鉴于 $H_4\left|\Psi\right\rangle_j=E_j\left|\Psi\right\rangle_j$,显然有

$$_j\left\langle\Psi\right|[\Lambda,H_4]\left|\Psi\right\rangle_j=0 \tag{15.39}$$

所以我们得到一些信息:

$$\begin{aligned}&\left\langle 2\lambda(a^{\dagger}a-b^{\dagger}b)\right\rangle\\&=\left(\omega_1-\omega_2+\frac{g^2}{\omega_1}-\frac{g^2}{\omega_2}\right)\left\langle(a^{\dagger}b+b^{\dagger}a)\right\rangle+g\lambda\left(\frac{1}{\omega_1}-\frac{1}{\omega_2}\right)\left\langle(ab+a^{\dagger}b^{\dagger})\right\rangle\end{aligned} \tag{15.40}$$

此法可以推广到讨论角动量系统的各项的贡献之间的关系.系统哈密顿量是

$$H_5=\omega J_z+\lambda J_++\lambda^*J_- \tag{15.41}$$

由

$$[J_+,J_-]=2J_z,\quad [J_z,J_-]=-J_-,\quad [J_z,J_+]=J_+ \tag{15.42}$$

算得

$$\frac{\mathrm{d}J_z}{\mathrm{d}t}=-\mathrm{i}\left[J_z,\lambda J_++\lambda^*J_-\right]=-\mathrm{i}\left(\lambda J_+-\lambda^*J_-\right) \tag{15.43}$$

对于 H_5 的束缚态,有 $\langle\lambda J_+\rangle=\langle\lambda^*J_-\rangle$,以及

$$\frac{\mathrm{d}J_+}{\mathrm{d}t}=[J_+,\omega J_z+\lambda^*J_-]=-\omega J_++2\lambda^*J_z \tag{15.44}$$

故而

$$\omega\left\langle J_+\right\rangle=2\lambda^*\left\langle J_z\right\rangle \tag{15.45}$$

于是有

$$\langle\omega J_z+2\lambda J_+\rangle=\left\langle\omega J_z+2\lambda\frac{2\lambda^*J_z}{\omega}\right\rangle=E_n \tag{15.46}$$

$$\langle J_z\rangle=\frac{\omega}{\omega^2+4|\lambda|^2}E_n \tag{15.47}$$

读者可以继续证明 H_5 的本征态是角动量相干态 (或 SU(2) 群相干态),而且 H_5 可以被对角化为 $(\omega^2+4|\lambda|^2)\,J_z$.

15.2　系综平均意义下的范洪义-陈伯展定理

上述 Feynman 定理只适用于纯态,那么对于量子统计中的系综平均如何做推广?范洪义、陈伯展经过推导,提出了相应的定理.

已知可观察量 A 的系综平均表达式是

$$\langle A\rangle_{\mathrm{e}}=\operatorname{tr}\left[A\mathrm{e}^{-\beta H(\lambda)}\right]/\operatorname{tr}\mathrm{e}^{-\beta H(\lambda)} \tag{15.48}$$

$\beta=1/(\kappa T)$,κ 是 Bolzmann 常数,T 代表温度. 能量平均

$$\langle H\rangle_{\mathrm{e}}=\operatorname{tr}\left[H\mathrm{e}^{-\beta H(\lambda)}\right]/\operatorname{tr}\left(\mathrm{e}^{-\beta H}\right)\equiv\bar{E} \tag{15.49}$$

鉴于哈密顿量 $H(\chi)$ 显含参数 χ,我们计算

$$\begin{aligned}
&\frac{\partial}{\partial\chi}\langle H(\chi)\rangle_{\mathrm{e}}\\
&=\left[\frac{\partial\operatorname{tr}\left(\mathrm{e}^{-\beta H}H\right)}{\partial\chi}\operatorname{tr}\left(\mathrm{e}^{-\beta H}\right)-\operatorname{tr}\left(\mathrm{e}^{-\beta H}H\right)\frac{\partial\operatorname{tr}\left(\mathrm{e}^{-\beta H}\right)}{\partial\chi}\right]\Big/\left[\operatorname{tr}\left(\mathrm{e}^{-\beta H}\right)\right]^2\\
&=\left[\operatorname{tr}\left(\frac{\partial\left(\mathrm{e}^{-\beta H}H\right)}{\partial\chi}\right)-\frac{\operatorname{tr}\left(\mathrm{e}^{-\beta H}H\right)}{\operatorname{tr}\left(\mathrm{e}^{-\beta H}\right)}\operatorname{tr}\left(\frac{\partial\mathrm{e}^{-\beta H}}{\partial\chi}\right)\right]\Big/\operatorname{tr}\left(\mathrm{e}^{-\beta H}\right)\\
&=\left[\operatorname{tr}\left(\frac{\partial\mathrm{e}^{-\beta H}}{\partial\chi}H\right)+\operatorname{tr}\left(\mathrm{e}^{-\beta H}\frac{\partial H}{\partial\chi}\right)-\langle H\rangle_{\mathrm{e}}\operatorname{tr}\left(\frac{\partial\mathrm{e}^{-\beta H}}{\partial\chi}\right)\right]\Big/\operatorname{tr}\left(\mathrm{e}^{-\beta H}\right)
\end{aligned} \tag{15.50}$$

其中

$$\operatorname{tr}\left(\frac{\partial\mathrm{e}^{-\beta H}}{\partial\chi}H\right)=\sum_n\langle\Psi_n|\frac{\partial\mathrm{e}^{-\beta H}}{\partial\chi}H|\Psi_n\rangle=\sum_n E_n\langle\Psi_n|\frac{\partial\mathrm{e}^{-\beta H}}{\partial\chi}|\Psi_n\rangle \tag{15.51}$$

$$\operatorname{tr}\left(\frac{\partial\mathrm{e}^{-\beta H}}{\partial\chi}\right)=\sum_n\langle\Psi_n|\frac{\partial\mathrm{e}^{-\beta H}}{\partial\chi}|\Psi_n\rangle \tag{15.52}$$

这里 $|\Psi_n\rangle$ 是 H 的归一化本征态. 用纯态意义下的 Feynman-Hellmann 定理,有

$$\begin{aligned}
\langle\Psi_n|\frac{\partial\mathrm{e}^{-\beta H}}{\partial\chi}|\Psi_n\rangle&=\frac{\partial\mathrm{e}^{-\beta E_n}}{\partial\chi}=-\beta\mathrm{e}^{-\beta E_n}\frac{\partial E_n}{\partial\chi}\\
&=-\beta\mathrm{e}^{-\beta E_n}\langle\Psi_n|\frac{\partial H}{\partial\chi}|\Psi_n\rangle\\
&=-\beta\langle\Psi_n|\mathrm{e}^{-\beta H}\frac{\partial H}{\partial\chi}|\Psi_n\rangle
\end{aligned} \tag{15.53}$$

将(15.53)式代入(15.51)式,我们得到

$$\operatorname{tr}\left(\frac{\partial\mathrm{e}^{-\beta H}}{\partial\chi}H\right)=-\sum_n E_n\langle\Psi_n|\beta\mathrm{e}^{-\beta H}\frac{\partial H}{\partial\chi}|\Psi_n\rangle$$

$$= -\sum_n \langle \Psi_n | \beta H \mathrm{e}^{-\beta H} \frac{\partial H}{\partial \chi} | \Psi_n \rangle = \mathrm{tr}\left(-\beta H e^{-\beta H} \frac{\partial H}{\partial \chi} \right) \tag{15.54}$$

$$\mathrm{tr}\left(\frac{\partial \mathrm{e}^{-\beta H}}{\partial \chi} \right) = \sum_n \langle \Psi_n | - \beta \mathrm{e}^{-\beta H} \frac{\partial H}{\partial \chi} | \Psi_n \rangle = \mathrm{tr}\left(-\beta \mathrm{e}^{-\beta H} \frac{\partial H}{\partial \chi} \right) \tag{15.55}$$

将以上结果代入(15.50)式,导致

$$\begin{aligned} \frac{\partial}{\partial \chi} \langle H \rangle_{\mathrm{e}} &= \left[\mathrm{tr}\left(-\beta H e^{-\beta H} \frac{\partial H}{\partial \chi} \right) + \mathrm{tr}\left(\mathrm{e}^{-\beta H} \frac{\partial H}{\partial \chi} \right) \right. \\ &\quad \left. - \langle H \rangle_{\mathrm{e}} \mathrm{tr}\left(-\beta \mathrm{e}^{-\beta H} \frac{\partial H}{\partial \chi} \right) \right] \Big/ \mathrm{tr}\left(\mathrm{e}^{-\beta H} \right) \\ &= \mathrm{tr}\left(\left(1 + \beta \langle H \rangle_{\mathrm{e}} - \beta H \right) \mathrm{e}^{-\beta H} \frac{\partial H}{\partial \chi} \right) \Big/ \mathrm{tr}\left(\mathrm{e}^{-\beta H} \right) \\ &= \left\langle \left(1 + \beta \langle H \rangle_{\mathrm{e}} - \beta H \right) \frac{\partial H}{\partial \chi} \right\rangle_{\mathrm{e}} \end{aligned} \tag{15.56}$$

这就是广义费曼定理,或称为范洪义–陈伯展定理. 最后一步套用了一般式

$$\langle A \rangle_{\mathrm{e}} \equiv z^{-1}(\beta, \lambda)\, \mathrm{tr}\left(\mathrm{e}^{-\beta H(\lambda)} A \right) \tag{15.57}$$

这里的

$$z(\beta, \lambda) \equiv \mathrm{tr}\left(\mathrm{e}^{-\beta H(\lambda)} \right) \tag{15.58}$$

是配分函数.

三点讨论:

1. 特别的,当 $\left\langle H \dfrac{\partial H}{\partial \chi_i} \right\rangle_{\mathrm{e}} = \langle H \rangle_{\mathrm{e}} \left\langle \dfrac{\partial H}{\partial \chi_i} \right\rangle_{\mathrm{e}}$,由上式得到 $\dfrac{\partial}{\partial \chi_i} \langle H \rangle_{\mathrm{e}} = \left\langle \dfrac{\partial H}{\partial \chi_i} \right\rangle_{\mathrm{e}}$.

2. 当 H 不是显含 β,我们可以简化上式,注意到

$$\begin{aligned} \left\langle H \frac{\partial H}{\partial \chi} \right\rangle_{\mathrm{e}} &= \mathrm{tr}\left(\mathrm{e}^{-\beta H} H \frac{\partial H}{\partial \chi} \right) \Big/ \mathrm{tr}\left(\mathrm{e}^{-\beta H} \right) \\ &= \left[-\frac{\partial}{\partial \beta} \mathrm{tr}\left(\mathrm{e}^{-\beta H} \frac{\partial H}{\partial \chi} \right) \right] \Big/ \mathrm{tr}\left(\mathrm{e}^{-\beta H} \right) \\ &= -\frac{\partial}{\partial \beta} \left[\frac{\mathrm{tr}\left(\mathrm{e}^{-\beta H} \frac{\partial H}{\partial \chi} \right)}{\mathrm{tr}\left(\mathrm{e}^{-\beta H} \right)} \right] + \frac{\mathrm{tr}\left(\mathrm{e}^{-\beta H} \frac{\partial H}{\partial \chi} \right)}{\left[\mathrm{tr}\left(\mathrm{e}^{-\beta H} \right) \right]^2} \mathrm{tr}\left(H \mathrm{e}^{-\beta H} \right) \\ &= -\frac{\partial}{\partial \beta} \left\langle \frac{\partial H}{\partial \chi} \right\rangle_{\mathrm{e}} + \left\langle \frac{\partial H}{\partial \chi} \right\rangle_{\mathrm{e}} \langle H \rangle_{\mathrm{e}} \end{aligned} \tag{15.59}$$

将(15.59)式代入(15.56)式,看出

$$\frac{\partial}{\partial\chi}\langle H\rangle_{\mathrm{e}}=\left(1+\beta\langle H\rangle_{\mathrm{e}}\right)\left\langle\frac{\partial H}{\partial\chi}\right\rangle_{\mathrm{e}}-\beta\left\langle H\frac{\partial H}{\partial\chi}\right\rangle_{\mathrm{e}}$$
$$=\left\langle\frac{\partial H}{\partial\chi}\right\rangle_{\mathrm{e}}+\beta\frac{\partial}{\partial\beta}\left\langle\frac{\partial H}{\partial\chi}\right\rangle_{\mathrm{e}}=\frac{\partial}{\partial\beta}\left[\beta\left\langle\frac{\partial H}{\partial\chi}\right\rangle_{\mathrm{e}}\right] \tag{15.60}$$

3. 用热真空态 $|0(\beta)\rangle$ 可将广义费曼定理改写为纯态平均形式:

$$\frac{\partial}{\partial\lambda}\langle 0(\beta)|H(\lambda)|0(\beta)\rangle$$
$$=\langle 0(\beta)|\left[1+\beta\langle 0(\beta)|H(\lambda)|0(\beta)\rangle-\beta H(\lambda)\right]\frac{\partial H(\lambda)}{\partial\lambda}|0(\beta)\rangle \tag{15.61}$$

例 1 作为最基础最简单的例子,谐振子哈密顿量模型

$$H=\omega a^{\dagger}a \tag{15.62}$$

与参数 ω 有关. 由量子理论可知,其本征值方程满足

$$H|n\rangle=\omega a^{\dagger}a|n\rangle=n\omega|n\rangle=E_n|n\rangle,\quad n=0,1,2,\cdots,\infty \tag{15.63}$$

由量子统计知识可知,系统的配分函数为

$$Z=\operatorname{tr}\left(\mathrm{e}^{-\beta H}\right)=\sum_{n=0}^{\infty}\langle n|\mathrm{e}^{-\beta H}|n\rangle=\sum_{n=0}^{\infty}\mathrm{e}^{-n\beta\omega}=\frac{1}{1-\mathrm{e}^{-\beta\omega}} \tag{15.64}$$

$$\operatorname{tr}\left(He^{-\beta H}\right)=\sum_{n=0}^{\infty}n\omega\mathrm{e}^{-n\beta\omega}=\omega\frac{\partial}{\partial(-\beta\omega)}\frac{1}{1-\mathrm{e}^{-\beta\omega}}=\frac{\omega\mathrm{e}^{-\beta\omega}}{\left(1-\mathrm{e}^{-\beta\omega}\right)^2} \tag{15.65}$$

该系统内能为

$$\langle H\rangle_{\mathrm{e}}=\operatorname{tr}(\rho H)=\frac{\operatorname{tr}\left(H\mathrm{e}^{-\beta H}\right)}{Z}=\frac{\omega}{\mathrm{e}^{\beta\omega}-1} \tag{15.66}$$

$$\left\langle\frac{\partial H}{\partial\omega}\right\rangle_{\mathrm{e}}=\left\langle a^{\dagger}a\right\rangle_{\mathrm{e}}=\frac{1}{\mathrm{e}^{\beta\omega}-1} \tag{15.67}$$

可以验证,其满足广义 Hellmann-Feynman 定理. 我们很快就得到

$$\beta\frac{\partial}{\partial\beta}\left\langle\frac{\partial H}{\partial\omega}\right\rangle_{\mathrm{e}}=\beta\frac{\partial}{\partial\beta}\frac{1}{\mathrm{e}^{\beta\omega}-1}=-\beta\omega\mathrm{e}^{\beta\omega}\frac{1}{\left(\mathrm{e}^{\beta\omega}-1\right)^2} \tag{15.68}$$

结合以上三式,我们有

$$\frac{\partial}{\partial\omega}\langle H\rangle_{\mathrm{e}}-\left\langle\frac{\partial H}{\partial\omega}\right\rangle_{\mathrm{e}}=\frac{\left(\mathrm{e}^{\beta\omega}-1\right)-\beta\omega\mathrm{e}^{\beta\omega}}{\left(\mathrm{e}^{\beta\omega}-1\right)^2}-\frac{1}{\mathrm{e}^{\beta\omega}-1}$$

$$= -\beta\omega e^{\beta\omega}\frac{1}{\left(e^{\beta\omega}-1\right)^2} = \beta\frac{\partial}{\partial\beta}\left\langle\frac{\partial H}{\partial\omega}\right\rangle_e \tag{15.69}$$

这恰好检验了(15.60)式的有效性.

例 2 广义费曼定理提供了一个新的途径求内能 $\langle H\rangle_e$. 例如,两个耦合振子的哈密顿量是

$$H = \omega_1 a^\dagger a + \omega_2 b^\dagger b + \lambda\left(a^\dagger b + b^\dagger a\right) \tag{15.70}$$

将(15.70)式代入(15.56)式,并对参量 ω_1、ω_2 和 λ 分别微商,得到

$$\frac{\partial\langle H\rangle_e}{\partial\omega_1} = \left\langle\left[1+\beta\langle H\rangle_e - \beta H\right]a^\dagger a\right\rangle_e \tag{15.71}$$

$$\frac{\partial\langle H\rangle_e}{\partial\omega_2} = \left\langle\left[1+\beta\langle H\rangle_e - \beta H\right]b^\dagger b\right\rangle_e g \tag{15.72}$$

$$\frac{\partial\langle H\rangle_e}{\partial\lambda} = \left\langle\left[1+\beta\langle H\rangle_e - \beta H\right]\left(a^\dagger b + b^\dagger a\right)\right\rangle_e \tag{15.73}$$

设 $|\Psi_n\rangle$ 是 H 的本征态 $H|\Psi_n\rangle = E_n|\Psi_n\rangle$, 则由

$$\langle\Psi_n|\left[a^\dagger b - b^\dagger a, H\right]|\Psi_n\rangle = 0 \tag{15.74}$$

以及

$$\left[a^\dagger b - b^\dagger a, H\right] = 2\lambda\left(a^\dagger a - b^\dagger b\right) - (\omega_1-\omega_2)\left(a^\dagger b + b^\dagger a\right) \tag{15.75}$$

可得到

$$\langle\Psi_n|\left[2\lambda\left(a^\dagger a - b^\dagger b\right) - (\omega_1-\omega_2)\left(a^\dagger b + b^\dagger a\right)\right]|\Psi_n\rangle = 0 \tag{15.76}$$

于是

$$\begin{aligned}
&\left\langle\left[1+\beta\langle H\rangle_e - \beta H\right]\left[2\lambda\left(a^\dagger a - b^\dagger b\right) - (\omega_1-\omega_2)\left(a^\dagger b + b^\dagger a\right)\right]\right\rangle_e \\
&\quad = \mathrm{tr}\{e^{-\beta H}\left[1+\beta\langle H\rangle_e - \beta H\right]\left[2\lambda\left(a^\dagger a - b^\dagger b\right) - (\omega_1-\omega_2)\left(a^\dagger b + b^\dagger a\right)\right]\}/\mathrm{tr}\left(e^{-\beta H}\right) \\
&\quad = \frac{1}{\mathrm{tr}\left(e^{-\beta H}\right)}\sum_{n=0}^{\infty} e^{-\beta E_n}\left[1+\beta\langle H\rangle_e - \beta E_n\right] \\
&\qquad \times \langle\Psi_n|\, 2\lambda\left(a^\dagger a - b^\dagger b\right) - (\omega_1-\omega_2)\left(a^\dagger b + b^\dagger a\right)|\Psi_n\rangle \\
&\quad = 0
\end{aligned} \tag{15.77}$$

结合(15.76)式和(15.77)式,我们得到了关于 $\langle H\rangle_e$ 的一个一阶偏微分方程:

$$2\lambda\left(\frac{\partial}{\partial\omega_1} - \frac{\partial}{\partial\omega_2}\right)\langle H\rangle_e = (\omega_1-\omega_2)\frac{\partial}{\partial\lambda}\langle H\rangle_e \tag{15.78}$$

它可以借助于解偏微分方程的特征法求解,由上式导出的特征线方程是

$$d\omega_1 = -d\omega_2 \tag{15.79}$$

$$-\frac{1}{2\lambda}\mathrm{d}\omega_2=\frac{1}{\omega_2-\omega_1}\mathrm{d}\lambda \tag{15.80}$$

从(15.79)式给出

$$\omega_2=C_1-\omega_1 \tag{15.81}$$

这里 C_1 是积分常数. 将(15.81)式代入(15.80)式,导致

$$(2\omega_2-C_1)\,\mathrm{d}\omega_2=-2\lambda\mathrm{d}\lambda \tag{15.82}$$

对其积分得到

$$C_2=\omega_2\,(\omega_2-C_1)+\lambda^2 \tag{15.83}$$

C_2 是另一个积分常数. 将(15.81)式代入(15.83)式,得到

$$C_2=-\omega_1\omega_2+\lambda^2 \tag{15.84}$$

按照偏微分方程的特征法理论,$\langle H\rangle_{\mathrm{e}}=F\,(C_1,C_2)$,函数 F 的形式待定. 引入

$$\begin{aligned}A&=\frac{C_1+\sqrt{C_1^2+4C_2}}{2}=\frac{\omega_1+\omega_2+\sqrt{(\omega_1-\omega_2)^2+4\lambda^2}}{2},\\B&=\frac{C_1-\sqrt{C_1^2+4C_2}}{2}=\frac{\omega_1+\omega_2-\sqrt{(\omega_1-\omega_2)^2+4\lambda^2}}{2}\end{aligned} \tag{15.85}$$

因有 $A+B=C_1$, $AB=-C_2$,故而 $\langle H\rangle_{\mathrm{e}}=F\,(A+B,-AB)\equiv U\,(A,B)$. 为了定下函数 U,我们考虑极限情形,$\lambda\to 0$,此刻 $A\to\omega_1$, $B\to\omega_2$ (不妨设 $\omega_1>\omega_2$),于是 H 约化为两个独立的振子:

$$\langle H|_{\lambda\to 0}\rangle_{\mathrm{e}}=U\,(\omega_1,\omega_2)=U_1\,(\omega_1)+U_1\,(\omega_2) \tag{15.86}$$

显然 $U_1\,(\omega_i)$ 是对应 $H_1=\omega a^\dagger a$ 的内能:

$$\begin{aligned}U_1\,(\omega_i)&=\mathrm{tr}\left(\mathrm{e}^{-\beta\omega a^\dagger a}\omega_i a^\dagger a\right)\Big/\mathrm{tr}\left(\mathrm{e}^{-\beta\omega a^\dagger a}\right)\\&=-\frac{\partial}{\partial\beta}\ln\left[\mathrm{tr}\left(\mathrm{e}^{-\beta\omega_i a^\dagger a}\right)\right]=-\frac{\partial}{\partial\beta}\ln\left[\sum_n\left(\mathrm{e}^{-n\beta\omega_i}\right)\right]\\&=-\frac{\partial}{\partial\beta}\ln\left(\frac{1}{1-\mathrm{e}^{-\beta\omega_i}}\right)=\frac{\omega_i}{\mathrm{e}^{\beta\omega_i}-1},\quad i=1,2\end{aligned} \tag{15.87}$$

这就给出了 U_1 的函数形式,从而我们知道两个耦合振子的内能是

$$\begin{aligned}\langle H\rangle_{\mathrm{e}}&\equiv U\,(A,B)=U_1\,(A)+U_1\,(B)\\&=\frac{A}{\mathrm{e}^{\beta A}-1}+\frac{B}{\mathrm{e}^{\beta B}-1},\quad\beta=1/kT\end{aligned} \tag{15.88}$$

这个结果似乎是新的. 从上式我们得到

$$\begin{aligned}
\left\langle a^{\dagger}a\right\rangle_{\mathrm{e}} &= \left\langle \frac{\partial H}{\partial \omega_1}\right\rangle_{\mathrm{e}} = \frac{1}{\beta}\int \frac{\partial \langle H\rangle_{\mathrm{e}}}{\partial \omega_1}\mathrm{d}\beta \\
&= \frac{(\omega_1-\omega_2)\left(\mathrm{e}^{\beta B}-\mathrm{e}^{\beta A}\right)+\left(\mathrm{e}^{\beta B}+\mathrm{e}^{\beta A}-2\right)(A-B)}{2\left(\mathrm{e}^{\beta B}-1\right)\left(\mathrm{e}^{\beta A}-1\right)(A-B)}+C_3, \\
\left\langle b^{\dagger}b\right\rangle_{\mathrm{e}} &= \left\langle \frac{\partial H}{\partial \omega_2}\right\rangle_{\mathrm{e}} = \frac{1}{\beta}\int \frac{\partial \langle H\rangle_{\mathrm{e}}}{\partial \omega_2}\mathrm{d}\beta \\
&= \frac{-(\omega_1-\omega_2)\left(\mathrm{e}^{\beta B}-\mathrm{e}^{\beta A}\right)+\left(\mathrm{e}^{\beta B}+\mathrm{e}^{\beta A}-2\right)(A-B)}{2\left(\mathrm{e}^{\beta B}-1\right)\left(\mathrm{e}^{\beta A}-1\right)(A-B)}+C_4, \\
\left\langle a^{\dagger}b+b^{\dagger}a\right\rangle_{\mathrm{e}} &= \left\langle \frac{\partial H}{\partial \lambda}\right\rangle_{\mathrm{e}} = \frac{1}{\beta}\int \frac{\partial \langle H\rangle_{\mathrm{e}}}{\partial \lambda}\mathrm{d}\beta \\
&= \frac{2\lambda\left(\mathrm{e}^{\beta B}-\mathrm{e}^{\beta A}\right)}{\left(\mathrm{e}^{\beta B}-1\right)\left(\mathrm{e}^{\beta A}-1\right)(A-B)}+C_5
\end{aligned} \tag{15.89}$$

其中积分常数 $C_3 \to C_5$ 可以结合上面的三个方程通过以下方式来确定:

$$\begin{aligned}
&\omega_1\left\langle a^{\dagger}a\right\rangle_{\mathrm{e}}+\omega_2\left\langle b^{\dagger}b\right\rangle_{\mathrm{e}}+\lambda\left\langle a^{\dagger}b+b^{\dagger}a\right\rangle_{\mathrm{e}} \\
&\quad = \frac{A\left(\mathrm{e}^{\beta B}-1\right)+B\left(\mathrm{e}^{\beta A}-1\right)}{\left(\mathrm{e}^{\beta B}-1\right)\left(\mathrm{e}^{\beta A}-1\right)}+\omega_1 C_3+\omega_2 C_4+\lambda C_5
\end{aligned} \tag{15.90}$$

这应该等于 $\langle H\rangle_{\mathrm{e}}$,由此可见 $\omega_1 C_3+\omega_2 C_4+\lambda C_5=0$.

从上面的推导我们可以看出,广义 Hellmann-Feynman 定理为我们提供了一种推导某些哈密顿量内能的方法.

具体步骤是:

1. 对 H 所含的每一个参数 χ_i (例如 $\chi_i=\lambda,\omega_1,\omega_2$) ,我们计算 $\frac{\partial}{\partial \chi_i}\langle H\rangle_{\mathrm{e}}=\left\langle\left[1+\beta\langle H\rangle_{\mathrm{e}}-\beta H\right]\frac{\partial H}{\partial \chi_i}\right\rangle_{\mathrm{e}}$, 这样就有 i 个方程.

2. 尝试通过哈密顿量本征态中的零期望值方程连接这 i 个方程.

3. 结合步骤 1 和 2 建立一组偏微分方程.

4. 用特征线法求解这些方程,我们可以得到 $\langle H\rangle_{\mathrm{e}}$.

小结:我们提到了这种形式的优点,通过直接使用 GFHT,我们可以导出内能,而无需事先求解薛定谔方程来获得能量本征值. 因此,我们的工作可以丰富量子统计理论.

15.3 用系综平均意义下的范-陈定理研究熵变

- 热力学熵的定义

在热力学中,将熵 S 定义为

$$F = U - TS \tag{15.91}$$

这里 T 代表温度,$\beta = 1/(kT)$,k 是玻尔兹曼常数,U 是系统内能,S 是熵,描述系统的宏观平衡态的一个态函数. 在经典统计力学中,U 是 Hamiltonian 的系综平均:

$$U \equiv \langle H \rangle_{\mathrm{e}} = \operatorname{tr}\left[He^{-\beta H(\lambda)}\right]/\operatorname{tr}\rho = -\frac{1}{\operatorname{tr}\rho}\frac{\partial}{\partial\beta}\operatorname{tr}\rho \equiv \bar{E} \tag{15.92}$$

F 是自由能,有

$$F = -\frac{1}{\beta}\ln\sum_n \mathrm{e}^{-\beta E_n} \tag{15.93}$$

从此式可见要确定熵需事先知道能级 E_n.

熵 S 具有如下性质:

1. 在处于绝对温度 T 下的状态的任何无穷小准静态变化的情况下,若系统的热量改变 $\mathrm{d}Q$,其熵改变量是

$$\mathrm{d}S = \frac{\mathrm{d}Q}{T} \tag{15.94}$$

2. 当孤立系统从一个宏观态过渡到另一个宏观态,其熵增加,即 $dS \succeq 0$.

3. 热力学与统计物理的“鹊桥”联系是

$$S = k\ln W \tag{15.95}$$

W是系统可达到的状态数,k为玻尔兹曼常数,是普适气体常数$R(=8.31441\,\mathrm{J/(mol\cdot K)})$与阿伏伽德罗数 $N_{\mathrm{A}}\left(=6.02472\times10^{23}/\mathrm{mol}^{-1}\right)$ 的比值,$k=\dfrac{R}{N_A}=1.380622\times10^{-23}\mathrm{J/K}$,其物理意义是单个气体分子的平均动能随热力学温度变化的系数,即 $E_{\mathrm{k}}=(3/2)kT$,E_{k} 为分子的平均动能,T 为绝对温度. 熵的概念最早是由德国物理学家克劳修斯于 1865 年引入的,它曾经较长时期地被多方质疑. 熵的统计解释则是奥地利物理学家玻尔兹曼(Ludwig Edward Boltzmann,1844~1906)于 1872 年在研究熵和概率的关系时的原创,但他因此受到学术界保守势力的攻击,以至于他在 1906 年在病痛和郁闷中自杀. 在维也纳大学校园中现存有玻尔兹曼的铜像,下面刻有公式 $S = k\ln W$,后来的理论物理学家认为此公式与后来建立的薛定谔方程也有“缘分”.

系统的熵的更一般的表达式是

$$S = -k\sum_r p_r \ln p_r \tag{15.96}$$

其中 $p_r(p_1,p_2,\cdots,p_r,\cdots)$ 是处在微观态 $1,2,\cdots,r,\cdots$ 的概率分布,r 是系统所处状态的编号.

证明 在统计力学中人们往往不是考虑单个系统,而是考虑由和我们研究的系统完全相同的数目非常大的 ν 个系统组成的系综,尤其是这个由完全相同的系统组成的系综里的每个系统具有相同的概率分布. 设处在微观态 $1,2,\cdots,r,\cdots$ 的概率分布分别为 $p_1,p_2,\cdots,p_r,\cdots$,对于足够大的 ν,这个系综中处在状态 r 的系统的数目由下式给出:

$$\nu_r = \nu p_r \tag{15.97}$$

当这个系综的 ν_1 个系统处在状态 1,ν_2 个系统处在状态 2……时,考虑此系综的统计权重 W_ν 正好是能实现这个特定分布的方式数:

$$W_\nu = \frac{\nu!}{\nu_1!\nu_2!\cdots\nu_r!\cdots} \tag{15.98}$$

根据熵定义式,该系综的熵 S_ν 由下式表示:

$$\begin{aligned} S_\nu &= k\ln W_\nu \\ &= k\ln\frac{\nu!}{\nu_1!\nu_2!\cdots\nu_r!\cdots} \\ &= k\left[\nu\ln\nu - \sum_r \nu_r\ln\nu_r\right] \end{aligned} \tag{15.99}$$

最后一步是根据斯特林公式

$$\ln\nu! \sim \nu\ln\nu - \nu \tag{15.100}$$

得到的. 因为在 ν 值足够大时,数 $\nu_r\,(=\nu p_r)$ 也非常大,所以斯特林公式可用. 我们把 $\nu_r = \nu p_r$ 代入 S_ν 的表达式,由于 $\sum p_r = 1$,最后得到系综的熵为

$$S_\nu = -\nu k\sum_r p_r\ln p_r \tag{15.101}$$

又由于熵是广延量,因此,单个系统的熵 S 和这个系综的熵 S_ν 的关系是

$$S = \frac{1}{\nu}S_\nu = -k\sum_r p_r\ln p_r \tag{15.102}$$

当推广到量子统计学，是 von-Neuman 将熵 S 的经典式子延展到量子力学：

$$S = -k\mathrm{tr}\,(\rho \ln \rho) \tag{15.103}$$

这里

$$\rho = \mathrm{e}^{-\beta H}/Z, \quad \beta = \frac{1}{kT}, \quad Z = \mathrm{tr}\,\mathrm{e}^{-\beta H}, \quad \mathrm{tr}\,\rho = 1 \tag{15.104}$$

- 从 $S = -k\mathrm{tr}\,(\rho \ln \rho)$ 导出熵变公式

由

$$\ln \rho = -\beta H - \ln Z \tag{15.105}$$

和哈密顿量 H 的系综平均

$$\langle H \rangle_{\mathrm{e}} = \mathrm{tr}\left[H\mathrm{e}^{-\beta H(\lambda)}\right]/\mathrm{tr}\,\rho = -\frac{1}{\mathrm{tr}\,\rho}\frac{\partial}{\partial \beta}\mathrm{tr}\,\mathrm{e}^{-\beta H(\lambda)} \equiv \bar{E} \tag{15.106}$$

重写 S 为

$$S = \beta k\mathrm{tr}(\rho H) + k\mathrm{tr}\,(\rho \ln Z) = \frac{1}{T}\langle H \rangle_{\mathrm{e}} + k \ln Z \tag{15.107}$$

当哈密顿量 H 显含参数 χ，则有

$$\begin{aligned}\frac{\partial S}{\partial \chi} &= \frac{1}{T}\frac{\partial}{\partial \chi}\langle H \rangle_{\mathrm{e}} + k\frac{1}{Z}\frac{\partial\left(\mathrm{tr}\,\mathrm{e}^{-\beta H}\right)}{\partial \chi} \\ &= \frac{1}{T}\frac{\partial}{\partial \chi}\langle H \rangle_{\mathrm{e}} - \frac{1}{T}\mathrm{tr}\left(\frac{\mathrm{e}^{-\beta H}}{Z}\frac{\partial H}{\partial \chi}\right) \\ &= \frac{1}{T}\left(\frac{\partial}{\partial \chi}\langle H \rangle_{\mathrm{e}} - \left\langle \frac{\partial H}{\partial \chi}\right\rangle_{\mathrm{e}}\right)\end{aligned} \tag{15.108}$$

这说明熵变比例于内能的变化与 $\dfrac{\partial H}{\partial \chi}$ 的系综平均值之差.

一个有趣的问题是：哈密顿动力学系统 H 的熵怎样随着 H 所含的参数改变而变化？换言之，是否可以用范–陈定理导出熵变公式？

我们先建立几个引理.

引理 1　乘积算符 HA 的系综平均 $\langle HA \rangle_{\mathrm{e}}$ 等于 $\langle A \rangle_{\mathrm{e}}\langle H \rangle_{\mathrm{e}}$ 减去 $\dfrac{\partial}{\partial \beta}\langle A \rangle_{\mathrm{e}}$：

$$\langle HA \rangle_{\mathrm{e}} = -\frac{\partial}{\partial \beta}\langle A \rangle_{\mathrm{e}} + \langle A \rangle_{\mathrm{e}}\langle H \rangle_{\mathrm{e}} \tag{15.109}$$

证明 由

$$He^{-\beta H(\lambda)} = -\frac{\partial}{\partial \beta} e^{-\beta H(\lambda)} \tag{15.110}$$

于是

$$\begin{aligned}\langle HA \rangle_e &= \frac{\operatorname{tr}\left[HAe^{-\beta H(\lambda)}\right]}{Z} = \frac{-\frac{\partial}{\partial \beta}\operatorname{tr}\left[Ae^{-\beta H(\lambda)}\right]}{Z} \\ &= -\frac{\partial \operatorname{tr}\left[Ae^{-\beta H(\lambda)}\right]}{\partial \beta} \Big/ \operatorname{tr} e^{-\beta H(\lambda)} \\ &= -\frac{\partial}{\partial \beta}\left\{\frac{\operatorname{tr}\left[Ae^{-\beta H(\lambda)}\right]}{\operatorname{tr} e^{-\beta H(\lambda)}}\right\} + \operatorname{tr}\left[Ae^{-\beta H(\lambda)}\right]\frac{\partial}{\partial \beta}\frac{1}{\operatorname{tr} e^{-\beta H(\lambda)}}\end{aligned} \tag{15.111}$$

其中

$$\frac{\partial}{\partial \beta}\frac{1}{\operatorname{tr} e^{-\beta H(\lambda)}} = -\frac{\frac{\partial}{\partial \beta}\operatorname{tr} e^{-\beta H(\lambda)}}{\left(\operatorname{tr} e^{-\beta H(\lambda)}\right)^2} \tag{15.112}$$

由于

$$\frac{\partial}{\partial \beta}\operatorname{tr} e^{-\beta H(\lambda)} = -\operatorname{tr}\left(He^{-\beta H}\right) \tag{15.113}$$

故而

$$\frac{\partial}{\partial \beta}\frac{1}{\operatorname{tr} e^{-\beta H(\lambda)}} = \frac{\operatorname{tr}\left(He^{-\beta H}\right)}{\left(\operatorname{tr} e^{-\beta H(\lambda)}\right)^2} = \frac{1}{\operatorname{tr} e^{-\beta H(\lambda)}}\bar{E}(\lambda) \tag{15.114}$$

将(15.114)式代入(15.111)式得到

$$\langle HA \rangle_e = -\frac{\partial}{\partial \beta}\left\{\frac{\operatorname{tr}\left[Ae^{-\beta H(\lambda)}\right]}{\operatorname{tr} e^{-\beta H(\lambda)}}\right\} + \frac{\operatorname{tr}\left[Ae^{-\beta H(\lambda)}\right]}{\operatorname{tr} e^{-\beta H(\lambda)}}\bar{E}(\lambda) = -\frac{\partial}{\partial \beta}\langle A \rangle_e + \langle A \rangle_e \bar{E} \tag{15.115}$$

特别的,当 $A = \frac{\partial H(\lambda)}{\partial \lambda}$ 时,就有

$$\left\langle H(\lambda)\frac{\partial H(\lambda)}{\partial \lambda}\right\rangle_e = -\frac{\partial}{\partial \beta}\left\langle \frac{\partial H(\lambda)}{\partial \lambda}\right\rangle_e + \left\langle \frac{\partial H(\lambda)}{\partial \lambda}\right\rangle_e \bar{E} \tag{15.116}$$

引理 2 回忆上节推导的广义费曼定理的表达式,结合上式得到

$$\begin{aligned}\frac{\partial}{\partial \lambda}\langle H(\lambda)\rangle_e &= \left\langle \left(1 + \beta\langle H(\lambda)\rangle_e - \beta H(\lambda)\right)\frac{\partial H(\lambda)}{\partial \lambda}\right\rangle_e \\ &= 1 + \beta\bar{E}(\lambda)\left\langle \frac{\partial H(\lambda)}{\partial \lambda}\right\rangle_e \\ &\quad - \beta\left[-\frac{\partial}{\partial \beta}\left\langle \frac{\partial H(\lambda)}{\partial \lambda}\right\rangle_e + \left\langle \frac{\partial H(\lambda)}{\partial \lambda}\right\rangle_e \bar{E}(\lambda)\right] \\ &= \left(1 + \beta\frac{\partial}{\partial \beta}\right)\left\langle \frac{\partial H(\lambda)}{\partial \lambda}\right\rangle_e\end{aligned} \tag{15.117}$$

积分得到

$$\langle H\rangle_{\mathrm{e}}=\int_0^\lambda\left(1+\beta\frac{\partial}{\partial\beta}\right)\left\langle\frac{\partial H}{\partial\lambda}\right\rangle_{\mathrm{e}}\mathrm{d}\lambda+\langle H(0)\rangle_{\mathrm{e}} \tag{15.118}$$

或者直接将(15.117)式改写为

$$\frac{\partial}{\partial\lambda}\langle H(\lambda)\rangle_{\mathrm{e}}-\left\langle\frac{\partial H(\lambda)}{\partial\lambda}\right\rangle_{\mathrm{e}}=\beta\frac{\partial}{\partial\beta}\left\langle\frac{\partial H(\lambda)}{\partial\lambda}\right\rangle_{\mathrm{e}} \tag{15.119}$$

于是就有另一种形式的熵变公式:

$$\begin{aligned}\frac{\partial S}{\partial\chi}&=\frac{1}{T}\left(\frac{\partial}{\partial\chi}\langle H\rangle_{\mathrm{e}}-\left\langle\frac{\partial H}{\partial\chi}\right\rangle_{\mathrm{e}}\right)\\&=\frac{1}{T}\beta\frac{\partial}{\partial\beta}\left\langle\frac{\partial H(\lambda)}{\partial\lambda}\right\rangle\end{aligned} \tag{15.120}$$

由此又有

$$TS=\int_0^\chi\left(\frac{\partial}{\partial\chi}\langle H\rangle_{\mathrm{e}}-\left\langle\frac{\partial H}{\partial\chi}\right\rangle_{\mathrm{e}}\right)\mathrm{d}\chi+C=\langle H\rangle_{\mathrm{e}}-\int\left\langle\frac{\partial H}{\partial\chi}\right\rangle_{\mathrm{e}}\mathrm{d}\chi+C \tag{15.121}$$

这里 C 是积分常数, 它是除了 χ 以外的其他参数的函数. 根据 $F=U-TS$ 及 $\langle H\rangle_{\mathrm{e}}=U$, 我们得到 Helmholtz 自由能是

$$F=\int\left\langle\frac{\partial H}{\partial\chi}\right\rangle_{\mathrm{e}}\mathrm{d}\chi-C \tag{15.122}$$

在很多情形下,(15.103)式中的 $\ln\rho$ 很难处理,故而我们用广义费曼定理来计算一些耦合振子的熵,这是国外学者未知的.

例如,对一个谐振子 $H=\omega a^\dagger a$, 一方面,由

$$\left\langle\frac{\partial H}{\partial\omega}\right\rangle_{\mathrm{e}}=\left\langle a^\dagger a\right\rangle_{\mathrm{e}}=\frac{1}{\mathrm{e}^{\beta\omega}-1} \tag{15.123}$$

我们立即得到

$$\beta\frac{\partial}{\partial\beta}\left\langle\frac{\partial H}{\partial\omega}\right\rangle_{\mathrm{e}}=\beta\frac{\partial}{\partial\beta}\frac{1}{\mathrm{e}^{\beta\omega}-1}=-\beta\omega\mathrm{e}^{\beta\omega}\frac{1}{\left(\mathrm{e}^{\beta\omega}-1\right)^2} \tag{15.124}$$

另一方面,我们计算

$$\begin{aligned}\frac{\partial}{\partial\omega}\langle H\rangle_{\mathrm{e}}-\left\langle\frac{\partial H}{\partial\omega}\right\rangle_{\mathrm{e}}&=\frac{\left(\mathrm{e}^{\beta\omega}-1\right)-\beta\omega\mathrm{e}^{\beta\omega}}{\left(\mathrm{e}^{\beta\omega}-1\right)^2}-\frac{1}{\mathrm{e}^{\beta\omega}-1}\\&=-\beta\omega\mathrm{e}^{\beta\omega}\frac{1}{\left(\mathrm{e}^{\beta\omega}-1\right)^2}=\beta\frac{\partial}{\partial\beta}\left\langle\frac{\partial H}{\partial\omega}\right\rangle_{\mathrm{e}}\end{aligned} \tag{15.125}$$

果然验证了(15.119)式的正确性. 进一步,我们有

$$\frac{\partial}{\partial\chi}\langle H\rangle_{\mathrm{e}}=\frac{\partial}{\partial\beta}\left[\beta\left\langle\frac{\partial H}{\partial\chi}\right\rangle_{\mathrm{e}}\right] \tag{15.126}$$

积分得到

$$\beta\left\langle\frac{\partial H(\chi)}{\partial\chi}\right\rangle_{\mathrm{e}}=\int\mathrm{d}\beta\frac{\partial}{\partial\chi}\langle H\rangle_{\mathrm{e}}+K \tag{15.127}$$

这是对于 $\mathrm{d}\beta$ 的积分,而 K 是相应的积分常数.

15.4 耦合振子的熵

例 1 作为应用,我们求哈密顿量 $H_0=\omega a^{\dagger}a$ 对应的熵,由

$$\langle H_0\rangle_{\mathrm{e}}=\frac{\omega}{\mathrm{e}^{\beta\omega}-1},\quad\left\langle\frac{\partial H_0}{\partial\omega}\right\rangle_{\mathrm{e}}=\frac{1}{\mathrm{e}^{\beta\omega}-1} \tag{15.128}$$

及(15.120)式,得到

$$\frac{\partial S}{\partial\omega}=\frac{1}{T}\left(\frac{\partial\langle H_0\rangle_{\mathrm{e}}}{\partial\omega}-\left\langle\frac{\partial H_0}{\partial\omega}\right\rangle_{\mathrm{e}}\right) \tag{15.129}$$

熵为

$$S=\frac{1}{T}\int\left(\frac{\partial\langle H\rangle_{\mathrm{e}}}{\partial\omega}-\left\langle\frac{\partial H}{\partial\omega}\right\rangle_{\mathrm{e}}\right)\mathrm{d}\omega=-k\ln\left(\mathrm{e}^{\beta\omega}-1\right)+\frac{\omega}{T}\frac{\mathrm{e}^{\beta\omega}}{\mathrm{e}^{\beta\omega}-1} \tag{15.130}$$

例 2 当一个带电荷 q 的振子处于电场 ε,哈密顿量是

$$\begin{aligned}H&=\frac{p^2}{2m}+\frac{1}{2}m\omega^2x^2-q\varepsilon x\\&=\omega a^{\dagger}a+\frac{\omega}{2}-\frac{q^2\varepsilon^2}{2m\omega^2}\end{aligned} \tag{15.131}$$

内能是

$$\langle H\rangle_{\mathrm{e}}=\frac{\omega}{\mathrm{e}^{\beta\omega}-1}+\frac{\omega}{2}-\frac{q^2\varepsilon^2}{2m\omega^2} \tag{15.132}$$

从(15.127)式有

$$\left\langle\frac{\partial H}{\partial\omega}\right\rangle_{\mathrm{e}}=\frac{1}{\beta}\int\mathrm{d}\beta\frac{\partial}{\partial\omega}\langle H\rangle_{\mathrm{e}}=\frac{\mathrm{e}^{\beta\omega}+1}{2\left(\mathrm{e}^{\beta\omega}-1\right)}+\frac{2q^2\varepsilon^2}{2m\omega^3} \tag{15.133}$$

于是 H 的熵是

$$\begin{aligned}S&=\frac{1}{T}\int\left(\frac{\partial}{\partial\omega}\langle H\rangle_{\mathrm{e}}-\left\langle\frac{\partial H}{\partial\omega}\right\rangle_{\mathrm{e}}\right)\mathrm{d}\omega\\&=-k\ln\left(\mathrm{e}^{\beta\omega}-1\right)+\frac{\omega}{T}\frac{\mathrm{e}^{\beta\omega}}{\mathrm{e}^{\beta\omega}-1}\end{aligned} \tag{15.134}$$

另一方面,我们有

$$\left\langle \frac{\partial H}{\partial \varepsilon} \right\rangle_{\mathrm{e}} = -\frac{q^2\varepsilon}{m\omega^2} \tag{15.135}$$

从式(15.120)可知

$$\frac{\partial S}{\partial \varepsilon} = k\beta \frac{\partial}{\partial \varepsilon} \langle H \rangle_{\mathrm{e}} - k\beta \left\langle \frac{\partial H}{\partial \varepsilon} \right\rangle_{\mathrm{e}} = 0 \tag{15.136}$$

这表明熵与参数 ε 无关.

例 3 用广义费曼定理来计算量子简并放大器的 $\langle H \rangle_{\mathrm{e}}$,其哈密顿量为

$$H = \omega a^\dagger a + \kappa \left(a^2 + a^{\dagger 2}\right) \tag{15.137}$$

用广义费曼定理得到平均能

$$\langle H \rangle_{\mathrm{e}} = \frac{\Omega}{2} \coth \frac{\beta \Omega}{2} - \frac{\omega}{2}, \quad \Omega = \sqrt{\omega^2 - 4\kappa^2} \tag{15.138}$$

进一步利用(15.127)式和积分公式

$$\int \frac{1}{\mathrm{e}^{ax} - 1} \mathrm{d}x = \frac{1}{a} \left(\ln\left(\mathrm{e}^{ax} - 1\right) - ax\right) \tag{15.139}$$

我们得到粒子数算符 $a^\dagger a$ 的系综平均为

$$\left\langle a^\dagger a \right\rangle_{\mathrm{e}} = \frac{1}{\beta} \int \mathrm{d}\beta \frac{\partial \langle H \rangle_{\mathrm{e}}}{\partial \omega} = \frac{\omega}{2\Omega} \coth \frac{\beta \Omega}{2} - \frac{1}{2} \tag{15.140}$$

现在我们计算熵. 根据(15.120)式并使用积分公式

$$\int \left(\frac{\ln y}{(y-1)^2}\right) \mathrm{d}y = \ln(y-1) - \frac{y \ln y}{y-1} \tag{15.141}$$

有

$$S = -k \ln\left(\mathrm{e}^{\beta\Omega} - 1\right) + \frac{\Omega}{T} \frac{\mathrm{e}^{\beta\Omega}}{\mathrm{e}^{\beta\Omega} - 1} \tag{15.142}$$

例 4 我们现在使用广义费曼定理来讨论参数下转换哈密顿量 H:

$$H = \omega_1 a^\dagger a + \omega_2 b^\dagger b + g\left(a^\dagger b^\dagger - ab\right) \tag{15.143}$$

其中 g 是一个纯虚数. 我们可以得到平均能量

$$\langle H \rangle_{\mathrm{e}} = \frac{A}{2} \coth \frac{\beta A}{2} + \frac{B}{2} \coth \frac{\beta B}{2} - \frac{\omega_1}{2} - \frac{\omega_2}{2} \tag{15.144}$$

其中

$$A = \frac{\omega_1 - \omega_2 - R}{2}, \quad B = \frac{\omega_2 - \omega_1 - R}{2} \tag{15.145}$$

且 $R=\sqrt{4g^2+(\omega_1+\omega_2)^2}$. 利用(15.127)式,我们得到

$$\left\langle\left(a^\dagger b^\dagger-ab\right)\right\rangle_{\mathrm{e}}=\frac{1}{\beta}\int\mathrm{d}\beta\frac{\partial\langle H\rangle_{\mathrm{e}}}{\partial g}=\left(1-\frac{\mathrm{e}^{\beta A}}{\mathrm{e}^{\beta A}-1}-\frac{\mathrm{e}^{\beta B}}{\mathrm{e}^{\beta B}-1}\right)\frac{2g}{R} \tag{15.146}$$

现在我们计算熵. 根据(15.120)式并使用积分公式(15.139)式,我们有

$$\begin{aligned}S&=\frac{1}{T}\int\left(\frac{\partial}{\partial g}\langle H\rangle_{\mathrm{e}}-\left\langle\frac{\partial H}{\partial g}\right\rangle_{\mathrm{e}}\right)\mathrm{d}g\\&=\frac{1}{T}\int\left(\frac{2Ag\beta\mathrm{e}^{\beta A}}{\left(\mathrm{e}^{\beta A}-1\right)^2R}+\frac{2Bg\beta\mathrm{e}^{\beta B}}{\left(\mathrm{e}^{\beta B}-1\right)^2R}\right)\mathrm{d}g\\&=\frac{A}{T}\frac{\mathrm{e}^{\beta A}}{\mathrm{e}^{\beta A}-1}+\frac{B}{T}\frac{\mathrm{e}^{\beta B}}{\mathrm{e}^{\beta B}-1}-k\ln\left[\left(\mathrm{e}^{\beta A}-1\right)\left(\mathrm{e}^{\beta B}-1\right)\right]\end{aligned} \tag{15.147}$$

总之,我们利用广义费曼定理计算了几种典型耦合玻色子谐振子的熵,这种方法可以推广到其他系统.

- *RLC* 电路中的内能和电阻消耗的平均能

依据 q-p 的量子变量 ($[q,p]=\mathrm{i}\hbar$),量子化 *RLC* 电路的 Louisell 哈密顿量为

$$H=\frac{1}{2L}p^2+\frac{1}{2C}q^2+\frac{R}{2L}(pq+qp) \tag{15.148}$$

我们现在使用广义费曼定理来计算内能 $\langle H\rangle_{\mathrm{e}}$. 令 χ 分别为 L、C 和 R,我们得到

$$-2L^2\frac{\partial\langle H\rangle_{\mathrm{e}}}{\partial L}=\left\langle\left(1+\beta\langle H\rangle_{\mathrm{e}}-\beta H\right)\left(p^2+R(pq+qp)\right)\right\rangle_{\mathrm{e}} \tag{15.149}$$

$$-2C^2\frac{\partial\langle H\rangle_{\mathrm{e}}}{\partial C}=\left\langle\left(1+\beta\langle H\rangle_{\mathrm{e}}-\beta H\right)\left(q^2\right)\right\rangle_{\mathrm{e}} \tag{15.150}$$

$$2L\frac{\partial\langle H\rangle_{\mathrm{e}}}{\partial R}=\left\langle\left(1+\beta\langle H\rangle_{\mathrm{e}}-\beta H\right)(pq+qp)\right\rangle_{\mathrm{e}} \tag{15.151}$$

假设哈密顿量的特征向量为 $|\Psi_n\rangle$,$H|\Psi_n\rangle=E_n|\Psi_n\rangle$, E_n 是能量本征值,由于

$$\langle\Psi_n|\left[q^2-p^2,H\right]|\Psi_n\rangle=0 \tag{15.152}$$

以及

$$\left[q^2-p^2,H\right]=\left(\frac{\mathrm{i}}{L}+\frac{\mathrm{i}}{C}\right)(pq+qp)+2\mathrm{i}\frac{R}{L}\left(p^2+q^2\right) \tag{15.153}$$

这导致了以下关系:

$$\langle\Psi_n|\left[\left(\frac{\mathrm{i}}{L}+\frac{\mathrm{i}}{C}\right)(pq+qp)+2\mathrm{i}\frac{R}{L}\left(p^2+q^2\right)\right]|\Psi_n\rangle=0 \tag{15.154}$$

注意到 $\langle\beta\langle H\rangle_{\mathrm{e}}-\beta H\rangle_{\mathrm{e}}=0$,因此,我们可以得到系综平均值:

$$\left\langle\left(1+\beta\langle H\rangle_{\mathrm{e}}-\beta H\right)\left[\left(\frac{\mathrm{i}}{L}+\frac{\mathrm{i}}{C}\right)(pq+qp)+2\mathrm{i}\frac{R}{L}\left(p^2+q^2\right)\right]\right\rangle_{\mathrm{e}}=0 \tag{15.155}$$

由上面 5 式,我们得到一个偏微分方程:

$$L^2\frac{\partial\langle H\rangle_{\mathrm{e}}}{\partial L}+C^2\frac{\partial\langle H\rangle_{\mathrm{e}}}{\partial C}+\left(LR-\frac{L^2}{2RC}-\frac{L}{2R}\right)\frac{\partial\langle H\rangle_{\mathrm{e}}}{\partial R}=0 \tag{15.156}$$

这可以通过特征线方法来求解. 根据它我们得到一个等式:

$$\frac{\mathrm{d}L}{L^2}=\frac{\mathrm{d}C}{C^2}=\frac{\mathrm{d}R}{LR-\dfrac{L^2}{2RC}-\dfrac{L}{2R}} \tag{15.157}$$

由此可见

$$\frac{1}{L}-\frac{1}{C}=c_1,\quad \frac{R^2}{L^2}-\frac{1}{LC}=c_2 \tag{15.158}$$

其中 c_1 和 c_2 是两个任意常数. 我们现在可以应用上面的方法,其中偏微分方程(15.142)式的通解是通过计算 $\langle H\rangle_{\mathrm{e}}=f\left[c_1,c_2\right]$ 来找到的,即

$$\langle H\rangle_{\mathrm{e}}=f\left[\frac{1}{L}-\frac{1}{C},\frac{R^2}{L^2}-\frac{1}{LC}\right] \tag{15.159}$$

其中 $f[x,y]$ 是 x、y 的某个函数. 为了确定这个函数的形式,我们研究了 $R=0$ 时的特殊情况,即

$$H_0=\frac{1}{2L}p^2+\frac{1}{2C}q^2=\hbar\omega_0\left(a^\dagger a+\frac{1}{2}\right) \tag{15.160}$$

其中 $a=\sqrt{\frac{L\omega_0}{2\hbar}}q+\mathrm{i}\sqrt{\frac{1}{2\hbar L\omega_0}}p$ 且 $\omega_0=1/\sqrt{LC}$. 根据众所周知的玻色统计公式 $\langle H_0\rangle_{\mathrm{e}}=\frac{\hbar\omega_0}{2}\coth\frac{\hbar\omega_0\beta}{2}$,可知

$$\langle H|_{R=0}\rangle_{\mathrm{e}}=f\left[\frac{1}{L}-\frac{1}{C},-\frac{1}{LC}\right]=\frac{\hbar\omega_0}{2}\coth\frac{\hbar\omega_0\beta}{2} \tag{15.161}$$

确定函数 $f[x,y]$ 的形式,令 $x=\frac{1}{L}-\frac{1}{C}$,$y=\frac{-1}{LC}$,那么它的逆向关系是 $L=\frac{x+\sqrt{x^2-4y}}{2y}$,$C=\frac{-x+\sqrt{x^2-4y}}{2y}$,以及 $\omega_0=\sqrt{-y}$,这意味着函数 $f[x,y]$ 的形式是

$$f[x,y]=\frac{\hbar\sqrt{-y}}{2}\coth\frac{\hbar\beta\sqrt{-y}}{2} \tag{15.162}$$

于是我们得到了内能

$$\langle H\rangle_{\mathrm{e}}=f\left[\frac{1}{L}-\frac{1}{C},\frac{R^2}{L^2}-\frac{1}{LC}\right]=\frac{\hbar\omega}{2}\coth\frac{\hbar\omega\beta}{2} \tag{15.163}$$

其中 $\omega=\sqrt{\dfrac{1}{LC}-\dfrac{R^2}{L^2}}$.

然后根据(15.163)式,H 的涨落为

$$(\Delta H)^2=\left\langle H^2\right\rangle_{\mathrm{e}}-\bar{E}^2=\frac{\hbar^2\omega^2}{4}\frac{1}{\sinh^2\dfrac{\beta\hbar\omega}{2}} \tag{15.164}$$

利用积分公式

$$\int\frac{1}{\mathrm{e}^{ax}-1}\mathrm{d}x=\frac{1}{a}\left(\ln\left(\mathrm{e}^{ax}-1\right)-ax\right) \tag{15.165}$$

我们有

$$\left\langle\frac{\partial H}{\partial R}\right\rangle_{\mathrm{e}}=\frac{1}{2L}\left\langle(pq+qp)\right\rangle_{\mathrm{e}}=\frac{1}{\beta}\int\frac{\partial\left\langle H\right\rangle_{\mathrm{e}}}{\partial R}\mathrm{d}\beta=-\frac{\hbar R}{2\omega L^2}\coth\frac{\hbar\omega\beta}{2} \tag{15.166}$$

所以电阻消耗的平均能量是

$$\frac{R}{2L}\left\langle(pq+qp)\right\rangle_{\mathrm{e}}=-\frac{\hbar R^2}{2\omega L^2}\coth\frac{\hbar\omega\beta}{2},\quad \omega=\omega_0\sqrt{1-R^2C/L} \tag{15.167}$$

其中负号表示电阻是一种耗能元件.

15.5 热量 Q 如何随哈密顿量 $H(\lambda)$ 所含的参数 λ 变化

热力学第二定理指出孤立系统的熵从不减少,而在自动趋向热平衡态时熵为极大值. 对于热力学可逆过程,系统的熵的改变 S 的原始定义为

$$\mathrm{d}S=\frac{\mathrm{d}Q}{T} \tag{15.168}$$

其中,T 是系统的绝对温度. 上述定义表明,应该可以通过适当测量热量和绝对温度来确定系统的熵 S. 方程(15.168)式有时被称为熵的宏观定义,因为它可以在不考虑系统内容的任何微观描述的情况下使用. 根据热力学第二定律,人们注意到熵是一个状态函数.

本节我们讨论一个热力学系统的热量 Q 如何随哈密顿量 $H(\lambda)$ 所含的参数 λ 变化而改变. 我们将揭示一个新关系:$Q(\lambda)$ 随 λ 的变化与系综平均 $\left\langle\dfrac{\partial H(\lambda)}{\partial\lambda}\right\rangle_{\mathrm{e}}$ 随温度改变之间的依赖,即

$$\frac{\partial Q(\lambda)}{\partial\lambda}=-T\frac{\partial}{\partial T}\left\langle\frac{\partial H(\lambda)}{\partial\lambda}\right\rangle_{\mathrm{e}} \tag{15.169}$$

我们将用范–陈定理来展开讨论.

在上一节我们已经导出

$$T\frac{\partial S}{\partial \lambda}=\beta\frac{\partial}{\partial \beta}\left\langle\frac{\partial H(\lambda)}{\partial \lambda}\right\rangle_{\mathrm{e}} \tag{15.170}$$

在热平衡情形下,温度 T 保持不变,鉴于 $S=\frac{\mathrm{d}Q}{T}$,上式变成

$$T\frac{\partial S}{\partial \lambda}=\frac{\partial(TS)}{\partial \lambda}=\frac{\partial Q(\lambda)}{\partial \lambda}=\beta\frac{\partial}{\partial \beta}\left\langle\frac{\partial H(\lambda)}{\partial \lambda}\right\rangle_{\mathrm{e}} \tag{15.171}$$

或

$$\frac{\partial Q(\lambda)}{\partial \lambda}=\frac{1}{KT}\frac{\partial}{\partial\left(\frac{1}{KT}\right)}\left\langle\frac{\partial H(\lambda)}{\partial \lambda}\right\rangle_{\mathrm{e}}=-T\frac{\partial}{\partial T}\left\langle\frac{\partial H(\lambda)}{\partial \lambda}\right\rangle_{\mathrm{e}} \tag{15.172}$$

证毕.

例如,当 $H=\omega a^{\dagger}a$ 时,有

$$\beta\frac{\partial}{\partial \beta}\left\langle\frac{\partial H}{\partial \omega}\right\rangle_{\mathrm{e}}=-\beta\omega\mathrm{e}^{\beta\omega}\frac{1}{\left(\mathrm{e}^{\beta\omega}-1\right)^{2}}=\frac{\partial Q(\omega)}{\partial \omega} \tag{15.173}$$

于是

$$\begin{aligned}Q(\omega)&=-\beta\int\omega\frac{\mathrm{e}^{\beta\omega}}{\left(\mathrm{e}^{\beta\omega}-1\right)^{2}}\mathrm{d}\omega\\&=-\frac{1}{\beta}\left(\ln\frac{\mathrm{e}^{\beta\omega}-1}{\mathrm{e}^{\beta\omega}}-\frac{\mathrm{e}^{\beta\omega}}{\mathrm{e}^{\beta\omega}-1}\right)\\&=-\frac{1}{\beta}\left[\ln\left(1-\mathrm{e}^{-\beta\omega}\right)+\frac{\beta\omega\mathrm{e}^{-\beta\omega}}{\mathrm{e}^{-\beta\omega}-1}\right]\end{aligned} \tag{15.174}$$

总之,基于关于系综平均的广义 Hellmann-Feynman 定理,我们成功地提出了一个关于量子系统的热量相对于其哈密顿量参数 λ 的变化的新定理,我们揭示了 $Q(\lambda)$ 的变化与系综平均值 $\left\langle\frac{\partial H(\lambda)}{\partial \lambda}\right\rangle_{\mathrm{e}}$ 之间的温度依赖的新关系.

16

第 16 章

费米统计

16.1 费米系统相干态和相应的 IWOP 技术

以上的章节中我们提出的 IWOP 方法给经典力学和量子力学架起了一座过渡的“桥梁”,是适用于玻色系统的,使得对含不对易玻色算符的 C 数–函数的积分成为可能,它进一步体现了狄拉克符号之美. 于是读者自然会问,能否将它推广到费米系统,它的组成是费米算符和其准经典对应 Grassmann 数.

那么怎样施行对含狄拉克 ket-bra 类型的费米算符和 Grassmann 数的积分呢? 我们要把 IWOP 理论从玻色系统推广到费米系统. 基本的费米算符满足反对易关系:

$$\{f_i, f_j\} = 0, \quad \{f_i, f_j^\dagger\} = \delta_{ij} \tag{16.1}$$

其中 $f_i^\dagger$ 和 f_i 分别是费米子产生和湮灭算符,其性质是

$$f_i^\dagger |0\rangle_i = |1\rangle_i, \quad f_i |0\rangle_i = 0 \tag{16.2}$$

按照泡利不相容原理，在由费米子组成的系统中，不能有两个或两个以上的粒子处于完全相同的状态：

$$|0\rangle_{ii}\langle 0| + |1\rangle_{ii}\langle 1| = 1_i \tag{16.3}$$

这里 1_i 是双态矢量空间中的单位算符. 可以用矩阵表示如下：

$$|0\rangle = \begin{pmatrix} 1 \\ 0 \end{pmatrix}, \quad |1\rangle = \begin{pmatrix} 0 \\ 1 \end{pmatrix} \tag{16.4}$$

$$f = |0\rangle\langle 1| = \begin{pmatrix} 0 & 1 \\ 0 & 0 \end{pmatrix}, \quad f^\dagger = |1\rangle\langle 0| = \begin{pmatrix} 0 & 0 \\ 1 & 0 \end{pmatrix} \tag{16.5}$$

费米算符的准经典对应 Grassmann 数记为 α_i，其厄密共轭 (complex plus transpose) 记为 $\bar{\alpha}_i$，它们是反对易 C 数，满足

$$\{\alpha_i, \alpha_j\} = 0, \quad \{\alpha_i, \bar{\alpha}_j\} = 0 \tag{16.6}$$

故而 $\alpha_i^2 = 0$，而且满足 Berezin 积分公式：

$$\int \mathrm{d}\alpha_i = \int \mathrm{d}\bar{\alpha}_i = 0, \quad \int \mathrm{d}\alpha_i \alpha_i = \int \mathrm{d}\bar{\alpha}_i \bar{\alpha}_i = 1 \tag{16.7}$$

从费米系统的内部自洽和内谐出发，应该有

$$\{\alpha_i, f_j\} = 0, \quad \{\alpha_i, f_j^\dagger\} = 0 \tag{16.8}$$

用 Grassmann 数如玻色相干态那样引入费米相干态 $|\alpha_i\rangle$：

$$|\alpha_i\rangle = \exp[f_i^\dagger \alpha_i - \bar{\alpha}_i f_i]\,|0\rangle_i = \exp\left[-\frac{1}{2}\bar{\alpha}_i\alpha_i + f_i^\dagger\alpha_i\right]|0\rangle_i \equiv \left|\begin{matrix} \alpha_i \\ \bar{\alpha}_i \end{matrix}\right\rangle \tag{16.9}$$

它是湮灭算符的本征态：

$$f\,|\alpha\rangle = \alpha\,|\alpha\rangle = |\alpha\rangle\,\alpha, \quad \langle\alpha|\,f^\dagger = \langle\alpha|\,\bar{\alpha} \tag{16.10}$$

现在建立对费米系统 ket-bra 算符的积分，例如 $\iint \mathrm{d}\bar{\alpha}_i \mathrm{d}\alpha_i\,|g(\alpha_i)\rangle\langle\alpha_i|$. 首先我们给出费米算符正规乘积的性质：

1. 算符 f、$f^\dagger$ 遵守 $\{f, f^\dagger\} = 1$，但算符 f、$f^\dagger$ 在正规乘积内是反对易的，即 $:ff^\dagger:=:-f^\dagger f:=-f^\dagger f$，$:\,:$ 代表费米算符的正规排序.

2. 在 $:\,:$ 内部，一个费米算符–Grassmann 数对 (FGP) 与另一个 FGP 对易.

3. 费米真空 $|0\rangle\langle 0|$ 的正规乘积为

$$|0\rangle\langle 0| = 1 - |1\rangle\langle 1| = 1 - f^\dagger f = :\mathrm{e}^{-f^\dagger f}: \tag{16.11}$$

4. 可以在 : : 内部对 Grassmann 数实行积分,而将 : : 内部的费米算符视为 Grassmann 参数,即反对易参数.

两个重要的关于 Grassmann 数 $\alpha \equiv (\alpha_1, \alpha_2 \cdots, \alpha_n)$ 的积分公式是

$$\int \prod_i \mathrm{d}\bar{\alpha}_i \mathrm{d}\alpha_i \exp\{-\bar{\alpha}_i A_{ij}\alpha_j + \bar{\alpha}_i \eta_i + \bar{\eta}_i \alpha_i\} = [\det A] \exp[\bar{\eta}_i A_{ij}^{-1} \eta_j] \tag{16.12}$$

这里 η_i 也是 Grassmann 数,以及

$$\int \prod_i \mathrm{d}\bar{\alpha}_i \mathrm{d}\alpha_i \exp\left\{\frac{1}{2}(\alpha, \bar{\alpha}) \begin{pmatrix} A & B \\ C & D \end{pmatrix} \begin{pmatrix} \alpha^{\mathrm{T}} \\ \bar{\alpha}^{\mathrm{T}} \end{pmatrix} + (\sigma_1, \sigma_2) \begin{pmatrix} \alpha^{\mathrm{T}} \\ \bar{\alpha}^{\mathrm{T}} \end{pmatrix}\right\}$$

$$= \left[\det \begin{pmatrix} A & B \\ C & D \end{pmatrix}\right]^{\frac{1}{2}} \exp\left[\frac{1}{2}(\sigma_1, \sigma_2) \begin{pmatrix} C & D \\ A & B \end{pmatrix}^{-1} \begin{pmatrix} \sigma_2^{\mathrm{T}} \\ \sigma_1^{\mathrm{T}} \end{pmatrix}\right] \tag{16.13}$$

这里 T 代表转置,(σ_1, σ_2) 也是 Grassmann 数.A、B、C、D 全是普通的 $n \times n$ 矩阵,$B = -C$,有

$$\begin{pmatrix} A & B \\ C & D \end{pmatrix}^{-1} = \begin{pmatrix} (A - BD^{-1}C)^{-1} & A^{-1}B(CA^{-1}B - D)^{-1} \\ D^{-1}C(BD^{-1}C - A)^{-1} & (D - CA^{-1}B)^{-1} \end{pmatrix} \tag{16.14}$$

用 IWOP 技术和(16.9)式,我们可以将费米相干态的完备性写为

$$\begin{aligned} \int \mathrm{d}\bar{\alpha}_1 \mathrm{d}\alpha_1 |\alpha_1\rangle\langle\alpha_1| &= \int \mathrm{d}\bar{\alpha}_1 \mathrm{d}\alpha_1 \mathrm{e}^{-\frac{1}{2}\bar{\alpha}_i\alpha_i + f_i^\dagger \alpha_i} |0\rangle_i \langle 0| \mathrm{e}^{-\frac{1}{2}\bar{\alpha}_i\alpha_i + \bar{\alpha}_i f_i} \\ &= \int \mathrm{d}\bar{\alpha}_1 \mathrm{d}\alpha_1 :\exp[-\bar{\alpha}_1\alpha_1 + f_1^\dagger \alpha_i + \bar{\alpha}_1 f_1 - f_1^\dagger f_1]: \\ &= \int \mathrm{d}\bar{\alpha}_1 \mathrm{d}\alpha_1 :\exp[-\left(\bar{\alpha}_1 - f_i^\dagger\right)(\alpha_1 - f_1)]: = 1 \end{aligned} \tag{16.15}$$

费米相干态的内积是

$$\langle\alpha_1'|\alpha_1\rangle = \exp\left\{-\frac{1}{2}(\bar{\alpha}_1'\alpha_1' + \bar{\alpha}_1\alpha_1) + \bar{\alpha}_1'\alpha_1\right\} \tag{16.16}$$

当我们将上式推广到两模算符,成为

$$\begin{aligned} 1 &= \int \mathrm{d}\bar{\eta}\mathrm{d}\eta :\exp\left\{-\left[\bar{\alpha} - \left(f_1^\dagger - f_2\right)\right]\left[\alpha - \left(f_1 - f_2^\dagger\right)\right]\right\}: \\ &= \int \mathrm{d}\bar{\alpha}\mathrm{d}\alpha \mathrm{e}^{-\frac{1}{2}\bar{\alpha}\alpha + f_1^\dagger\alpha - \bar{\alpha}f_2^\dagger + f_1^\dagger f_2^\dagger} :\mathrm{e}^{-f_1^\dagger f_1 - f_2 f_2^\dagger}: \mathrm{e}^{-\frac{1}{2}\bar{\alpha}\alpha + \bar{\alpha}f_1 - f_2\alpha + f_2 f_1} \end{aligned} \tag{16.17}$$

从中可以抽取

$$|00\rangle\langle 00| = :\mathrm{e}^{-f_1^\dagger f_1 - f_2 f_2^\dagger}: \tag{16.18}$$

故而前一式变为

$$1=\int \mathrm{d}\bar{\alpha}\mathrm{d}\alpha\,|\alpha\rangle\langle\alpha| \tag{16.19}$$

这里的

$$|\eta\rangle=\mathrm{e}^{-\frac{1}{2}\bar{\eta}\eta+f_1^{\dagger}\eta-\bar{\eta}f_2^{\dagger}+f_1^{\dagger}f_2^{\dagger}}|00\rangle \tag{16.20}$$

此形式类似于玻色子的纠缠态.

16.2 费米压缩算符

类比于玻色纠缠菲涅耳算符，双模费米压缩算符 $U(r,s)$ 在费米相干态表象中是积分型投影算符：

$$U(r,s)=-\frac{1}{s}\int\prod_{i=1}^{2}\mathrm{d}\bar{\alpha}_i\mathrm{d}\alpha_i\left|V_{r,s}\begin{pmatrix}\alpha_1\\ \bar{\alpha}_1\\ \alpha_2\\ \bar{\alpha}_2\end{pmatrix}\right\rangle\left\langle\begin{pmatrix}\alpha_1\\ \bar{\alpha}_1\\ \alpha_2\\ \bar{\alpha}_2\end{pmatrix}\right| \tag{16.21}$$

这里的因子 $-\dfrac{1}{s}$ 是为了保障 $U(r,s)$ 的幺正而引入的（见后面的说明），压缩参数 s 和 r 遵守 $|s|^2+|r|^2=1$，$V_{r,s}$ 是 4×4 正交变换矩阵：

$$V_{r,s}=\begin{pmatrix}-s & 0 & 0 & -r\\ 0 & -s^* & -r^* & 0\\ 0 & r & -s & 0\\ r^* & 0 & 0 & -s^*\end{pmatrix},\quad\left|\begin{pmatrix}\alpha_1\\ \bar{\alpha}_1\\ \alpha_2\\ \bar{\alpha}_2\end{pmatrix}\right\rangle\equiv|\alpha_1,\alpha_2\rangle=|\alpha_1\rangle\otimes|\alpha_2\rangle \tag{16.22}$$

所以（16.21）式中的右态矢量就是

$$\left|\begin{pmatrix}-s\alpha_1-r\bar{\alpha}_2\\ -s^*\bar{\alpha}_1-r^*\alpha_2\\ r\bar{\alpha}_1-s\alpha_2\\ r^*\alpha_1-s^*\bar{\alpha}_2\end{pmatrix}\right\rangle\equiv|-s\alpha_1-r\bar{\alpha}_2\rangle\otimes|r\bar{\alpha}_1-s\alpha_2\rangle \tag{16.23}$$

用 IWOP 积分得到

$$\begin{aligned}U(r,s)&=-\frac{1}{s}\int\prod_{i=1}^{2}\mathrm{d}\bar{\alpha}_i\mathrm{d}\alpha_i\,|-s\alpha_1-r\bar{\alpha}_2,\,r\bar{\alpha}_1-s\alpha_2\rangle\langle\alpha_1,\alpha_2|\\ &=\exp\left(\frac{r}{s^*}f_1^{\dagger}f_2^{\dagger}\right)\exp\left[(f_1^{\dagger}f_1+f_2^{\dagger}f_2-1)\ln\left(\frac{-1}{s^*}\right)\right]\exp\left(\frac{r^*}{s^*}f_1f_2\right)\end{aligned} \tag{16.24}$$

它生成的变换是

$$f_1' \equiv U f_1 U^{-1} = -s^* f_1 + r f_2^\dagger, \quad f_2' \equiv U f_2 U^{-1} = -s^* f_2 - r f_1^\dagger \tag{16.25}$$

由于 $|s|^2 + |r|^2 = 1$,故 $\{f_i', f_j'^\dagger\} = \delta_{ij}$. $U(r,s)$ 是 Grassmann 数的正交变换的映射的结果,也被称为费米压缩算符. 有人曾指出超导 BCS(Bardeen-Cooper-Schreiffer)态是一类压缩费米对态.

下面证明 $U(r,s)$ 具有群性质,即它组成正交群 SO(4) 群的忠实表示.

为此我们计算 $U(r_1,s_1)U(r_2,s_2)$ 的乘积(分别对应 V_{r_1,s_1} 与 V_{r_2,s_2}),看看它是否等于 $U(r_3,s_3)$(相应于 V_{r_3,s_3}),满足

$$V_{r_3,s_3} = V_{r_1,s_1} V_{r_2,s_2} \tag{16.26}$$

或有关系

$$s_3 = r_1 r_2^* - s_1 s_2, \quad r_3 = -s_1 r_2 - r_1 s_2^* \tag{16.27}$$

事实上,用费米相干态的内积式公式我们可算得

$$\begin{aligned}
U(r_1,s_1)U(r_2,s_2) = {} & \frac{1}{s_1 s_2} \int \prod_{i=1}^{2} \mathrm{d}\bar{\beta}_i \mathrm{d}\beta_i \left|-s_1\beta_1 - r_1\bar{\beta}_2,\, r_1\bar{\beta}_1 - s_1\beta_2\right\rangle \langle \beta_1,\beta_2| \\
& \times \int \prod_{j=1}^{2} \mathrm{d}\bar{\alpha}_j \mathrm{d}\alpha_j \left|-s_2\alpha_1 - r_2\bar{\alpha}_2,\, r_2\bar{\alpha}_1 - s_2\alpha_2\right\rangle \langle \alpha_1,\alpha_2|
\end{aligned} \tag{16.28}$$

其中

$$\begin{aligned}
& \langle \beta_1,\beta_2 \left|-s_2\alpha_1 - r_2\bar{\alpha}_2,\, r_2\bar{\alpha}_1 - s_2\alpha_2\right\rangle \\
& = \exp\left\{ -\frac{1}{2}(\bar{\beta}_1\beta_1 + \bar{\beta}_2\beta_2) - \bar{\beta}_1(s_2\alpha_1 + r_2\bar{\alpha}_2) + \bar{\beta}_2(r_2\bar{\alpha}_1 - s_2\alpha_2) \right. \\
& \quad \left. -\frac{1}{2}(s_2^*\bar{\alpha}_1 + r_2^*\alpha_2)(s_2\alpha_1 + r_2\bar{\alpha}_2) - \frac{1}{2}(r_2^*\alpha_1 - s_2^*\bar{\alpha}_2)(r_2\bar{\alpha}_1 - s_2\alpha_2) \right\}
\end{aligned} \tag{16.29}$$

将其代入(16.28)式得到

$$\begin{aligned}
& U(r_1,s_1)U(r_2,s_2) \\
& = \frac{1}{s_1 s_2} \int \prod_{i=1}^{2} \mathrm{d}\bar{\beta}_i \mathrm{d}\beta_i \exp\left[-\frac{1}{2}(\bar{\beta}_1\beta_1 + \bar{\beta}_2\beta_2)\right] \\
& \quad \times \left|-s_1\beta_1 - r_1\bar{\beta}_2,\, r_1\bar{\beta}_1 - s_1\beta_2\right\rangle \langle 00| \times H
\end{aligned} \tag{16.30}$$

这里

$$H \equiv \int \prod_{j=1}^{2} \mathrm{d}\bar{\alpha}_j \mathrm{d}\alpha_j \exp\left[\frac{1}{2}\left(\alpha_1,\ \alpha_2,\ \bar{\alpha}_1,\ \bar{\alpha}_2\right) W \left(\alpha_1,\ \alpha_2,\ \bar{\alpha}_1,\ \bar{\alpha}_2\right)^{\mathrm{T}}\right.$$

$$+\left(-\bar{\beta}_1 s_2, -\bar{\beta}_2 s_2, \bar{\beta}_2 r_2 - f_1, -\bar{\beta}_1 r_2 - f_2\right)\left(\ \alpha_1,\ \ \alpha_2,\ \ \bar{\alpha}_1,\ \ \bar{\alpha}_2\ \right)^{\mathrm{T}}\Bigg] \tag{16.31}$$

T 代表转置,而

$$W \equiv \begin{pmatrix} 0 & r_2^* s_2 & |s_2|^2 & 0 \\ -r_2^* s_2 & 0 & 0 & |s_2|^2 \\ -|s_2|^2 & 0 & 0 & -r_2 s_2^* \\ 0 & -|s_2|^2 & r_2 s_2^* & 0 \end{pmatrix} \tag{16.32}$$

鉴于 $\det W = |s_2|^4$,有

$$\begin{pmatrix} -|s_2|^2 & 0 & 0 & -r_2 s_2^* \\ 0 & -|s_2|^2 & r_2 s_2^* & 0 \\ 0 & r_2^* s_2 & |s_2|^2 & 0 \\ -r_2^* s_2 & 0 & 0 & |s_2|^2 \end{pmatrix}^{-1} = \begin{pmatrix} -1 & 0 & 0 & -\dfrac{r_2}{s_2} \\ 0 & -1 & \dfrac{r_2}{s_2} & 0 \\ 0 & \dfrac{r_2^*}{s_2^*} & 1 & 0 \\ -\dfrac{r_2^*}{s_2^*} & 0 & 0 & 1 \end{pmatrix} \equiv K \tag{16.33}$$

用 Grassmann 数的积分公式,以及 $|s_i|^2 + |r_i|^2 = 1$,导出

$$\begin{aligned} H &= |s_2|^2 \exp\left[\frac{1}{2}\left(-\bar{\beta}_1 s_2, -\bar{\beta}_2 s_2, \bar{\beta}_2 r_2 - f_1, -\bar{\beta}_1 r_2 - f_2\right) K \begin{pmatrix} \bar{\beta}_2 r_2 - f_1 \\ -\bar{\beta}_1 r_2 - f_2 \\ -\bar{\beta}_1 s_2 \\ -\bar{\beta}_2 s_2 \end{pmatrix}\right] \\ &= \exp\left[\frac{1}{s_2^*}\left(\bar{\beta}_1 \bar{\beta}_2 r_2 + f_2 \bar{\beta}_2 + f_1 \bar{\beta}_1 + f_1 f_2 r_2^*\right)\right] \end{aligned} \tag{16.34}$$

将它代入(16.30)式,给出

$$\begin{aligned} & U(r_1, s_1) U(r_2, s_2) \\ &\quad = \frac{|s_2|^2}{s_1 s_2} \colon \int \prod_{i=1}^{2} \mathrm{d}\bar{\beta}_i \mathrm{d}\beta_i \exp\Big[-\frac{1}{2}(s_1^* \bar{\beta}_1 + r_1^* \beta_2)(s_1 \beta_1 + r_1 \bar{\beta}_2) \\ &\qquad - \frac{1}{2}(r_1^* \beta_1 - s_1^* \bar{\beta}_2)(r_1 \bar{\beta}_1 - s_1 \beta_2) \\ &\qquad - f_1^\dagger (s_1 \beta_1 + r_1 \bar{\beta}_2) + f_2^\dagger (r_1 \bar{\beta}_1 - s_1 \beta_2) \\ &\qquad - \frac{1}{2}(\bar{\beta}_1 \beta_1 + \bar{\beta}_2 \beta_2) + \frac{1}{s_2^*}(\bar{\beta}_1 \bar{\beta}_2 r_2 + f_2 \bar{\beta}_2 + f_1 \bar{\beta}_1 + f_1 f_2 r_2^*) - f_1^\dagger f_1 - f_2^\dagger f_2\Big] \colon \\ &\quad = \frac{|s_2|^2}{s_1 s_2} \colon \int \prod_{i=1}^{2} \mathrm{d}\bar{\beta}_i \mathrm{d}\beta_i \exp\Big[\frac{1}{2}\left(\beta_1, \beta_2, \bar{\beta}_1, \bar{\beta}_2\right) J \left(\beta_1, \beta_2, \bar{\beta}_1, \bar{\beta}_2\right)^{\mathrm{T}} \\ &\qquad + \left(-f_1^\dagger s_1, -f_2^\dagger s_1, f_2^\dagger r_1 + \frac{f_1}{s_2^*}, -f_1^\dagger r_1 + \frac{f_2}{s_2^*}\right)\left(\beta_1, \beta_2, \bar{\beta}_1, \bar{\beta}_2\right)^{\mathrm{T}}\Big] \colon \end{aligned} \tag{16.35}$$

这里的

$$J \equiv \begin{pmatrix} 0 & r_1^* s_1 & |s_1|^2 & 0 \\ -r_1^* s_1 & 0 & 0 & |s_1|^2 \\ -|s_1|^2 & 0 & 0 & \dfrac{r_2}{s_2^*} - r_1 s_1^* \\ 0 & -|s_1|^2 & r_1 s_1^* - \dfrac{r_2}{s_2^*} & 0 \end{pmatrix} \tag{16.36}$$

注意 $\det J = \left(\dfrac{s_1 s_3^*}{s_2^*}\right)^2$. 用费米系统的 IWOP 方法积分,并注意

$$\begin{aligned} &\begin{pmatrix} -|s_1|^2 & 0 & 0 & \dfrac{r_2}{s_2^*} - r_1 s_1^* \\ 0 & -|s_1|^2 & r_1 s_1^* - \dfrac{r_2}{s_2^*} & 0 \\ 0 & r_1^* s_1 & |s_1|^2 & 0 \\ -r_1^* s_1 & 0 & 0 & |s_1|^2 \end{pmatrix}^{-1} \\ &= \frac{1}{s_3^*} \begin{pmatrix} s_1^* s_2^* & 0 & 0 & -\dfrac{r_1 s_3^*}{s_1} - r_2 s_1^* \\ & s_1^* s_2^* & \dfrac{r_1 s_3^*}{s_1} + r_2 s_1^* & 0 \\ & -r_1^* s_2^* & -s_1^* s_2^* & 0 \\ r_1^* s_2^* & 0 & 0 & -s_1^* s_2^* \end{pmatrix} \equiv L \end{aligned} \tag{16.37}$$

就有

$$\begin{aligned} U(r_1, s_1) U(r_2, s_2) = {} & \frac{|s_2|^2}{s_1 s_2} \colon \exp\left\{ -\frac{s_1 s_3^*}{s_2^*} \exp\left[\frac{1}{2}\left(-f_1^\dagger s_1, -f_2^\dagger s_1, f_2^\dagger r_1 + \frac{f_1}{s_2^*}, \right.\right.\right. \\ & \left.\left.\left. -f_1^\dagger r_1 + \frac{f_2}{s_2^*} \right) \right] L \begin{pmatrix} f_2^\dagger r_1 + \dfrac{f_1}{s_2^*} \\ -f_1^\dagger r_1 + \dfrac{f_2}{s_2^*} \\ -f_1^\dagger s_1 \\ -f_2^\dagger s_1 \end{pmatrix} \right\} \colon \\ = {} & -s_3^* \colon \exp\left[\frac{r_3}{s_3^*} f_1^\dagger f_2^\dagger + \left(\frac{-1}{s_3^*} - 1 \right) (f_1^\dagger f_1 + f_2^\dagger f_2) + \frac{r_3^*}{s_3^*} f_1 f_2 \right] \colon \\ = {} & U(r_3, s_3) \end{aligned} \tag{16.38}$$

这就体现了群表示的乘法规则. 此外我们还可证明

$$V_{r,s} V_{-r,s^*} = V_{-r,s^*} V_{r,s} = I_{4\times 4} \tag{16.39}$$

以及

$$U(r,s)^{\dagger}=U(-r,s^{*}),\quad U(r,s)^{\dagger}U(r,s)=U(r,s)U(r,s)^{\dagger}=I \tag{16.40}$$

16.3 和 SO(2n) 矩阵对应的费米相似变换

本节我们将 SO(4) 群,推广到 SO(2n) 群,给出相应的费米压缩变换.

设 $f=(f_1,f_2,\cdots,f_n)$, $f_i^{\dagger}$ (f_j) 是 n 模费米产生 (湮灭) 算符:

$$B=(f^{\dagger},f),\quad \widetilde{B}=\begin{pmatrix}\tilde{f}^{\dagger}\\ \tilde{f}\end{pmatrix} \tag{16.41}$$

并定义 $\varLambda$ 和 $\varLambda'$ 为 n 维列矢量,则 $\left\{\tilde{\varLambda}\ \varLambda'\right\}_{ij}\equiv\left\{\tilde{\varLambda}_i\ \varLambda'_j\right\}=\left\{\varLambda_i\ \varLambda'_j\right\}$ $(i,j=1,2,\cdots,n)$, $\left\{\tilde{\varLambda}\ \varLambda'\right\}$ 是 $2n\times 2n$ 矩阵. 鉴于反对易关系 $\left\{f_i\ f_j^{\dagger}\right\}=\delta_{ij}$,并用以上定义,我们将费米反对易子记为

$$\left\{\widetilde{B}\ B\right\}=\varPi,\quad \varPi\equiv\begin{pmatrix}0 & I\\ I & 0\end{pmatrix} \tag{16.42}$$

这里 I 是 $n\times n$ 的单位矩阵. 设费米系统哈密顿量是

$$\mathcal{H}=\frac{1}{2}(f^{\dagger},f)\,\varGamma\begin{pmatrix}\tilde{f}^{\dagger}\\ \tilde{f}\end{pmatrix}=\frac{1}{2}B\varGamma\widetilde{B} \tag{16.43}$$

这里 $\varGamma$ 必须是一个 $2n\times 2n$ 的反对称矩阵,譬如 $\beta\varGamma=\begin{pmatrix}A & C\\ -\widetilde{C} & D\end{pmatrix}$ $(\widetilde{A}=-A,\widetilde{D}=-D,\beta$ 是一个普通参数,当 $\mathcal{H}$ 为厄密,$A=D^{\dagger})$. 用 $\left\{\widetilde{B}\ B\right\}=\varPi$ 和算符恒等式

$$[XY,Z]=X\{Y,\ Z\}-\{X,\ Z\}Y \tag{16.44}$$

可以算得

$$\mathcal{H}=\frac{1}{2}\left[f^{\dagger}A\tilde{f}^{\dagger}+f^{\dagger}C\tilde{f}-f\widetilde{C}\tilde{f}^{\dagger}+fD\tilde{f}\right] \tag{16.45}$$

$$\left[f^{\dagger}A\tilde{f}^{\dagger},f_i\right]=\left[f_r^{\dagger}A_{rs}f_s^{\dagger},f_i\right]=2f_r^{\dagger}A_{ri} \tag{16.46}$$

$$\left[f^{\dagger}C\tilde{f},f_i\right]=-f_rC_{ir},\left[-f\widetilde{C}\tilde{f}^{\dagger},f_i\right]=-f_rC_{ir} \tag{16.47}$$

$$[\mathcal{H}, f_i] = f_r^\dagger A_{ri} - f_r C_{ir} \tag{16.48}$$

$$\left[\mathcal{H}, f_i^\dagger\right] = f_r^\dagger C_{ri} + f_r D_{ri} \tag{16.49}$$

小结这些对易关系,得到

$$[\beta\mathcal{H},\ B] = \left[\frac{1}{2}\beta B\Gamma\widetilde{B}, B\right] = B\left(\beta\Gamma\Pi\right) = \beta B\begin{pmatrix} C & A \\ D & -\widetilde{C} \end{pmatrix} \tag{16.50}$$

令

$$\exp\left(-\beta\mathcal{H}\right) \equiv W \tag{16.51}$$

根据 Baker-Hausdorff 公式和上式得到

$$WBW^{-1} = BM,\quad M \equiv \exp\left(-\beta\Gamma\Pi\right) \equiv \begin{pmatrix} Q & L \\ N & P \end{pmatrix} \tag{16.52}$$

或

$$Wf^\dagger W^{-1} = f^\dagger Q + fN,\quad WfW^{-1} = fP + f^\dagger L \tag{16.53}$$

这里的“系数”Q、N、P 和 L 都是 $n\times n$ 复矩阵. 注意 $f^\dagger Q + fN$ 与 $fP + f^\dagger L$ 不互为厄密共轭,现在我们证明

$$M = \Pi\Omega \tag{16.54}$$

Ω 是一个 SO($2n$) 矩阵,即 $\Omega\tilde{\Omega} = \tilde{\Omega}\Omega = I_{2n\times 2n}$.

证明 一方面,让 $B' = WBW^{-1} = BM$, 显然 $\left\{\widetilde{B}\ B\right\}$ 在 W 变换下是不变的,即由于 $\left\{\widetilde{B}_i\ B_j\right\} = 0$ 或 1,故

$$\left\{\widetilde{B}'\ B'\right\}_{ij} = \left\{\left(WBW^{-1}\right)_i\ \left(WBW^{-1}\right)_j\right\} = W\left\{\widetilde{B}_i\ B_j\right\}W^{-1} = \left\{\widetilde{B}\ B\right\}_{ij} \tag{16.55}$$

另一方面,我们还知道

$$\left\{\widetilde{B}'\ B'\right\}_{ij} = \left\{\left(\widetilde{M}\widetilde{B}\right)_i\ (BM)_j\right\} = \widetilde{M}_{ik}\left\{\widetilde{B}\ B\right\}_{kl}M_{lj} = \left(\widetilde{M}\left\{\widetilde{B}\ B\right\}M\right)_{ij} \tag{16.56}$$

所以 $\widetilde{M}\left\{\widetilde{B}\ B\right\}M = \left\{\widetilde{B}\ B\right\}$. 故可得出结论:

$$\widetilde{M}\Pi M = \Pi,\quad \Pi M\Pi^{-1} = \widetilde{M}^{-1} \tag{16.57}$$

因 $\Pi M \equiv \Omega$, 故而 $\tilde{\Omega}^{-1} = \Omega$, 或 $\Omega\tilde{\Omega} = \tilde{\Omega}\Omega = I_{2n\times 2n}$, 这意味着 Ω 是一个 SO($2n$) 矩阵.

容易看出 $\widetilde{M}\Pi M = \Pi$ 等价于以下这些关系:

$$Q\widetilde{L} = -L\widetilde{Q},\quad N\widetilde{P} = -P\widetilde{N},\quad Q\widetilde{P} + L\widetilde{N} = I,\quad P\widetilde{Q} + N\widetilde{L} = I \tag{16.58}$$

$$\widetilde{Q}N = -\widetilde{N}Q,\quad \widetilde{L}P = -\widetilde{P}L,\quad \widetilde{Q}P + \widetilde{N}L = I,\quad \widetilde{P}Q + \widetilde{L}N = I \tag{16.59}$$

这保证了费米算符的反对易关系在相似变换下的不变性.

16.4 $W=\exp(-\beta\mathcal{H})$ 的相干态表象和多模费米算符的范氏恒等式

我们继续证明 $W=\exp(-\beta\mathcal{H})$ 具有如下的费米相干态表象:

$$\exp(-\beta\mathcal{H})=\frac{1}{\sqrt{\det Q}}\int\prod_{i=1}^{n}(\mathrm{d}\bar{\alpha}_i\mathrm{d}\alpha_i)\left|\begin{pmatrix}Q & -L\\ -N & P\end{pmatrix}\begin{pmatrix}\alpha\\ \bar{\alpha}\end{pmatrix}\right\rangle\left\langle\begin{pmatrix}\alpha\\ \bar{\alpha}\end{pmatrix}\right| \tag{16.60}$$

其中 $\begin{pmatrix}\alpha\\ \bar{\alpha}\end{pmatrix}^{\sim}=(\alpha_1,\alpha_2,\cdots,\alpha_n,\bar{\alpha}_1,\bar{\alpha}_2,\cdots,\bar{\alpha}_n)$,$\alpha_i$ 和 $\bar{\alpha}_i$ 是 Grassmann 数,有

$$\left|\begin{pmatrix}\alpha\\ \bar{\alpha}\end{pmatrix}\right\rangle\equiv|\alpha\rangle=\exp\left\{f^{\dagger}\alpha-\bar{\alpha}f\right\}|0\rangle \tag{16.61}$$

是 n 模费米相干态. 先用 IWOP 积分它,鉴于

$$\begin{aligned}\left|\begin{pmatrix}Q & -L\\ -N & P\end{pmatrix}\begin{pmatrix}\alpha\\ \bar{\alpha}\end{pmatrix}\right\rangle&\equiv\exp\left\{f^{\dagger}(Q\alpha-L\bar{\alpha})-(-N\alpha+P\bar{\alpha})f\right\}|0\rangle\\&=\exp\left[-\frac{1}{2}\left(\tilde{\alpha}\widetilde{Q}-\bar{\alpha}^{\sim}\widetilde{L}\right)(N\alpha-P\bar{\alpha})+f^{\dagger}(Q\tilde{\alpha}-L\bar{\alpha}^{\sim})\right]|0\rangle\end{aligned} \tag{16.62}$$

这里 $\bar{\alpha}^{\sim}$ 表示 $\bar{\alpha}$ 的转置. 注意 $\{\alpha_i\ f_j\}=0,\{\alpha_i\ \bar{\alpha}_j\}=0$,将(16.62)式代入(16.60)式,用 $|0\rangle\langle 0|=:\exp\left\{-f^{\dagger}\tilde{f}\right\}:$ 积分得到

$$\begin{aligned}(16.60)\text{ 式的右边}=&\frac{1}{\sqrt{\det Q}}\int\prod_{i=1}^{n}(\mathrm{d}\bar{\alpha}_i\mathrm{d}\alpha_i)\\&\times:\exp\left\{\frac{1}{2}(\tilde{\alpha}\ \bar{\alpha}^{\sim})\begin{pmatrix}\widetilde{N}Q & \widetilde{Q}P\\ -\widetilde{P}Q & \widetilde{P}L\end{pmatrix}\begin{pmatrix}\alpha\\ \bar{\alpha}\end{pmatrix}\right.\\&\left.+(f^{\dagger}Q-f-f^{\dagger}L)\begin{pmatrix}\alpha\\ \bar{\alpha}\end{pmatrix}-f^{\dagger}\tilde{f}\right\}:\\=&\frac{1}{\sqrt{\det Q}}\det\begin{bmatrix}\widetilde{N}Q & \widetilde{Q}P\\ -\widetilde{P}Q & \widetilde{P}L\end{bmatrix}\\&:\exp\left\{\frac{1}{2}(f^{\dagger}Q\quad -f-f^{\dagger}L)\begin{bmatrix}\widetilde{N}Q & \widetilde{Q}P\\ -\widetilde{P}Q & \widetilde{P}L\end{bmatrix}^{-1}\right.\\&\left.\begin{pmatrix}\widetilde{Q}\tilde{f}^{\dagger}\\ -\tilde{f}-\widetilde{L}\tilde{f}^{\dagger}\end{pmatrix}-f^{\dagger}\tilde{f}\right\}:\end{aligned} \tag{16.63}$$

我们用了 Grassmann 数的积分公式：

$$\int\prod_{i=1}^{n}(\mathrm{d}\bar{\alpha}_i\mathrm{d}\alpha_i)\exp\left\{\frac{1}{2}(\tilde{\alpha}\ \bar{\alpha}^{\sim})\begin{pmatrix}A_{11} & A_{12}\\ -\widetilde{A}_{12} & A_{22}\end{pmatrix}\begin{pmatrix}\alpha\\ \bar{\alpha}\end{pmatrix}+(\zeta\ \nu)\begin{pmatrix}\alpha\\ \bar{\alpha}\end{pmatrix}\right\}$$

$$=\det\begin{bmatrix}A_{11} & A_{12}\\ A_{21} & A_{22}\end{bmatrix}^{\frac{1}{2}}\exp\left\{\frac{1}{2}(\zeta\ \nu)\begin{pmatrix}A_{11} & A_{12}\\ -\widetilde{A}_{12} & A_{22}\end{pmatrix}^{-1}\begin{pmatrix}\tilde{\zeta}\\ \tilde{\nu}\end{pmatrix}\right\}\tag{16.64}$$

注意在 : : 内部费米算符为 Grassmann 数. 用 (16.58) 式和 (16.59) 式我们计算

$$\begin{pmatrix}\widetilde{N}Q & \widetilde{Q}P\\ -\widetilde{P}Q & \widetilde{P}L\end{pmatrix}^{-1}=\begin{pmatrix}Q^{-1}L & -I\\ I & -P^{-1}N\end{pmatrix},\quad\det\begin{bmatrix}\widetilde{N}Q & \widetilde{Q}P\\ -\widetilde{P}Q & \widetilde{P}L\end{bmatrix}=\det(QP)\tag{16.65}$$

将其代入 (16.63) 式得到

$$\begin{aligned}(16.63)\text{式}&=\sqrt{\det P}:\exp\left[\frac{1}{2}f^{\dagger}\left(LP^{-1}\right)\tilde{f}^{\dagger}+f^{\dagger}\left(\widetilde{P}^{-1}-I\right)\tilde{f}+\frac{1}{2}f\left(P^{-1}N\right)\tilde{f}\right]:\\&=\sqrt{\det P}\exp\left[\frac{1}{2}f^{\dagger}\left(LP^{-1}\right)\tilde{f}^{\dagger}\right]\exp\left[f^{\dagger}\left(\ln\widetilde{P}^{-1}\right)\tilde{f}\right]\exp\left[\frac{1}{2}f\left(P^{-1}N\right)\tilde{f}\right]\\&\equiv V\end{aligned}\tag{16.66}$$

在最后一步用了算符恒等式 $\exp\left\{f^{\dagger}\Lambda\tilde{f}\right\}=:\exp\left\{f^{\dagger}\left(\mathrm{e}^{\Lambda}-I\right)\tilde{f}\right\}:$. 用 V 可直接导出

$$VfV^{-1}=fP+f^{\dagger}L\tag{16.67}$$

现在我们验证 (16.66) 式中的 V 确实等于 $\exp(-\beta\mathcal{H})$. 为此我们引入一个普通参数 η 构造 $\exp\{-\eta\beta\Gamma\Pi\}$：

$$\exp\{-\eta\beta\Gamma\Pi\}=\begin{pmatrix}Q(\eta) & L(\eta)\\ N(\eta) & P(\eta)\end{pmatrix}=M(\eta)\tag{16.68}$$

在上节已经让 $\beta\Gamma=\begin{pmatrix}A & C\\ -\widetilde{C} & D\end{pmatrix}$, $\beta\Gamma\Pi=\begin{pmatrix}C & A\\ D & -\widetilde{C}\end{pmatrix}$, 所以

$$\frac{\mathrm{d}}{\mathrm{d}\eta}\begin{pmatrix}Q(\eta) & L(\eta)\\ N(\eta) & P(\eta)\end{pmatrix}=\begin{pmatrix}C & A\\ D & -\widetilde{C}\end{pmatrix}\begin{pmatrix}Q(\eta) & L(\eta)\\ N(\eta) & P(\eta)\end{pmatrix}\tag{16.69}$$

相应的, V 也是 η 有关的, 根据 (16.66) 式可见

$$\begin{aligned}V(\eta)\equiv&\sqrt{\det P(\eta)}:\exp\left[\frac{1}{2}f^{\dagger}L(\eta)P(\eta)^{-1}\tilde{f}^{\dagger}+f^{\dagger}\left(\widetilde{P}(\eta)^{-1}-I\right)\tilde{f}\right.\\&\left.+\frac{1}{2}fP(\eta)^{-1}N(\eta)\tilde{f}\right]:\\=&\sqrt{\det P(\eta)}\exp\left[\frac{1}{2}f^{\dagger}L(\eta)P(\eta)^{-1}\tilde{f}^{\dagger}\right]\exp\left[f^{\dagger}\ln\widetilde{P}(\eta)^{-1}\tilde{f}\right]\end{aligned}$$

$$\times \exp \left[\frac{1}{2} f P(\eta)^{-1} N(\eta) \tilde{f} \right] \tag{16.70}$$

对 $V(\eta)$ 微商 (注意费米算符在 $::$ 内是反对易的),得到

$$\frac{\mathrm{d}V}{\mathrm{d}\eta} =: \left\{ \begin{array}{c} \frac{1}{2} \frac{\mathrm{d}\ln(\det P)}{\mathrm{d}\eta} + \frac{1}{2} f^{\dagger} \frac{\mathrm{d}(LP^{-1})}{\mathrm{d}\eta} \tilde{f}^{\dagger} + \\ f^{\dagger} \frac{\mathrm{d}(\widetilde{P})^{-1}}{\mathrm{d}\eta} \tilde{f} + \frac{1}{2} f \frac{\mathrm{d}(P^{-1}N)}{\mathrm{d}\eta} \tilde{f} \end{array} \right\} V: \tag{16.71}$$

挣脱 $::$, 我们必须将 V 置于 $\tilde{f}$ 前,于是可重排上式为

$$\frac{\mathrm{d}V}{\mathrm{d}\eta} = \left\{ \begin{array}{c} \frac{1}{2} \frac{\mathrm{d}\ln(\det P)}{\mathrm{d}\eta} + \frac{1}{2} f^{\dagger} \frac{\mathrm{d}(LP^{-1})}{\mathrm{d}\eta} \tilde{f}^{\dagger} + f^{\dagger} \frac{\mathrm{d}(\widetilde{P})^{-1}}{\mathrm{d}\eta} V \tilde{f} V^{-1} \\ + \frac{1}{2} V f V^{-1} \frac{\mathrm{d}(P^{-1}N)}{\mathrm{d}\eta} V \tilde{f} V^{-1} \end{array} \right\} V \tag{16.72}$$

再用 $VfV^{-1} = fP + f^{\dagger}L$, 或 $VBV^{-1} = BM(\eta)$,将上式变为

$$\frac{\mathrm{d}V}{\mathrm{d}\eta} = \left\{ \begin{array}{c} \frac{1}{2} \frac{\mathrm{d}\ln(\det P)}{\mathrm{d}\eta} + \frac{1}{2} f^{\dagger} \frac{\mathrm{d}(LP^{-1})}{\mathrm{d}\eta} \tilde{f}^{\dagger} + f^{\dagger} \frac{\mathrm{d}(\widetilde{P})^{-1}}{\mathrm{d}\eta} (\widetilde{L} \tilde{f}^{\dagger} + \widetilde{P} \tilde{f}) \\ - \frac{1}{2} (f^{\dagger} L + fP) \frac{\mathrm{d}(P^{-1}N)}{\mathrm{d}\eta} (\widetilde{L} \tilde{f}^{\dagger} + \widetilde{P} \tilde{f}) \end{array} \right\} V \tag{16.73}$$

从

$$\begin{aligned} \frac{\mathrm{d}}{\mathrm{d}\eta} \begin{pmatrix} Q(\eta) & L(\eta) \\ N(\eta) & P(\eta) \end{pmatrix} &= \begin{pmatrix} C & A \\ D & -\widetilde{C} \end{pmatrix} \begin{pmatrix} Q(\eta) & L(\eta) \\ N(\eta) & P(\eta) \end{pmatrix} \\ &= \begin{pmatrix} CQ(\eta) + AN(\eta) & DL(\eta) - \widetilde{C}P(\eta) \\ DQ(\eta) - \widetilde{C}N(\eta) & DL(\eta) - \widetilde{C}P(\eta) \end{pmatrix} \end{aligned} \tag{16.74}$$

可见

$$\frac{\mathrm{d}\ln(\det P)}{\mathrm{d}\eta} = \mathrm{tr} \left[\frac{\mathrm{d}P}{\mathrm{d}\eta} P^{-1} \right] = \mathrm{tr} \left[DLP^{-1} - \widetilde{C} \right] \tag{16.75}$$

将它们代入(16.73)式,经历冗长但直接的计算得到

$$\begin{aligned} \frac{\mathrm{d}V}{\mathrm{d}\eta} &= \frac{-1}{2} (f^{\dagger}, f) \begin{bmatrix} A & C \\ -\widetilde{C} & D \end{bmatrix} \begin{pmatrix} \tilde{f}^{\dagger} \\ \tilde{f} \end{pmatrix} V = \frac{-1}{2} (f^{\dagger}, f) \beta \Gamma \begin{pmatrix} \tilde{f}^{\dagger} \\ \tilde{f} \end{pmatrix} V \\ &= -\beta \mathcal{H} V \end{aligned} \tag{16.76}$$

此处 $\mathcal{H}$ 即是(16.43)式中的 $\mathcal{H}$. 所以

$$V(\eta) = c(\Gamma) \exp\{-\eta\beta\mathcal{H}\} \tag{16.77}$$

这里 $c(\Gamma)$ 是与 η 无关的常数. 若取 $\eta = 0$, 则 $Q = P = I$, $N = L = 0$, 按照(16.77)式我们有 $V = 1$. 于是可以定下 $c = V(\eta) \exp\{\eta\beta\mathcal{H}\} |_{\eta=0} = 1$. 所以,取 $\eta = 1$, 我们肯定

(16.60)式是密度算符 $\exp(-\beta\mathcal{H})$ 的正确的相干态表示式:

$$\exp\left[-\beta\frac{1}{2}\left(f^{\dagger},f\right)\Gamma\begin{pmatrix}\tilde{f}^{\dagger}\\ \tilde{f}\end{pmatrix}\right]$$
$$=\sqrt{\det P}\colon\exp\left\{\frac{1}{2}f^{\dagger}\left(LP^{-1}\right)\tilde{f}^{\dagger}+f^{\dagger}\left(\widetilde{P}^{-1}-I\right)\tilde{f}+\frac{1}{2}f\left(P^{-1}N\right)\tilde{f}\right\}\colon \tag{16.78}$$

$$\begin{bmatrix}Q & L\\ N & P\end{bmatrix}=\exp\left(-\beta\Gamma\Pi\right) \tag{16.79}$$

这称为范洪义(范氏)多模费米算符恒等式.

16.5 广义费米系统配分函数

已知单模费米振子 $H=\omega(f_1^{\dagger}f_1+\frac{1}{2})$ 的配分函数是

$$\Xi=\mathrm{tr}\left(\mathrm{e}^{-\beta H}\right)=\langle 0|\,\mathrm{e}^{-\beta H}\,|0\rangle+\langle 1|\,\mathrm{e}^{-\beta H}\,|1\rangle=\mathrm{e}^{-\frac{1}{2}\beta\omega}\left(1+\exp(-\beta\omega)\right) \tag{16.80}$$

这里 $\beta=\dfrac{1}{kT}$,k 是玻尔兹曼常数.本节推广至求 n 模费米哈密顿情形 $\mathcal{H}=\dfrac{1}{2}\left(f^{\dagger},f\right)\cdot\Gamma\begin{pmatrix}\tilde{f}^{\dagger}\\ \tilde{f}\end{pmatrix}$ 的配分函数,这里 Γ 必须是 $2n\times 2n$ 的反对称矩阵,譬如 $\beta\Gamma=\begin{bmatrix}A & C\\ -\widetilde{C} & D\end{bmatrix}$ (当 $\mathcal{H}$ 是厄密的,$A=D^{\dagger}$). 我们将导出相应的配分函数是

$$\Xi=\mathrm{tr}\left(\mathrm{e}^{-\beta\mathcal{H}}\right)=\left(\det\left[\exp\left(\beta\Gamma\Pi\right)+I\right]\right)^{\frac{1}{2}},\quad \Pi\equiv\begin{pmatrix}0 & I\\ I & 0\end{pmatrix} \tag{16.81}$$

特别的,当 $n=1$,$\mathcal{H}\longmapsto\omega(f_1^{\dagger}f_1+\frac{1}{2})=\dfrac{1}{2}\left(f_1^{\dagger},f_1\right)\begin{pmatrix}0 & \omega\\ -\omega & 0\end{pmatrix}\begin{pmatrix}f_1^{\dagger}\\ f_1\end{pmatrix}+\omega$,上式约化为

$$\Xi\longmapsto\mathrm{e}^{-\beta\omega}\mathrm{Tr}\exp\left[-\beta\frac{1}{2}\left(f_1^{\dagger},f_1\right)\begin{pmatrix}0 & \omega\\ -\omega & 0\end{pmatrix}\begin{pmatrix}f_1^{\dagger}\\ f_1\end{pmatrix}\right]$$
$$=\mathrm{e}^{-\beta\omega}\det\left\{\exp\left[\beta\begin{pmatrix}0 & \omega\\ -\omega & 0\end{pmatrix}\Pi\right]+I\right\}^{\frac{1}{2}}$$
$$=\mathrm{e}^{-\frac{1}{2}\beta\omega}\left[1+\exp(-\beta\omega)\right] \tag{16.82}$$

(16.83)式的证明:

我们将密度算符 $\exp(-\beta\mathcal{H})$ 看作是引起相似变换的算符,用刚得到的费米相干态表示(16.60)式及其正规乘积形式(16.66)式,我们立刻得到其相干态矩阵元:

$$\langle\alpha'|\exp(-\beta\mathcal{H})|\alpha\rangle=\sqrt{\det P}\exp\left\{\begin{array}{c}\frac{1}{2}\bar{\alpha}'^{\sim}\left(LP^{-1}\right)\bar{\alpha}'+\bar{\alpha}^{\sim\prime}\left(\widetilde{P}^{-1}\right)\alpha+\\ \frac{1}{2}\tilde{\alpha}\left(P^{-1}N\right)\alpha-\frac{1}{2}\left(\bar{\alpha}^{\sim\prime}\alpha'+\bar{\alpha}^{\sim}\alpha\right)\end{array}\right\} \tag{16.83}$$

注意在费米相干态表象中求配分函数 $|\alpha\rangle$ 的公式是 (见后面的附录 A)

$$\Xi=\operatorname{tr}\exp(-\beta\mathcal{H})=\int\prod_{i=1}^{n}\mathrm{d}\alpha_i\mathrm{d}\bar{\alpha}_i\langle-\alpha|\exp(-\beta\mathcal{H})|\alpha\rangle \tag{16.84}$$

用积分公式(16.64)式得到

$$\begin{aligned}\Xi&=\int\prod_{i=1}^{n}\mathrm{d}\bar{\alpha}_i\mathrm{d}\alpha_i\sqrt{\det P}\exp\left\{\frac{1}{2}\bar{\alpha}^{\sim}\left(LP^{-1}\right)\bar{\alpha}\right.\\&\left.\quad-\tilde{\alpha}\left(\widetilde{P}^{-1}+I\right)\alpha+\frac{1}{2}\tilde{\alpha}\left(P^{-1}N\right)\alpha\right\}\\&=\left(\det P\det\begin{bmatrix}P^{-1}N & P^{-1}+I\\ -\widetilde{P}^{-1}-I & LP^{-1}\end{bmatrix}\right)^{\frac{1}{2}}\end{aligned} \tag{16.85}$$

进一步可以简化为(见后面的附录 B)

$$\Xi=\operatorname{tr}\exp(-\beta\mathcal{H})=\left(\det\left[\exp(\beta\Gamma\Pi)+I\right]\right)^{\frac{1}{2}} \tag{16.86}$$

接着计算系综平均能 $<E>_{\mathrm{e}}$:

$$\begin{aligned}<E>_{\mathrm{e}}&=-\frac{\partial}{\partial\beta}\ln\Xi=-\frac{1}{2}\operatorname{tr}\left[\frac{\partial\left(\exp(\beta\Gamma\Pi)+I\right)}{\partial\beta}\left(\exp(\beta\Gamma\Pi)+I\right)^{-1}\right]\\&=-\frac{1}{2}\operatorname{tr}\left[\Gamma\Pi\exp(\beta\Gamma\Pi)\left(\exp(\beta\Gamma\Pi)+I\right)^{-1}\right]\end{aligned} \tag{16.87}$$

鉴于 $\operatorname{tr}(\Gamma\Pi)=0$,上式即为

$$<E>_{\mathrm{e}}=\frac{1}{2}\operatorname{tr}\left[\Gamma\Pi\left(\exp(\beta\Gamma\Pi)+I\right)^{-1}\right] \tag{16.88}$$

故而比热是

$$C=-\frac{1}{kT^2}\frac{\partial}{\partial\beta}<E>_{\mathrm{e}}=\frac{1}{2kT^2}\operatorname{tr}\left[(\Gamma\Pi)^2\frac{\exp(\beta\Gamma\Pi)}{\left(\exp(\beta\Gamma\Pi)+I\right)^2}\right] \tag{16.89}$$

附录 A

不失一般性,记 F 为一个单模双线性费米算符,由费米相干态的完备性有

$$
\begin{aligned}
\operatorname{tr} F &= \sum_{l_j=0}^{1} \langle l_j| \left(F \int \mathrm{d}\bar{\alpha}_j \mathrm{d}\alpha_j \, |\alpha_j\rangle \langle \alpha_j| \right) |l_j\rangle \\
&= \sum_{l_j=0}^{1} \int \mathrm{d}\bar{\alpha}_j \mathrm{d}\alpha_j \, \langle l_j| F |\alpha_j\rangle \langle \alpha_j| |l_j\rangle
\end{aligned}
\tag{A1}
$$

这里 $|l_j\rangle$ ($l_j = 0,1$) 是费米子数态. 回忆费米相干态的展开是

$$
\begin{aligned}
&|\alpha_j\rangle = \exp(-\bar{\alpha}_j \alpha_j) \left(|0\rangle_j + |1\rangle_j \, \alpha_j \right), \\
&\langle \alpha_j | 0\rangle_j = \exp(-\bar{\alpha}_j \alpha_j), \\
&\langle \alpha_j | 1\rangle_j = \exp(-\bar{\alpha}_j \alpha_j) \bar{\alpha}_j
\end{aligned}
\tag{A2}
$$

这里的重复指标不暗含对 j 求和. 将上式代入(A1)式,并用 Grassmann 数与费米算符反对易的性质,$\bar{\alpha}_j f_j = -f_j \bar{\alpha}_j$, 直接给出

$$
\begin{aligned}
\operatorname{tr} F &= \int \mathrm{d}\bar{\alpha}_j \mathrm{d}\alpha_j \left({}_j\langle 0| F |\alpha_j\rangle +_j \langle 1| F |\alpha_j\rangle \bar{\alpha}_j \right) \exp(-\bar{\alpha}_j \alpha_j) \\
&= \int \mathrm{d}\bar{\alpha}_j \mathrm{d}\alpha_j \exp(-\bar{\alpha}_j \alpha_j) \left({}_j\langle 0| - \bar{\alpha}_{j\,j} \langle 1| \right) F |\alpha_j\rangle \\
&= \int \mathrm{d}\bar{\alpha}_i \mathrm{d}\alpha_i \, \langle -\alpha_j| F |\alpha_j\rangle
\end{aligned}
\tag{A3}
$$

例如,当 $F = \exp\left(-\beta\omega f_j^\dagger f_j,\right)$ 时,有

$$
\begin{aligned}
\operatorname{tr} \exp\left(-\beta\omega f_j^\dagger f_j\right) &= \int \mathrm{d}\bar{\alpha}_i \mathrm{d}\alpha_i \, \langle -\alpha_j| \exp\left(-\beta\omega f_j^\dagger f_j\right) |\alpha_j\rangle \\
&= 1 + \exp(-\beta\omega)
\end{aligned}
\tag{A4}
$$

附录 B

由于 $\widetilde{M} \Pi M = \Pi$, 有

$$
\exp(\beta \Gamma \Pi) = M^{-1} = \Pi \widetilde{M} \Pi = \begin{bmatrix} \widetilde{P} & \widetilde{L} \\ \widetilde{N} & \widetilde{Q} \end{bmatrix}
\tag{B1}
$$

于是

$$
\det\left[\exp(\beta \Gamma \Pi) + I\right] = \det \begin{bmatrix} \widetilde{P} + I & \widetilde{L} \\ \widetilde{N} & \widetilde{Q} + I \end{bmatrix}
\tag{B2}
$$

由（16.58）式、（16.59）式可知

$$\widetilde{Q}=P^{-1}\left(I-N\widetilde{L}\right),\quad P^{-1}N=-\widetilde{N}\widetilde{P}^{-1},\quad \widetilde{P}^{-1}\widetilde{L}=-LP^{-1} \tag{B3}$$

再由保持行列式不变的基本运算，我们可以有变换：

$$\begin{aligned}\det\left[\exp\left(\beta\varGamma\varPi\right)+I\right]&=\det\begin{bmatrix}\widetilde{P}+I & \widetilde{L}\\ \widetilde{N} & P^{-1}+I+\widetilde{N}\widetilde{P}^{-1}\widetilde{L}\end{bmatrix}\\ &=\det\begin{bmatrix}\widetilde{P}+I & -\widetilde{P}^{-1}\widetilde{L}\\ \widetilde{N} & P^{-1}+I\end{bmatrix}=\det\begin{bmatrix}-\widetilde{N} & P^{-1}+I\\ -(\widetilde{P}+I) & LP^{-1}\end{bmatrix}\\ &=\det\left(\begin{bmatrix}-\widetilde{N}\widetilde{P}^{-1} & P^{-1}+I\\ -(\widetilde{P}^{-1}+I) & LP^{-1}\end{bmatrix}\begin{bmatrix}\widetilde{P} & 0\\ 0 & I\end{bmatrix}\right)\\ &=\det\begin{bmatrix}P^{-1}N & P^{-1}+I\\ -(\widetilde{P}^{-1}+I) & LP^{-1}\end{bmatrix}\det P\end{aligned} \tag{B4}$$

即验证了（16.87）式与（16.88）式的关系.

16.6 一个费米系统的主方程解

仿照玻色情形，我们可以建立费米子主方程：

$$\frac{\mathrm{d}\rho(t)}{\mathrm{d}t}=g\left[2f^{\dagger}\rho(t)f-ff^{\dagger}\rho(t)-\rho(t)ff^{\dagger}\right]+\kappa\left[2f\rho(t)f^{\dagger}-f^{\dagger}f\rho(t)-\rho(t)f^{\dagger}f\right] \tag{16.90}$$

这里 g 代表增益，κ 代表损耗. 为了解此方程，引入类纠缠态

$$|\eta\rangle=\exp\left(-\frac{1}{2}\bar{\eta}\eta+f^{\dagger}\eta+\tilde{f}^{\dagger}\bar{\eta}+f^{\dagger}\tilde{f}^{\dagger}\right)|0\tilde{0}\rangle \tag{16.91}$$

注意这里的 η 是 Grassmann 数，上有一横“$^{-}$”的 η 是一个独立的 Grassmann 数，遵守

$$\{\bar{\eta},\eta\}=0,\ \eta^{2}=\bar{\eta}^{2}=0 \tag{16.92}$$

$$\left\{\eta,\tilde{f}^{\dagger}\right\}=0,\tilde{f}^{\dagger 2}=0 \tag{16.93}$$

$\tilde{f}^{\dagger}$ 是一个虚模，独立于实在模式 $f^{\dagger}$，$|\tilde{0}\rangle$ 是虚模真空，被 $\tilde{f}$ 湮灭，$\left\{\tilde{f},\tilde{f}^{\dagger}\right\}=1$. 记

$$|I\rangle=|\eta=0\rangle=\exp\left(f^{\dagger}\tilde{f}^{\dagger}\right)|0\tilde{0}\rangle=\left(1+f^{\dagger}\tilde{f}^{\dagger}\right)|0\tilde{0}\rangle \tag{16.94}$$

$|I\rangle$ 具有性质：

$$f\,|I\rangle = \tilde{f}^{\dagger}\,|I\rangle\,,\quad \tilde{f}\,|I\rangle = -f^{\dagger}\,|I\rangle \tag{16.95}$$

$$(f^{\dagger}f)^{n}|I\rangle = (\tilde{f}^{\dagger}\tilde{f})^{n}|I\rangle \tag{16.96}$$

将主方程的两边分别作用于 $|I\rangle$，并记态 $|\rho\rangle = \rho\,|I\rangle$，主方程变成 $|\rho(t)\rangle$ 的演化方程：

$$\frac{\mathrm{d}}{\mathrm{d}t}\,|\rho(t)\rangle = \left[g\left(2f^{\dagger}\tilde{f}^{\dagger} - ff^{\dagger} - \tilde{f}\tilde{f}^{\dagger}\right) + \kappa\left(2\tilde{f}f\ - f^{\dagger}f - \tilde{f}^{\dagger}\tilde{f}\right)\right]|\rho(t)\rangle \tag{16.97}$$

与薛定谔方程 $\mathrm{i}\frac{\mathrm{d}}{\mathrm{d}t}\,|\psi(t)\rangle = H\,|\psi(t)\rangle$ 比较，可以认 $|\rho(t)\rangle$ 为 $|\psi(t)\rangle$，即视 $\rho(t)$ 受哈密顿量 H 的支配：

$$H = \mathrm{i}g\left(2f^{\dagger}\tilde{f}^{\dagger} - ff^{\dagger} - \tilde{f}\tilde{f}^{\dagger}\right) + \mathrm{i}\kappa\left(2\tilde{f}f\ - f^{\dagger}f - \tilde{f}^{\dagger}\tilde{f}\right) \tag{16.98}$$

形式解是

$$|\rho(t)\rangle = \exp\left[g\left(2f^{\dagger}\tilde{f}^{\dagger} - ff^{\dagger} - \tilde{f}\tilde{f}^{\dagger}\right)t + \kappa\left(2\tilde{f}f\ - \tilde{f}^{\dagger}\tilde{f} - f^{\dagger}f\right)t\right]|\rho(0)\rangle \tag{16.99}$$

把 H 纳入如下的标准形式：

$$\mathcal{H} = \frac{1}{2}(F^{\dagger},F)\varXi\begin{pmatrix}\widetilde{F}^{\dagger}\\ \widetilde{F}\end{pmatrix} \tag{16.100}$$

其中

$$F \equiv \left(f_1^{\dagger}\ f_2^{\dagger}\cdots\ f_n^{\dagger},\ f_1\ f_2\cdots\ f_n\right) \equiv (\mathfrak{F}^{\dagger},\mathfrak{F})\,,\quad \widetilde{F}^{\dagger} = \begin{pmatrix}\widetilde{\mathfrak{F}}^{\dagger}\\ \widetilde{\mathfrak{F}}\end{pmatrix} \tag{16.101}$$

而 $\varXi$ 是 $2n\times 2n$ 的反对称矩阵：

$$\varXi \equiv \begin{pmatrix} G & S\\ -\widetilde{S} & K\end{pmatrix},\quad \widetilde{G} = -G,\quad \widetilde{K} = -K \tag{16.102}$$

则 $\exp(-\beta\mathcal{H})$ 有正规乘积展开：

$$\begin{aligned}\exp(-\beta\mathcal{H}) &= \exp\left[-\beta\frac{1}{2}(F^{\dagger},F)\varXi\begin{pmatrix}\widetilde{F}^{\dagger}\\ \widetilde{F}\end{pmatrix}\right]\\ &= \sqrt{\det P}\colon\!\exp\left\{\frac{1}{2}\mathfrak{F}^{\dagger}\left(LP^{-1}\right)\widetilde{\mathfrak{F}}^{\dagger} + \mathfrak{F}^{\dagger}\left(\widetilde{P}^{-1} - I\right)\widetilde{\mathfrak{F}} + \frac{1}{2}\mathfrak{F}\left(P^{-1}N\right)\widetilde{\mathfrak{F}}\right\}\colon\end{aligned} \tag{16.103}$$

其中

$$\begin{bmatrix} Q & L\\ N & P\end{bmatrix} = \exp[-\beta\varXi\begin{pmatrix}0 & I\\ I & 0\end{pmatrix}] \tag{16.104}$$

现在分析 H. 记 $F^\dagger=\left(f^\dagger,\tilde{f}^\dagger\right)$,$F=\left(f,\tilde{f}\right)$ 以及

$$G=2gt\begin{pmatrix}0&1\\-1&0\end{pmatrix},\quad S=(g-\kappa)t\begin{pmatrix}1&0\\0&1\end{pmatrix},\quad K=2\kappa t\begin{pmatrix}0&-1\\1&0\end{pmatrix}\tag{16.105}$$

$$g\left(2f^\dagger\tilde{f}^\dagger-ff^\dagger-\tilde{f}\tilde{f}^\dagger\right)t+\kappa\left(2\tilde{f}f\ -\tilde{f}^\dagger\tilde{f}-f^\dagger f\right)t=H-(g+\kappa)t\tag{16.106}$$

相应的,有

$$\begin{aligned}
Q&=\frac{g\mathrm{e}^{(g+\kappa)t}+\kappa\mathrm{e}^{-(g+\kappa)t}}{g+\kappa}I_2,\\
P&=\frac{\kappa\mathrm{e}^{(g+\kappa)t}+g\mathrm{e}^{-(g+\kappa)t}}{g+\kappa}I_2,\\
L&=\frac{g\left(\mathrm{e}^{(g+\kappa)t}-\mathrm{e}^{-(g+\kappa)t}\right)}{g+\kappa}\begin{pmatrix}0&1\\-1&0\end{pmatrix},\\
N&=\frac{\kappa\left(\mathrm{e}^{(g+\kappa)t}-\mathrm{e}^{-(g+\kappa)t}\right)}{g+\kappa}\begin{pmatrix}0&-1\\1&0\end{pmatrix}
\end{aligned}\tag{16.107}$$

所以可以分解(16.101)式中的指数为

$$\begin{aligned}
&\exp\left[g\left(2f^\dagger\tilde{f}^\dagger-ff^\dagger-\tilde{f}\tilde{f}^\dagger\right)t+\kappa\left(2\tilde{f}f-\tilde{f}^\dagger\tilde{f}-f^\dagger f\right)t\right]\\
&\quad=\mathrm{e}^{-(g+\kappa)t}\exp(H)\\
&\quad=\frac{g\mathrm{e}^{-2(g+\kappa)t}+\kappa}{g+\kappa}\exp\left[\frac{g\mathrm{e}^{2(g+\kappa)t}-g}{\kappa\mathrm{e}^{2(g+\kappa)t}+g}f^\dagger\tilde{f}^\dagger\right]\\
&\qquad\times\exp\left[\left(\tilde{f}^\dagger\tilde{f}+f^\dagger f\right)\ln\frac{g+\kappa}{g\mathrm{e}^{-(g+\kappa)t}+\kappa\mathrm{e}^{(g+\kappa)t}}\right]\exp\left[\frac{\kappa\mathrm{e}^{2(g+\kappa)t}-\kappa}{\kappa\mathrm{e}^{2(g+\kappa)t}+g}\tilde{f}f\right]\\
&\quad=N\left(1+af^\dagger\tilde{f}^\dagger\right)\left(1+bf^\dagger f\right)\left(1+b\tilde{f}^\dagger\tilde{f}\right)\left(1+c\tilde{f}f\right)
\end{aligned}\tag{16.108}$$

这里

$$\begin{aligned}
a&=\frac{g\mathrm{e}^{2(g+\kappa)t}-g}{\kappa\mathrm{e}^{2(g+\kappa)t}+g},\\
b&=\frac{g+\kappa}{g\mathrm{e}^{-(g+\kappa)t}+\kappa\mathrm{e}^{(g+\kappa)t}}-1,\\
c&=\frac{\kappa\mathrm{e}^{2(g+\kappa)t}-\kappa}{\kappa\mathrm{e}^{2(g+\kappa)t}+g},\\
N&=\frac{g\mathrm{e}^{-2(g+\kappa)t}+\kappa}{g+\kappa}
\end{aligned}\tag{16.109}$$

继续算得

$$\begin{aligned}
&\left(1+af^\dagger\tilde{f}^\dagger\right)\left(1+b\tilde{f}^\dagger\tilde{f}\right)\left(1+bf^\dagger f\right)\left(1+c\tilde{f}f\right)\\
&\quad=\left(1+b\tilde{f}^\dagger\tilde{f}+af^\dagger\tilde{f}^\dagger\right)\left(1+bf^\dagger f+c\tilde{f}f\right)
\end{aligned}$$

$$= 1 + b\tilde{f}^\dagger\tilde{f} + af^\dagger\tilde{f}^\dagger + bf^\dagger f + b^2 f^\dagger f\ \tilde{f}^\dagger\tilde{f} + c\tilde{f}f + acf^\dagger\tilde{f}^\dagger\tilde{f}f \tag{16.110}$$

故而 $|\rho(t)\rangle = \rho(t)|I\rangle$ 的解变成

$$\begin{aligned} &N\left(1+af^\dagger\tilde{f}^\dagger\right)\left(1+b\tilde{f}^\dagger\tilde{f}\right)\left(1+bf^\dagger f\right)\left(1+c\tilde{f}f\right)\rho_0|I\rangle \\ &= N\left[\begin{array}{c}\rho_0 + cf\rho_0 f^\dagger + af^\dagger\rho_0 f \\ +b\left(\rho_0 f^\dagger f + f^\dagger f\rho_0\right) + \left(b^2+ac\right)f^\dagger f\rho_0 f^\dagger f\end{array}\right]|I\rangle \end{aligned} \tag{16.111}$$

由此从 $|\rho\rangle$ 中分离出算符 ρ:

$$\rho = N\left[cf\rho_0 f^\dagger + af^\dagger\rho_0 f + \left(1+bf^\dagger f\right)\rho_0\left(1+bf^\dagger f\right) + acf^\dagger f\rho_0 f^\dagger f\right] \tag{16.112}$$

记

$$\rho = \sum_{i=1}^{4}\widetilde{M}_i\rho_0\widetilde{M}_i^\dagger \tag{16.113}$$

并令 $p = \dfrac{\kappa}{g+\kappa}, \gamma = 1-\mathrm{e}^{-2(g+\kappa)t}$,则可看出

$$\widetilde{M}_1 = \sqrt{cN}f = \sqrt{p}\begin{pmatrix}0 & \sqrt{\gamma}\\ 0 & 0\end{pmatrix} \tag{16.114}$$

$$\widetilde{M}_2 = \sqrt{aN}f^\dagger = \sqrt{1-p}\begin{pmatrix}0 & 0\\ \sqrt{\gamma} & 0\end{pmatrix} \tag{16.115}$$

$$\widetilde{M}_3 = \sqrt{N}\left(1+bf^\dagger f\right) = \begin{pmatrix}\sqrt{p+(1-p)(1-\gamma)} & 0\\ 0 & \sqrt{\dfrac{1-\gamma}{p+(1-p)(1-\gamma)}}\end{pmatrix} \tag{16.116}$$

$$\widetilde{M}_4 = \sqrt{Nac}f^\dagger f = \begin{pmatrix}0 & 0\\ 0 & \gamma\sqrt{\dfrac{p(1-p)}{p+(1-p)(1-\gamma)}}\end{pmatrix} \tag{16.117}$$

$\widetilde{M}_i$ 满足

$$\sum_{i=1}^{4}\widetilde{M}_i^\dagger\widetilde{M}_i = 1 \tag{16.118}$$

第 17 章

广义费曼定理对费米系统的应用

本章我们将广义费曼定理用于费米系统的统计性质. 我们探讨两种哈密顿量情形, 一个是费米耦合振子

$$H_1 = \omega_1 f_1^\dagger f_1 + \omega_2 f_2^\dagger f_2 + \lambda \left(f_1^\dagger f_2 - f_1 f_2^\dagger \right) \tag{17.1}$$

另一个是费米类压缩过程

$$H_2 = \omega_1 f_1^\dagger f_1 + \omega_2 f_2^\dagger f_2 + g \left(f_1^\dagger f_2^\dagger - f_1 f_2 \right) \tag{17.2}$$

式中 λ 与 g 是作用常数. 我们用范洪义、陈伯展导出的广义费曼定理来求系统的热力学量.

17.1 模型 H_1 的统计性质

- 平均能量

用广义费曼定理,我们分别考虑对 ω_1、ω_2、λ 求微商,得到

$$\frac{\partial \langle H_1\rangle_e}{\partial \omega_1} = \left\langle \left(1+\beta\langle H_1\rangle_e - \beta H_1\right)\left(f_1^\dagger f_1\right)\right\rangle_e \tag{17.3}$$

$$\frac{\partial \langle H_1\rangle_e}{\partial \omega_2} = \left\langle \left(1+\beta\langle H_1\rangle_e - \beta H_1\right)\left(f_2^\dagger f_2\right)\right\rangle_e \tag{17.4}$$

以及

$$\frac{\partial \langle H_1\rangle_e}{\partial \lambda} = \left\langle \left(1+\beta\langle H_1\rangle_e - \beta H_1\right)\left(f_1^\dagger f_2 - f_1 f_2^\dagger\right)\right\rangle_e \tag{17.5}$$

用算符恒等式

$$[AB,C] = A\{B,C\} - \{A,C\}B \tag{17.6}$$

$$[A,BC] = \{A,B\}C - B\{A,C\} \tag{17.7}$$

这里 $\{A,B\} = AB + BA$, $[A,B] = AB - BA$,以及

$$\left\{f_i, f_j^\dagger\right\} = \delta_{ij},\quad f_i^2 = 0,\quad f_i^{\dagger 2} = 0 \tag{17.8}$$

导出

$$\left[f_1^\dagger f_2 + f_1 f_2^\dagger, H_1\right] = (\omega_2 - \omega_1)\left(f_1^\dagger f_2 - f_1 f_2^\dagger\right) + 2\lambda f_1^\dagger f_1 - 2\lambda f_2^\dagger f_2 \tag{17.9}$$

令 $|\Psi_{1n}\rangle$ 是 H_1 的本征态,$H_1|\Psi_{1n}\rangle = E_{1n}|\Psi_{1n}\rangle$,鉴于

$$\langle \Psi_{1n}|\left[f_1^\dagger f_2 + f_1 f_2^\dagger, H_1\right]|\Psi_{1n}\rangle = 0 \tag{17.10}$$

故而

$$\langle \Psi_{1n}|\left[(\omega_2 - \omega_1)\left(f_1^\dagger f_2 - f_1 f_2^\dagger\right) + 2\lambda f_1^\dagger f_1 - 2\lambda f_2^\dagger f_2\right]|\Psi_{1n}\rangle = 0 \tag{17.11}$$

于是有

$$\left\langle \left(1+\beta\langle H_1\rangle_e - \beta H_1\right)\left[(\omega_2 - \omega_1)\left(f_1^\dagger f_2 - f_1 f_2^\dagger\right) + 2\lambda f_1^\dagger f_1 - 2\lambda f_2^\dagger f_2\right]\right\rangle_e = 0 \tag{17.12}$$

结合(17.3)式 ~(17.5)式和(17.12)式,得到关于 $\langle H_1\rangle_e$ 的偏微分方程:

$$2\lambda\frac{\partial \langle H_1\rangle_e}{\partial \omega_1} - 2\lambda\frac{\partial \langle H_1\rangle_e}{\partial \omega_2} + (\omega_2 - \omega_1)\frac{\partial \langle H_1\rangle_e}{\partial \lambda} = 0 \tag{17.13}$$

按照特征法,建立方程

$$\frac{d\omega_1}{2\lambda}=-\frac{d\omega_2}{2\lambda}=\frac{d\lambda}{\omega_2-\omega_1} \tag{17.14}$$

由(17.13)式即为

$$\frac{d\omega_1}{2\lambda}=-\frac{d\omega_2}{2\lambda},\quad \frac{d(\omega_1-\omega_2)}{4\lambda}=\frac{d\lambda}{\omega_2-\omega_1} \tag{17.15}$$

所以

$$\omega_1+\omega_2=c_1,\quad \lambda^2-\omega_1\omega_2=c_2 \tag{17.16}$$

可见 $\langle H_1\rangle_e$ 有如下形式的解:

$$\langle H_1\rangle_e=F_1\left[\omega_1+\omega_2,\lambda^2-\omega_1\omega_2\right] \tag{17.17}$$

式中 F_1 是待定的函数. 考虑当 $\lambda\to 0, H_1$ 约化为两个独立的费米振子,有费米统计

$$\langle H_1|_{\lambda\to 0}\rangle_e=\frac{\omega_1}{e^{\beta\omega_1}+1}+\frac{\omega_2}{e^{\beta\omega_2}+1} \tag{17.18}$$

设

$$x=\omega_1+\omega_2,\quad y\equiv-\omega_1\omega_2 \tag{17.19}$$

其逆关系是

$$\omega_1=\frac{x}{2}+\frac{\sqrt{x^2+4y}}{2},\quad \omega_2=\frac{x}{2}-\frac{\sqrt{x^2+4y}}{2} \tag{17.20}$$

所以 F_1 为

$$F_1[x,y]=\frac{\frac{x}{2}+\frac{\sqrt{x^2+4y}}{2}}{e^{\beta\left(\frac{x}{2}+\frac{\sqrt{x^2+4y}}{2}\right)}+1}+\frac{\frac{x}{2}-\frac{\sqrt{x^2+4y}}{2}}{e^{\beta\left(\frac{x}{2}-\frac{\sqrt{x^2+4y}}{2}\right)}+1} \tag{17.21}$$

比较(17.17)式与(17.21)式,得到平均能 $\langle H_1\rangle_e$:

$$\langle H_1\rangle_e=\frac{A_1}{e^{\beta A_1}+1}+\frac{B_1}{e^{\beta B_1}+1} \tag{17.22}$$

其中

$$\begin{aligned}A_1&\equiv\frac{\omega_1+\omega_2+Q}{2},\\ B_1&\equiv\frac{\omega_1+\omega_2-Q}{2},\\ Q&\equiv\sqrt{(\omega_1+\omega_2)^2+4(\lambda^2-\omega_1\omega_2)}\end{aligned} \tag{17.23}$$

- 能量分布

根据(17.23)式,我们得到 H_1 的每一项的贡献,如下所示:

$$\omega_1\left\langle f_1^\dagger f_1\right\rangle_{\mathrm{e}}=\frac{\omega_1-\omega_2+Q}{2Q}\frac{\omega_1}{\mathrm{e}^{\beta A_1}+1}+\frac{\omega_2-\omega_1+Q}{2Q}\frac{\omega_1}{\mathrm{e}^{\beta B_1}+1} \tag{17.24}$$

$$\omega_2\left\langle f_2^\dagger f_2\right\rangle_{\mathrm{e}}=\frac{\omega_2-\omega_1+Q}{2Q}\frac{\omega_2}{\mathrm{e}^{\beta A_1}+1}+\frac{\omega_1-\omega_2+Q}{2Q}\frac{\omega_2}{\mathrm{e}^{\beta B_1}+1} \tag{17.25}$$

$$\lambda\left\langle\left(f_1^\dagger f_2-f_1 f_2^\dagger\right)\right\rangle_{\mathrm{e}}=\frac{2\lambda^2}{Q}\frac{1}{\mathrm{e}^{\beta A_1}+1}-\frac{2\lambda^2}{Q}\frac{1}{\mathrm{e}^{\beta B_1}+1} \tag{17.26}$$

可以验证下式也成立:

$$\langle H_1\rangle_{\mathrm{e}}=\omega_1\left\langle f_1^\dagger f_1\right\rangle_{\mathrm{e}}+\omega_2\left\langle f_2^\dagger f_2\right\rangle_{\mathrm{e}}+\lambda\left\langle\left(f_1^\dagger f_2-f_1 f_2^\dagger\right)\right\rangle_{\mathrm{e}} \tag{17.27}$$

- 熵

熵与内能有关,结合熵的定义(15.120)式和(17.26)式,我们有

$$\begin{aligned}S&=\frac{1}{T}\langle H_1\rangle_{\mathrm{e}}-\frac{1}{T}\int\left\langle\frac{\partial H_1}{\partial\lambda}\right\rangle_{\mathrm{e}}\mathrm{d}\lambda\\&=k\ln\left[\left(\mathrm{e}^{\beta A_1}+1\right)\left(\mathrm{e}^{\beta B_1}+1\right)\right]-\frac{1}{T}\frac{A_1\mathrm{e}^{\beta A_1}}{\mathrm{e}^{\beta A_1}+1}-\frac{1}{T}\frac{B_1\mathrm{e}^{\beta B_1}}{\mathrm{e}^{\beta B_1}+1}\end{aligned} \tag{17.28}$$

这正是由 H_1 描述的系统的熵.

17.2 模型 H_2 的统计性质

对于哈密顿量 H_2,我们在本节中用同样的方法研究它的统计性质.

• 平均能量

从(17.2)式分别对 ω_1、ω_2、g 求导,我们得到

$$\frac{\partial \langle H_2\rangle_{\mathrm{e}}}{\partial \omega_1}=\left\langle\left(1+\beta\langle H_2\rangle_{\mathrm{e}}-\beta H_2\right)\left(f_1^{\dagger}f_1\right)\right\rangle_{\mathrm{e}} \tag{17.29}$$

$$\frac{\partial \langle H_2\rangle_{\mathrm{e}}}{\partial \omega_2}=\left\langle\left(1+\beta\langle H_2\rangle_{\mathrm{e}}-\beta H_2\right)\left(f_2^{\dagger}f_2\right)\right\rangle_{\mathrm{e}} \tag{17.30}$$

$$\frac{\partial \langle H_1\rangle_{\mathrm{e}}}{\partial g}=\left\langle\left(1+\beta\langle H_2\rangle_{\mathrm{e}}-\beta H_2\right)\left(f_1^{\dagger}f_2^{\dagger}-f_1f_2\right)\right\rangle_{\mathrm{e}} \tag{17.31}$$

根据

$$\langle\Psi_{2n}|\left[f_1^{\dagger}f_2^{\dagger}+f_1f_2,H_2\right]|\Psi_{2n}\rangle=0 \tag{17.32}$$

其中 $H_2|\Psi_{2n}\rangle=E_{2n}|\Psi_{2n}\rangle$,我们有

$$\langle\Psi_{2n}|\left[2gf_1^{\dagger}f_1+2gf_2^{\dagger}f_2-(\omega_1+\omega_2)\left(f_1^{\dagger}f_2^{\dagger}-f_1f_2\right)-2g\right]|\Psi_{2n}\rangle=0 \tag{17.33}$$

以及

$$\left\langle\left(1+\beta\langle H_2\rangle_{\mathrm{e}}-\beta H_2\right)\left[2gf_1^{\dagger}f_1+2gf_2^{\dagger}f_2-(\omega_1+\omega_2)\left(f_1^{\dagger}f_2^{\dagger}-f_1f_2\right)-2g\right]\right\rangle_{\mathrm{e}}=0 \tag{17.34}$$

结合(17.29)式 ~(17.31)式可得方程:

$$2g\frac{\partial \langle H_2\rangle_{\mathrm{e}}}{\partial \omega_1}+2g\frac{\partial \langle H_2\rangle_{\mathrm{e}}}{\partial \omega_2}-(\omega_1+\omega_2)\frac{\partial \langle H_2\rangle_{\mathrm{e}}}{\partial g}-2g=0 \tag{17.35}$$

这是 $\langle H_2\rangle_{\mathrm{e}}$ 的偏微分方程. 利用特征线方法,我们得到

$$\frac{\mathrm{d}\omega_1}{2g}=\frac{\mathrm{d}\omega_2}{2g}=-\frac{\mathrm{d}g}{\omega_2+\omega_1}=\frac{\mathrm{d}\langle H_2\rangle_{\mathrm{e}}}{2g} \tag{17.36}$$

即

$$\frac{\mathrm{d}\omega_1}{2g}=\frac{\mathrm{d}\omega_2}{2g},\quad \frac{\mathrm{d}(\omega_1+\omega_2)}{4g}=-\frac{\mathrm{d}g}{\omega_2+\omega_1},\quad \mathrm{d}\omega_1=\mathrm{d}\langle H_2\rangle_{\mathrm{e}} \tag{17.37}$$

由此给出

$$\omega_1-\omega_2=c_1,\quad g^2+\omega_1\omega_2=c_2,\quad \langle H_2\rangle_{\mathrm{e}}-\omega_1=c_3 \tag{17.38}$$

最终可得

$$\langle H_2\rangle_{\mathrm{e}}=\omega_1+F_2\left[\omega_1-\omega_2,g^2+\omega_1\omega_2\right] \tag{17.39}$$

使用同推导(17.21)式类似的过程,我们还可以获得函数 F_2:

$$F_2[x,y]=\frac{\frac{x}{2}+\frac{\sqrt{x^2+4y}}{2}}{\mathrm{e}^{\beta\left(\frac{x}{2}+\frac{\sqrt{x^2+4y}}{2}\right)}+1}+\frac{-\frac{x}{2}+\frac{\sqrt{x^2+4y}}{2}}{\mathrm{e}^{\beta\left(-\frac{x}{2}+\frac{\sqrt{x^2+4y}}{2}\right)}+1}-\left(\frac{x}{2}+\frac{\sqrt{x^2+4y}}{2}\right) \tag{17.40}$$

通过对比(17.39)式和(17.40)式,得到平均能量 $\langle H_2\rangle_{\mathrm{e}}$:

$$\langle H_2\rangle_{\mathrm{e}}=\frac{A_2}{\mathrm{e}^{\beta A_2}+1}+\frac{B_2}{\mathrm{e}^{\beta B_2}+1}+\frac{\omega_1+\omega_2-R}{2} \tag{17.41}$$

其中

$$\begin{aligned}A_2&\equiv\frac{\omega_1-\omega_2+R}{2},\\ B_2&\equiv\frac{\omega_2-\omega_1+R}{2},\\ R&\equiv\sqrt{(\omega_1-\omega_2)^2+4\left(g^2+\omega_1\omega_2\right)}\end{aligned} \tag{17.42}$$

- 能量贡献

利用(17.41)式、(17.42)式,我们获得每一项的贡献如下:

$$\begin{aligned}\omega_1\left\langle f_1^{\dagger}f_1\right\rangle=&\frac{\omega_1+\omega_2+R}{2R}\frac{\omega_1}{\mathrm{e}^{\beta A_2}+1}+\frac{\omega_1+\omega_2-R}{2R}\frac{\omega_1}{\mathrm{e}^{\beta B_2}+1}\\&-\frac{\omega_1\left(\omega_1+\omega_2-R\right)}{2R}\end{aligned} \tag{17.43}$$

$$\begin{aligned}\omega_2\left\langle f_2^{\dagger}f_2\right\rangle=&\frac{\omega_1+\omega_2-R}{2R}\frac{\omega_2}{\mathrm{e}^{\beta A_2}+1}+\frac{\omega_1+\omega_2+R}{2R}\frac{\omega_2}{\mathrm{e}^{\beta B_2}+1}\\&-\frac{\omega_2\left(\omega_1+\omega_2-R\right)}{2R}\end{aligned} \tag{17.44}$$

以及

$$g\left\langle\left(f_1^{\dagger}f_2^{\dagger}-f_1f_2\right)\right\rangle=\frac{2g^2}{R}\frac{1}{\mathrm{e}^{\beta A_2}+1}+\frac{2g^2}{R}\frac{1}{\mathrm{e}^{\beta B_2}+1}-\frac{2g^2}{R} \tag{17.45}$$

容易验证

$$\langle H_2\rangle_{\mathrm{e}}=\omega_1\left\langle f_1^{\dagger}f_1\right\rangle_{\mathrm{e}}+\omega_2\left\langle f_2^{\dagger}f_2\right\rangle_{\mathrm{e}}+g\left\langle\left(f_1^{\dagger}f_2^{\dagger}-f_1f_2\right)\right\rangle_{\mathrm{e}} \tag{17.46}$$

- 熵

由(15.120)式和(17.45)式,可以得到 H_2 的熵为

$$S=\frac{1}{T}\langle H_2\rangle_{\mathrm{e}}-\frac{1}{T}\int\left\langle\frac{\partial H_2}{\partial g}\right\rangle_{\mathrm{e}}\mathrm{d}g$$

$$= k\ln\left[\left(e^{\beta A_2}+1\right)\left(e^{\beta B_2}+1\right)\right] - \frac{1}{T}\frac{A_2 e^{\beta A_2}}{e^{\beta A_2}+1} - \frac{1}{T}\frac{B_2 e^{\beta B_2}}{e^{\beta B_2}+1} + \frac{\omega_1+\omega_2}{2T} \tag{17.47}$$

总的来说,我们得到了两种费米统计模型的平均能量、能量贡献和熵.GHFT 为我们提供了一种新的方法,可以更方便、简洁地计算一些二次型哈密顿量的统计性质.

第 18 章

两能级原子辐射的量子主方程的解

类比于激光主方程,本章我们考虑一个描述两能级原子辐射的量子主方程:

$$\frac{\mathrm{d}\rho}{\mathrm{d}t} = \frac{\gamma}{2}(n+1)(2\sigma_-\rho\sigma_+ - \sigma_+\sigma_-\rho - \rho\sigma_+\sigma_-) + \frac{\gamma}{2}n(2\sigma_+\rho\sigma_- - \sigma_-\sigma_+\rho - \rho\sigma_-\sigma_+) \tag{18.1}$$

其中 γ 是原子的自发辐射率,n 代表辐射光子数. σ_- 和 σ_+ 是能级的跳跃算符,即泡利矩阵,σ_+ 从下跃到上,σ_- 从上跳到下,如同 13 章那样,我们引入伴随 σ_-、σ_+ 的虚算符 $\tilde{\sigma}_-$、$\tilde{\sigma}_+$ 和相应的纠缠态 $\mathrm{e}^{\sigma_+\tilde{\sigma}_+}|0,\tilde{0}\rangle$,就能将关于原子系统密度算符的演化方程(18.1)式化为一个纯态 $|\rho\rangle$ 的薛定谔方程:

$$\frac{\mathrm{d}\rho}{\mathrm{d}t}|\rho\rangle = [\alpha(2\sigma_-\tilde{\sigma}_- - \sigma_+\sigma_- - \tilde{\sigma}_+\tilde{\sigma}_-) + \beta(2\sigma_+\tilde{\sigma}_+ - \sigma_-\sigma_+ - \tilde{\sigma}_-\tilde{\sigma}_+)]|\rho\rangle \tag{18.2}$$

其中 $|\rho\rangle = \rho\mathrm{e}^{\sigma_+\tilde{\sigma}_+}|0,\tilde{0}\rangle$. 详细的转换过程如下:

对于一个定义在态矢量空间 Re 中的密度算符 ρ:

$$\rho = \sum_{m,n}\rho_{m,n}|m\rangle\langle n| \tag{18.3}$$

其中 $|m\rangle$ 组成正交完备基，引入与 $|m\rangle$ 相伴的虚态 $|\tilde{m}\rangle$，这里“~”代表“虚”，那么 $\sum_n |n,\tilde{n}\rangle$ 就定义在 $\mathrm{Re}\otimes\widetilde{\mathrm{Re}}$，于是有

$$|\rho\rangle = \sum_{m,n} \rho_{m,n}|m\rangle\langle n|\sum_{n'}|n',\tilde{n}'\rangle = \sum_{m,n}\rho_{m,n}|m,\tilde{n}\rangle \tag{18.4}$$

对于任意定义在 Re 中的 $A_{mn} \equiv |m\rangle\langle n|$，有

$$A_{mn}\sum_n|n,\tilde{n}\rangle = |m\rangle\langle n|\sum_{n'}|n',\tilde{n}'\rangle = |m,\tilde{n}\rangle = |\tilde{n}\rangle\langle\tilde{m}|\sum_{n'}|n',\tilde{n}'\rangle = \tilde{A}^{\dagger}_{mn}\sum_{n'}|n',\tilde{n}'\rangle \tag{18.5}$$

这里 $\tilde{A}^{\dagger}_{mn} = \tilde{A}_{nm} = |\tilde{n}\rangle\langle\tilde{m}|$. 故当 $A \equiv \sum\limits_{m,n} a_{mn}A_{mn}$，$a_{mn}$ 为实，有下式成立：

$$A\sum_n|n,\tilde{n}\rangle = \sum_{m,n}a_{mn}\tilde{A}^{\dagger}_{mn}\sum_{n'}|n',\tilde{n}'\rangle = \tilde{A}^{\dagger}\sum_n|n,\tilde{n}\rangle \tag{18.6}$$

例如，当取粒子数态空间，$|n\rangle = \dfrac{a^{\dagger n}}{\sqrt{n!}}|0\rangle$，$|\tilde{n}\rangle = \dfrac{\tilde{a}^{\dagger n}}{\sqrt{n!}}|\tilde{0}\rangle$，有

$$|o\rangle \equiv \mathrm{e}^{a^{\dagger}\tilde{a}^{\dagger}}|0,\tilde{0}\rangle = \sum_n|n,\tilde{n}\rangle \tag{18.7}$$

就有

$$a|o\rangle = \tilde{a}^{\dagger}|o\rangle,\quad a^{\dagger}|o\rangle = \tilde{a}|o\rangle \tag{18.8}$$

而对一个两能级原子态空间，我们构造如下的纠缠态：

$$|O\rangle = \mathrm{e}^{\sigma_+\tilde{\sigma}_+}|0,\tilde{0}\rangle \tag{18.9}$$

其中 $|0,\tilde{0}\rangle = |0\rangle|\tilde{0}\rangle$，$|0\rangle$ 代表下能级态，$|1\rangle$ 代表上能级态. 有

$$\sigma_+ = |1\rangle\langle 0|,\quad \sigma_- = |0\rangle\langle 1| \tag{18.10}$$

$$\tilde{\sigma}_+ = |\tilde{1}\rangle\langle\tilde{0}|,\quad \tilde{\sigma}_- = |\tilde{0}\rangle\langle\tilde{1}| \tag{18.11}$$

鉴于 $\sigma_+^2 = 0$，有

$$\mathrm{e}^{\sigma_+\tilde{\sigma}_+} = 1 + \sigma_+\tilde{\sigma}_+ = 1 + |1\rangle\langle 0||\tilde{1}\rangle\langle\tilde{0}| = 1 + |1,\tilde{1}\rangle\langle 0,\tilde{0}| \tag{18.12}$$

于是

$$|O\rangle = (1 + |1,\tilde{1}\rangle\langle 0,\tilde{0}|)|0,\tilde{0}\rangle = |0,\tilde{0}\rangle + |1,\tilde{1}\rangle \tag{18.13}$$

由此得出

$$\sigma_+|O\rangle = |1\rangle\langle 0|(|0,\tilde{0}\rangle + |1,\tilde{1}\rangle) = |1,\tilde{0}\rangle \tag{18.14}$$

和

$$\sigma_-|O\rangle = |\tilde{0}\rangle\langle\tilde{1}|(|0,\tilde{0}\rangle + |1,\tilde{1}\rangle) = |1,\tilde{0}\rangle \tag{18.15}$$

以及

$$\sigma_+|O\rangle = \tilde{\sigma}_-|O\rangle \tag{18.16}$$

$$\sigma_-|O\rangle = |0,\tilde{1}\rangle = \tilde{\sigma}_+|O\rangle \tag{18.17}$$

对于双态密度算符 $\rho = \sum_{m,n=0}^{1} \rho_{m,n}$，可以导出

$$\rho|O\rangle = \sum_{m,n=0}^{1} \rho_{m,n}|m\rangle\langle n|O\rangle = \sum_{m,n=0}^{1} \rho_{m,n}|m,\tilde{n}\rangle = |\rho\rangle \tag{18.18}$$

将方程两边作用于 $|O\rangle$，可见

$$\begin{aligned}
\frac{\mathrm{d}\rho}{\mathrm{d}t}|O\rangle &= \frac{\mathrm{d}}{\mathrm{d}t}|\rho\rangle \\
&= \frac{\gamma}{2}(n+1)(2\sigma_-\rho\sigma_+ - \sigma_+\sigma_-\rho - \rho\sigma_+\sigma_-)|O\rangle \\
&\quad + \frac{\gamma}{2}n(2\sigma_+\rho\sigma_- - \sigma_-\sigma_+\rho - \rho\sigma_-\sigma_+)|O\rangle \\
&= [\alpha(2\sigma_-\tilde{\sigma}_- - \sigma_+\sigma_- - \tilde{\sigma}_+\tilde{\sigma}_-) + \beta(2\sigma_+\tilde{\sigma}_+ - \sigma_-\sigma_+ - \tilde{\sigma}_-\tilde{\sigma}_+)]|\rho\rangle \\
&\equiv F_2|\rho\rangle
\end{aligned} \tag{18.19}$$

其中 $|\rho\rangle = \rho|O\rangle$.

$$F_2 = \alpha(2\sigma_-\tilde{\sigma}_- - \sigma_+\sigma_- - \tilde{\sigma}_+\tilde{\sigma}_-) + \beta(2\sigma_+\tilde{\sigma}_+ - \sigma_-\sigma_+ - \tilde{\sigma}_-\tilde{\sigma}_+) \tag{18.20}$$

$$\alpha = \frac{\gamma}{2}(n+1), \quad \beta = \frac{\gamma}{2}n \tag{18.21}$$

通过引入 $|O\rangle$，我们就能将原子系统的混合态方程化为类似于纯态的薛定谔方程. 此方程的解是

$$|\rho(t)\rangle = \mathrm{e}^{F_2 t}|\rho(0)\rangle \tag{18.22}$$

让

$$|0\rangle = \begin{pmatrix} 0 \\ 1 \end{pmatrix} = (0,1)^{\mathrm{T}}, \quad |1\rangle = \begin{pmatrix} 1 \\ 0 \end{pmatrix} = (1,0)^{\mathrm{T}} \tag{18.23}$$

在两个 2×2 矩阵的直积空间：

$$\sigma_+ \otimes \tilde{I} = |1\rangle\langle 0| \otimes \tilde{I}, \quad I \otimes \tilde{\sigma}_+ = I \otimes |\tilde{1}\rangle\langle\tilde{0}| \tag{18.24}$$

$$\sigma_- \otimes \tilde{I} = |0\rangle\langle 1| \otimes \tilde{I}, \quad I \otimes \tilde{\sigma}_- = I \otimes |\tilde{0}\rangle\langle\tilde{1}| \tag{18.25}$$

于是 F_2 表达为

$$F_2 = \begin{pmatrix} -2\alpha & 0 & 0 & 2\beta \\ 0 & -\alpha-\beta & 0 & 0 \\ 0 & 0 & -\alpha-\beta & 0 \\ 2\alpha & 0 & 0 & -2\beta \end{pmatrix} \tag{18.26}$$

通过矩阵对角化 F_2 可以给出 $\mathrm{e}^{F_2 t}$：

$$\mathrm{e}^{F_2 t} = \begin{pmatrix} \dfrac{\mathrm{e}^{-t(\alpha+\beta)}\alpha+\beta}{\alpha+\beta} & 0 & 0 & \dfrac{\beta-\mathrm{e}^{-t(\alpha+\beta)}\beta}{\alpha+\beta} \\ 0 & \mathrm{e}^{-\frac{1}{2}t(\alpha+\beta)} & 0 & 0 \\ 0 & 0 & \mathrm{e}^{-\frac{1}{2}t(\alpha+\beta)} & 0 \\ \dfrac{\alpha-\mathrm{e}^{-t(\alpha+\beta)}\alpha}{\alpha+\beta} & 0 & 0 & \dfrac{\alpha+\mathrm{e}^{-t(\alpha+\beta)}\beta}{\alpha+\beta} \end{pmatrix} \tag{18.27}$$

就得到解：

$$\begin{pmatrix} \rho_{11}(t) \\ \rho_{10}(t) \\ \rho_{01}(t) \\ \rho_{00}(t) \end{pmatrix} = \mathrm{e}^{F_2 t} \begin{pmatrix} \rho_{11}(0) \\ \rho_{10}(0) \\ \rho_{01}(0) \\ \rho_{00}(0) \end{pmatrix} = \begin{pmatrix} \dfrac{\beta+\mathrm{e}^{-2(\alpha+\beta)t}(\alpha\rho_{11}(0)-\beta\rho_{00}(0))}{\alpha+\beta} \\ \mathrm{e}^{-(\alpha+\beta)t}\rho_{10}(0) \\ \mathrm{e}^{-(\alpha+\beta)t}\rho_{01}(0) \\ \dfrac{\alpha+\mathrm{e}^{-2(\alpha+\beta)t}(\beta\rho_{00}(0)-\alpha\rho_{11}(0))}{\alpha+\beta} \end{pmatrix} \tag{18.28}$$

或者表达为

$$\begin{aligned} &\begin{pmatrix} \rho_{11}(t) & \rho_{10}(t) \\ \rho_{01}(t) & \rho_{00}(t) \end{pmatrix} \\ &= \begin{pmatrix} \dfrac{\beta+\mathrm{e}^{-2(\alpha+\beta)t}(\alpha\rho_{11}(0)-\beta\rho_{00}(0))}{\alpha+\beta} & \mathrm{e}^{-(\alpha+\beta)t}\rho_{10}(0) \\ \mathrm{e}^{-(\alpha+\beta)t}\rho_{01}(0) & \dfrac{\alpha+\mathrm{e}^{-2(\alpha+\beta)t}(\beta\rho_{00}(0)-\alpha\rho_{11}(0))}{\alpha+\beta} \end{pmatrix} \end{aligned} \tag{18.29}$$

以上在原子系统引入虚态求解量子主方程的方法是由任益充和范洪义首先给出的，它可以推广到多能级原子和光场相互作用的情况.

文献推荐

[1] R. Loudon and P. L. Knight, J. Mod. Optics,1987, 34: 709.

[2] D. F. Walls and G. J. Milburn, Quantum Optics, Berlin: Springer,1995.

[3] M. O. Scully and M. S. Zubairy, Quantum Optics, Cambridge University Press, 1998.

[4] L. Mandel and E. Wolf, Optical Coherence and Quantum Optics, Cambridge, 1995.

[5] V. V. Dodonov, J. Opt. B: Quantum Semiclass. Opt., 2002(4): R1-R33.

[6] Fan Hong-yi, H. R. Zaidi and J. R. Klauder, Phys. Rev. A, 1987, 35: 1831; Fan Hong-yi and Xu Zhi-hua, Phys. Rev. A, 1987, 35.

[7] Fan Hongyi and J. R. Klauder, Phys. Rev. A, 1994, 49: 704.

[8] Fan Hongyi and Fan Yue, Phys. Rev. A, 1996, 54: 958.

[9] A. Einstein, B. Podolsky and N. Rosen, Phys. Rev., 1935, 47: 777.

[10] K. Svozil, Phys. Rev. Lett., 1990, 65: 3341.

[11] J. Bardeen, L. N. Cooper, J. R. Schreiffer, Phys. Rev., 1957, 108: 1175.

[12] M. Henny, S. Oberholzer, C. Strunk, et al. Science, 1999, 284: 296.

[13] M. Buttiker, Science, 1999, 284: 275.

[14] B. Feuerstein, M. Schulz, R. Moshammer, et al. Phys. Scripta. T, 2001, 92: 447.

[15] G. Burkard and D. Loss, Physica E, 2001, 9: 175.

[16] N.N. Bogoliubov, J. Exp. Theor. Phys. USSR, 1958, 34: 58; D.G.Valatin, Nuovo Cimento, 1958, 7: 843.

[17] Fan Hong-yi, Phys. Rev. A, 1989, 40: 4237.

[18] Y. Ohnuki and T. Kashiwa, Prog. Theor. Phys, 1978, 60: 548.

[19] Fan Hong-yi and Weng Hai-guang, J. Math. Phys., 1991, 32: 584.

[20] Hong-yi Fan and J. Vandelinda, J. Phys. A, 1990, 23: L1113.

[21] F. A. Berezin, The Method of Second Quantization, New York: Academic Press, 1966.

[22] R. P. Feynman, Statistical Mechanics, New York: Benjamin, 1972.

[23] H. Y. Fan and J. Vanderlinde, J. Phys. A,1991, 24: 2529.

[24] Hong-yi Fan and Hui Zou, Phys. Lett. A, 1999, 252: 281-287.

[25] R. P. Feynman, Phys. Rev., 1939, 56: 340.

[26] H. Hellmann, Acta Physicochimica URSS, 1935, 6: 913.

[27] I. N. Levine, Quantum Chemistry, fifth edition, Prentice Hall, Upper Saddle River, New Jersey, 2000.

[28] C. Quigg and J. L. Rosner, Physics Reports, 1979, 56: 167.

[29] Hong-yi Fan and Bo-zhan Chen, Phys. Lett. A, 1995, 203: 95.

[30] There is a concise introduction about the method of characteristics in the book: M. Orszag, Quantum Optics, Berlin: Springer-Verlag, 2000.

量子科学出版工程

量子飞跃:从量子基础到量子信息科技/ 陈宇翱　潘建伟
量子物理若干基本问题 / 汪克林　曹则贤
量子计算:基于半导体量子点 / 王取泉　等
量子光学:从半经典到量子化 / (法)格林贝格　乔从丰　等
量子色动力学及其应用 / 何汉新
量子系统控制理论与方法 / 丛爽　匡森
量子机器学习 / 孙翼　王安民　张鹏飞
量子光场的衰减和扩散 / 范洪义　胡利云
编程宇宙:量子计算机科学家解读宇宙 / (美)劳埃德　张文卓
量子物理学. 上册:从基础到对称性和微扰论 / (美)捷列文斯基　丁亦兵　等
量子物理学. 下册:从时间相关动力学到多体物理和量子混沌 / (美)捷列文斯基　丁亦兵　等
世纪幽灵:走进量子纠缠(第 2 版) / 张天蓉

量子力学讲义 / (美)温伯格　张礼　等
量子导航定位系统 / 丛爽　王海涛　陈鼎
光子-强子相互作用 / (美)费曼　王群　等
基本过程理论 / (美)费曼　肖志广　等
量子力学算符排序与积分新论 / 范洪义　等
基于光子产生-湮灭机制的量子力学引论 / 范洪义　等
抚今追昔话量子 / 范洪义

果壳中的量子场论 / (美)徐一鸿(A. Zee)　张建东　等
量子信息简话:给所有人的新科技革命读本 / 袁岚峰
量子系统格林函数法的理论与应用 / 王怀玉

量子金融:不确定性市场原理、机制和算法 / 辛厚文　辛立志
量子计算原理与实践 / 曾蓓　鲁大为　冯冠儒
量子与心智:联系量子力学与意识的尝试 / (美)德巴罗斯　刘桑　等
量子控制系统设计 / 丛爽　双丰　吴热冰
量子状态的估计和滤波及其优化算法 / 丛爽　李克之
量子统计力学新论:算符正态分布、Wigner分布和广义玻色分布 / 范洪义　吴泽
介观电路中的量子纠缠、热真空和热力学性质 / 范洪义　吴泽　范悦
量子场论导引 / 阮图南
幺正对称性和介子、重子波函数 / 阮图南
量子色动力学相变 / 张昭